U0177554

高等职业技术教育机电类专业系列教材

电工电子技术 Multisim 10 仿真实验

第 2 版

高等职业技术教育机电类专业教材编委会　组编

主　编　王廷才　陈　昊

参　编　王崇文　黄长春　连　晗

　　　　魏　允　王　慧　田　磊

主　审　曹元大

机 械 工 业 出 版 社

本书是高等职业技术教育机电类专业系列教材，是根据高职高专“电工基础”、“模拟电子技术”和“数字电子技术”3门课程教学大纲有关实验教学的要求编写的，可作为相关学校电子信息类、自动化类专业教科书，亦可供从事电工电子技术设计和应用的科技人员及大中专学生参考。

Multisim 10是知名的EDA软件EWB5.0的升级版。本书结合典型案例讲解Multisim 10软件的使用方法和操作技巧，对“电工基础”、“模拟电子技术”和“数字电子技术”3门课程教学大纲规定的所有必做实验，均采用Multisim 10软件进行了仿真实验指导。全书共分10章，第1章为Multisim 10概述，第2章为Multisim 10的元器件库与虚拟元器件，第3章为元器件创建与元器件库管理，第4章为Multisim 10虚拟仪器仪表的使用，第5章为电路原理图的设计，第6章为电路仿真分析，第7章为仿真分析结果显示与后处理，第8章为电工基础仿真实验，第9章为模拟电子技术仿真实验，第10章为数字电子技术仿真实验。全书内容新颖、条理清晰、图文并茂，书中列举了大量应用范例，便于读者自学。

为方便教学，本书备有免费电子课件和典型教学案例视频演示，凡选用本书作为授课教材的老师均可来电索取，咨询电话：010-88379375。

图书在版编目（CIP）数据

电工电子技术Multisim 10仿真实验/王廷才，陈昊主编. —2版. —北京：机械工业出版社，2011.8（2023.7重印）
高等职业技术教育机电类专业系列教材
ISBN 978-7-111-34453-7

Ⅰ.①电… Ⅱ.①王…②陈… Ⅲ.①电工试验-计算机仿真-应用软件，Multisim 10-高等职业教育-教材②电子技术-实验-计算机仿真-应用软件，Multisim 10-高等职业教育-教材 Ⅳ.①TM-33②TN-33

中国版本图书馆CIP数据核字（2011）第150861号

机械工业出版社（北京市百万庄大街22号 邮政编码100037）
策划编辑：于 宁 责任编辑：于 宁 冯睿娟
版式设计：霍永明 责任校对：张晓蓉
封面设计：鞠 杨 责任印制：单爱军
北京虎彩文化传播有限公司印刷
2023年7月第2版第6次印刷
184mm×260mm · 18.75印张 · 460千字
标准书号：ISBN 978-7-111-34453-7
定价：47.00元

电话服务
客服电话：010-88361066
010-88379833
010-68326294

网络服务
机 工 官 网：www.cmpbook.com
机 工 官 博：weibo.com/cmp1952
金 书 网：www.golden-book.com
机工教育服务网：www.cmpedu.com

第2版前言

本书是高等职业技术教育机电类专业系列教材，是根据高职高专“电工基础”、“模拟电子技术”和“数字电子技术”3门课程教学大纲有关实验教学的要求编写的，可作为相关学校电子信息类、自动化类等专业的教科书，亦可供从事电工电子技术设计和应用的科技人员及大中专学生参考。

机械工业出版社于2003年5月出版本书第1版，至今已重印多次，被国内众多院校选为教材，得到广大师生和技术人员的广泛好评。几年来，Multisim软件已多次升级，现在的Multisim 10版本除了能更好地完成电工电子技术的虚拟仿真外，在LabVIEW虚拟仪器和单片机仿真等技术领域都有更多的创新和提高。同时，高职高专院校的教学改革也进入了新阶段。采用高版本的Multisim 10软件，按照最新的“电工基础”、“模拟电子技术”和“数字电子技术”课程教学大纲要求，对原教材进行修订就显得特别重要。

本书修订主要体现以下几个特色。

1. 强化操作技能培养，提高学生实践动手能力

Multisim 10软件功能强大，在计算机广泛应用的今天，只要在计算机上安装此软件，就相当于拥有了一个元器件齐全、设备精良的实验室，就可以随心所欲地搭接各种电路，接上虚拟仪器仪表，运行仿真就可以测试到精确的数据和直观的波形，使实验做得既快又准。本次修订增加了更多的紧密联系实际的典型案例，删除了过时的内容，便于高职高专院校教师进行项目训练、讲练结合教学，强化对学生实际操作技能的培养。

2. 依据新教学大纲编写仿真实验指导，便于学生参照练习

本次修订依据高职高专院校电子信息类、自动化类的“电工基础”、“模拟电子技术”和“数字电子技术”课程最新教学大纲要求，精选仿真实验项目，将理论知识与实际训练紧密结合，便于学生参照练习，不仅能激发学生的学习兴趣，而且能加深对理论知识的理解，提高教学效果。

3. 联系实际，强化EDA软件的使用方法和操作技巧训练，拓宽学生实践技能

当今科技发展日新月异，特别是电子产品的设计与制造更是突飞猛进。现在电子产品的设计和研发已经完全依赖于EDA软件。Multisim 10是世界最著名的EDA软件之一，本书对该软件的使用方法和操作技巧进行了详尽论述，学生在学校学习“电工基础”、“模拟电子技术”和“数字电子技术”课程阶段，如果能学会使用Multisim 10软件进行仿真分析和电路设计，必将拓宽学生的实践技能，为今后学习专业课程及就业奠定良好的基础。

4. 精心设计教材的体系结构，配套多种教辅产品

本次修订精心设计了教材的体系结构，在内容编排上，由浅入深、由易到难，符合学生的认知规律。理论联系实际、循序渐进，强化技能训练。为方便教师讲授和学生学习，本书配套的教辅产品有电子课件和典型教学案例视频演示等。

全书共分10章，第1章介绍Multisim 10的基本功能、窗口界面、菜单命令及基本操作方法，第2章介绍Multisim 10的元器件库与虚拟元器件，第3章介绍元器件创建与元器件库

管理，第 4 章介绍 Multisim 10 虚拟仪器仪表的使用，第 5 章介绍了电路原理图的设计，第 6 章对 Multisim 10 提供的 18 种仿真分析方法结合实例进行了阐述，第 7 章介绍 Multisim 10 的后处理操作，第 8 章为电工基础仿真实验指导，第 9 章为模拟电子技术仿真实验指导，第 10 章为数字电子技术仿真实验指导。为方便教学，每章后附有思考题。**由于 Multisim 10 是外国软件，故其电子元器件符号及标称单位与我国标准会有差异，例如，电容的标称单位“μF”写为“uF”等，请读者阅读时注意。**

本书由深圳信息职业技术学院王廷才和中国劳动关系学院陈昊主编，王廷才编写第 2 章和附录，陈昊编写第 6 章，北京理工大学王崇文编写第 7 章和第 9 章，河南工业职业技术学院黄长春编写第 4 章和第 5 章，连晗编写第 8 章，魏允编写第 10 章，田磊编写第 3 章，王慧编写第 1 章，全书由王廷才统稿。特邀请北京理工大学博士生导师曹元大教授担任本书主审，曹老师在百忙中仔细审阅了全书，提出了许多宝贵的修改建议。在编写过程中，作者参阅了许多专家的论著资料，在此作者表示感谢。

限于编者水平，敬请广大读者对本书的不足之处进行批评指正。

编　者

目　　录

第1章 Multisim 10 概述

1.1 Multisim 10 的基本功能

1.1.1 Multisim 的发展

Multisim 是 EWB5.0 的升级版，2001 年，加拿大 Interactive Image Technologies 公司（简称 IIT 公司）将升级的 EWB6.0 更名为 Multisim 2001，此后，又相继推出了 Multisim 7.0、Multisim 8.0 等版本。2005 年，加拿大 IIT 公司并入美国国家仪器公司（National Instrument 公司，简称 NI 公司），NI 公司于 2006 年推出了 Multisim 9.0 版本，2007 年又推出了 Multisim 10 版本。

Multisim 继承了 EWB 软件的界面形象直观、操作方便、易学易用等突出优点，同时在功能和操作方面做了较大规模的改动。昔日的 EWB 已无法与 Multisim 10 相提并论了，可以这么说，EWB 的主要功能在于电工和电子电路的虚拟仿真，而 Multisim 10 软件除了能更卓越地完成电工电子技术的虚拟仿真外，在 LabVIEW 虚拟仪器和单片机仿真等技术领域都有更多的创新和提高。

1.1.2 Multisim 10 的基本功能

Multisim 10 的功能繁多，现将其基本功能简述如下。

1. 建立电路原理图方便快捷

Multisim 10 为用户提供了数量众多的现实元器件和虚拟元器件，分门别类地存放在 18 个元器件库中，绘制电路图时只需打开元器件库，再用鼠标选中要用的元器件，并把它拖放到工作区。当光标移动到工作区中元器件的引脚时，软件会自动产生一个带十字的黑点，进入到连线状态，单击鼠标左键确认后，移动鼠标即可实现连线，搭接电路原理图既方便又快捷。

2. 用虚拟仪器仪表测试电路性能参数及波形准确直观

Multisim 10 为用户提供了 23 种虚拟仪器仪表，包括电压表、电流表、数字万用表、函数信号发生器、功率表、双通道示波器、四通道示波器、扫频仪、频率计、数字信号发生器、逻辑分析仪、逻辑转换仪、IV 分析仪、失真分析仪、频谱分析仪、网络分析仪、安捷伦函数信号发生器、安捷伦数字万用表、安捷伦示波器、泰克示波器、测量探针、LabVIEW 测试仪和电流探针等，这些仪器仪表不仅外形和使用方法与实际仪器相同，而且测试的数值和波形更为精确可靠。用户可方便地在电路图中接入这些虚拟仪器仪表测试电路的性能参数及波形。

3. 完备的性能分析手段

Multisim 10 可以进行直流工作点分析、交流分析、瞬态分析、傅里叶分析、噪声分析、噪声系数分析、失真分析、直流扫描分析、灵敏度分析、参数扫描分析、温度扫描分析、极点-零点分析、传输函数分析、最坏情况分析、蒙特卡罗分析、布线宽度分析、批处理分析等，分析结果以数值或波形的形式直观地显示出来。Multisim 10 既可对模拟电路或数字电路分别进行仿真，也可进行数模混合仿真和射频电路的仿真。仿真失败时会显示错误信息、提示可能出错的原因，仿真结果可随时存储和打印，能基本满足电子电路设计和分析的要求。

4. 完美的兼容能力

Multisim 10 可以打开先前版本 EWB 和 Multisim 文件，还能打开 Spice 网络表文件、Orcad 文件、Ulticap 文件等，并自动形成相应的电路原理图。也可将 Multisim 10 建立的电路原理图转换为网络表文件，提供给 Ultiboard 10 模块或其他 EDA 软件（如 Protel、Orcad 等）进行印制电路板图的自动布局和自动布线。

1.1.3　Multisim 10 的运行环境

Multisim 10 安装和运行都要求计算机满足一定的配置要求，才能可靠地工作。运行 Multisim 10 时，推荐系统基本配置要求：

- 操作系统 Windows 2000 SP3/XP；
- CPU：Pentium 4 以上；
- 内存 512MB 以上；
- 显示器分辨率 1 024 × 768 像素。

1.1.4　Multisim 10 的安装

Multisim 10 的安装与其他应用软件的安装方法类似，只需根据软件安装盘在安装过程中的提示进行相应的设置即可，但最后需要重新启动计算机才能完成安装。

1.2　Multisim 10 的窗口界面

1.2.1　Multisim 10 的启动

Multisim 10 安装完毕后，会在计算机桌面生成一个“Multisim”快捷方式图标，如图 1-1所示。用鼠标双击该图标即可启动 Multisim 10，如图 1-2 所示。启动后即进入 Multisim 10 的主窗口界面，如图 1-3所示。

图 1-1　桌面上 Multisim 10 快捷方式图标

图 1-2　Multisim 10 启动时的画面

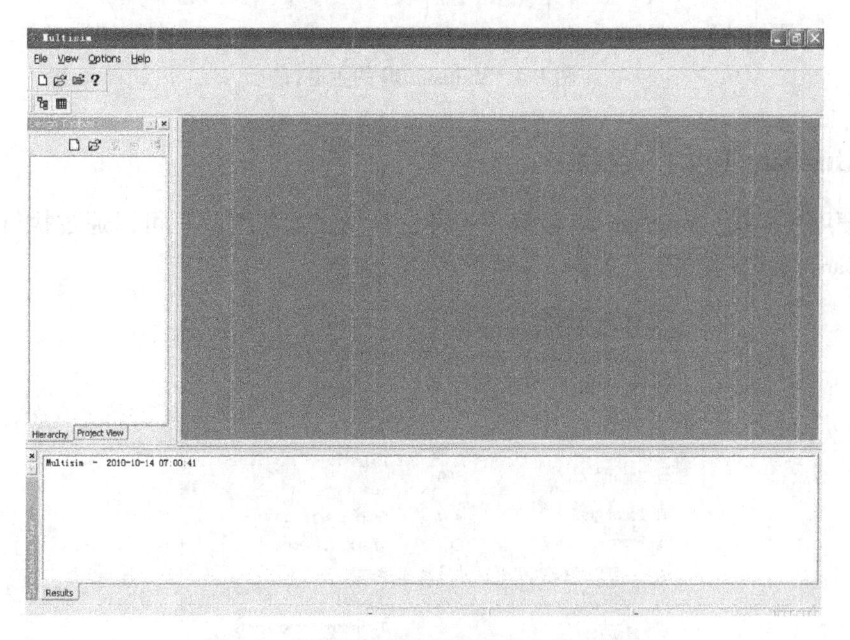

图 1-3　启动后的 Multisim 10 的主窗口界面

1. 2. 2　Multisim 10 的主窗口

启动后的 Multisim 10 的主窗口界面比较简单，但在创建电路原理图后就复杂了许多，如图 1-4 所示。

主窗口的最上部是标题栏，显示当前运行的软件和编辑文件名称，接着是菜单栏，再向下一行是标准工具栏、视图工具栏和主工具栏，第 4 行是元器件工具栏和仿真开关栏。主窗口左侧是设计工具箱。主窗口中部最大的区域是电路窗口，用于建立电路和进行电路仿真分析。主窗口的右侧是仪器工具栏。主窗口的下方是数据表格栏和状态栏。

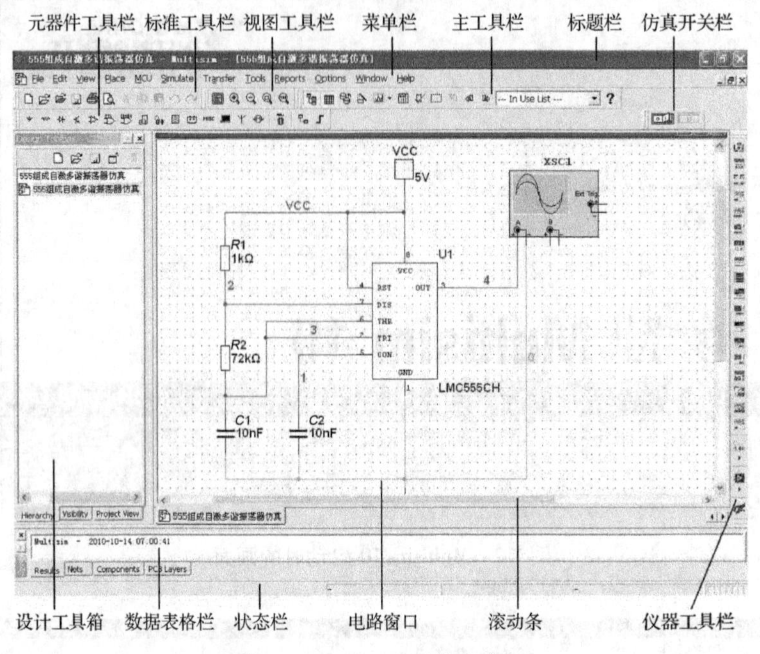

图 1-4　Multisim 10 的主窗口

1.2.3　Multisim 10 的工具栏

为方便用户操作，Multisim 10 设置了多种工具栏，这些工具栏可以通过执行菜单命令 View\Toolbars 打开或者关闭，如图 1-5 所示。

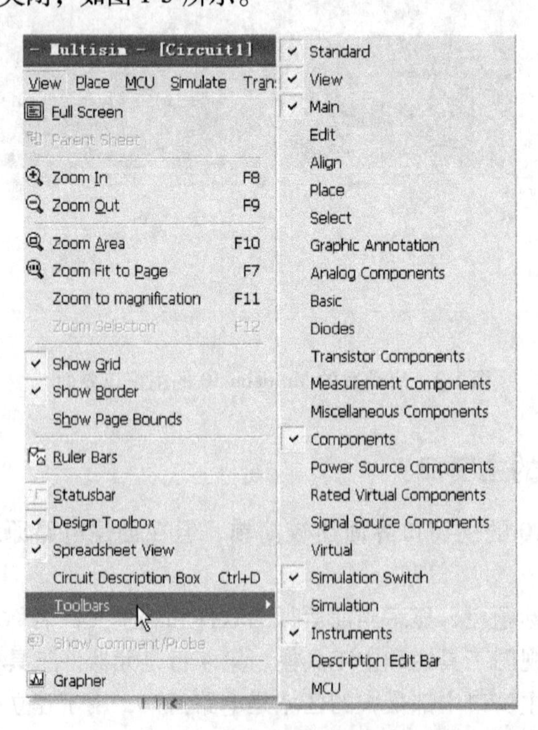

图 1-5　Multisim 10 打开或关闭工具栏命令

下面介绍几个常用的工具栏。

1. Standard（标准工具栏）

Multisim 10 的标准工具栏如图 1-6 所示。

图 1-6 标准工具栏

图中标准工具栏的按钮与其他软件的标准工具栏意义大致相同，从左至右分别为：新建文件、打开文件、打开设计范例、存盘、打印、打印预览、剪切、复制、粘贴、撤销、重做。

2. View（视图工具栏）

Multisim 10 的视图工具栏如图 1-7 所示。

视图工具栏的按钮从左至右依次为：切换全屏幕、放大、缩小、缩放到已选择范围、缩放到页等功能操作。

图 1-7 视图工具栏

3. Main（主工具栏）

Multisim 10 的主工具栏如图 1-8 所示。

图 1-8 主工具栏

主工具栏的功能按钮从左至右依次为：显示或隐藏设计工具箱、显示或隐藏数据表格工具栏、元器件库管理、创建元器件、图形/分析列表、后处理、电气规则检查、区域截图、跳转到父图样、Ultiboard 后标注、Ultiboard 前标注、电路中使用的元器件列表、帮助等。

4. Components（元器件工具栏）

Multisim 10 的元器件工具栏按元器件模型分门别类地放到 18 个元器件库中，每个元器件库中放置同一类型的元器件。由这 18 个元器件库按钮（以元器件符号区分）组成元器件工具栏，如图 1-9 所示。元器件工具栏通常放置在工作窗口的上边。不过，也可以任意移动这一工具栏。移动方法为，将光标指向工具栏端部的双线处，按住鼠标左键不放，拖动工具栏即可。

图 1-9 元器件工具栏

图 1-9 所示的 18 个元器件库按钮从左至右分别是：Sources（电源库）、Basic（基本元件库）、Diodes（二极管库）、Transistors（晶体管库）、Analog（模拟集成元器件库）、TTL（TTL 器件库）、CMOS（CMOS 器件库）、Misc Digital（杂项数字器件库）、Mixed（混合芯片器件库）、Indicators（指示器件库）、Power Components（电力器件库）、Misc（杂项器件库）、Advanced Peripherals（高级外围设备器件库）、RF（射频元器件库）、Electro-Mechanical（机电器件库）、MCU Module（微控制器元器件库）、Hierarchical Block（放置分层模块）和 Bus（放置总线）。

5. Instruments（仪器工具栏）

Multisim 10 的仪器工具栏如图 1-10 所示。该工具栏有 21 种用来对电路进行测试的虚拟仪器，习惯上将该工具栏放置在窗口的右侧，为了使用方便，也可以将其移动到任意位置。

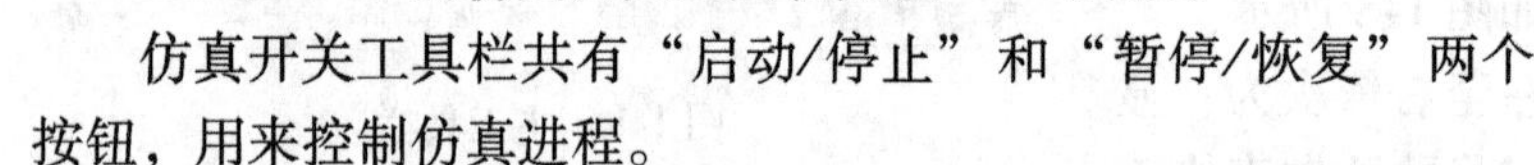

图 1-10　仪器工具栏

这 21 种虚拟仪器从左至右分别是：Multimeter（数字万用表）、Function Generator（函数信号发生器）、Wattmeter（功率表）、Oscilloscope（示波器）、4 Channel Oscilloscope（四通道示波器）、Bode Plotter（波特图示仪，与扫频仪类似）、Frequency Counter（频率计）、Word Generator（数字信号发生器）、Logic Analyzer（逻辑分析仪）、Logic Converter（逻辑转换仪）、IV-Analyzer（IV 分析仪）、Distortion Analyzer（失真分析仪）、Spectrum Analyzer（频谱分析仪）、Network Analyzer（网络分析仪）、Agilent Function Generator（安捷伦函数信号发生器）、Agilent Multimeter（安捷伦万用表）、Agilent Oscilloscope（安捷伦示波器）、Tektronix Oscilloscope（泰克示波器）、Measurement Probe（测量探针）、LabVIEW Instrument（LabVIEW 测试仪）和 Current Probe（电流探针）等。

6. Simulation Switch（仿真开关工具栏）

Multisim 10 的仿真开关工具栏如图 1-11 所示。

仿真开关工具栏共有“启动/停止”和“暂停/恢复”两个按钮，用来控制仿真进程。

图 1-11　仿真开关工具栏

1.2.4　电路窗口

主窗口中间最大的区域是电路窗口，也称为 Workspace，是一个对电路进行操作的平台，在此窗口可进行电路图的编辑绘制、仿真分析及波形数据显示等操作。

1.2.5　设计工具箱

主窗口左侧区域是设计工具箱（Design Toolbox），如图 1-12 所示。

设计工具箱是设计文件的管理窗口，其下方有 Hierarchy（层次）、Visibility（可见）和 Project View（项目视图）三个标签。

层次选项用于显示当前打开的原理图目录；可见选项用于设置是否显示电路的各种参数标志；项目视图用于所建项目的组成文件。

图 1-12　设计工具箱

1.2.6　状态栏

状态栏（Statusbar）位于主窗口的最下面，用来显示有关当前操作以及鼠标所指条目的有关信息。

1.3　Multisim 10 的菜单命令

Multisim 10 的命令栏共有 12 项主菜单命令，如图 1-13 所示。当单击主菜单命令时，会弹出下拉菜单命令。本节介绍各项主菜单命令及其下拉菜单命令的功能及使用操作。

File　Edit　View　Place　MCU　Simulate　Transfer　Tools　Reports　Options　Window　Help

图 1-13　Multisim 10 的主菜单命令

1.3.1　File

File（文件）命令主要用于管理电路文件，如打开、存盘、打印和退出等。

单击主菜单栏的 File 命令，弹出的下拉菜单如图 1-14 所示。

下拉菜单中的命令及功能如下：

（1）New　执行该命令，可以创建一个无标题的新电路。

（2）Open…　执行该命令是要打开一个原已建立的电路，窗口将显示要打开文件的对话框，如果有必要可更改目录路径或文件夹，找到需要打开的文件。**注意：**该软件只能打开 Multisim 10 支持的文件类型。

（3）Open Samples…　执行该命令是要打开一个例子文件。

（4）Close　关闭当前工作区内的文件。

（5）Close All　关闭当前打开的所有文件。

（6）Save　用该命令保存当前电路文件。如果是新建的原理图文件，则会出现一个“另存为”对话框，如图 1-15 所示。可以通过改变路径和文件名保存文件。保存时会自动为文件名加上“.ms10”的扩展名。

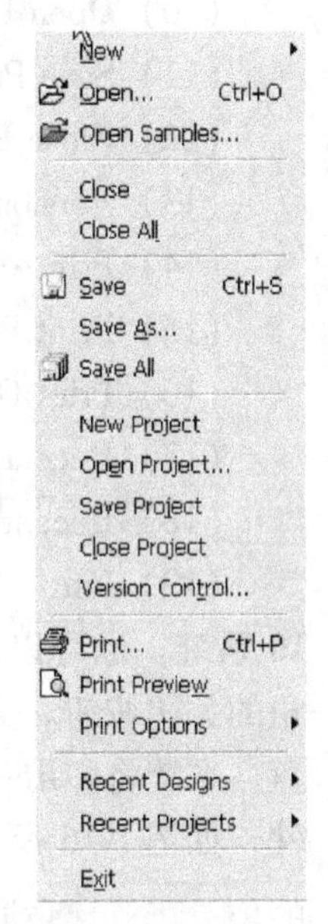

图 1-14　File 命令的下拉菜单

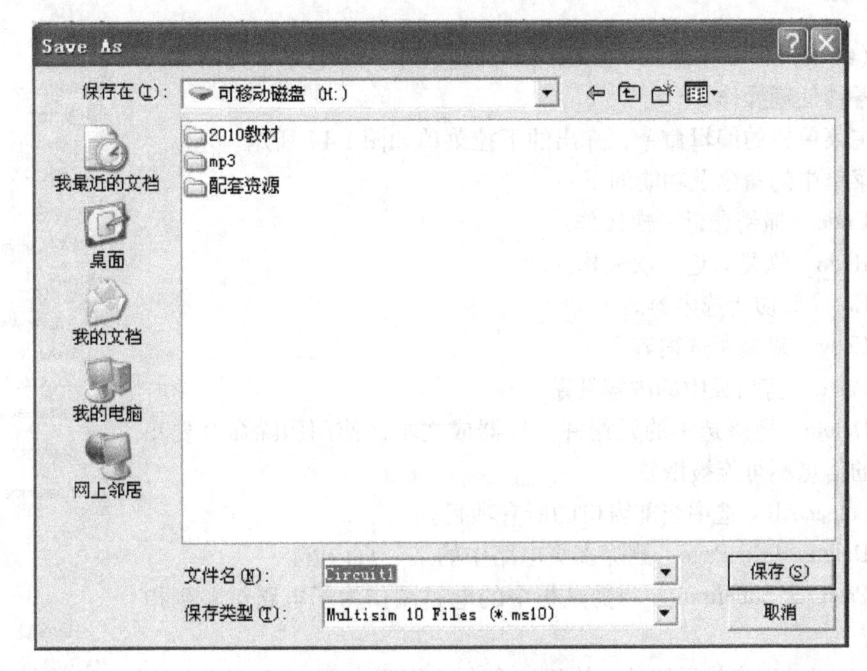

图 1-15　“另存为”对话框

（7）Save As…　该命令是以新文件名保存当前电路文件，执行该命令同样会弹出图 1-15

所示的“另存为”对话框，可以通过改变路径和文件名保存文件。

(8) Save All 保存所有已打开的电路图文件。

(9) New Project 新建一个项目文件。

(10) Open Project… 打开已存在的项目文件。

(11) Save Project 保存当前项目文件。

(12) Close Project 关闭编辑的项目文件。

(13) Version Control… 版本控制。

(14) Print… 打印。

(15) Print Preview 打印预览。

(16) Print Options 打印选项设置。

(17) Recent Designs 最近打开的电路图文件。

(18) Recent Projects 最近打开的项目文件。

(19) Exit 关闭当前电路并退出 Multisim 10 系统，也可以用鼠标左键单击主窗口右上角的关闭按钮。关闭前如果没有将编辑文件存盘，系统将弹出一个对话框，提示保存电路文件，如图 1-16 所示。根据需要单击对话框中的 Yes 或 No 按钮，即可将 Multisim 文件关闭。

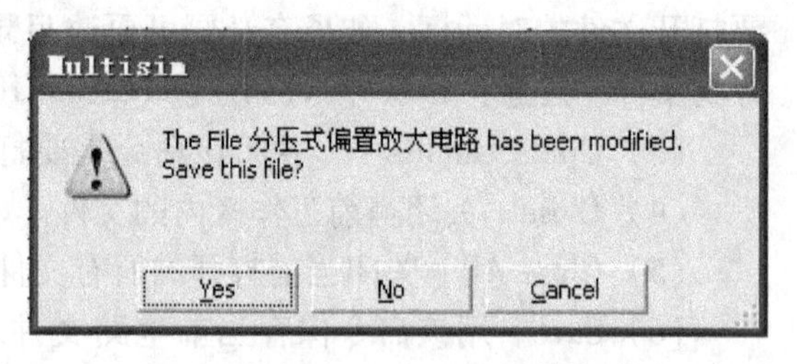

图 1-16 关闭 Multisim 文件时的提示

1.3.2 Edit

Edit（编辑）命令主要用于在电路设计过程中，对电路、元器件及仪器进行各种处理操作。

单击主菜单栏的编辑命令，弹出的下拉菜单如图 1-17 所示。

下拉菜单中的命令及功能如下：

(1) Undo 撤销最近一次操作。

(2) Redo 恢复最近一次操作。

(3) Cut 剪切所选内容。

(4) Copy 复制所选内容。

(5) Paste 剪贴板中的内容粘贴。

(6) Delete 删除选中的元器件、仪器或文本，使用删除命令要小心，删除的信息不可能被恢复。

(7) Select All 选中当前窗口的所有项目。

(8) Delete Multi-Page 删除多页电路中的某一页内容。

(9) Paste as Subcircuit 将剪贴板中的电路图作为子电路粘贴到指定位置上。

(10) Find… 查找元器件。执行该命令，将弹出图 1-18 所示的查找元器件对话框。

在对话框中，查找内容（Find what）填写所要查找的元器件名称；

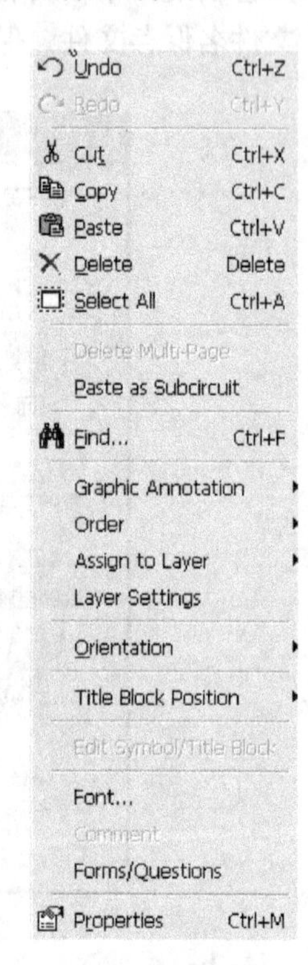

图 1-17 编辑命令的下拉菜单

搜索目标（Search for）用于设置查找对象的类型；搜索选项（Search from）用于设置查找范围：有当前图样、当前设计、所有打开的图样和所有打开的设计，可选择其中之一；其余两项用于设置查找时字符匹配方式。

按照图1-18所设置的选项进行查找，可以在电子表格栏中得到结果，如图1-19所示。

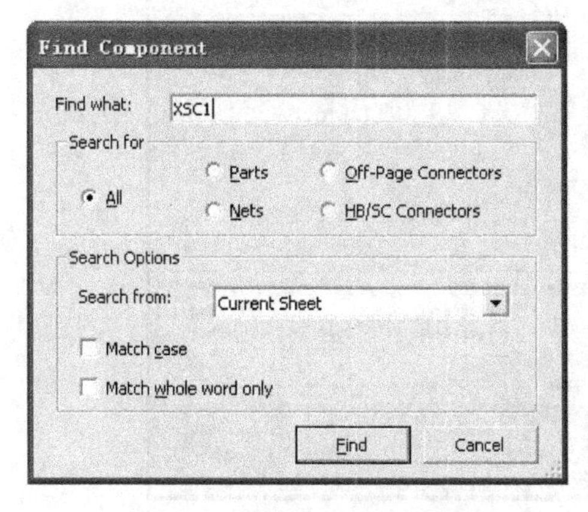

图1-18　查找元器件对话框

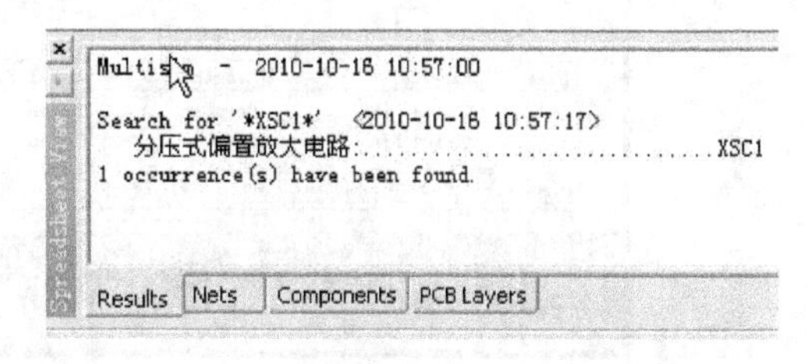

图1-19　查找结果在电子表格中显示

（11）Graphic Annotation　图形注释选项。

（12）Order　改变电路图中所选元器件和注释的叠放次序。

（13）Assign to Layer　指定所选层为注释层。

（14）Layer Settings　层设置。执行该命令，将弹出图1-20所示的层设置对话框。

（15）Orientation　对选中的元器件进行方向调整，包括垂直翻转、水平翻转、顺时针旋转90°、逆时针旋转90°等。

（16）Title Block Position　设置电路图标题栏的位置。

（17）Edit Symbol/ Title Block　编辑电路元器件符号或标题栏。在电路工作区选中某个元器件，假设选中电路中的晶体管，执行编辑符号/标题栏菜单命令后，将出现图1-21所示的对话框。其上部分为器件外形窗口，下部分为器件外形编辑窗口，在此窗口可对器件的引脚长短、引脚符号、名称方向及字体字形进行编辑。

（18）Font…　设置字体。执行该命令，将弹出图1-22所示的对话框。可以用于对电路窗口中元器件的标识号、参数值等的字体进行设置。

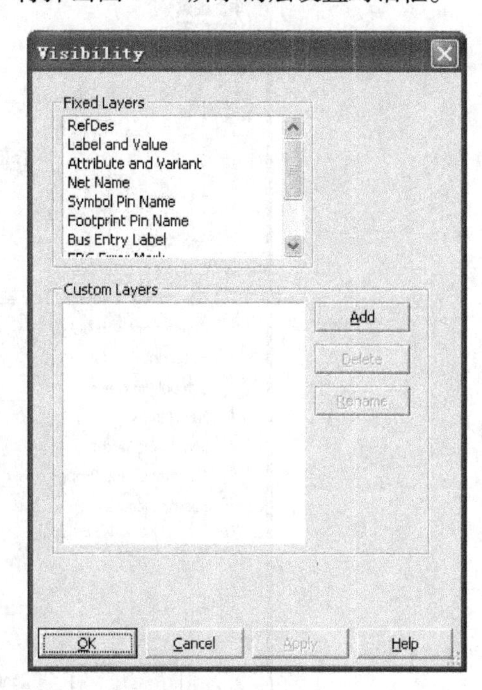

图1-20　层设置对话框

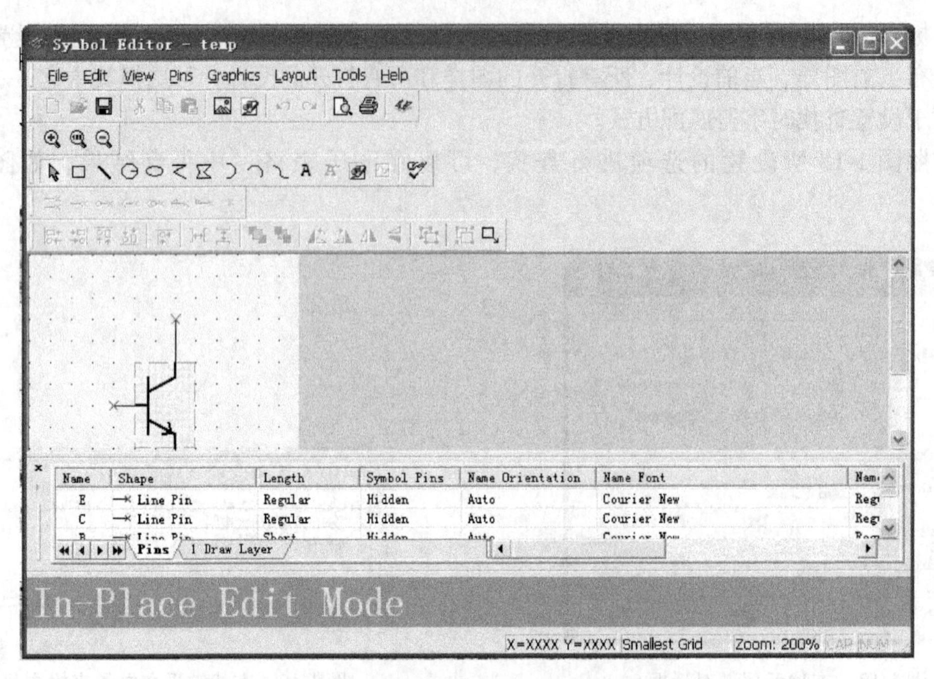

图 1-21　编辑符号/标题栏对话框

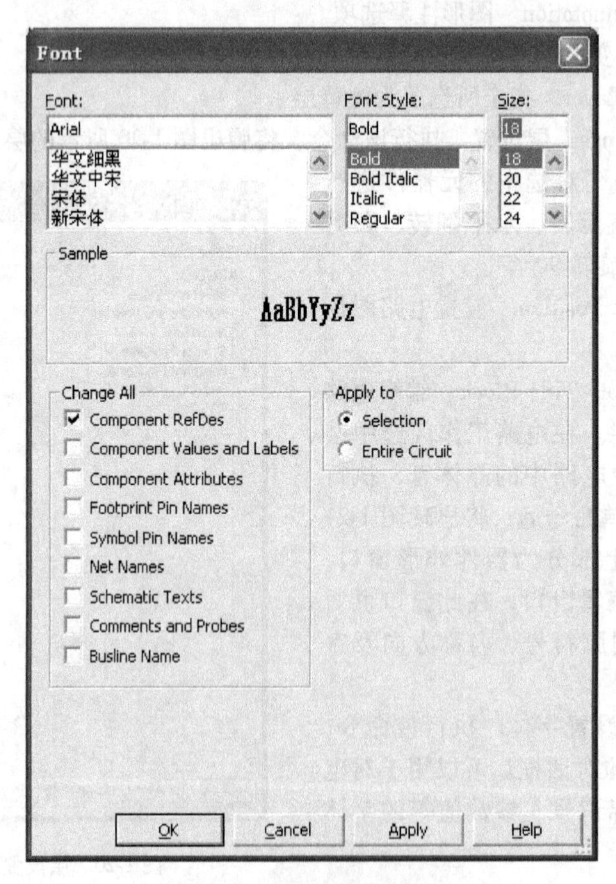

图 1-22　字体设置对话框

（19）Comment　编辑仿真电路的注释。

（20）Forms/Questions　编辑与电路有关的问题。执行该命令后，将弹出图1-23所示对话框，可在对话框中对模板进行编辑设置。

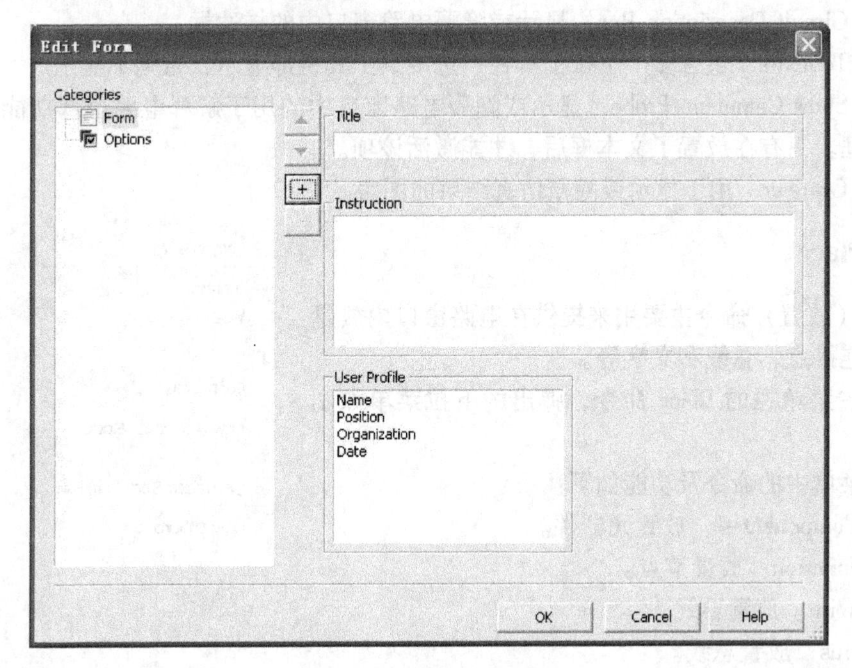

图1-23　编辑模板对话框

（21）Properties　打开属性对话框。

1.3.3　View

View（视图）命令主要用于设置确定主窗口界面上显示的内容以及电路图的缩放等。

单击View命令，弹出的下拉菜单如图1-24所示。

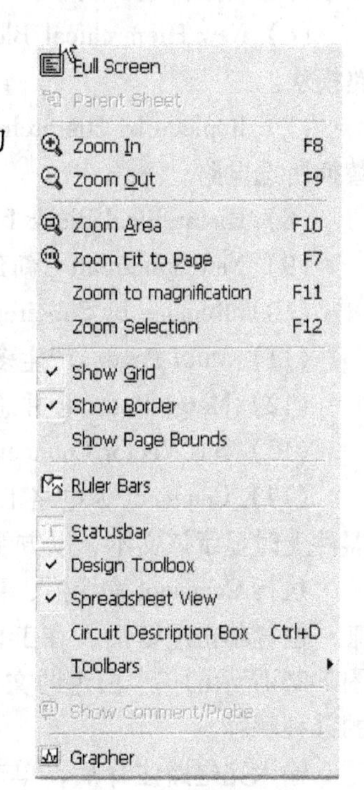

图1-24　视图命令的下拉菜单

下拉菜单中的命令及功能如下：

（1）Full Screen　全屏显示电路窗口。

（2）Parent Sheet　显示子电路或者分层电路的父节点。

（3）Zoom In　将电路窗口中的内容放大。

（4）Zoom Out　将电路窗口中的内容缩小。

（5）Zoom Area　放大所选区域。

（6）Zoom Fit to Page　显示完整电路图。

（7）Zoom to magnification　按所设倍数放大。

（8）Zoom Selection　以所选电路部分为中心进行放大。

（9）Show Grid　显示栅格。

（10）Show Border　显示电路边界。

（11）Show Page Bounds　显示页边界。

（12）Ruler Bars　显示标尺条。

（13）Statusbar　显示状态栏。

（14）Design Toolbox　显示设计工具箱。

（15）Spreadsheet View　显示数据表格栏。

（16）Circuit Description Box　显示或隐藏电路窗口中的描述框。

（17）Toolbars　包含多个下拉工具栏，选中某工具栏即显示，否则不显示。

（18）Show Comment/Probe　显示或隐藏电路窗口中的用于解释电路全部功能或部分功能的文本框。只有在放置了文本框后，才能激活该项。

（19）Grapher　用于显示或隐藏仿真结果的图表。

1.3.4　Place

Place（放置）命令主要用来提供在电路窗口内放置元器件、连接点、总线和文字等。

单击主菜单栏的 Place 命令，弹出的下拉菜单如图 1-25 所示。

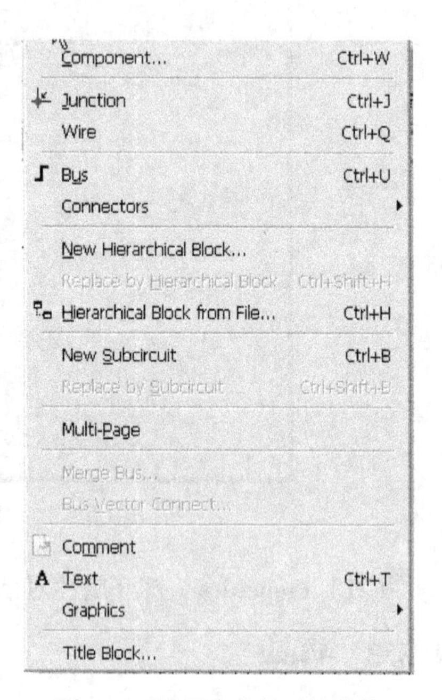

图 1-25　放置命令的下拉菜单

下拉菜单中的命令及功能如下：

（1）Component…　放置元器件。

（2）Junction　放置节点。

（3）Wire　放置导线。

（4）Bus　放置总线。

（5）Connectors　放置连接器。在其下拉菜单中选择某种连接器，进行放置。

（6）New Hierarchical Block　建立一个新的层次电路模块。

（7）Replace by Hierarchical Block　用层次电路模块替换所选电路。

（8）Hierarchical Block From File　从文件获取层次电路。

（9）New Subcircuit　新建子电路。

（10）Replace by Subcircuit　用一个子电路替换所选电路。

（11）Multi-Page　产生多层电路。

（12）Merge Bus　合并总线矢量。

（13）Bus Vector Connect…　放置总线矢量连接。

（14）Comment 为电路工作区或某个元器件增加功能描述等文本。当鼠标停留在相应元器件上时显示该文本，以方便图样阅读。

执行 Comment 命令后，鼠标指针会变为中心为实心黑点的十字形状，在电路工作区中某一位置单击左键后，在工作区的电路窗口中相应位置出现了图 1-26 所示的一个白色的文本框，在其中可以输入对电路功能的某种解释。

放大电路

图 1-26　输入注释文本框

输入完电路注释后，单击工作区电路窗口中白色文本框之外的任一位置，则白色的文本框消失，只剩下图标，即完成了注释的添加。如果要查看注释的内容，首先单击，然后执行 View/Comment/Probe，这时注释的内容便会显示。也可以让鼠标在上稍做停留，便可以看到注释的内容。

（15）Text　放置文本文件。

（16）Graphics　放置圆弧、椭圆、直线、折线、不规则图形、矩形和图形等。

（17）Title Block…　放置一个标题栏。执行该命令后，即可出现图 1-27 所示的打开标题栏对话框。

图 1-27　打开标题栏对话框

Multisim 10 提供了 10 种不同的标题栏供用户选用。一般将标题栏放置在图样右下角位置。在其中可以填写图样名称、编号、作者等信息。

1.3.5　MCU

Multisim 10 不仅提供含有微控制器芯片 MCU 模块的电路原理图编辑功能，更重要的是提供了相应的软件开发模块，目前 Multisim 10 能支持的微控制器芯片类型有两类：80C51 和 PIC。图 1-28 所示的 MCU 下拉菜单命令主要用于含有微控制器芯片的电路仿真操作。

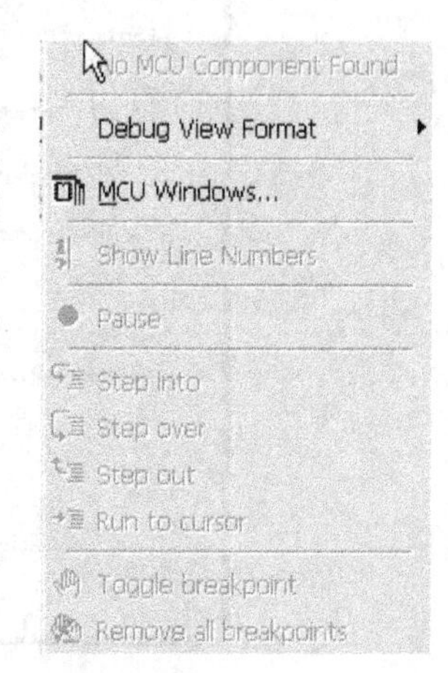

图 1-28　MCU 下拉菜单

下拉菜单中的命令及功能如下：

（1）No MCU Component Found　没有创建 MCU 器件。

（2）Debug View Format　调试格式。

（3）MCU Windows…　显示 MCU 窗口。

（4）Show Line Numbers　显示线路数目。

（5）Pause　暂停。

（6）Step into　进入。

（7）Step over　跨过。

（8）Step out　离开。

（9）Run to cursor　运行到指针位置。

（10）Toggle breakpoint　设置断点。

（11）Remove all breakpoints　移走所有断点。

1.3.6　Simulate

Simulate（仿真）命令主要用来提供电路仿真设置与操作命令。执行主菜单栏的仿真命令，弹出的下拉菜单如图 1-29 所示。

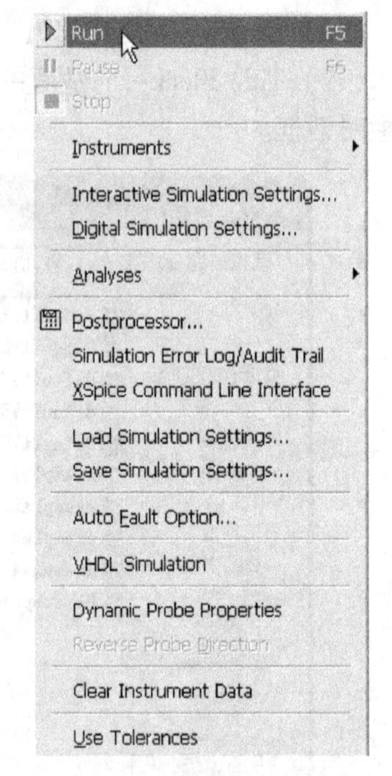

图 1-29　仿真命令的下拉菜单

下拉菜单中的命令及功能如下：

（1）Run　运行仿真。

（2）Pause　暂停仿真。

（3）Stop　停止仿真。

（4）Instruments　其下拉菜单中包含各种仪器，可选择放置。

（5）Interactive Simulation Settings…　执行该命令，即可弹出图 1-30 所示的交互仿真设置对话框，可在其中对与瞬态分析有关的仪表及选项进行设置。

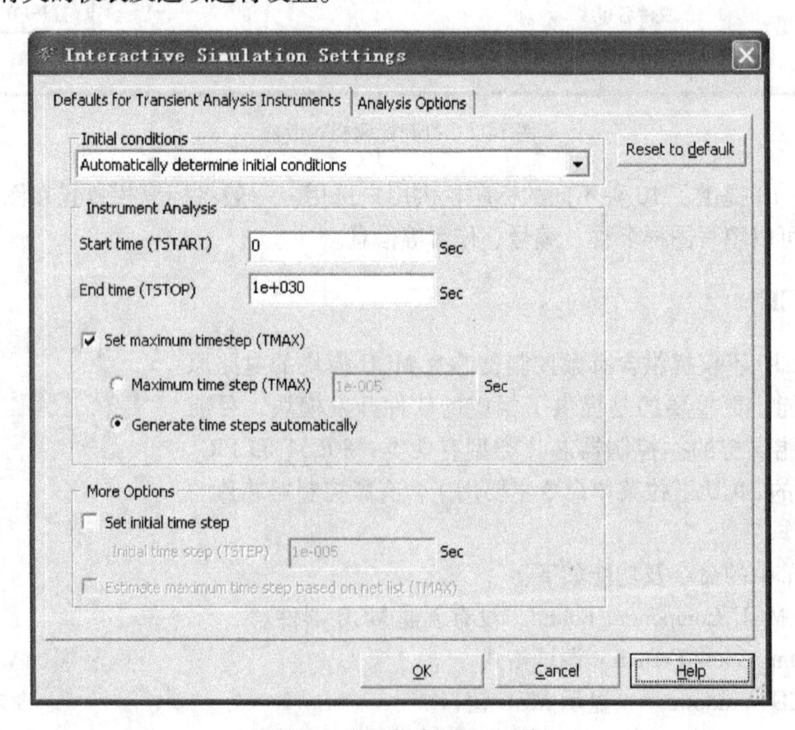

图 1-30　交互仿真设置对话框

（6）Digital Simulation Settings…　在电路仿真时对数字元器件的精度和速度进行选择。

（7）Analyses　选择仿真分析项目。

（8）Postprocessor…　对电路分析进行后处理。

（9）Simulation Error Log/Audit Trail　仿真错误记录/检查跟踪。

（10）XSpice Command Line Interface　执行该命令，可以显示 XSpice 命令行，如图 1-31 所示。

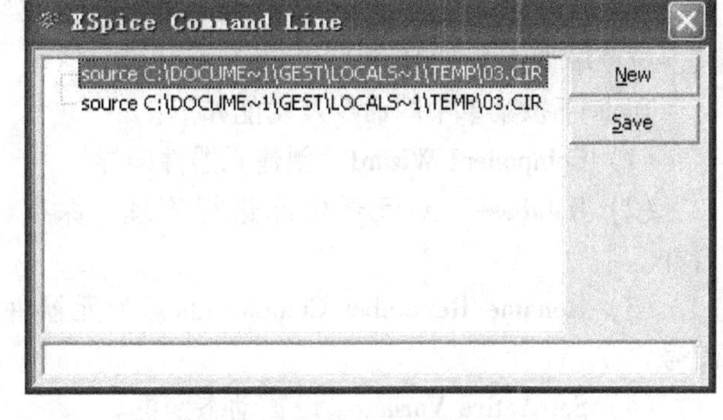

图 1-31　XSpice 命令行显示

（11）Load Simulation settings…　装载用户以前保存的仿真设置。

（12）Save Simulation settings…　保存以后用到的仿真设置。

（13）Auto Fault Option…　自动设置电路故障选项。

（14）VHDL Simulation　运行 VHDL 语言仿真。

（15）Dynamic Probe Properties　探针属性设置。探针的作用是快速地检查电路中不同节点或引脚的电压值或频率值。

（16）Reverse Probe Direction　探针极性反向。

（17）Clear Instrument Data　仪器测量结果清零。

（18）Use Tolerances　允许误差设置。

1.3.7　Transfer

Transfer（文件输出）命令主要用来提供将仿真结果传递给其他软件进行处理。

单击主菜单栏的 Transfer 命令，弹出的下拉菜单如图 1-32 所示。

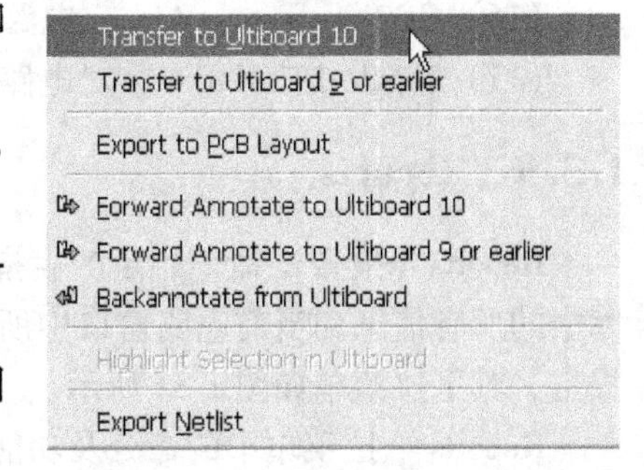

图 1-32　Transfer 命令的下拉菜单

（1）Transfer to Ultiboard 10　传送到 Ultiboard 10，设计制作印制电路板。

（2）Transfer to Ultiboard 9 or earlier　传送到 Ultiboard 9 或更早版本。

（3）Export to PCB Layout　导出到其他 PCB 制图软件。

（4）Forward Annotate to Ultiboard 10　将 Multisim 10 中的注释传送到 Ultiboard 10。

（5）Forward Annotate to Ultiboard 9 or earlier　将 Multisim 10 中的注释传送到 Ultiboard 9 或更早版本。

（6）Backannotate from Ultiboard　将 Ultiboard 10 中的注释传送到 Multisim 10。

（7）Highlight Selection in Ultiboard　对 Ultiboard 电路中所选元器件以高亮显示。

（8）Export Netlist　将电路图文件导出为网络表文件。

1.3.8 Tools

Tools（工具）命令主要用于编辑或管理元器件和电路，其下拉菜单如图 1-33 所示。

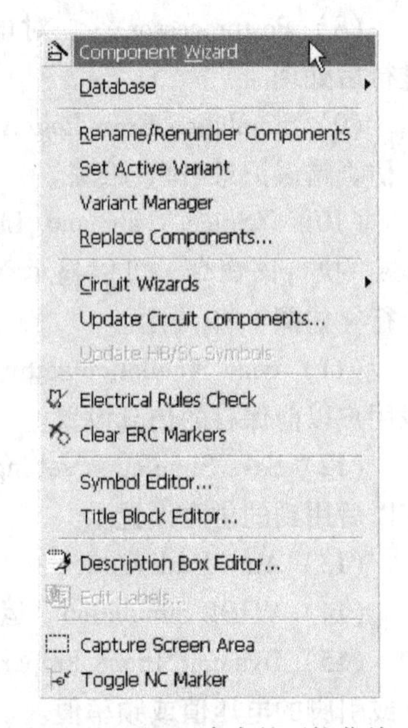

图 1-33　Tools 命令的下拉菜单

Tools 下拉菜单中的命令及功能如下：

（1）Component Wizard　创建元器件向导。

（2）Database　对元器件库进行管理、保存、转换和合并。

（3）Rename/Renumber Components　为元器件重命名、编号。

（4）Set Active Variant　设置动态变更。

（5）Variant Manager　变更管理。

（6）Replace Components…　元器件替换。

（7）Circuit Wizards　电路设计向导。

（8）Update Circuit Components…　更新电路元器件。

（9）Update HB/SC Symbols　更新层次电路和子电路模块。

（10）Electrical Rules Check　电气规则检查。

（11）Clear ERC Markers　清除电气规则检查标记。

（12）Symbol Editor…　符号编辑器。

（13）Title Block Editor…　标题栏编辑器。

（14）Description Box Editor…　电路描述编辑器。

（15）Edit Labels…　编辑标签。

（16）Capture Screen Area　电路图截图。

（17）Toggle NC Marker　对电路未连接点标识或者删除标识。

1.3.9 Reports

Reports（报告）命令用于产生指定元器件存储在数据库中的所有信息和当前电路窗口中所有元器件的详细参数报告，其下拉菜单如图 1-34 所示。

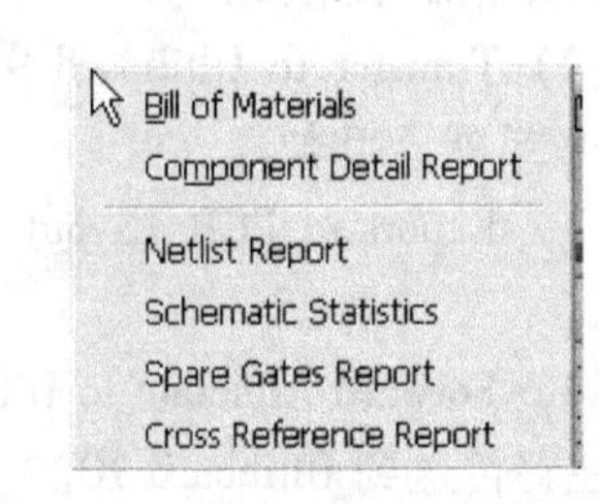

图 1-34　Reports 命令的下拉菜单

Reports 下拉菜单中的命令及功能如下：

（1）Bill of Materials　产生当前电路图文件的元器件清单。

（2）Component Detail Report　产生特定元器件在数据库中的详细信息报告。

（3）Netlist Report　产生元器件连接信息的网络表文件报告。

（4）Schematic Statistics　产生电路图的统计信息报告。

（5）Spare Gates Report　产生电路中未使用门的报告。

（6）Cross Reference Report　产生当前电路窗口中所有元器件的详细参数报告。

1.3.10 Options

Options（选项）命令主要用于定制用户的界面和电路某些参数的设定，其下拉菜单如图1-35所示。

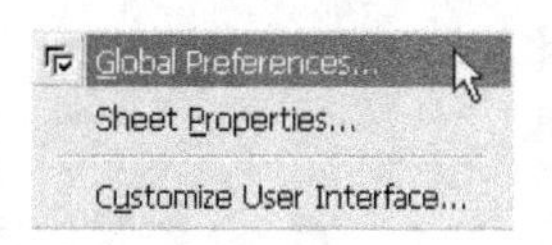

图1-35 Options命令的下拉菜单

Options下拉菜单中的命令及功能如下：

（1）Global Preferences… 全局参数设置。

（2）Sheet Properties… 电路图或子电路图属性参数设置。

（3）Customize User Interface… 定制用户界面。

1.3.11 Window

单击主菜单栏的Window（窗口）命令，将弹出图1-36所示的下拉菜单，其命令及功能如下：

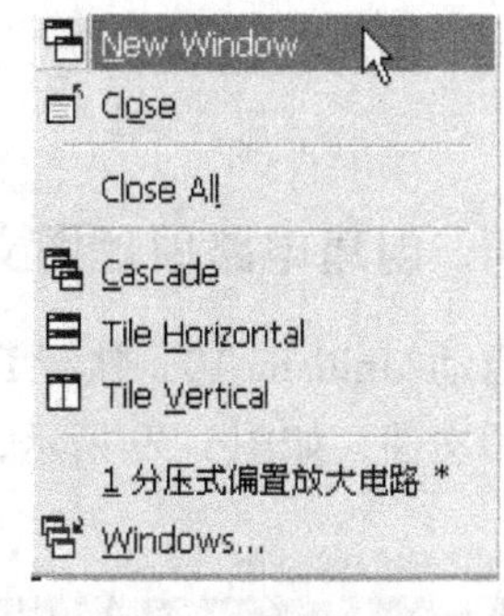

图1-36 Window命令的下拉菜单

（1）New Window 新建一个窗口。

（2）Close 关闭当前窗口。

（3）Close All 关闭所有窗口。

（4）Cascade 使打开的多个电路窗口层叠排列。

（5）Tile Horizontal 使打开的多个电路窗口水平方向排列。

（6）Tile Vertical 使打开的多个电路窗口垂直水平方向排列。

（7）Windows… 显示所有窗口列表，并选择激活窗口。

1.3.12 Help

当进行电路操作时，需要查看帮助信息时，可以利用Help（帮助）命令，显示帮助有关信息。其下拉菜单如图1-37所示。

图1-37 Help命令的下拉菜单

Help下拉菜单中的命令及功能如下：

（1）Multisim Help 帮助主题目录。

（2）Component Reference 帮助主题索引。

（3）Release Notes 版本注释。

（4）Check For Updates… 检查软件更新。

（5）File Information… 当前电路图的文件信息。

（6）Patents… 专利信息。

（7）About Multisim… 有关Multisim的说明。

1.4 Multisim 10使用入门

本节以图1-38所示“单管放大电路”为例，说明使用Multisim 10建立电路、放置元器件、连接电路、连接仪表、运行仿真和保存电路文件等操作，使初学者轻松容易地掌握Multisim 10使用要领，从而为编辑设计复杂的电子线路原理图奠定良好的基础。

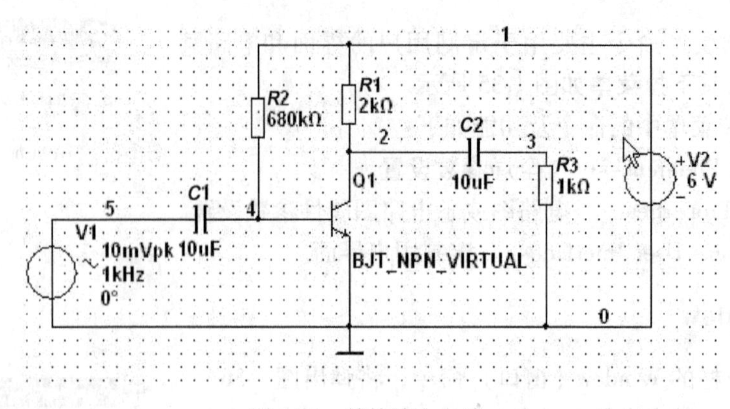

图 1-38　单管放大电路

1.4.1　创建电路原理图文件

启动 Multisim 10，执行 File\New\Schematic Capture 命令，即创建一个“Circuit1”电路原理图文件，如图 1-39 所示，该电路原理图文件可以在保存时重新命名。

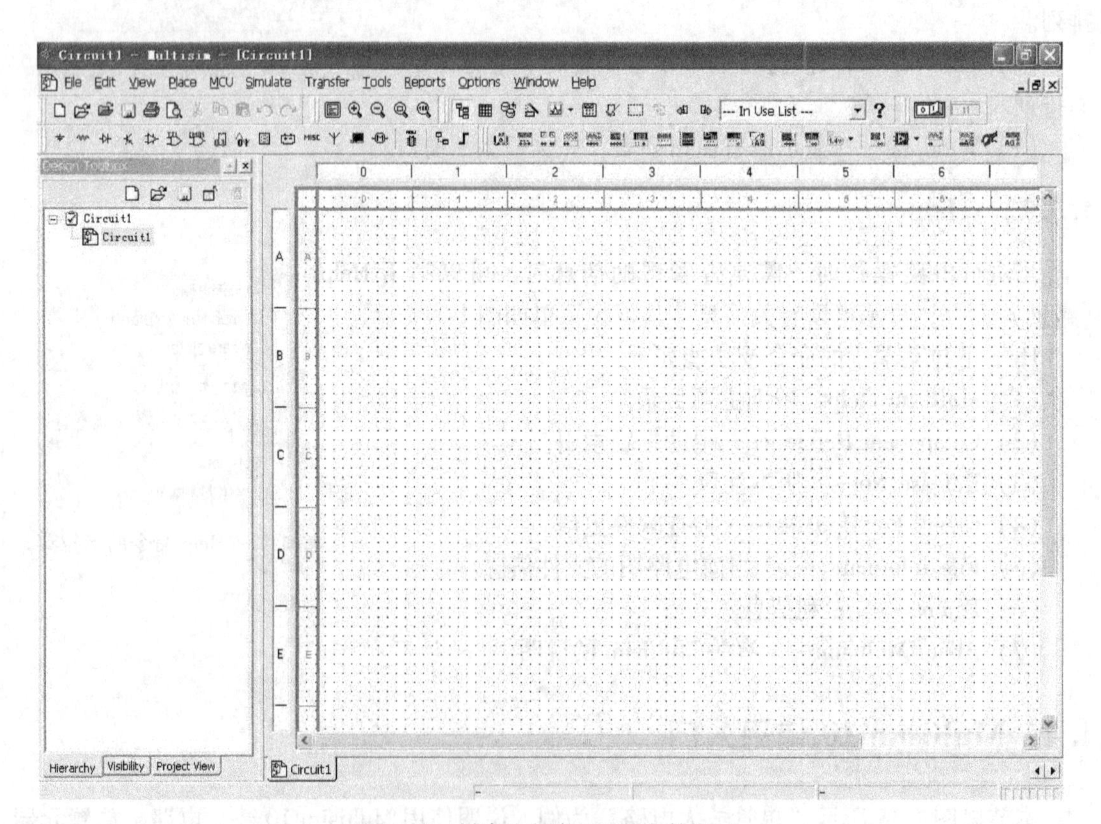

图 1-39　创建的电路原理图文件窗口

1.4.2 放置元器件

Multisim 10 软件不仅提供了数量众多的元器件符号图形，而且精心设计了元器件的模型，并分门别类地存放在各个元器件库中。放置元器件就是将电路中所用的元器件从元器件库中放置到工作区。本小节要建立的单管放大电路中有电阻器、电容器、NPN 晶体管和直流电压源、接地端和交流电压源等。下面具体说明元器件放置的方法步骤。

1. 放置电阻

用鼠标单击基本元器件库（Basic）按钮，即可打开该元器件库，显现出内含的元器件系列，如图 1-40 所示。从图中可以看出，元器件系列的图标背景颜色有三种：红色衬底表示所有系列，绿色衬底表示虚拟元器件系列，灰色衬底表示实际的元器件系列。

虚拟元器件在现实中不一定存在，是泛指元器件，可以对虚拟元器件重新任意设置参数，使用起来比较方便。为了与实际电路接近，应该尽量选用实际的元器件系列。

将光标移动到实际的电阻元件系列，单击鼠标左键，在 Component 栏目中即可显示各种不同参数的电阻器，如图 1-40 所示。从其中找出 680kΩ，单击 OK 按钮，即可将 680kΩ 电阻选中。选中的电阻紧随着鼠标指针在电路窗口内移动，移到合适位置后，单击鼠标左键即可将这个 680kΩ 电阻放置在当前位置。以同样的操作方法可将 2kΩ、1kΩ 两电阻放置到电路窗口适当的位置上。为了使电阻垂直放置，可让光标指向该电阻，然后单击鼠标右键，可弹出一个快捷菜单，如图 1-41 所示。在快捷菜单中选取 90 Clockwise 或 90 CounterCW 命令使其旋转 90°。

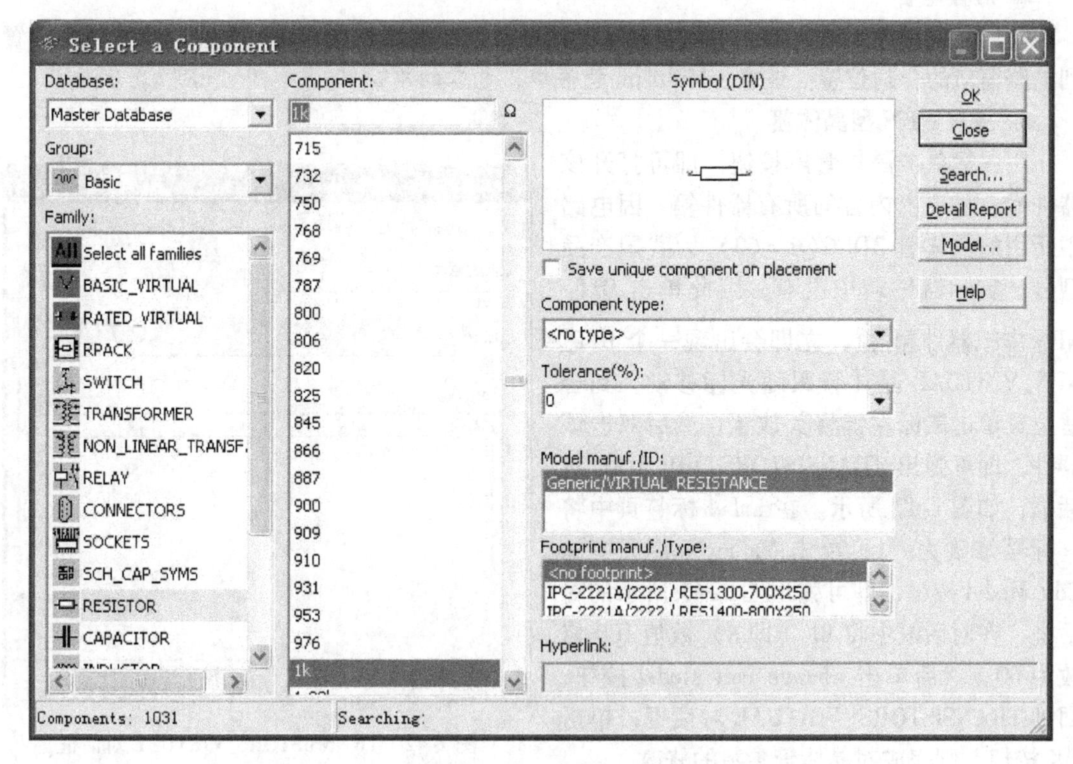

图 1-40 打开的基本元件库

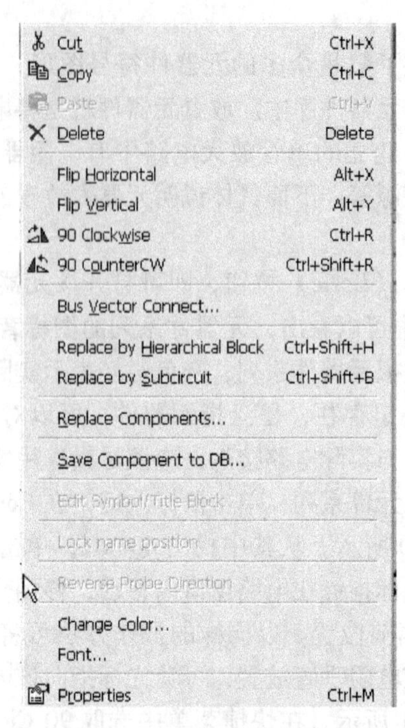

图 1-41　元件操作右键菜单

2. 放置电容

与前述放置电阻器相似，在现实电容器元件系列中选择两个 10μF 电容器，并将其放置到电路窗口的合适位置。**注意**：Multisim 软件中，电容的单位"μF"用"uF"表示。

3. 放置 NPN 型晶体管

用鼠标单击晶体管库按钮，即可打开该器件库，显现出内含的所有器件箱。因电路中所用的晶体管 3DG6($\beta=60$) 为我国产品型号，实际器件箱中没有，因此单击 BJT_NPN 虚拟器件箱，立即会出现一个 BJT_NPN_VIRTUAL 晶体管跟随光标移动，到合适位置单击鼠标左键将其放置，然后双击该器件，即可弹出 TRANSISTORS_VIRTUAL 对话框，如图 1-42 所示。在 Label 标签页中将其标号修改为 V1；单击 Value 标签页中的 Edit Model 按钮，即可弹出图 1-43 所示的对话框，在对话框中将 BF（即 β）数值 100 修改为 60，然后单击 Change Part Model 按钮，回到 TRANSISTORS_VIRTUAL 对话框，单击 OK 按钮，则完成对晶体管参数的修改。

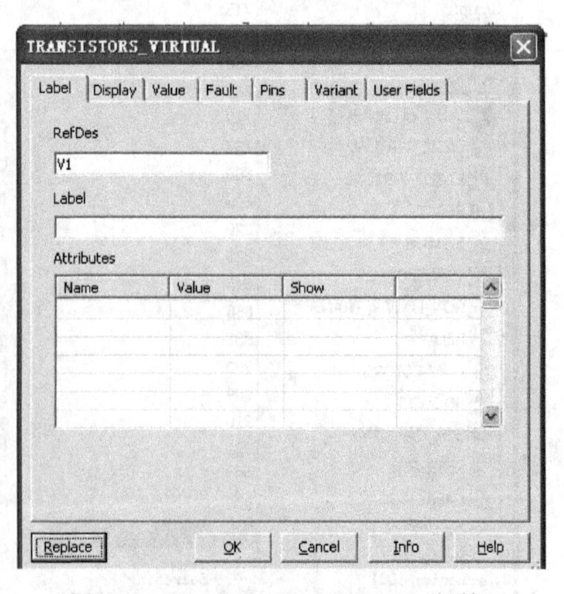

图 1-42　TRANSISTORS_VIRTUAL 对话框

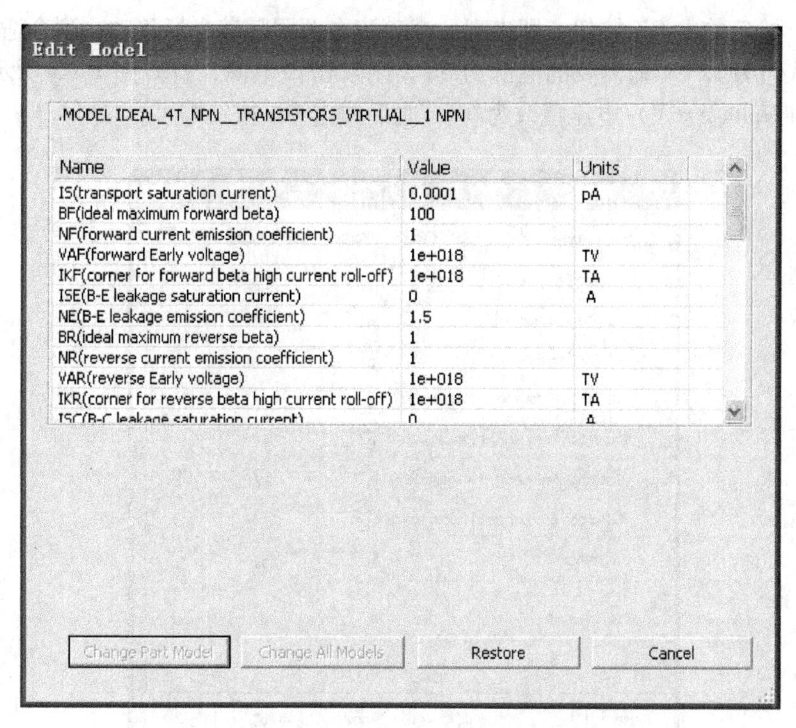

图 1-43　Edit Model 对话框

4. 放置 6V 直流电源

直流电源为放大电路提供电能，这个直流电压源可从电源库（Sources）选取。单击电源库，即可弹出图 1-44 所示的选择元件对话框。从中选择 POWER_SOURCES 元件系列中的

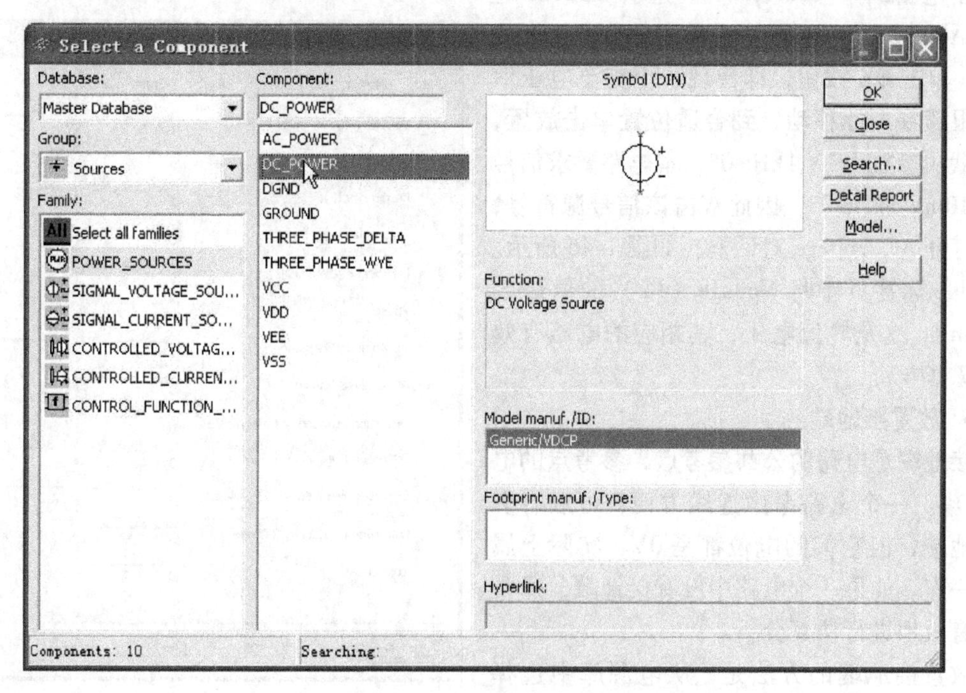

图 1-44　选择元件对话框

DC_POWER，然后单击 OK 按钮，即出现一个直流电源跟随着光标移动，到合适位置单击放置，但其默认值为 12V，而需要的电源为 6V，则双击该电源，打开图 1-45 所示的对话框，在对话框中将 Voltage（V）电压值改为 6V，之后单击 OK 按钮即可。

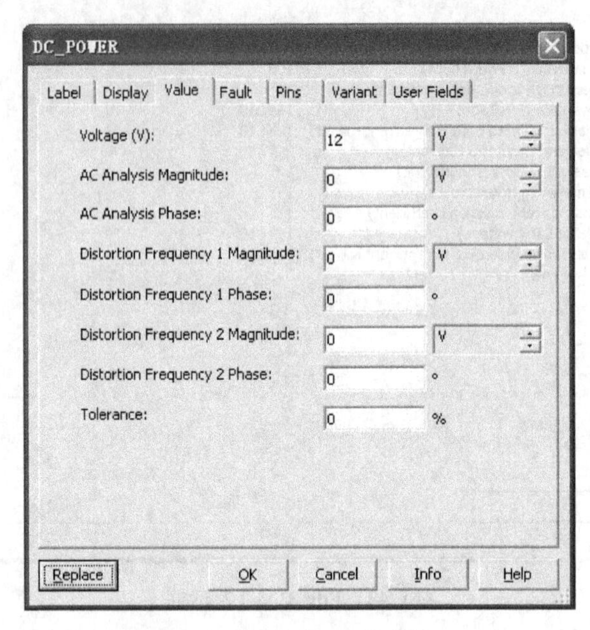

图 1-45　DC_POWER 对话框

5. 放置交流信号源

在电源库（Sources）中选择 SIGNAL_VOLTAGE_SOUSER 元件系列中的 AC_VOLTAGE，单击 OK 按钮，即出现一个交流电压信号源跟随着光标移动，到合适位置单击放置，但其默认参数为 1V 1kHz 0°，本电路要求信号源是 10mV 1kHz 0°，因此双击该信号源符号，即可打开 AC Voltage 对话框，如图 1-46 所示。在 Value 标签页中将 Voltage（Pk）的值修改为 10mV，这是峰值电压，其相应的电压有效值为 7.07mV。

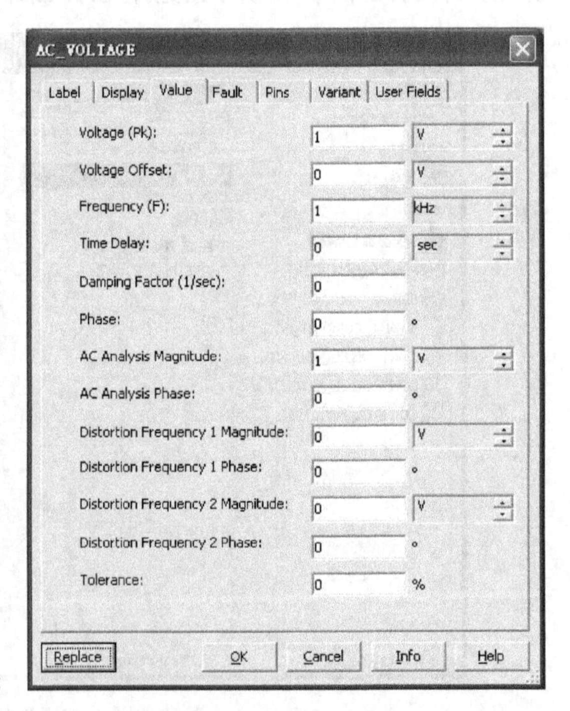

图 1-46　AC Voltage 对话框

6. 放置接地端

接地端是电路的公共参考点，参考点的电位为 0V。一个电路考虑连线方便，可以有多个接地端，但它们的电位都是 0V，实际上属于同一点。如果一个电路中没有接地端，通常不能有效地进行仿真分析。

放置接地端的方法是，从电源库中选择 POWER_SOURSES 元件系列中的 GROUND，单击 OK 按钮，即出现一个接地端跟随着光标移动，将其拖到电路窗口的合适位置并单击即可。

删除元器件的方法是：单击元器件将其选中，然后按下 Del 键，或执行 Edit \ Delete 命令。

单管放大电路所有元器件放置完毕后的电路窗口如图 1-47 所示。

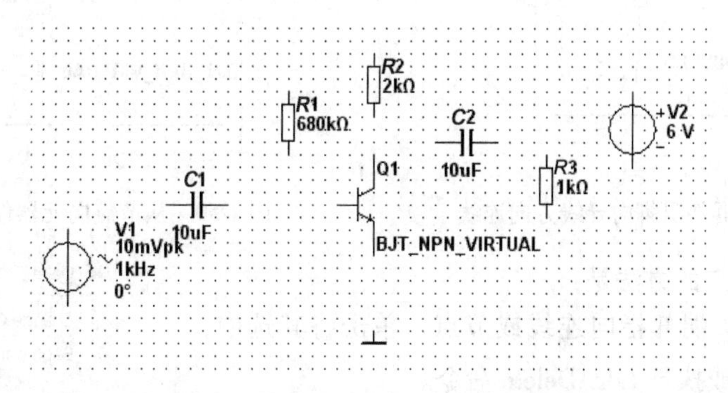

图 1-47　元器件放置完毕后的电路窗口

1.4.3　连接线路和放置节点

1. 连接线路

Multisim 软件具有非常方便的连线功能，只要将光标移动到元器件的引脚附近，就会自动形成一个带十字的圆黑点，如图 1-48a 所示，单击鼠标左键拖动光标，又会自动拖出一条虚线，到达连线的拐点处单击一下鼠标左键，如图 1-48b 所示；继续移动光标到下个拐点处再单击一下鼠标左键，如图 1-48c 所示；接着移动光标到要连接的元器件引脚处再单击一下鼠标左键，一条连线就完成了，如图 1-48d 所示。

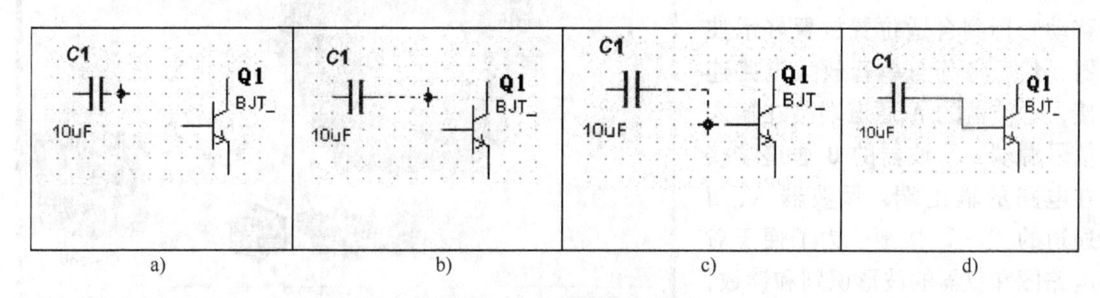

图 1-48　连接线路操作过程

照此方法操作，连完电路中的所有连线。

2. 放置节点

节点即导线与导线的连接点，在图中表示为一个小圆点。一个节点最多可以连接 4 个方向的导线，即上下左右每个方向只能连接一条导线，且节点可以直接放置在连线中。放置节点的方法是：执行菜单命令 Place\junction，会出现一个节点跟随光标移动，单击鼠标左键即可将节点放置到导线上合适位置。使用节点时应**注意**：只有在节点显示为一个实心的小黑点时才表示正确连接；两条线交叉连接处必须打上节点。两条线交叉处的节点可以从元器件引脚向导线方向连接自然形成，如图 1-49 所示；也可以在导线上先放置节点，然后从节点再向元器件引脚连线，如图 1-50 所示。

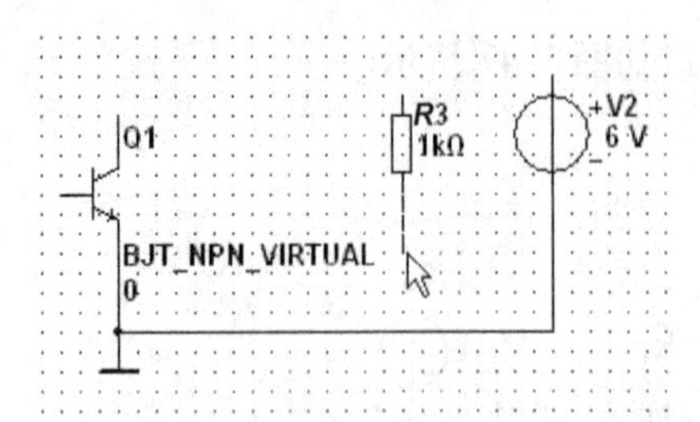

图 1-49　从元器件引脚向导线方向连线

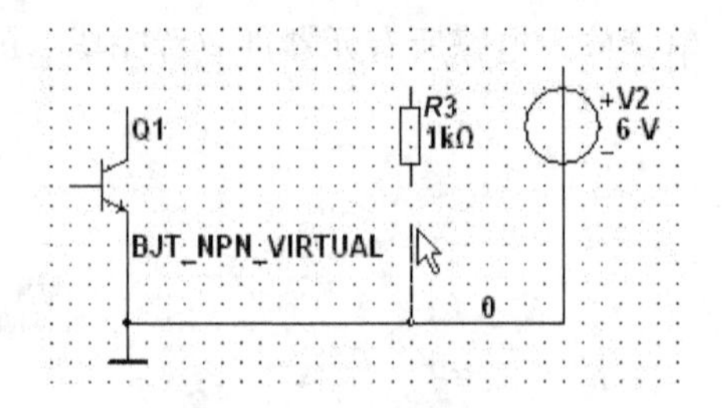

图 1-50　从节点向元器件引脚连线

删除连线或节点的方法是：

1）让光标箭头端部指向连线或节点，单击将其选中，然后按下 Del 键，或执行 Edit\Delete 命令。

2）让光标箭头端部指向连线或节点，单击右键，即弹出图 1-51 所示的快捷菜单，执行 Delete 命令。

图 1-51　连线或节点右键快捷菜单

1.4.4　连接仪器仪表

电路图连接好后就可以将仪器仪表接入，以供仿真分析使用。本例是接入一台示波器，首先在仪器库工具栏中找到 Oscilloscope（示波器）图标并单击，示波器图标就跟随光标出现在电路窗口，移动光标到合适位置放置好示波器，然后将其与单管放大电路连接，示波器的 A 通道端接在输入信号源端，示波器的 B 通道端接在电路的输出端，示波器 A、B 通道的“-”接地。为了便于对电路图和仪器的波形识别和读数，通常将某些特殊的连线及仪器的输入、输出线设置为不同的颜色。要设置某导线的颜色，可用鼠标右键单击该导线，将弹出图 1-51 所示的快捷菜单。执行 Change Color 命令即可打开“颜色”对话框，如图 1-52 所示。根据需要用鼠标单击所需色块，并单击 OK 按钮，即可设置连线的不同颜色。

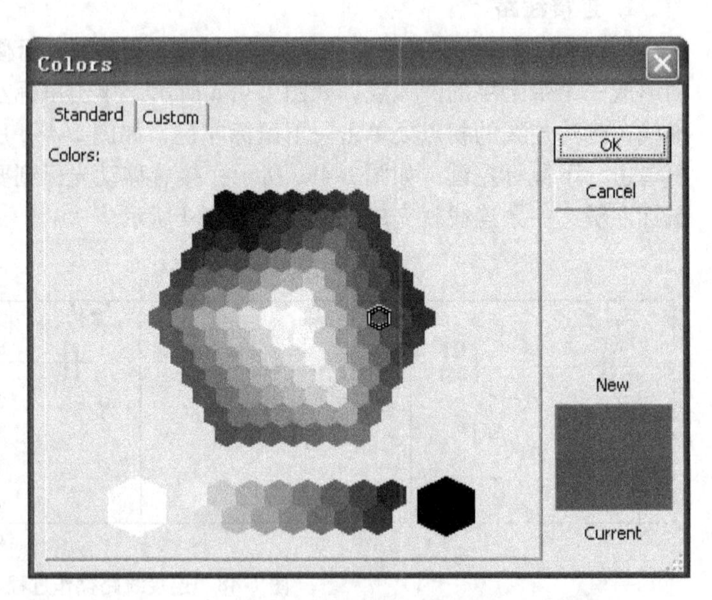

图 1-52　“颜色”对话框

连接好后的单管放大电路如图 1-53 所示。

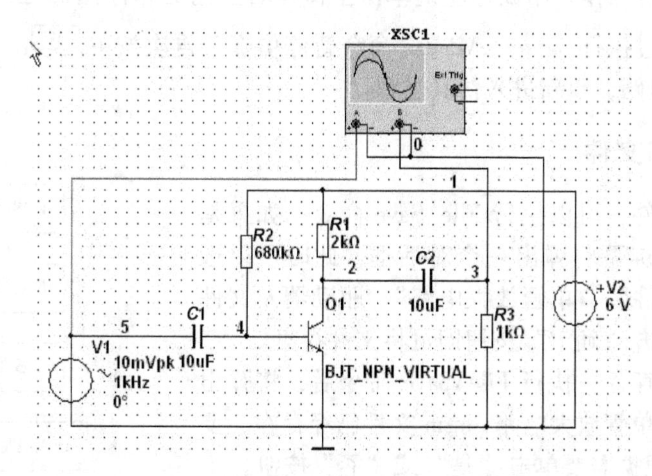

图 1-53 连接好后的单管放大电路

1.4.5 运行仿真

电路图绘制好后，用鼠标左键单击主窗口右上角的开关图标，软件自动开始运行仿真，要观察波形还需要双击示波器图标，打开示波器的面板，并对示波器作适当的设置，就可以显示测试的数值和波形。图 1-54 所示为单管放大电路连接的示波器所显示的输入输出波形，从图中可以看出信号的周期为 1ms，输入信号幅值为 10mV，输出信号幅值为 177mV，输出信号与输入信号呈反相关系。

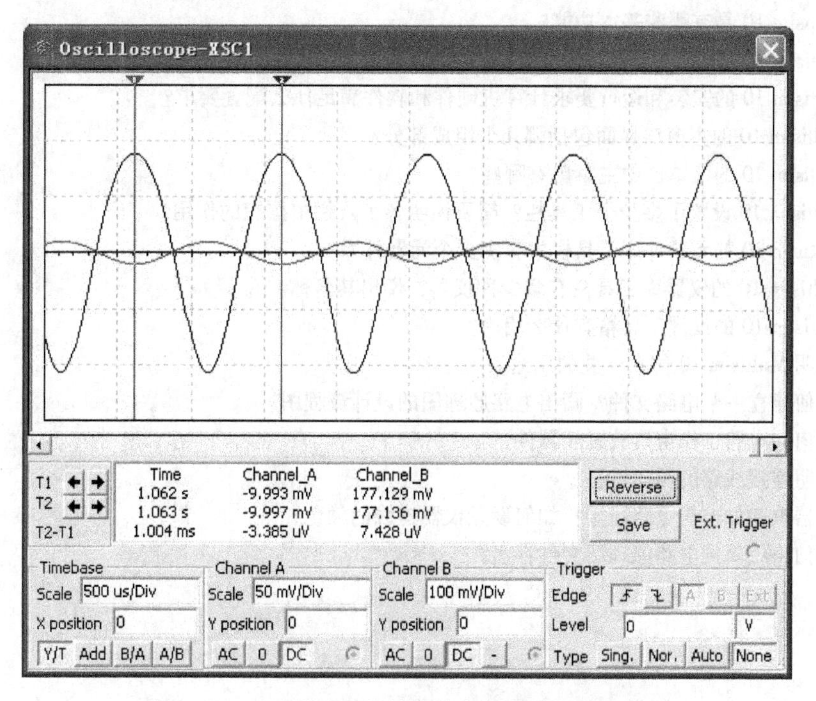

图 1-54 示波器显示的单管放大电路输入输出波形

如果要暂停仿真操作，用鼠标左键单击主窗口右上角的暂停图标 II ，软件将停止运行仿真。也可以通过执行 Simulate\Pause 命令暂停仿真。再次按下 II ，或执行 Simulate\Run 命令，将激活电路，重新进入仿真过程。

1.4.6 保存电路文件

要保存电路文件，可以执行 File\Save 命令。如果是第一次文件存盘，屏幕将弹出一个对话框，此时可以选择输入电路图的文件名“单管放大电路”、驱动器及文件夹路径，用鼠标单击“确定”按钮即可将文件存盘。

如果不是首次存盘，执行 File\Save 命令后，将弹出一个对话框询问“单管放大电路.msm 文件已经存在，要不要替换？”你可根据需要单击“是”或“否”按钮。

如果要将当前电路改名存盘，则执行 File\Save As 命令，将弹出一个对话框，在对话框中输入电路图的新文件名，当然还可以选择新的路径，再单击“确定”按钮即可。当想设计一个电路又不想改变原来的电路图时，用 File\Save As 命令是很理想的。

通过上面的实例，我们可以总结出电路原理图的设计流程，如图 1-55 所示。

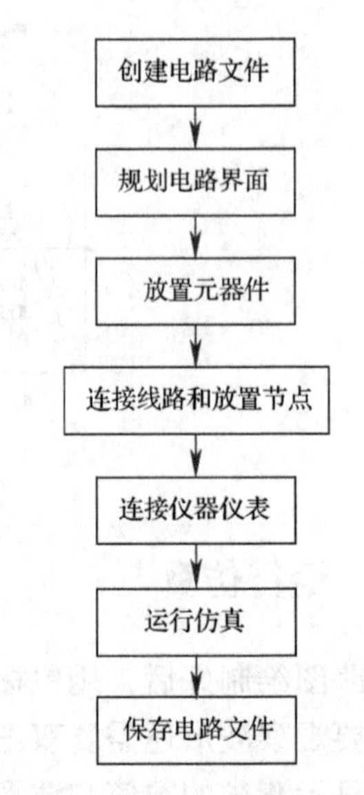

图 1-55　电路原理图的设计流程

思　考　题

1-1　Multisim 10 具有哪些基本功能？
1-2　Multisim 10 提供了哪些与其他软件信息交换的接口？
1-3　Multisim 10 的安装和运行要求计算机硬件和软件满足什么配置要求？
1-4　Multisim 10 的主窗口界面包括哪几个组成部分？
1-5　Multisim 10 的菜单栏中主菜单有哪些？
1-6　Multisim 10 设置了多少个工具栏？简要说明各工具栏中按钮的作用？
1-7　Multisim 10 的元器件库工具栏中有多少个元器件库？
1-8　Multisim 10 的仪器库工具栏有多少种仪器？说出其名称。
1-9　Multisim 10 的设计工具箱有什么用途？
1-10　说明 Multisim 10 仿真开关的用途。
1-11　如何建立一个电路文件？画出电路原理图的设计流程图。
1-12　如何向电路工作窗口放置元器件？
1-13　说明连接线路的操作过程。
1-14　仪器仪表如何与电路连接？如何设置仪器连线的颜色？
1-15　如何将编辑的电路原理图文件存盘？

第 2 章　Multisim 10 的元器件库与虚拟元器件

Multisim 10 元器件存放在三种不同的数据库中，执行 Tools\Database\Database Manager 命令，可弹出图 2-1 所示的数据库管理对话框。

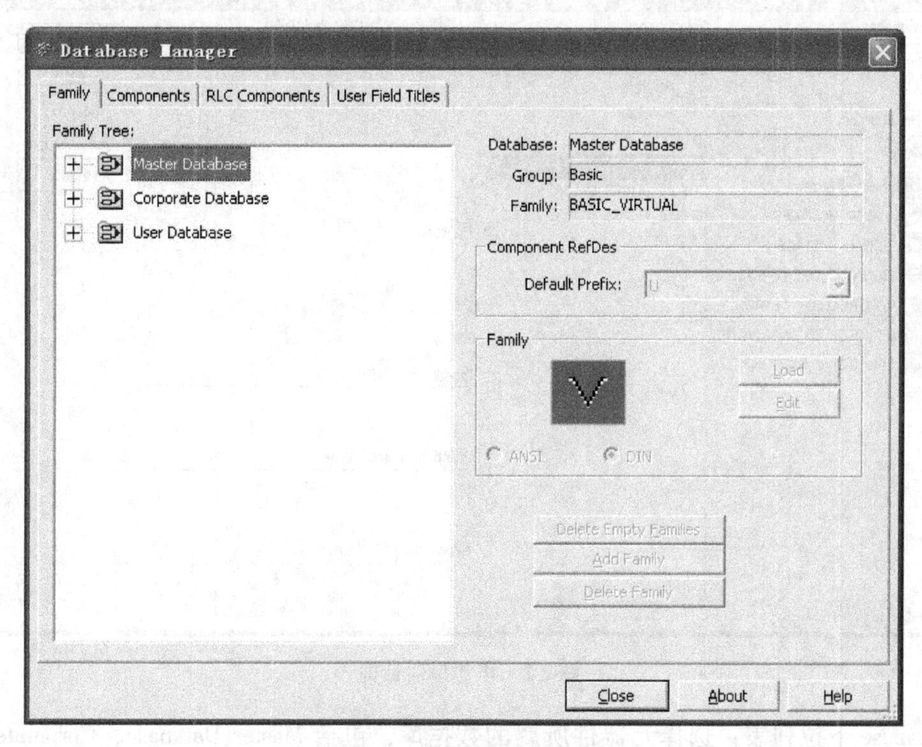

图 2-1　数据库管理对话框

数据库管理对话框中主要包括 Master Database、Corporate Database 和 User Database 三种数据库，它们的功能分别如下。

Master Database：存放 Multisim 10 提供的元器件。

Corporate Database：存放被企业或个人修改、创建和导入的元器件，是公用元器件库，也能被其他用户使用。

User Database：存放个人修改、创建和导入的元器件，仅供个人使用。

2.1　Multisim 10 的元器件库

Master Database 中含有 18 个元器件库（即 Component Toolbar），每个元器件库中又含有数量不等的元器件系列（称之为 Family），各种元器件分门别类地放在这些元器件系列中供用户调用。Corporate Database 和 User Database 在开始使用时是空的，只有在用户创建或修改了元器件并存放于数据库后才能有元器件供调用。

本节将分别对 Master Database 中的 18 个元器件库加以介绍。

2.1.1 Sources

单击元器件工具栏中的 图标按钮，将弹出图 2-2 所示的电源库（Sources）对话框。该对话框中的各选项含义如下。

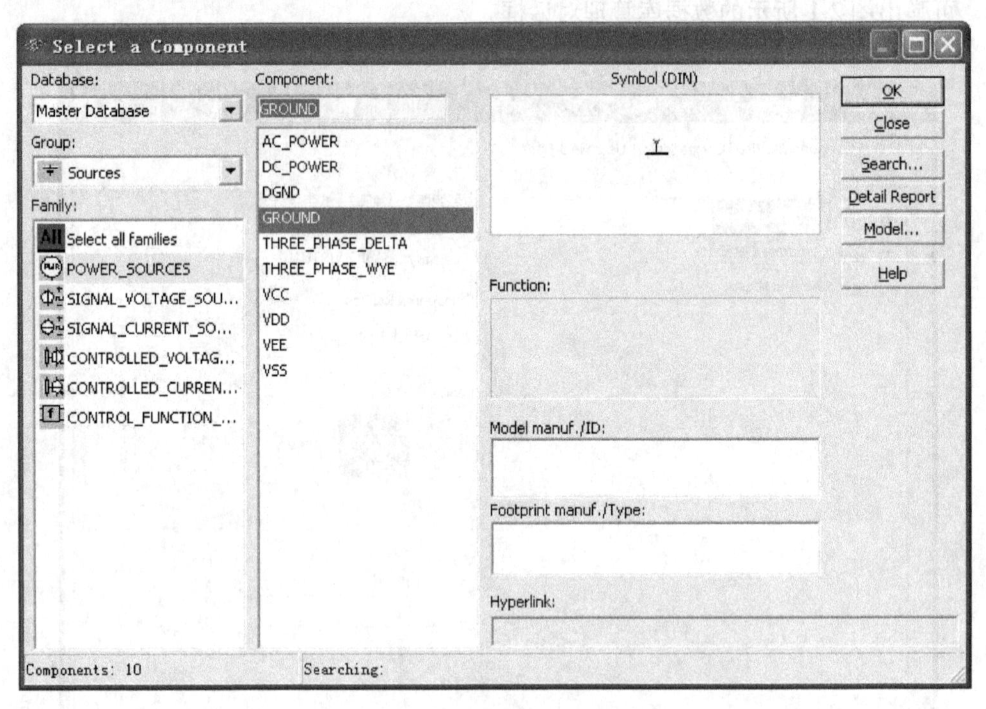

图 2-2　电源库对话框

Database 下拉列表：选择元器件所属的数据库，包括 Master Database、Corporate Database 和 User Database。

Group 下拉列表：选择元器件库的分类，在其下拉列表中包括 18 种元器件库。

Family 栏：选择在每种库中包含的不同元器件系列。图 2-2 所示的电源库中包括 6 个系列。

Component 栏：显示 Family 栏中元器件系列所包含的所有元器件。

Symbol（DIN）栏：显示所选元器件的符号，此处采用的是 DIN 标准。

Function 栏：显示所选元器件的功能描述，包括元器件模型和封装等。

对话框中按钮的作用：单击"OK"按钮将选择的元器件放到工作区；单击"Close"按钮关闭当前对话框；单击"Search"按钮查找元器件；单击"Detail Report"按钮列出元器件详细报告信息；单击"Model"按钮显示元器件模型信息；单击"Help"按钮提供帮助信息。

电源库中包含 6 个系列，分别为 POWER_SOURCES（电源）、SIGNAL_VOLTAGE_SOURCES（电压信号源）、SIGNAL_CURRENT_SOURCES（电流信号源）、CONTROLLED_

VOLTAGE_SOURCES（控制电压源）、CONTROLLED_CURRENT_SOURCES（控制电流源）、CONTROL_FUNCTION_BLOCKS（控制功能模块）等。每一系列又包含多个电源和信号源。

注意：由于电源库的特殊性，Multisim 把电源库中的所有元件当做虚拟元件，因而不能使用 Multisim 中的元件编辑工具对模型及符号等进行修改或重新创建，只能通过自身的属性对话框对其相关参数进行设置。

2.1.2　Basic

单击元器件工具栏中的 图标按钮，即可弹出图 2-3 所示的基本元器件库（Basic）对话框。

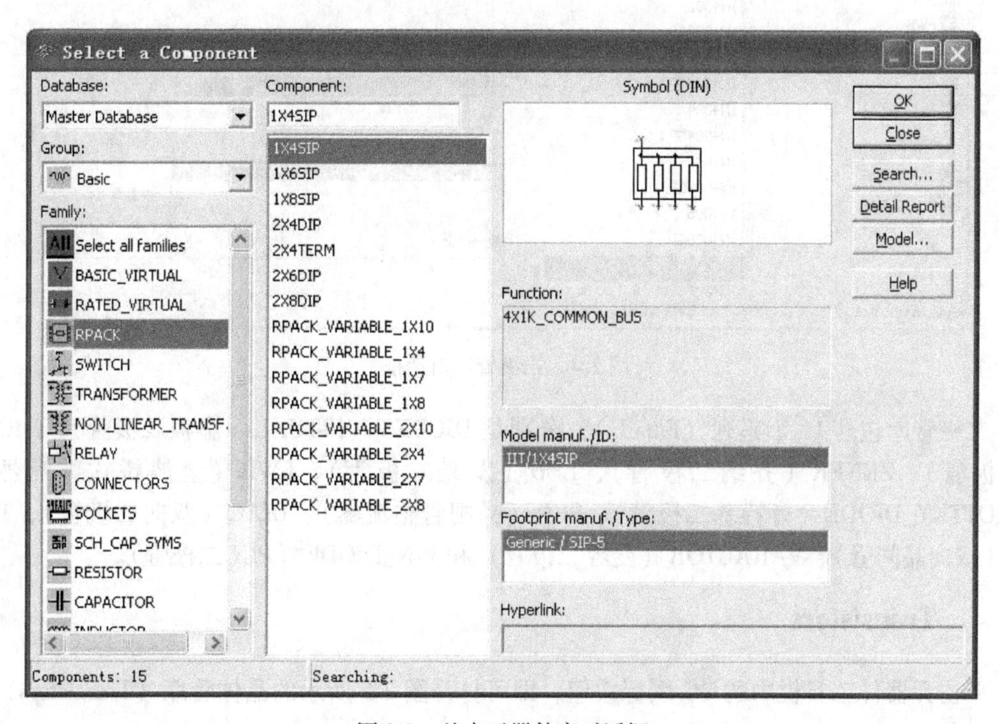

图 2-3　基本元器件库对话框

基本元器件库中包含 17 个系列（Family），分别是 BASIC_VIRTUAL（基本虚拟元器件）、RATED_VIRTUAL（额定虚拟元器件）、RPACK（排阻）、SWITCH（开关）、TRANSFORMER（变压器）、NON_LINEAR_ TRANSFORMER（非线性变压器）、RELAY（继电器）、CONNECTORS（连接器）、SOCKETS（插座）、SCH_CAP_SYMS（可编辑电路符号）、RESISTOR（电阻）、CAPACITOR（电容）、INDUCTOR（电感）、CAP_ELECTROLIT（电解电容）、VARLABLE_ CAPACITOR（可变电容）、VARLABLE_ INDUCTOR（可变电感）和 POTENTLONMETER（电位器）等，每一系列又含有各种具体型号的元器件。

2.1.3　Diodes

单击元器件工具栏中的 图标按钮，即可弹出图 2-4 所示的二极管库（Diodes）对话框。

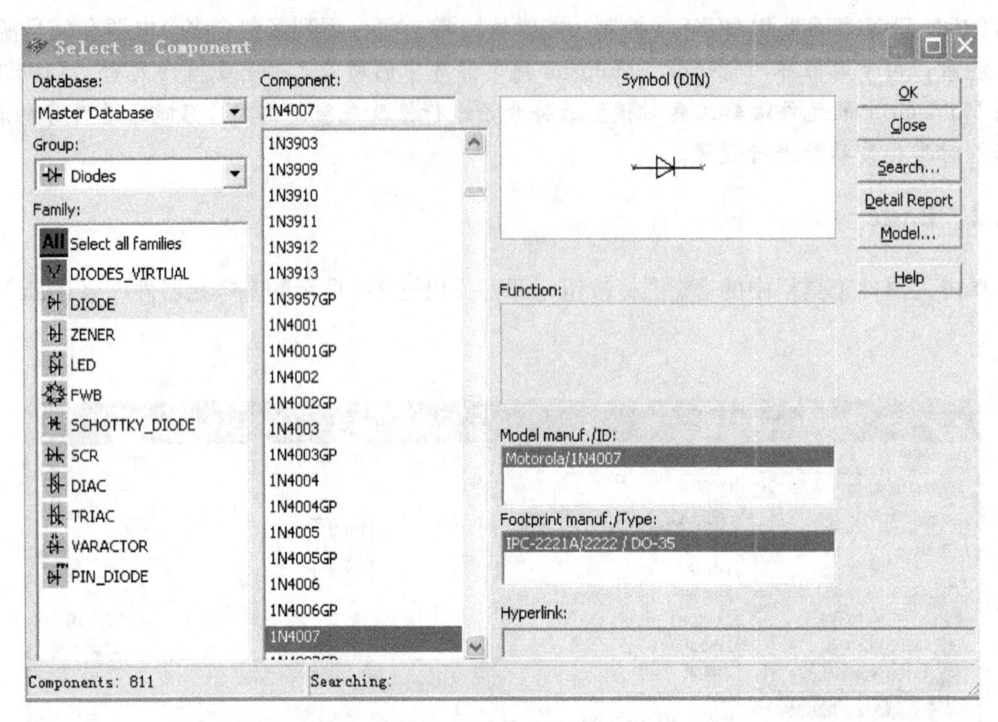

图 2-4　二极管库对话框

二极管库包含 11 个系列（Family），分别是 DIODES_VIRTUAL（虚拟二极管）、DIODE（二极管）、ZENER（齐纳二极管）、LED（发光二极管）、FWB（全波桥式整流器）、SCHOTTKY_DIODE（肖特基二极管）、SCR（晶闸管整流器）、DIAC（双向二极管）、TRIAC（双向晶闸管）、VARACTOR（变容二极管）和 PIN_DIODE（PIN 二极管）。

2.1.4　Transistors

单击元器件工具栏中的 图标按钮，即可打开图 2-5 所示的晶体管库（Transistors）对话框。

晶体管库中共有 20 个系列（Family），分别是 TRANSISTORS_VIRTUAL（虚拟晶体管）、BJT_NPN（NPN 晶体管）、BJT_PNP（PNP 晶体管）、DARLINGTON_NPN（达林顿 NPN 晶体管）、DARLINGTON_PNP（达林顿 PNP 晶体管）、DARLINGTON_ARRAY（达林顿晶体管阵列）、BJT_NRES（带偏置 NPN 晶体管）、BJT_PRES（带偏置 PNP 晶体管）、BJT_ARRAY（BJT 晶体管阵列）、IGBT（绝缘栅型场效应晶体管）、MOS_3TDN（三端 N 沟道耗尽型 MOS 管）、MOS_3TEN（三端 N 沟道增强型 MOS 管）、MOS_3TEP（三端 P 沟道增强型 MOS 管）、JFET_N（N 沟道 JFET）、JFET_P（P 沟道 JFET）、Power MOS_N（N 沟道功率 MOSFET）、Power MOS_P（P 沟道功率 MOSFET）、Power MOS_COMP（COMP 功率 MOSFET）、UJT（单结晶体管）和 THERMAL_MODELS（热效应晶体管）等系列，每一系列又含有具体型号的多个晶体管。

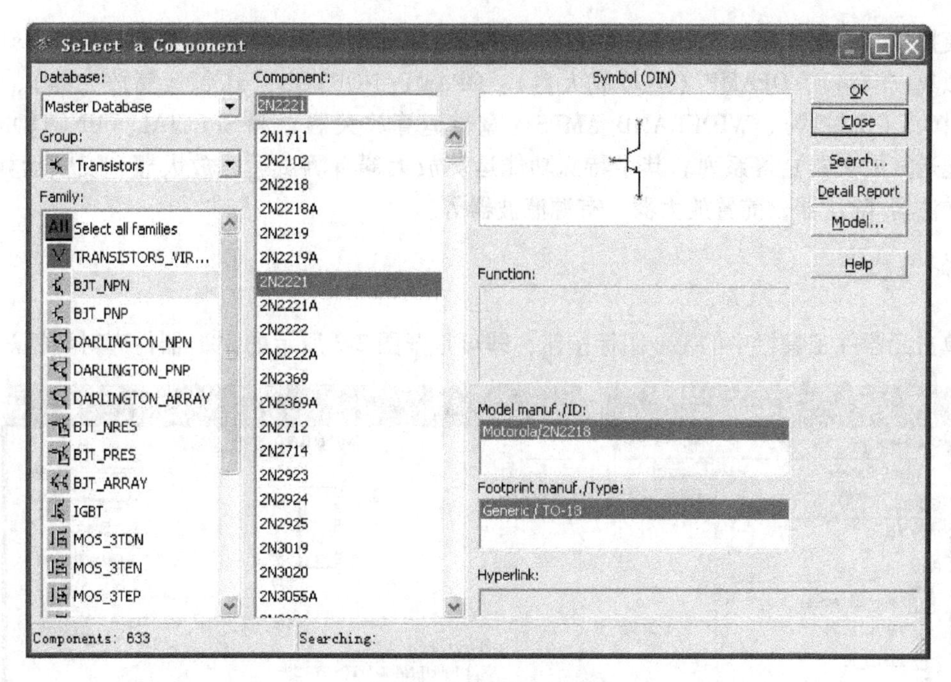

图 2-5　晶体管库对话框

2.1.5　Analog

单击元器件工具栏中的图标按钮，即可打开图 2-6 所示的模拟集成元器件库（Analog）对话框。

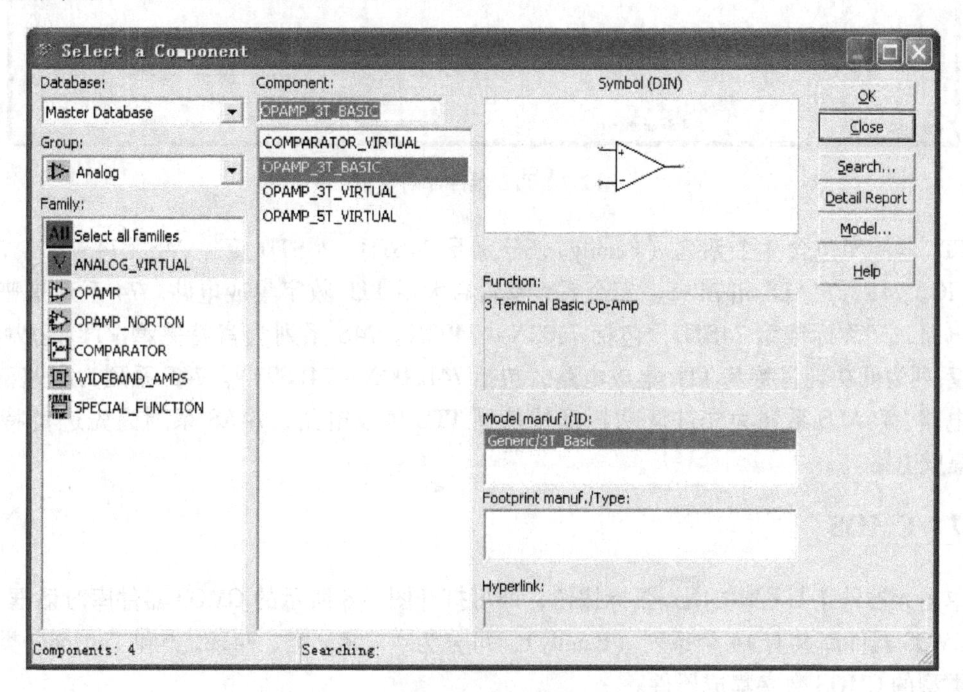

图 2-6　模拟集成元器件库对话框

模拟集成元器件库（Analog）共有 6 个系列（Family），分别是 ANALOG_VIRTUAL（虚拟模拟集成电路）、OPAMP（运算放大器）、OPAMP_NORTON（诺顿运算放大器）、COMPARATOR（比较器）、WIDEBAND_AMPS（宽带运算放大器）和 SPECIAL_FUNCTION（特殊功能运算放大器）等系列。其中特殊功能运算放大器有测试运算放大器、视频运算放大器、乘法器/除法器、前置放大器、有源滤波器等。

2.1.6 TTL

单击元器件工具栏中的图标按钮，即可打开图 2-7 所示的 TTL 器件库对话框。

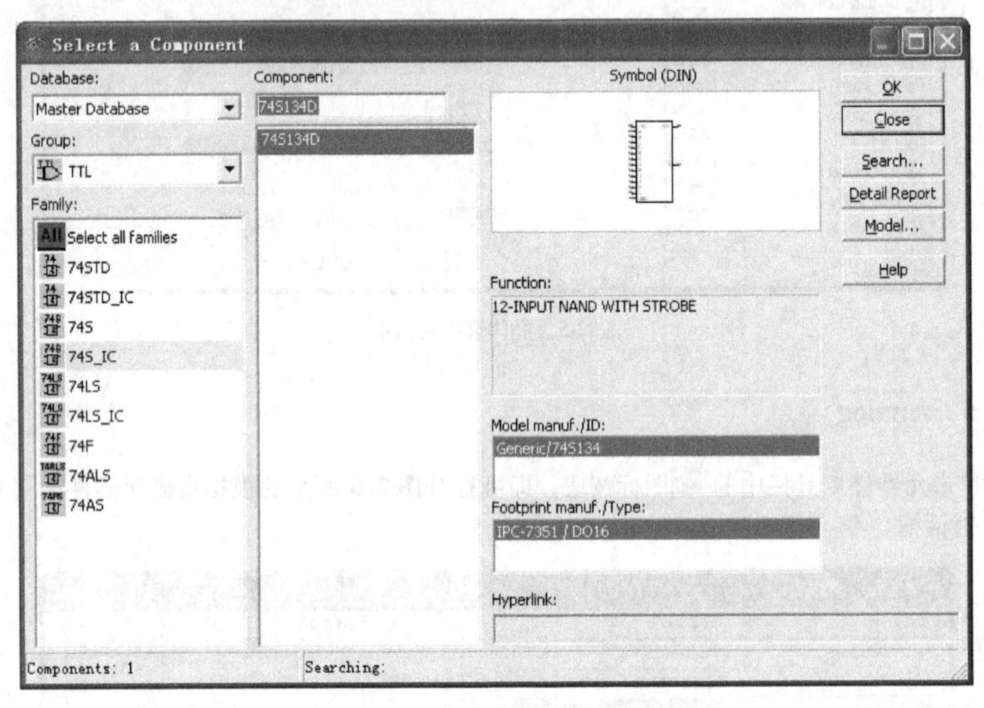

图 2-7　TTL 器件库对话框

TTL 器件库包含 9 个系列（Family），分别是 74STD、74STD_IC、74S、74S_IC、74LS、74LS_IC、74F、74ALS 和 74AS。每个系列都含有大量 TTL 数字集成电路。74 系列是普通型集成电路，又称标准型 74STD，包括 7400N ~ 7493N。74S 系列为肖特基型 TTL 集成电路，74LS 系列为低功耗肖特基 TTL 集成电路，包括 74LS00N ~ 74LS93N。74F 系列为高速型 TTL 集成电路，74ALS 系列为先进低功耗肖特基型 TTL 集成电路，74AS 系列为先进肖特基型 TTL 集成电路。

2.1.7 CMOS

单击元器件工具栏中的图标按钮，即可打开图 2-8 所示的 CMOS 器件库对话框。

CMOS 器件库共有 14 个系列（Family），可分为 4 × × ×类、74HC 类和 Tinylogic 类 3 种不同类型的 CMOS 数字集成器件。

4 × × ×类包含 CMOS_5V、CMOS_5V_IC、CMOS_10V、CMOS_10V_IC 和 CMOS_15V 等

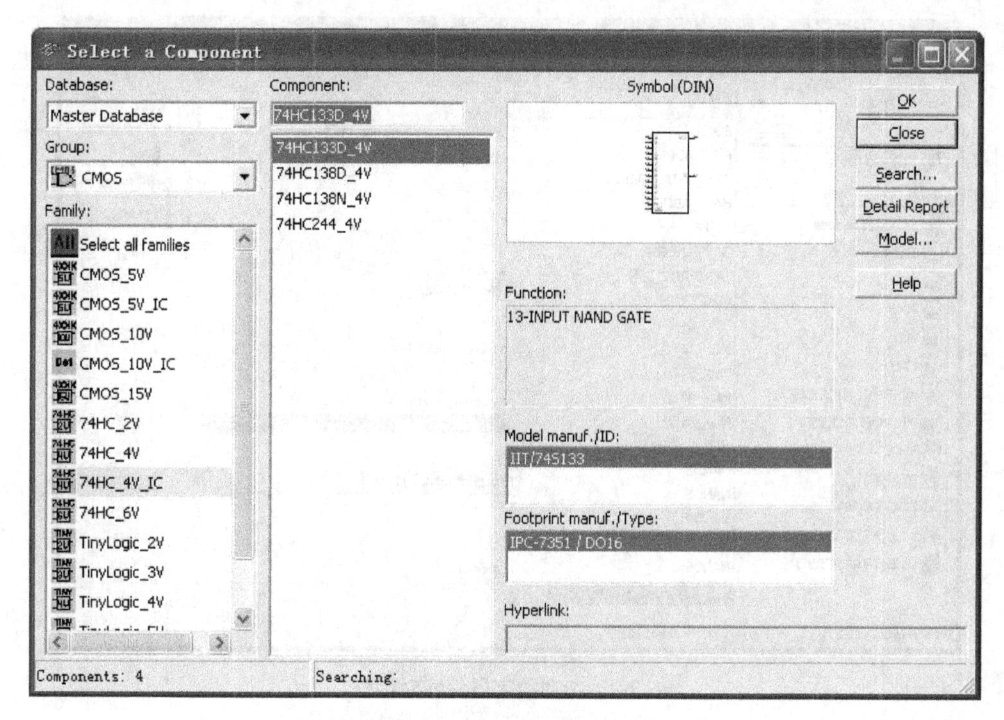

图 2-8　CMOS 器件库对话框

系列数字集成器件；74HC 类包含 74HC_2V、74HC_4V、74HC_4V_IC 和 74HC_6V 等系列数字集成器件；TinyLogic 类包含 TinyLogic_2V、TinyLogic_3V、TinyLogic_4V、TinyLogic_5V 和 TinyLogic_6V 等数字集成器件。

在 74HC 系列中，对于相同序号的数字集成器件，与 TTL 系列的引脚完全兼容，故序号相同的这两种系列集成器件可以互换，并且 TTL 系列中的大多数集成器件都能在该系列中找到相应的序号。

使用说明： 在对含有 CMOS 数字器件的电路进行仿真时，必须在电路窗口内放置一个 V_{DD} 电源符号，其数值大小根据 CMOS 要求来确定。同时还要放置一个数字接地符号。

2.1.8　Misc Digital

单击元器件工具栏中的图标按钮，即可打开图 2-9 所示的杂项数字器件库（Misc Digital）对话框。

TTL 器件库和 CMOS 器件库中的器件都是按照型号存放的，这给数字电路初学者带来了不便，如按照其功能存放，调用起来将会方便得多。

杂项数字器件库就是按数字器件功能存放的，共分为 12 个系列（Family），分别为 TIL（数字逻辑器件）、DSP（数字信号处理器件）、FPGA（现场可编程门阵列器件）、PLD（可编程逻辑器件）、CPLD（复杂可编程逻辑器件）、MICROCONTROLLERS（微控制器）、MICROPROCESSORS（微处理器）、VHDL（超高速集成电路硬件描述语言）、MEMORY（存储器）、LINE_DRIVER（线性驱动器件）、LINE_RECEIVER（线性接收器件）和 LINE_TRANSCEIVER（线性收发器件）。

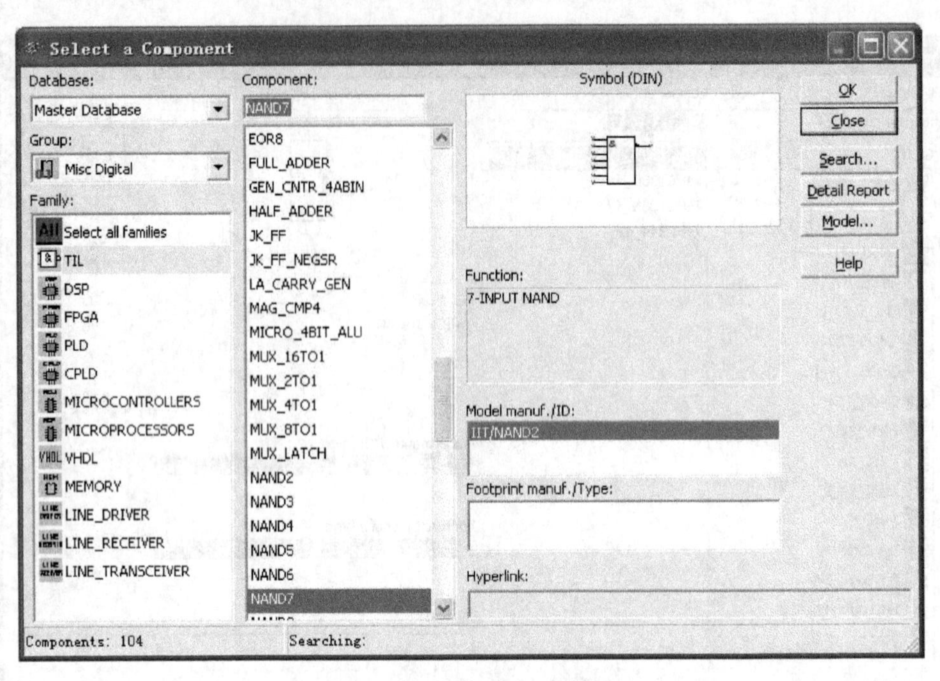

图 2-9　杂项数字器件库对话框

2.1.9　Mixed

单击元器件工具栏中的 图标按钮，即可打开图 2-10 所示的混合芯片器件库（Mixed）对话框。

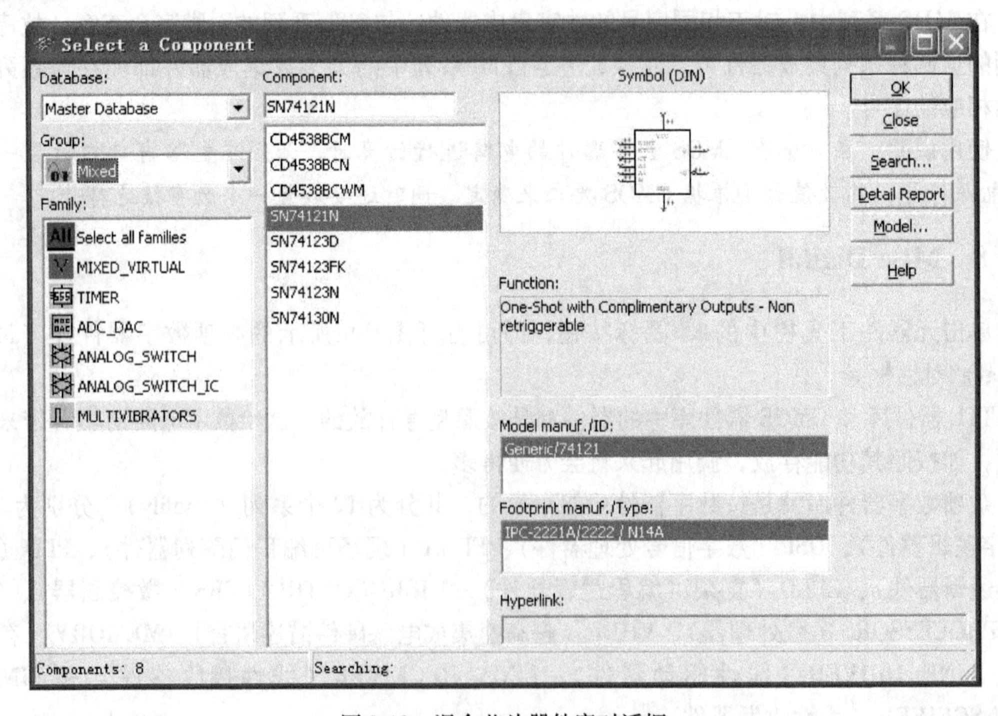

图 2-10　混合芯片器件库对话框

混合芯片器件库中存放着 6 个系列（Family），分别为 MIXED_VIRTUAL（虚拟混合器件）、TIMER（定时器）、ADC_DAC（模数-数模转换器）、ANALOG_SWITCH（模拟开关）、ANALOG_SWITCH_IC（模拟开关集成芯片）和 MULTIVIBRATORS（多谐振荡器）。

2.1.10　Indicators

单击元器件工具栏中的图标按钮，即可打开图 2-11 所示的指示器件库（Indicators）对话框。

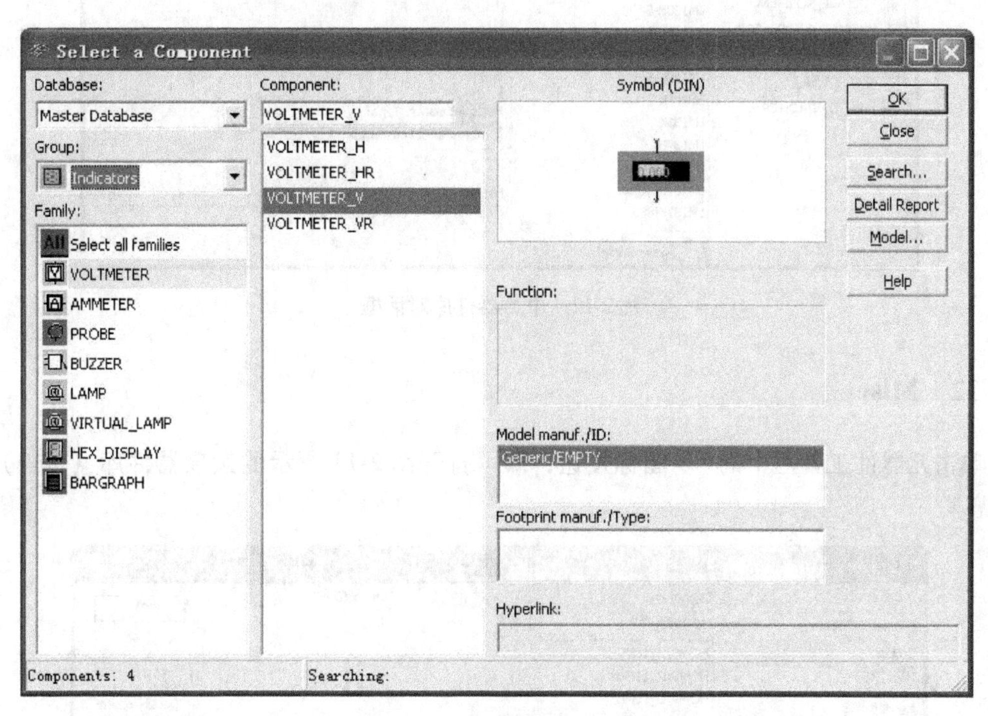

图 2-11　指示器件库对话框

指示器件库共有 8 个系列（Family），分别为 VOLTMETER（电压表）、AMMETER（电流表）、PROBE（逻辑指示灯）、BUZZER（蜂鸣器）、LAMP（灯泡）、VIRTUAL_LAMP（虚拟灯泡）、HEX_DISPLAY（十六进制显示器）和 BARGRAPH（条形光柱）。

2.1.11　Power

单击元器件工具栏中的图标按钮，即可打开图 2-12 所示的电力器件库（Power）对话框。

电力器件库共有 9 个系列（Family），分别为 FUSE（熔断器）、SMPS_Average_Virtual（虚拟平均值对称处理器）、SMPS_Transient _Virtual（虚拟瞬时值对称处理器）、VOLTAGE_REGULATOR（稳压器）、VOLTAGE_REFERENCE（基准稳压器）、VOLTAGE_SUPPRESSOR（限压器）、POWER_SUPPLY_CONTROLLER（电源控制器）、MISCPOWER（其他电源）和 PWM_CONTROLLER（脉宽调制控制器），各系列又含有若干具体型号的器件。

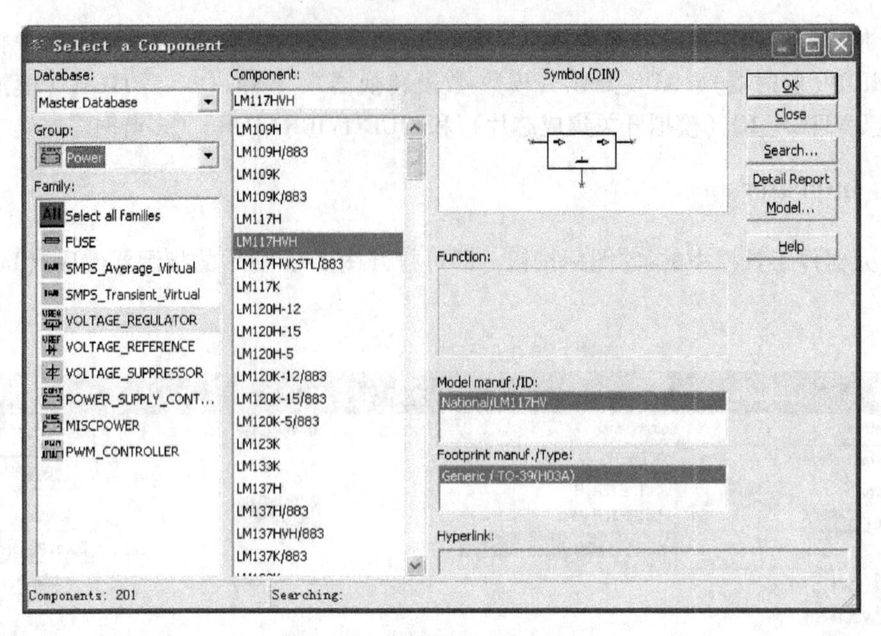

图 2-12　电力器件库对话框

2.1.12　Misc

单击元器件工具栏中的 MISC 图标按钮，即可打开图 2-13 所示的杂项器件库（Misc）对话框。

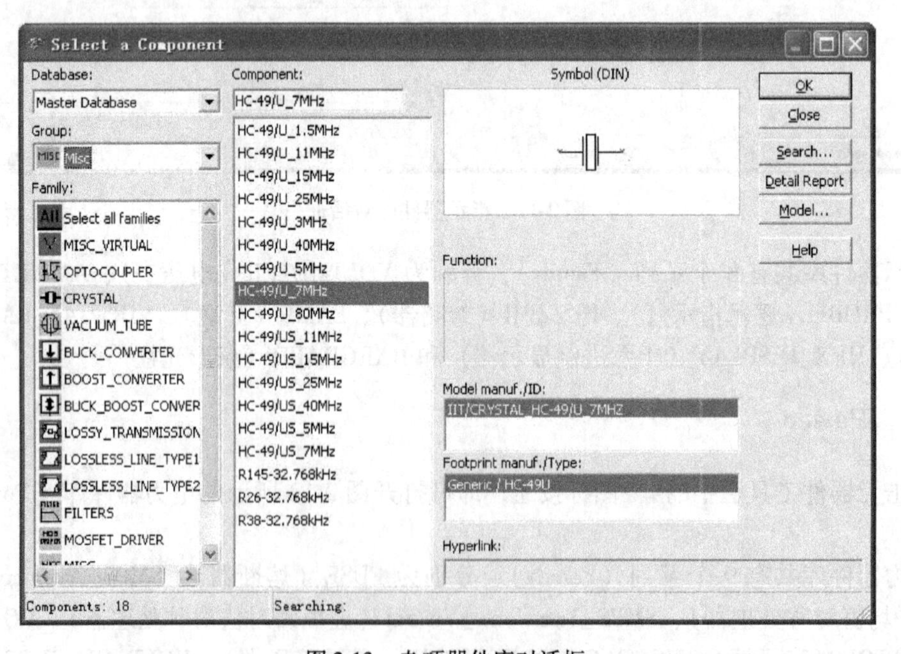

图 2-13　杂项器件库对话框

Multisim 10 把不能划分为某一具体类型的器件单独归为一类，称为杂项器件库。杂项器件库共有 14 个系列（Family），分别为 MISC_VIRTUAL（虚拟杂项器件）、OPTOCOUPLER

(光耦合器)、CRYSTAL（石英晶体)、VACUUM_TUBE（真空管)、BUCK_CONVERTER（开关电源减压转换器)、BOOST_CONVERTER（开关电源升压转换器)、BUCK_BOOST_CONVERTER（开关电源减压升压转换器)、LOSSY_TRANSMISSION_LINE（有损传输线)、LOSSLESS_LINE_TYPE1（无损传输线 1)、LOSSLESS_LINE_TYPE2（无损传输线 2)、FILTERS（滤波器)、MOSFET_DRIVER（MOSFET 驱动器)、MISC（其他杂项器件）和 NET（网络器件)。每个系列又含有若干具体型号的器件。

2.1.13 RF

单击元器件工具栏中的图标按钮，即可打开图 2-14 所示的射频元器件库（RF）对话框。

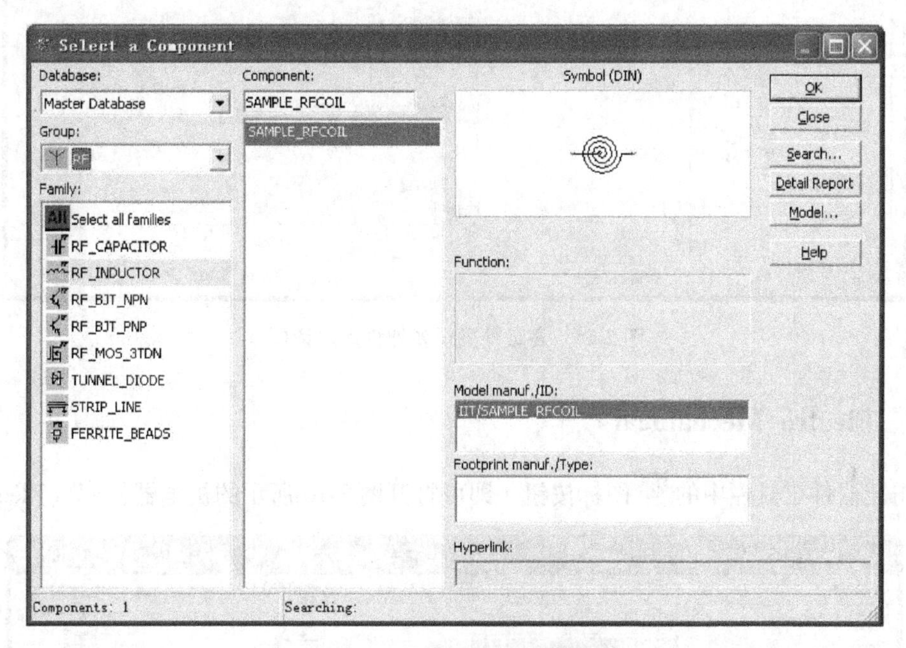

图 2-14　射频元器件库对话框

射频元器件库共有 8 个系列（Family)，分别为 RF_CAPACITOR（射频电容器)、RF_INDUCTOR（射频电感器)、RF_BJT_NPN（射频 NPN 晶体管)、RF_BJT_PNP（射频 PNP 晶体管)、RF_MOS_3TDN（射频 MOSFET)、TUNNEL_DIODE（隧道二极管)、STRIP_LINE（带状传输线）和 FERRITE_BEADS（铁氧体磁珠)。

2.1.14 Advanced Peripherals

单击元器件工具栏中的图标按钮，即可打开图 2-15 所示的高级外围设备器件库（Advanced Peripherals）对话框。

高级外围设备器件库共有 4 个系列（Family)，分别为 KEYPADS（微型键盘)、LCDS（液晶显示屏)、TERMINALS（终端设备）和 MISC_PERIPHERALS（其他外设)。这些外设可以在电路设计中作为输入和输出设备，属于交互式器件，因此不能编辑和修改，只能设置参数。

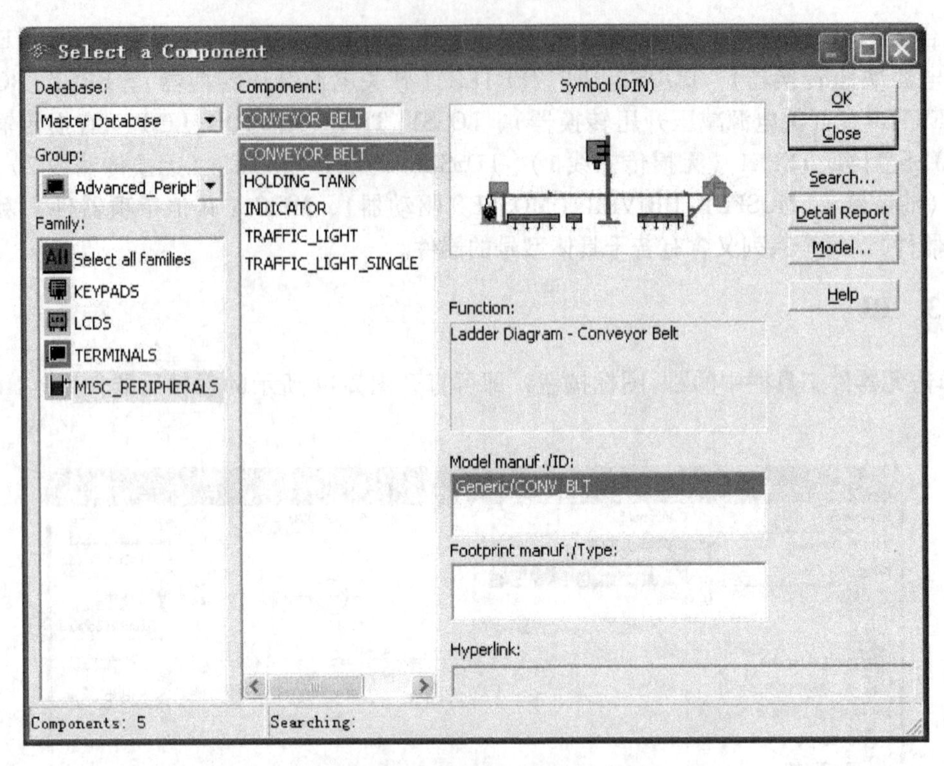

图 2-15　高级外围设备器件库对话框

2.1.15　Electro_Mechanical

单击元器件工具栏中的图标按钮，即可打开图 2-16 所示的机电器件库（Electro_Me-

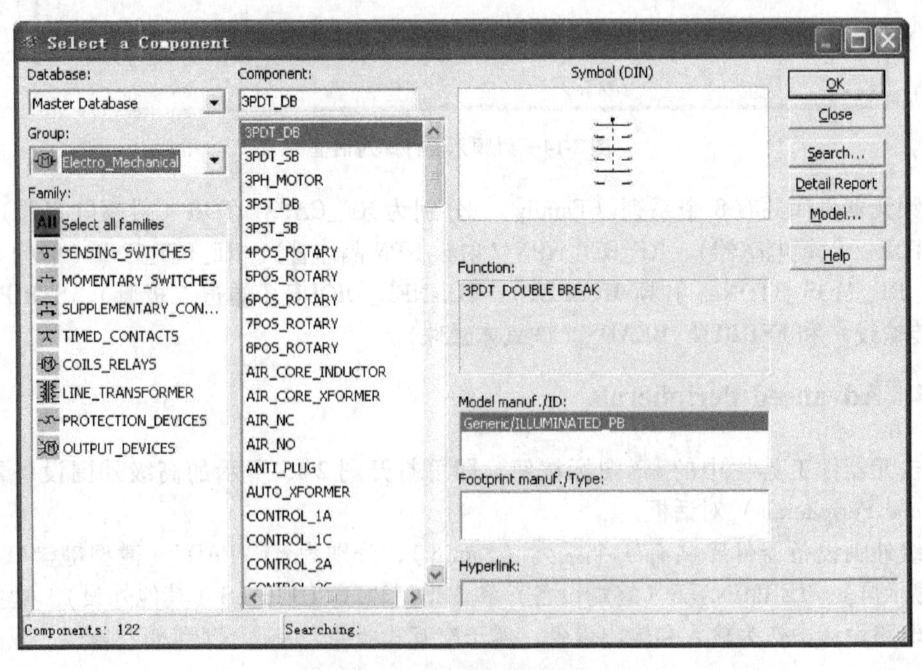

图 2-16　机电器件库对话框

chanical）对话框。

机电器件库共有 8 个系列（Family），分别为 SENSING_SWITCHES（感测开关）、MOMENTARY_SWITCHES（瞬时开关）、SUPPLEMENTARY_CONTACTS（附加触点开关）、TIMED_CONTACTS（同步触点开关）、COILS_RELAYS（线圈和继电器）、LINE_TRANSFORMER（线性变压器）、PROTECTION_DEVICES（保护装置）和 OUTPUT_DEVICES（输出装置）。

2.1.16　MCU Module

单击元器件工具栏中的图标按钮，即可打开图 2-17 所示的微控制器器件库（MCU Module）对话框。

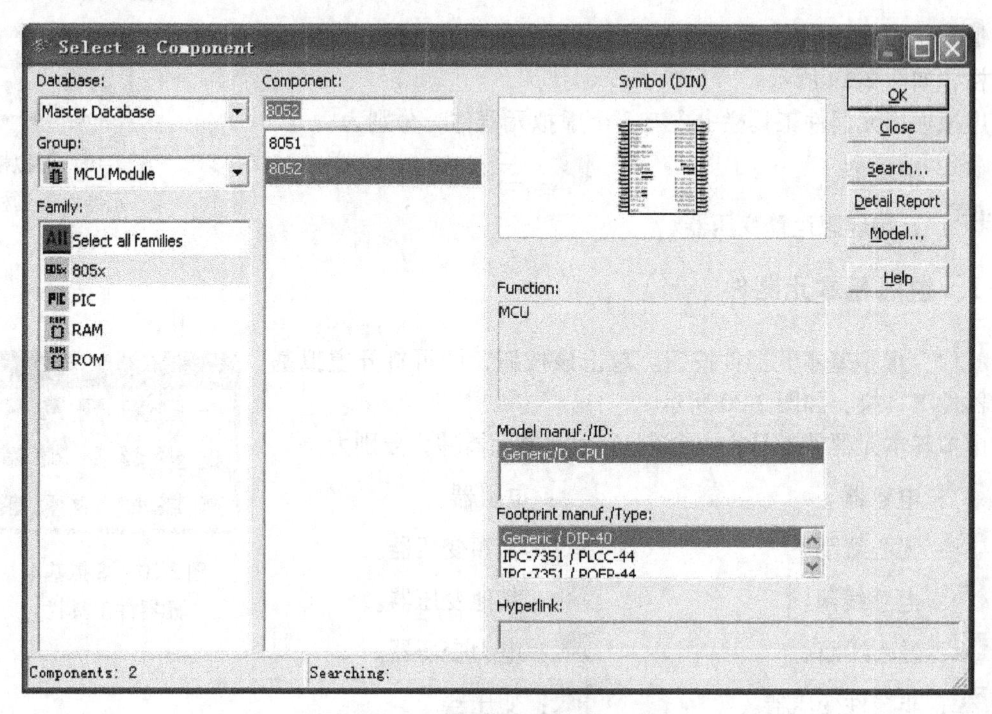

图 2-17　微控制器器件库对话框

微控制器器件库主要包括单片机和存储器两大类共 4 个系列（Family），分别为 805×（8051、8052 系列单片机）、PIC（PIC 系列单片机）、RAM（随机存储器）和 ROM（只读存储器）。

另外，还有最后的两个元器件库，但从严格意义上说，并不能称之为元器件库，因为这是两个工具按钮，一个是放置分层模块命令，另一个是放置总线命令。

2.2　Multisim 10 的虚拟元器件

为方便用户操作，Multisim 10 设置了虚拟元器件工具栏。执行菜单命令 View\Toolbars\Virtual，即可打开 Virtual（虚拟元器件）工具栏，如图 2-18 所示。

图 2-18　Virtual（虚拟元器件）工具栏

Virtual（虚拟元器件）工具栏共有 9 个按钮，单击每个按钮都可以打开相应的工具栏，利用该工具栏可放置各种虚拟元器件。虚拟元器件都没有封装特性。

下面按图 2-18 所示 Virtual（虚拟元器件）工具栏中的按钮顺序依次介绍。

2.2.1　虚拟模拟元器件

：虚拟模拟元器件按钮。单击该按钮，即可打开虚拟模拟元器件工具栏，如图 2-19 所示。

Analo...

图 2-19　虚拟模拟元器件工具栏

虚拟模拟元器件工具栏中含有 3 个虚拟元器件，分别为

：限流器。　　：三端理想运算变压器。

：五端理想运算变压器。

2.2.2　虚拟基本元器件

：虚拟基本元器件按钮。单击该按钮，即可打开虚拟基本元器件工具栏，如图 2-20 所示。

图 2-20　虚拟基本元器件工具栏

虚拟基本元器件工具栏中含有 18 个虚拟元器件，分别为

：电容器。　　：电阻器。

：无心线圈。　　：音频变压器。

：电感线圈。　　：其他变压器。

：磁心线圈。　　：电力变压器。

：非线性变压器。　　：变压器。

：电位器。　　：可变电容器。

：常开继电器。　　：可变电感器。

：常闭继电器。　　：上拉电阻器。

：条件继电器。　　：压控电阻器。

2.2.3　虚拟二极管器件

：虚拟二极管器件按钮。单击该按钮，即可打开虚拟二极管器件工具栏，如图 2-21 所示。

图 2-21　虚拟二极管器件工具栏

虚拟二极管器件工具栏中含有 2 个虚拟器件，分别为

：虚拟二极管。　　：齐纳二极管。

2.2.4　虚拟晶体管器件

：虚拟晶体管器件按钮。单击该按钮，即可打开虚拟晶体管器件工具栏，如图 2-22 所示。

图 2-22　虚拟晶体管器件工具栏

虚拟晶体管器件工具栏中含有 16 个虚拟器件，分别为

：虚拟 4 端子双极型 NPN 晶体管。　　：虚拟双极型 NPN 晶体管。

：虚拟 4 端子双极型 PNP 晶体管。　　：虚拟双极型 PNP 晶体管。

：虚拟 N 沟道砷化镓场效应晶体管。　　：虚拟 P 沟道砷化镓场效应晶体管。

：虚拟 N 沟道结型场效应晶体管。　　：虚拟 P 沟道结型场效应晶体管。

：虚拟 4 端子 N 沟道耗尽型金属氧化物场效应晶体管。

：虚拟 4 端子 P 沟道耗尽型金属氧化物场效应晶体管。

：虚拟 4 端子 N 沟道增强型金属氧化物场效应晶体管。

：虚拟 4 端子 P 沟道增强型金属氧化物场效应晶体管。

：虚拟 5 端子 N 沟道耗尽型金属氧化物场效应晶体管。

：虚拟 5 端子 P 沟道耗尽型金属氧化物场效应晶体管。

：虚拟 5 端子 N 沟道增强型金属氧化物场效应晶体管。

：虚拟 5 端子 P 沟道增强型金属氧化物场效应晶体管。

2.2.5　虚拟测量元器件

：虚拟测量元器件按钮。单击该按钮，即可打开虚拟测量元器件工具栏，如图 2-23 所示。

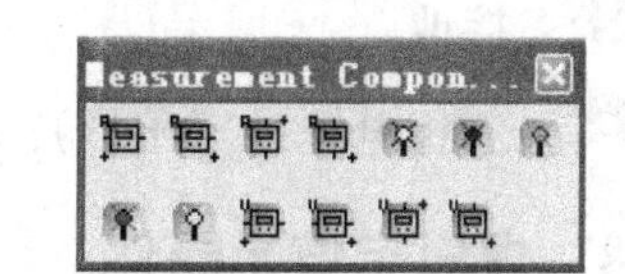

图 2-23　虚拟测量元器件工具栏

虚拟测量元器件工具栏中含有 13 个虚拟元器件，分别为

：水平连接直流电流表。　　：水平连接直流电压表。

：水平旋转连接直流电流表。　　：水平旋转连接直流电压表。

：垂直连接直流电流表。　　：垂直连接直流电压表。

：垂直旋转连接直流电流表。　　：垂直旋转连接直流电压表。

：白、蓝、绿、红、黄逻辑指示灯。

2.2.6　虚拟杂项元器件

：虚拟杂项元器件按钮。单击该按钮，即可打开虚拟杂项元器件工具栏，如图 2-24 所示。

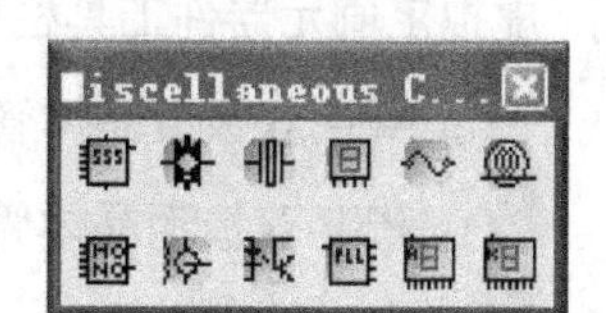

图 2-24　虚拟杂项元器件工具栏

虚拟杂项元器件工具栏中含有 12 个虚拟元器件，分别为

：虚拟 555 定时器。

：模拟开关。

：晶振。

：译码十六进制数码管。

：熔丝。

：灯泡。

：单稳态器件。

：直流电动机。

：光耦合器。

：锁相环器件。

：七段数码管（共阳极）。

：七段数码管（共阴极）。

2.2.7 虚拟电源

：虚拟电源按钮。单击该按钮，即可打开虚拟电源工具栏，如图 2-25 所示。

图 2-25　虚拟电源工具栏

虚拟电源工具栏中含有 10 个虚拟元件，分别为

：交流电压源。

：直流电压源。

：数字接地。

：接地。

：三相电源（三角形）。

：三相电源（星形）。

：V_{CC}电压源。

：V_{DD}电压源。

：V_{EE}电压源。

：V_{SS}电压源。

2.2.8 虚拟定值元器件

：虚拟定值元器件按钮。单击该按钮，即可打开虚拟定值元器件工具栏，如图 2-26 所示。

图 2-26　虚拟定值元器件工具栏

虚拟定值元器件工具栏中含有 10 个虚拟元器件，分别为

：NPN 双极型晶体管。

：PNP 双极型晶体管。

：电容器。

：电动机。

：继电器（触点常闭）。

：继电器（触点常开）。

：二极管。

：继电器。

：电感线圈。

：电阻器。

2.2.9　虚拟信号源元器件

：虚拟信号源元器件按钮。单击该按钮，即可打开虚拟信号源元器件工具栏，如图 2-27 所示。

图 2-27　虚拟信号源元器件工具栏

虚拟信号源元器件工具栏中含有 14 个虚拟元器件，分别为

：交流电流信号源。

：指数电压源。

：交流电压信号源。

：调频电流源。

：调幅电压源。

：调频电压源。

：时钟脉冲电流源。

：分段线性电流源。

：时钟脉冲电压源。

：分段线性电压源。

：直流电流信号源。

：脉冲电流源。

：指数电流源。

：脉冲电压源。

思　考　题

2-1　Multisim 10 包含有几个种类的元器件库？说明各元器件库的区别。

2-2　什么是现实元器件？什么是虚拟元器件？二者在元器件库中如何区别？

2-3　Master Database 中含有多少个元器件库？说明这些元器件库的名称。

2-4　虚拟元器件工具栏中有多少种不同类型的虚拟元器件？

第3章　元器件创建与元器件库管理

Multisim 10 虽然提供有数以万计的仿真元器件，但仍不能包括所有的元器件，例如，我国自主开发的元器件以及许多新问世的元器件。在这种情况下，可利用 Multisim 10 提供的元器件编辑工具，对现有的元器件模型进行编辑修改或者创建一个新元器件。

3.1　元器件符号编辑器

3.1.1　仿真元器件通常所具有的信息

首先介绍一下在 Multisim 10 中所使用的电路仿真元器件通常所具有的信息。

以二极管为例，从 Master Database 的 Diode 族中选取型号为 1BH62 的二极管放于电路窗口。双击该二极管符号，打开 DIODE 对话框，如图 3-1 所示。

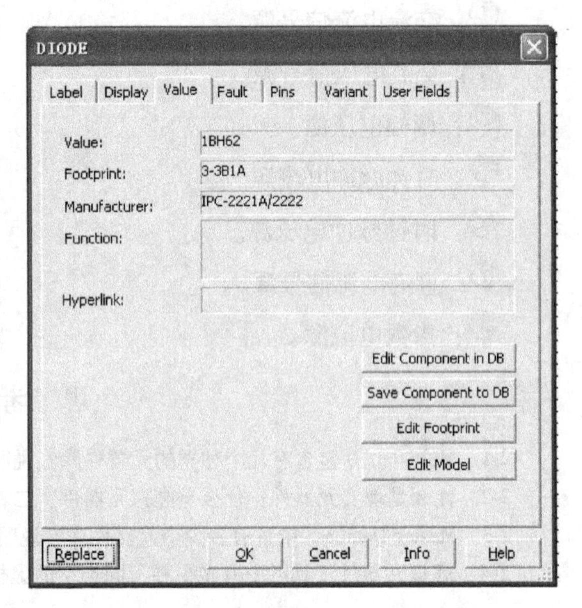

图 3-1　DIODE 对话框

在 Value 标签页单击 Edit Component in DB 按钮，即可打开该器件的属性对话框，如图 3-2 所示。

从图中可以看出，Multisim 中一般元器件包括下列 7 个方面的信息：

（1）元器件的一般性资料（General）　包括元器件名称、元器件制造商、创建时间和制作者等信息。

（2）元器件符号（Symbol）　元器件在电路中的图形表示。

（3）元器件模型（Model）　提供电路仿真所需要的参数。

（4）引脚参数（Pin Parameters）　提供元器件的引脚参数信息。

（5）元器件封装（Footprint）　提供用于印制电路板设计的元器件的外形。

（6）元器件的电气参数（Electronic Parameters）　元器件在实际应用时应该考虑的参数指标。

（7）用户使用信息（User Fields）　包括卖主、状况及价格等。

由此可见，要全新创建一个仿真元器件并不简单。Multisim 10 的元器件库中虽然存放着元器件的扩展信息，但若要创建一个元器件，需要输入很多的细节，一般难以做到，因此应尽可能使用元器件编辑工具修改一个已存在的相似元器件，而不是去创建一个新的元器件。

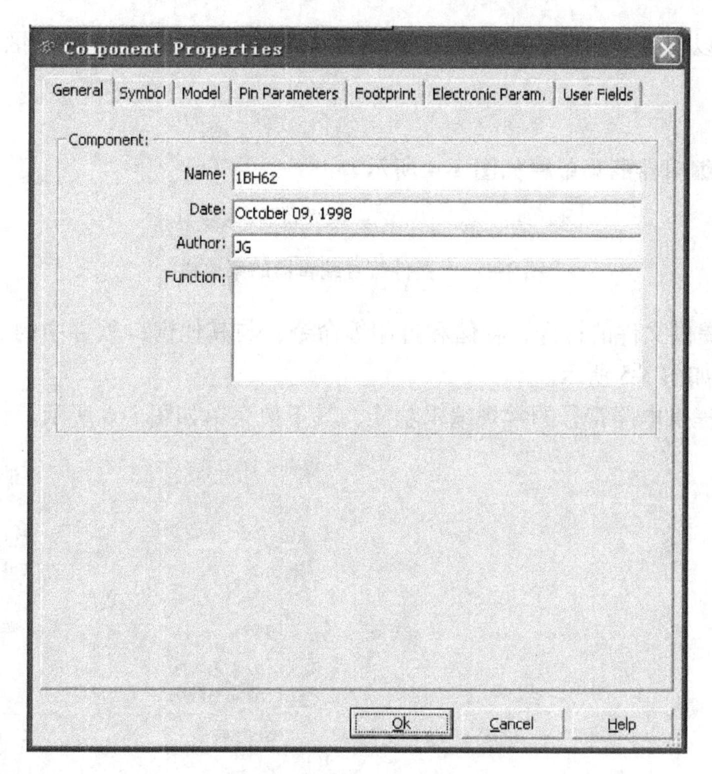

图3-2 器件的属性对话框

3.1.2 元器件符号编辑器的使用

Multisim 10 提供了元器件符号编辑器，如图3-3所示。

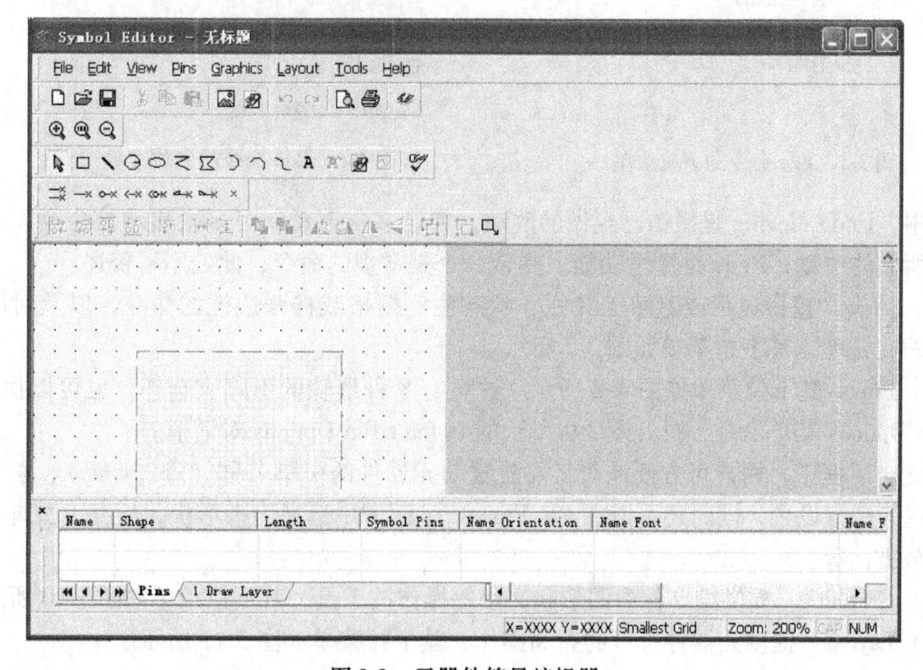

图3-3 元器件符号编辑器

从图 3-3 可以看出，元器件符号编辑器由菜单栏、工具栏、设计区域和状态栏等组成。

1. 菜单栏

元器件符号编辑器的菜单栏如图 3-4 所示。

File Edit View Pins Graphics Layout Tools Help

图 3-4 元器件符号编辑器的菜单栏

（1）File 提供文件的打开、存储和打印等命令，与其他窗口软件中的 File 菜单大同小异。其下拉菜单如图 3-5 所示。

（2）Edit 提供电路符号的常规编辑功能，其下拉菜单如图 3-6 所示。

图 3-5 File 命令的下拉菜单

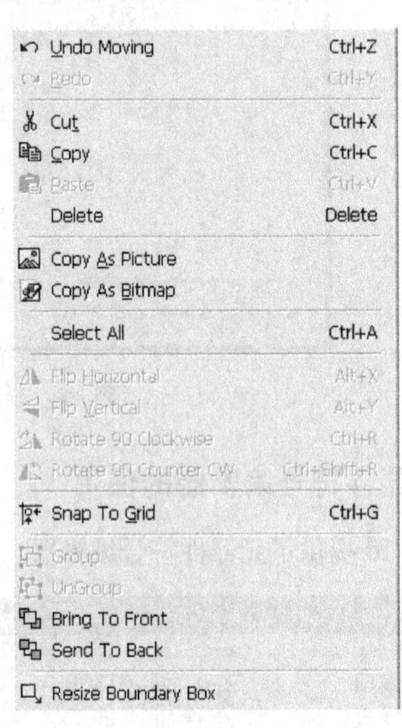

图 3-6 Edit 命令的下拉菜单

其中，Undo Moving 是撤销已经做的改动，如已多次改动，可多次启动该命令，一步一步撤销所做的改动；Redo 是重做功能。其余命令是常规的命令，此处不再赘述。

（3）View 提供显示或隐藏工具栏、状态栏、栅格或样张边框的命令，以及对图形进行大小缩放处理，其下拉菜单如图 3-7 所示。

（4）Pins 其下拉菜单如图 3-8 所示。这里有 8 种形状的引脚供选择，也可以执行 Default Pin Options 菜单命令，打开图 3-9 所示的 Default Pin Options 对话框。

在此对话框中，用户可方便地对将要放置的元器件的引脚名称（Pin Name）、索引数据（Index）等进行设置，同时还可以在 Pin Properties 区域中选择引脚形状、长度、引脚名和序号的摆放方向等。

（5）Graphics 提供绘制各项图形和文字等操作的工具，其下拉菜单如图 3-10 所示。

（6）Layout 提供元器件符号的布局操作，其下拉菜单如图 3-11 所示。

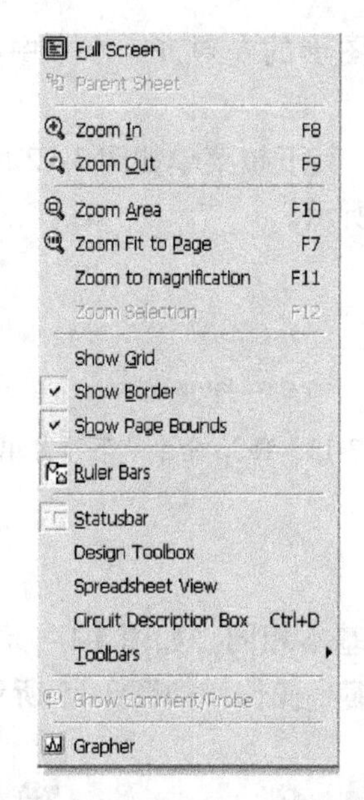

图3-7　View命令的下拉菜单

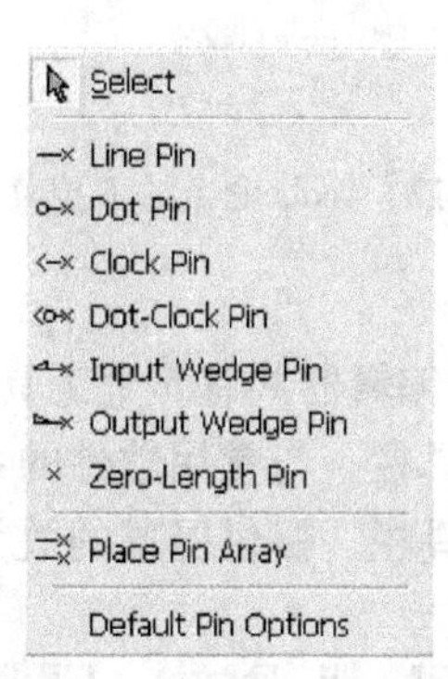

图3-8　Pins命令的下拉菜单

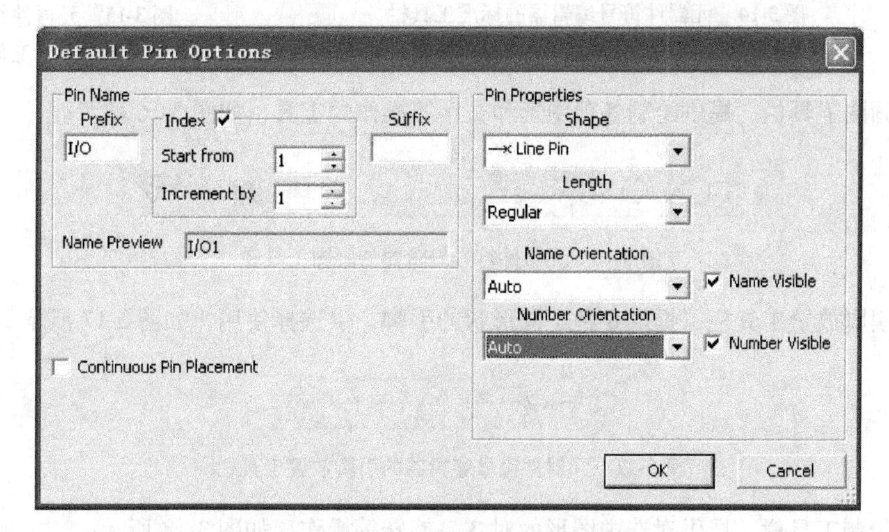

图3-9　Default Pin Options对话框

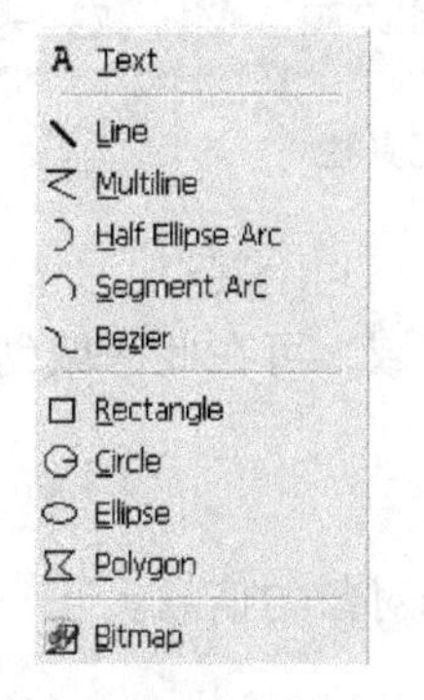

图3-10　Graphics命令的下拉菜单

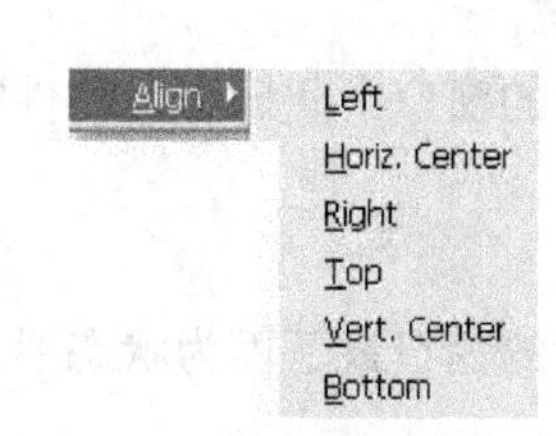

图3-11　Layout命令的下拉菜单

执行 Layout 的下拉菜单命令，可以实现对所选中图形的左对齐、水平中心对齐、右对齐、顶部对齐、竖直中心对齐和底部对齐等操作。

（7）Tools　提供激活、检查符号和自定义等操作，其下拉菜单如图 3-12 所示。

（8）Help　提供帮助命令，其下拉菜单如图 3-13 所示。

图 3-12　Tools 命令的下拉菜单

Help Topics

About Symbol Editor

图 3-13　Help 命令的下拉菜单

2. 工具栏

元器件符号编辑器共有 5 个工具栏：

1）标准工具栏，与常用软件的系统工具栏的功能基本相同，如图 3-14 所示。

2）屏幕工具栏，提供屏幕的放大、保持 100% 和缩小操作，如图 3-15 所示。

图 3-14　元器件符号编辑器的标准工具栏

图 3-15　元器件符号编辑器的屏幕工具栏

3）画图工具栏，提供绘制各项图形和文字等操作的工具，如图 3-16 所示。

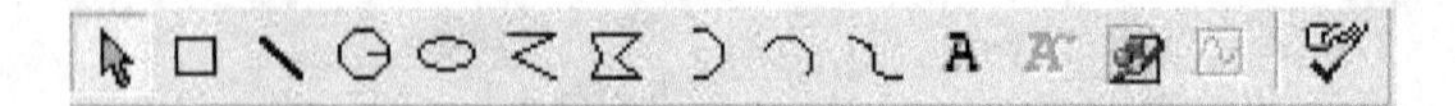

图 3-16　元器件符号编辑器的画图工具栏

4）引脚放置工具栏，提供 8 种不同形状的引脚，供选择使用，如图 3-17 所示。

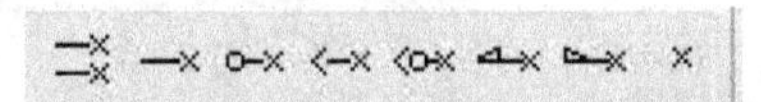

图 3-17　元器件符号编辑器的引脚放置工具栏

5）绘制工具栏，提供对选中图形的对齐、旋转等操作，如图 3-18 所示。

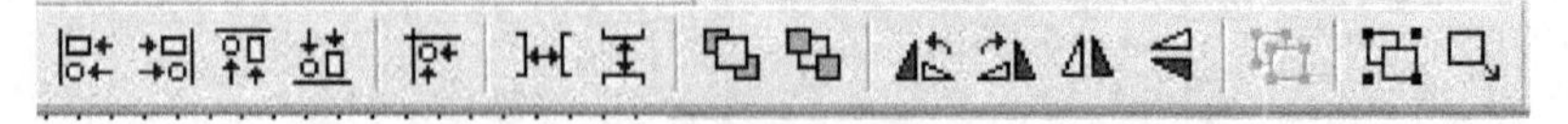

图 3-18　元器件符号编辑器的绘制工具栏

3. 设计区域

图 3-3 所示的窗口中间即为元器件符号编辑器的设计区域，可在此区域创建或修改图形符号。

4. 状态栏

图 3-3 所示的窗口最下面为状态栏，显示有关当前所选对象的信息。

5. 实例

使用元器件符号编辑器创建一个符合我国国家符号标准的 5 端运算放大器 CF741（与国外型号 LM741 对应）新符号，如图 3-19 所示。

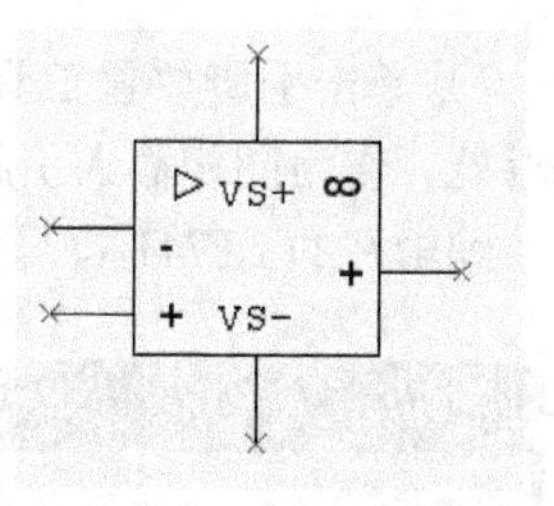

图 3-19　5 端运算放大器 CF741 的符号

创建 CF741 新符号的基本步骤如下：

1）进入 Multisim 10，执行 Tools\Symbol Editor 命令，即可打开 Symbol Editor 窗口，如图 3-20 所示。

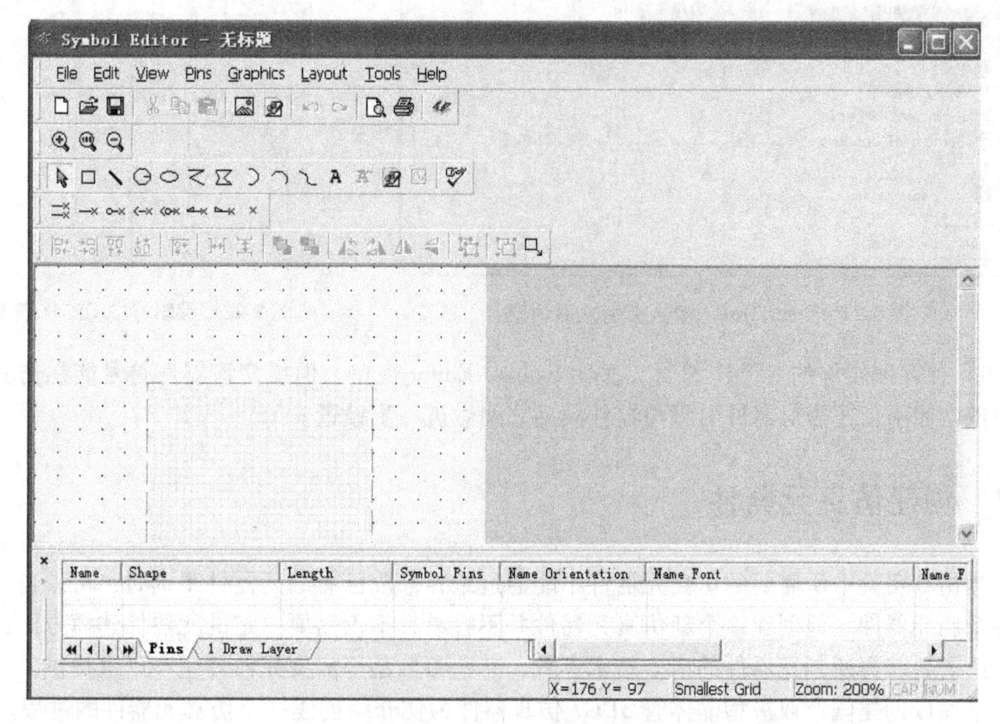

图 3-20　Symbol Editor 窗口

2）单击绘制工具栏中的按钮，光标变为四方箭头状，移动光标去调整设计区域中的虚线矩形框大小，此处调整为 6 格 ×5 格。

3）单击画图工具栏中按钮，在设计区域按虚线矩形框大小绘制矩形。

4）单击画图工具栏中按钮，在矩形中画出一个▷。

5）单击画图工具栏中 A 按钮，即可打开 Enter Text（输入文字）对话框，如图 3-21 所示。

在对话框的 Enter Text 栏中，输入字符“8”，并选择字形、字号和方向，然后单击 OK 按钮，光标上就粘浮着输入的文字，拖动光标到适当的位置后，单击鼠标左键即可将文字放置。同理，可在矩形框中放置“+”、“-”字符。

6）执行 Pins\Default Pin Options 菜单命令，即可打开 Default Pin Options 对话框（见图 3-9）。在对话框中，对将要放置的引脚名称等信息进行设置。

7）单击引脚放置工具栏中的 —× 按钮，移动光标将引脚放在矩形外离同相端“+”最近处，作为同相输入引脚。同理可放置其余的4个引脚。

编辑好的 CF741 符号如图3-22 所示。

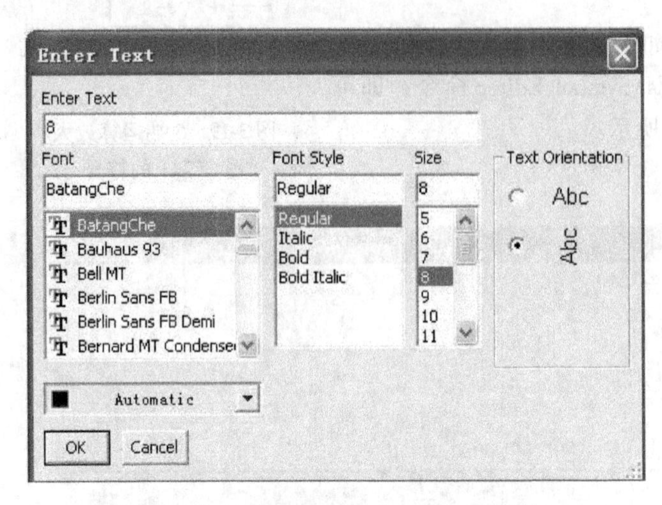

图3-21 Enter Text（输入文字）对话框

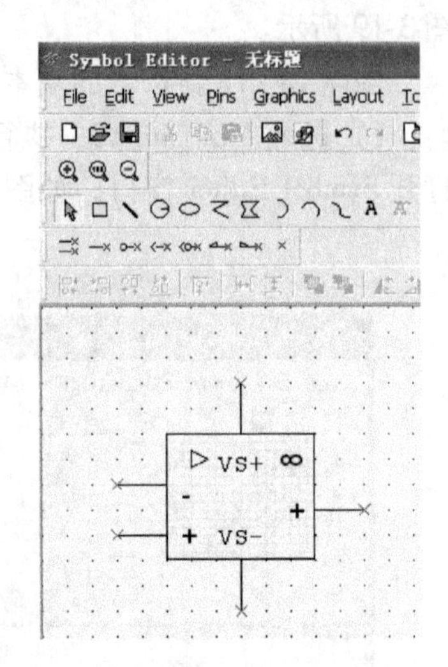

图3-22 编辑好的 CF741 符号

8）保存编辑好的 CF741 符号，关闭 Symbol Editor 窗口。但要使该器件符号能在仿真电路中正常使用，还需对器件引脚与器件模型之间做进一步设置。

3.2 创建仿真元器件

当仿真实验中所需要的仿真元器件不能通过编辑修改已有的元器件得到时，可以自己创建一个新元器件。但创建一个新仿真元器件并不容易，不仅需要一定的元器件建模方面的知识，还需要获得所创元器件的诸多技术参数，有些参数甚至需要元器件生产厂家提供。

下面以创建国产双极型晶体管 3DG7 仿真器件为例介绍创建一个仿真元器件的过程。

3.2.1 元器件创建向导第1步

执行 Tools\Component Wizard 命令，即可打开元器件创建向导第1步对话框，如图3-23所示。

首先在 Component Name 栏内输入所要建立的元器件名称 3DG7，在 Component Type 栏内指定该元器件的类型，其中包括 Analog（模拟元器件）、Digital（数字元器件）、Verilog _HDL（Verilog 语言所编写的元器件）和 VHDL（VHDL 语言所编写的元器件）等4个选项，此处选择“Analog”选项。选取 Analog 选项后，还需在对话框下面的3个选项中选择

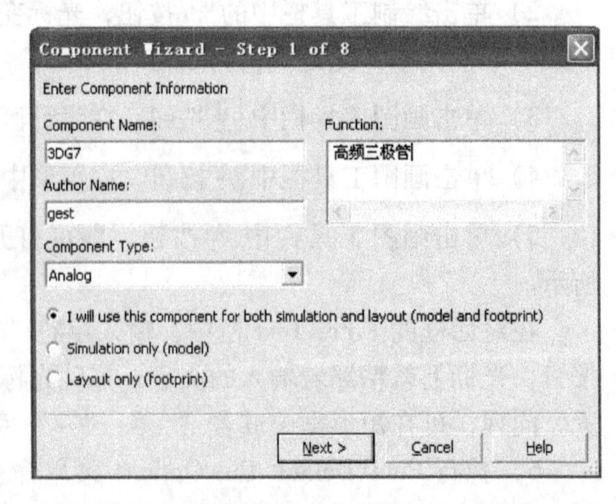

图3-23 元器件创建向导第1步对话框

一项，说明如下：

1）I will use this component for both simulation and layout（model and footprint）：该选项设定该元器件包括电路仿真模型及元器件外形。

2）Simulation only（model）：该选项设定该元器件只需包含电路仿真所需的元器件模型。

3）Layout only（footprint）：该选项设定该元器件只需包含印制电路板设计所需的元器件外形（Footprint）。

在此选择第1）项，即同时产生器件模型及器件外形。

3.2.2　元器件创建向导第2步

完成元器件创建向导的第1步有关项设定后，单击 Next > 按钮，即可进入第2步对话框，如图3-24所示。

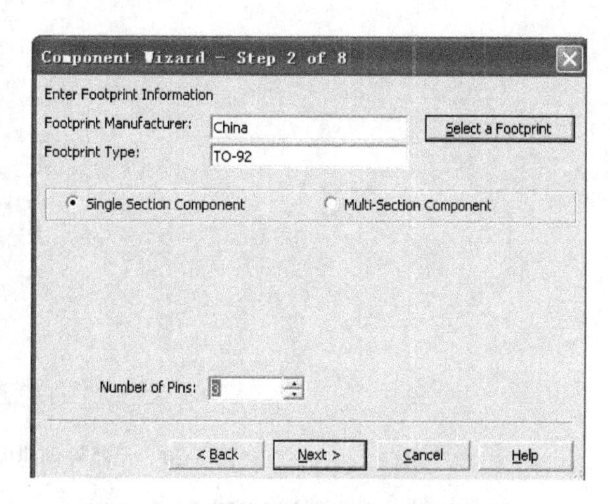

图3-24　元器件创建向导第2步对话框

该对话框的功能是定义元器件外形（即元器件封装），首先在Footprint Type栏内指定元器件外形名称，此处指定为“TO-92”，而元器件外形名称必须符合PCB软件所要求的定义名称。“Signal Section Component”选项设定该元器件为单一包装元器件，如果选取该选项，则可在其下的栏内指定该元器件的引脚数。“Multi-Section Component”选项设定该元器件为复合包装元器件。此处选择前者，然后在“Number of Pins”栏内指定该元器件包含的引脚数，此处指定为“3”。单击 Select a Footprint 按钮将出现一系列符合PCB软件标准的外形封装，如图3-25所示。

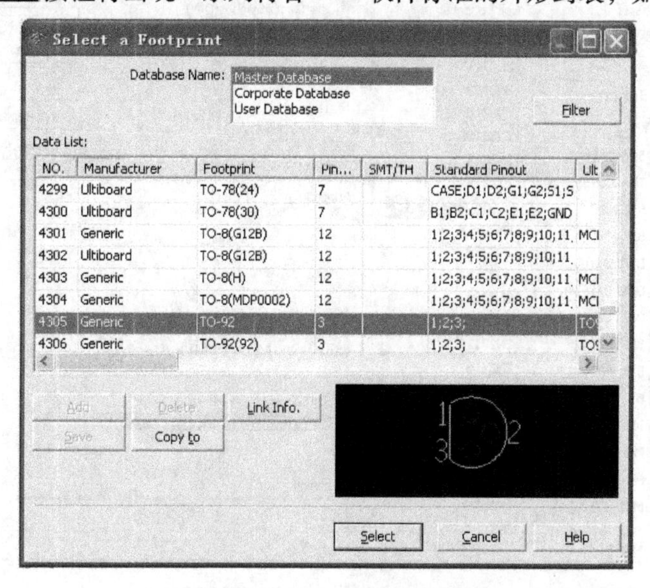

图3-25　Select a Footprint 对话框

选择一种外形封装形式，单击图 3-25 中的 Select 按钮，则返回到创建元器件向导第 2 步对话框。

3.2.3 创建元器件向导第 3 步

单击元器件创建向导第 2 步对话框中的 Next > 按钮，即可进入元器件创建向导第 3 步对话框，如图 3-26 所示。

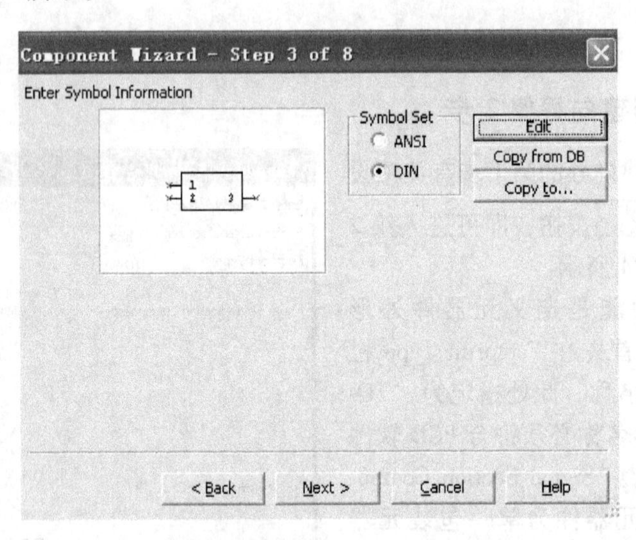

图 3-26　元器件创建向导第 3 步对话框

显然图 3-26 中的器件符号并不是 3DG7 国标符号，这时可以单击 Copy from DB 按钮，即可打开 Select a Symbol 对话框，如图 3-27 所示。

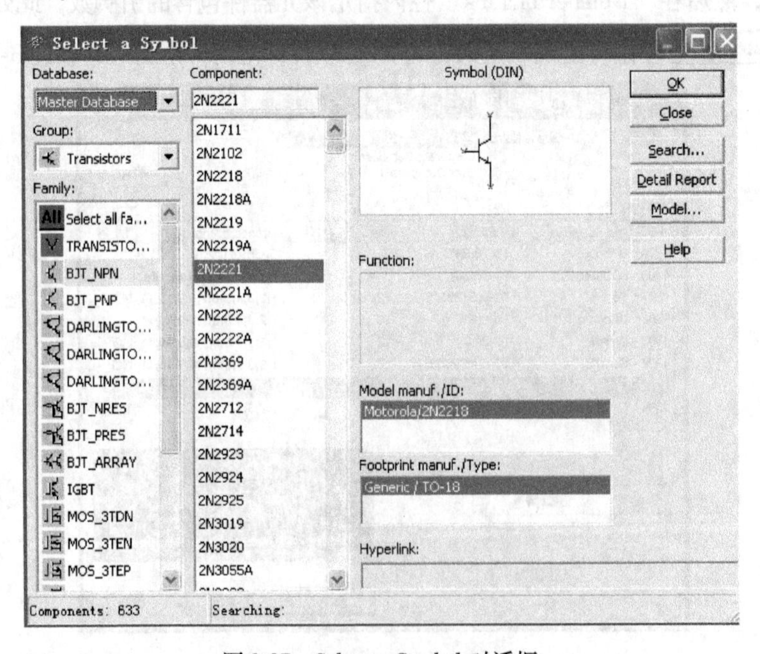

图 3-27　Select a Symbol 对话框

在该对话框中找到一个与国标符号 3DG7 相同的符号，单击 OK 按钮，即可将图 3-26 中的符号变更为所选符号，如图 3-28 所示。

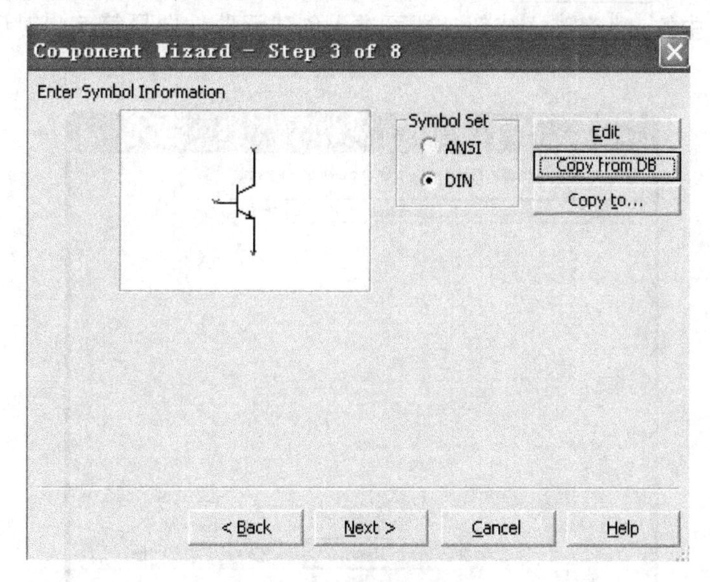

图 3-28　变更器件符号

3.2.4　创建元器件向导第 4 步

单击图 3-28 中的 Next > 按钮，即可进入创建元器件向导第 4 步对话框，如图 3-29 所示。

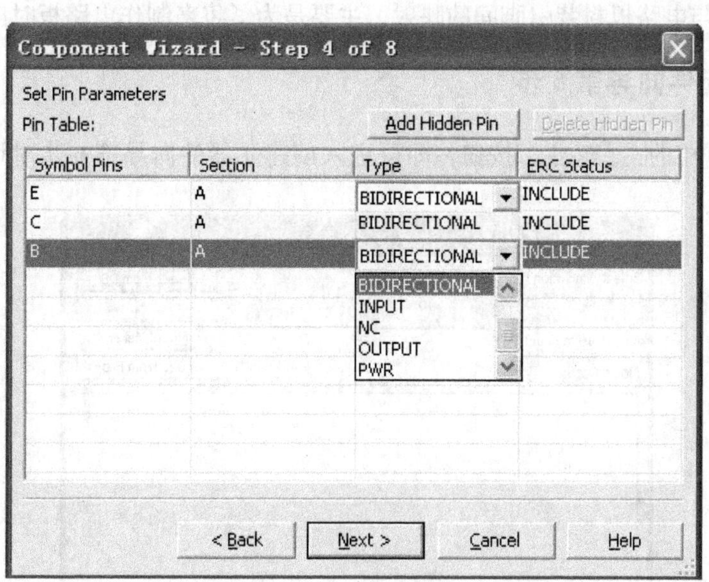

图 3-29　创建元器件向导第 4 步对话框

在创建元器件向导第 4 步对话框中，可对引脚参数进行设置：可以添加、删除或隐藏引脚，还可以对引脚类型进行设置。

3.2.5　创建元器件向导第 5 步

单击图 3-29 中的 Next > 按钮，即可进入创建元器件向导第 5 步对话框，如图 3-30 所示。

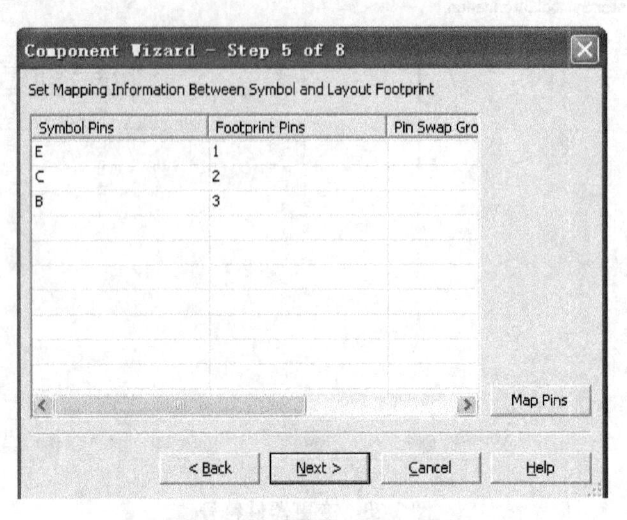

图 3-30　创建元器件向导第 5 步对话框

该对话框用于设置符号与电路板封装间的映射，其中，Symbol Pins 为符号引脚名称，而 Footprint Pins 为电路板封装引脚号码，必须参照元器件的实际资料来定义。这里的 E 脚对应电路板封装引脚号码 1，C 脚对应电路板封装引脚号码 2，B 脚对应电路板封装引脚号码 3。符号引脚与电路板封装引脚间的映射，主要是为了将来制作电路板时应用。

3.2.6　创建元件向导第 6 步

单击图 3-30 中的 Next > 按钮，即可进入创建元器件向导第 6 步对话框，如图 3-31 所示。

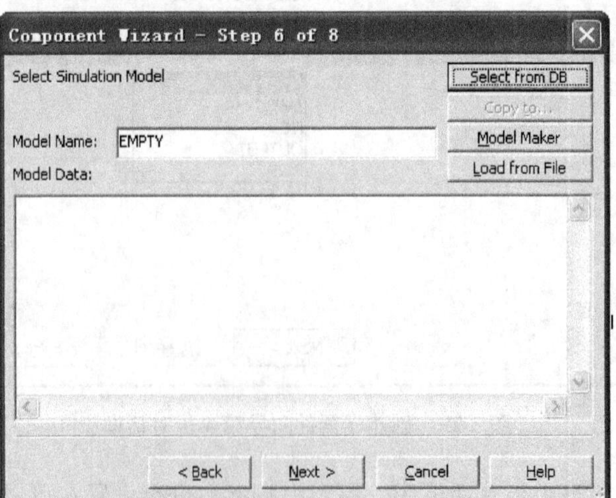

图 3-31　创建元器件向导第 6 步对话框

1）该对话框主要用于建立元器件的仿真模型。为方便起见，通常是从数据库中复制已有元器件模型。方法是，单击 Select from DB 按钮，即可打开 Select Model Data 对话框，如图 3-32 所示。

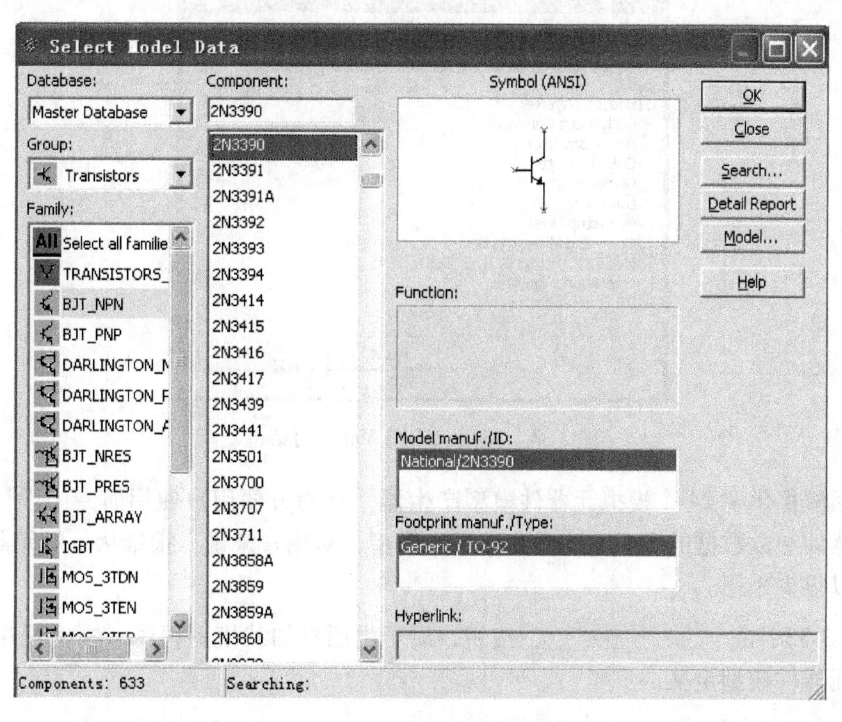

图 3-32　Select Model Data 对话框

在该对话框中，可以选择 2N3390 作为复制元器件模型的来源，单击 OK 按钮，即可返回到创建元器件向导第 6 步对话框，如图 3-33 所示。

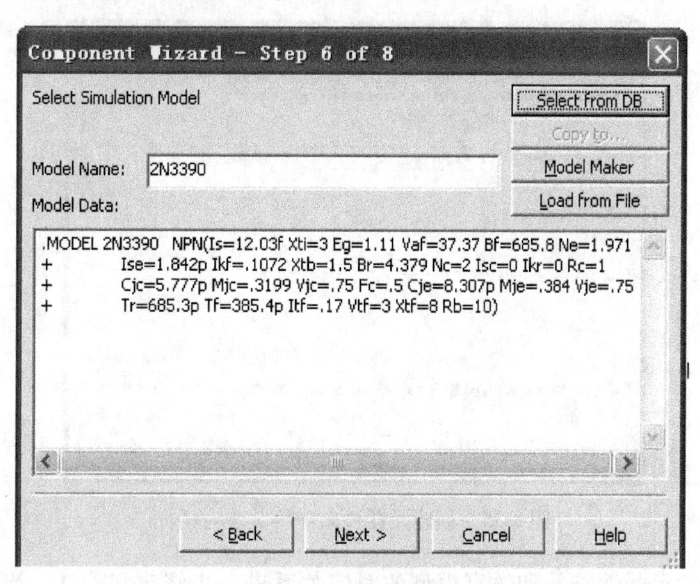

图 3-33　选择模型后的向导第 6 步对话框

2）单击图 3-33 中的 Model Maker 按钮，即可打开图 3-34 所示的 Select Model Maker 对话框。

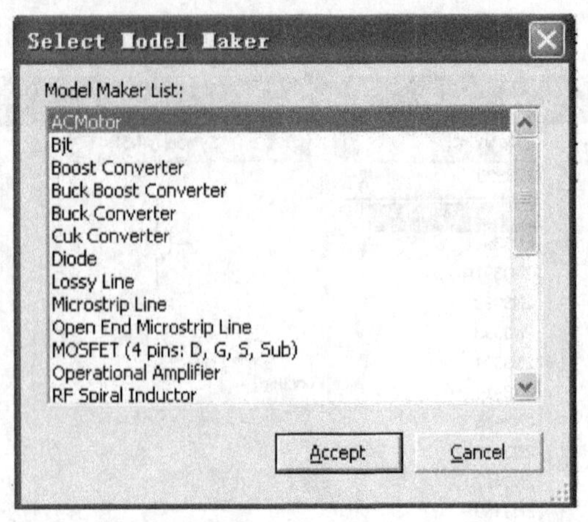

图 3-34　Select Model Maker 对话框

该对话框提供了 24 个模拟元器件模型产生器，是为方便用户使用而专门设计的，但这种基于元器件参数数据的 SPICE（仿真程序）模型，对用户来说，很难从一般元器件手册上查到，所以很少采用。

3）图 3-33 中的 Load from File 按钮，用于由用户加载模型程序，模型程序是由 C 语言编写的元器件模型定义。

3.2.7　创建元器件向导第 7 步

单击图 3-33 中的 Next > 按钮，即可进入创建元器件向导第 7 步对话框，如图 3-35 所示。

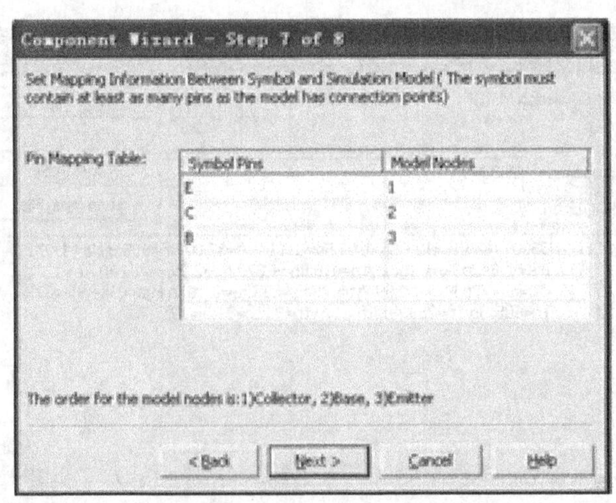

图 3-35　创建元器件向导第 7 步对话框

该对话框是对元器件符号和仿真模型的对应关系进一步修改和确认。当有错误时，系统会给出提示。在图 3-35 中，系统提示 BJT 模型正确的顺序是集电极（C）、基极（B）和发射极（E）。因此，需通过重新选取右边栏中的序号来修改。修改方法是单击序号，然后在所弹出的下拉列表中选择新序号，如图3-36所示。

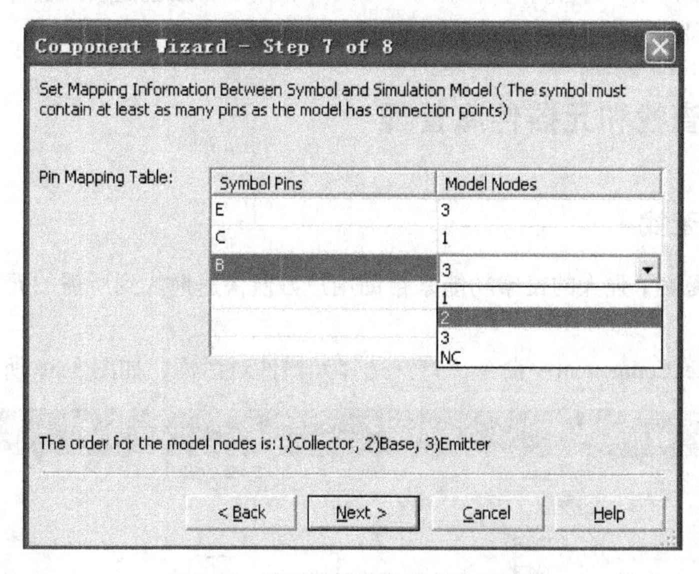

图3-36　对元器件引脚顺序进行修改

3.2.8　创建元器件向导第8步

上述修改完成后，单击图3-36中的 Next > 按钮，即可进入创建元器件向导第8步对话框，如图3-37所示。

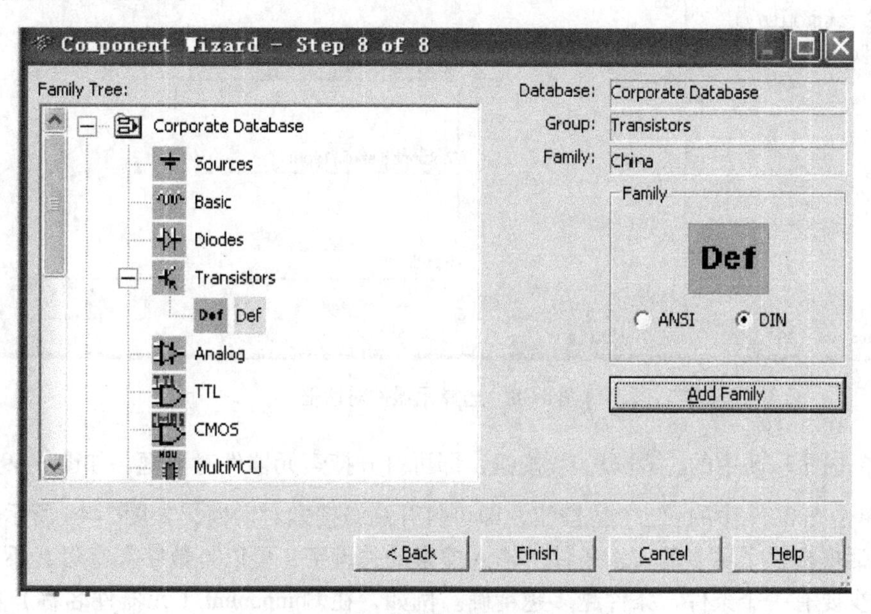

图3-37　创建元器件向导第8步对话框

在该对话框中，将创建的元器件保存到元器件库，操作步骤如下：

1）选择元器件数据库（Database）、族（Group）和系列（Family）。在“User Database”库的“Group”列表中输入“Transistors”，Family 中输入“China”，然后单击 Add Family 按钮，即创建一个系列“China”，用于存放创建的元器件。

2）单击 Finish 按钮，即完成创建仿真元器件。

3.3　元器件查找和元器件库管理

3.3.1　元器件查找

Multisim 10 提供了强大的搜索功能来帮助用户方便快速地找到所需的元器件，其具体操作步骤如下。

1）执行 Place\Component…命令，打开选择元器件对话框，如图 3-38 所示。

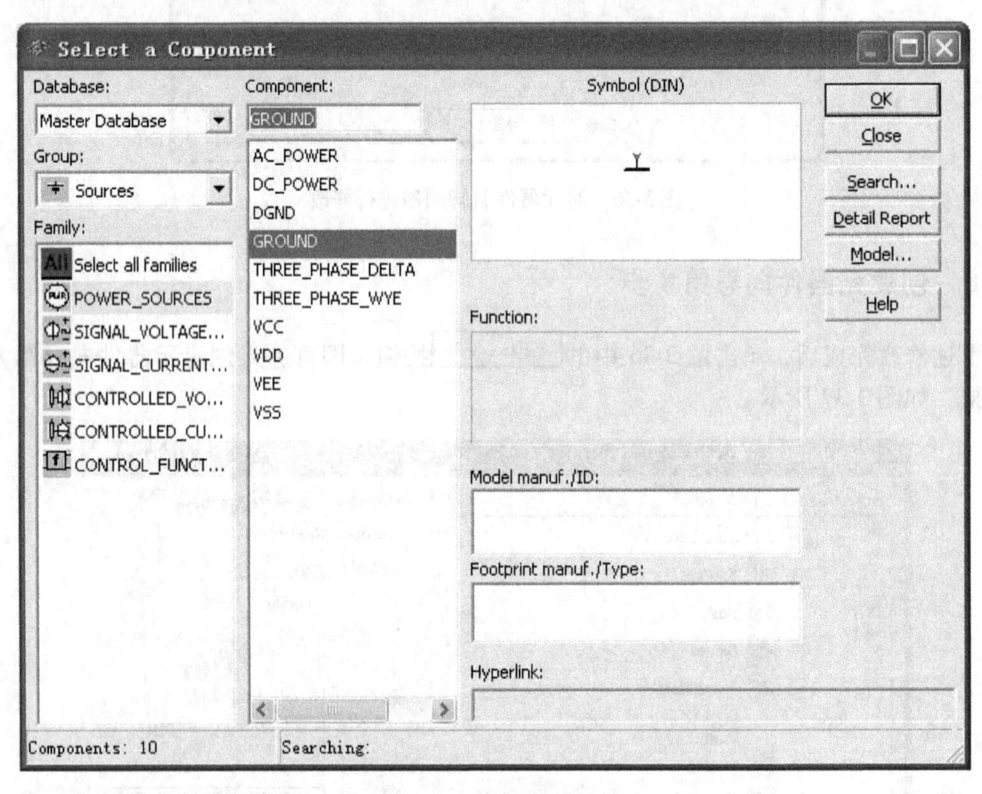

图 3-38　选择元器件对话框

2）单击图 3-38 中的 Search... 按钮，即可打开搜索元器件对话框，如图 3-39 所示。

3）单击图 3-39 中的 Advanced 按钮，即可打开高级搜索对话框，如图 3-40 所示。

该对话框提供了更多的搜索条件。输入搜索的关键字，可以是数字和字母，不区分大小写，但至少要有一个条件，条件越多越精确。例如，在 Component（元器件名称）栏中输入“74LS00”。

4）单击图 3-40 中的 Search 按钮开始查找，查找结束后自动弹出搜索结果对话框，如图 3-41 所示。

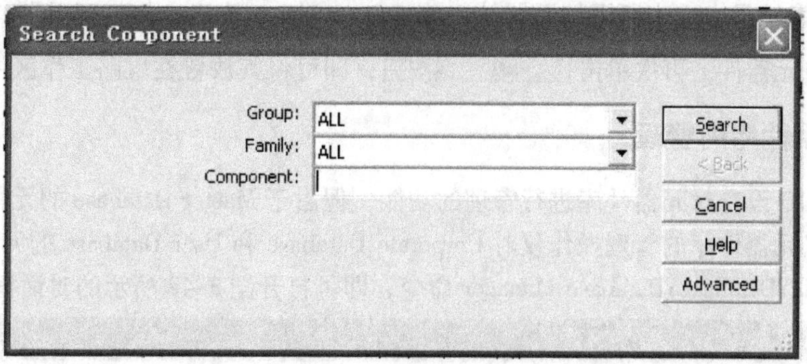

Search Component

Group: ALL
Family: ALL
Component:

Search
< Back
Cancel
Help
Advanced

图 3-39　搜索元器件对话框

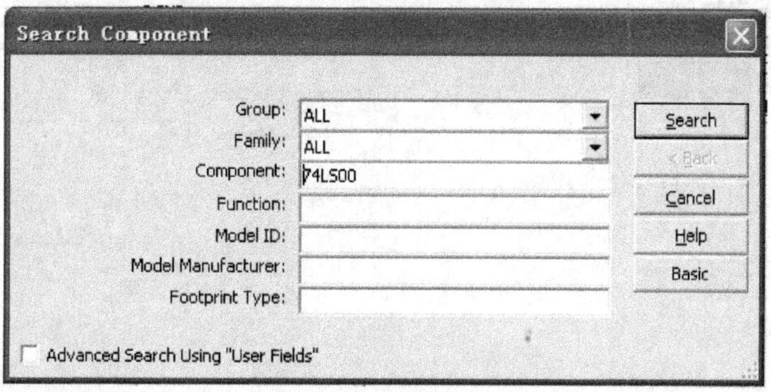

Search Component

Group: ALL
Family: ALL
Component: 74LS00
Function:
Model ID:
Model Manufacturer:
Footprint Type:

Search
< Back
Cancel
Help
Basic

Advanced Search Using "User Fields"

图 3-40　高级搜索对话框

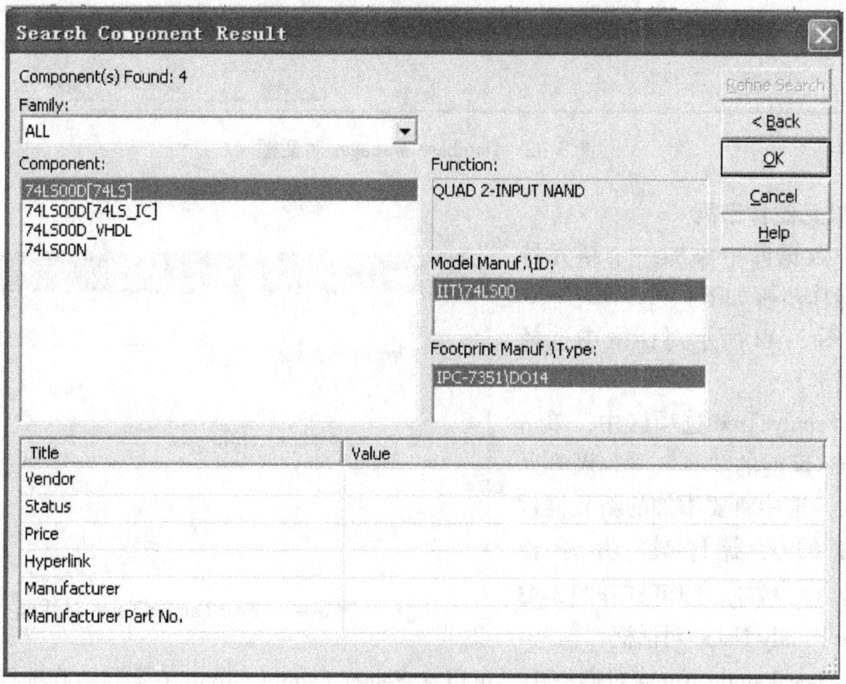

Search Component Result

Component(s) Found: 4
Family:
ALL

Component:
74LS00D[74LS]
74LS00D[74LS_IC]
74LS00D_VHDL
74LS00N

Function:
QUAD 2-INPUT NAND

Model Manuf.\ID:
IIT\74LS00

Footprint Manuf.\Type:
IPC-7351\DO14

Refine Search
< Back
OK
Cancel
Help

Title	Value
Vendor	
Status	
Price	
Hyperlink	
Manufacturer	
Manufacturer Part No.	

图 3-41　搜索结果对话框

5）从搜索结果中选中所需的元器件，单击 OK 按钮，将打开元器件浏览对话框并自动选中该元器件，再次单击 OK 按钮，即可将其放置在电路工作区中。

3.3.2　元器件库的管理

Multisim 10 设有对元器件库进行管理的功能，但由于 Master Database 的元器件库用户不能修改，所以元器件库的管理操作仅对 Corporate Database 和 User Database 的元器件库有效。

执行 Tools\Database\Database Manager 命令，即可打开图 3-42 所示的对话框。

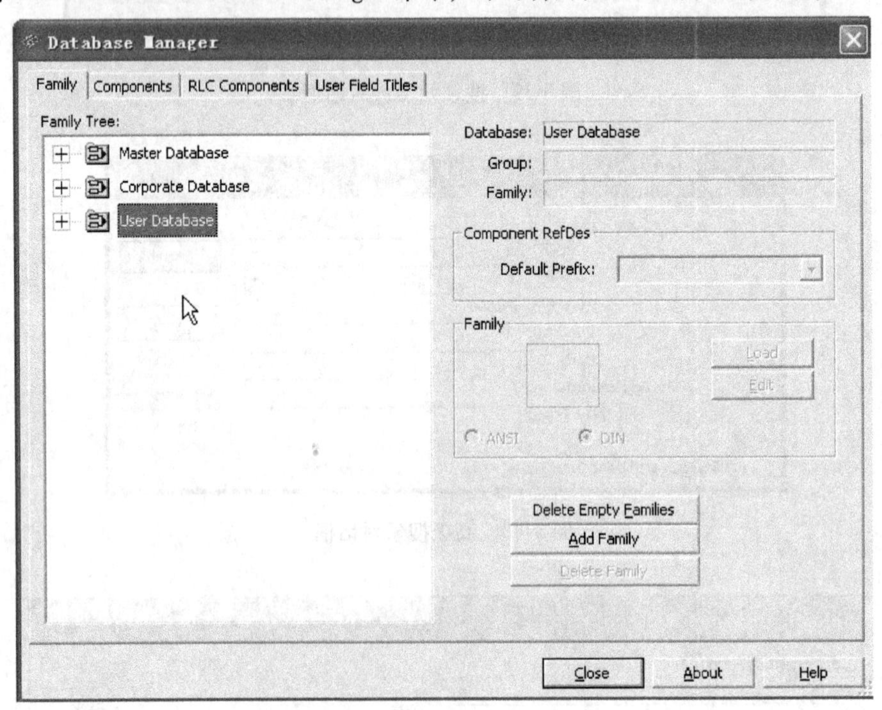

图 3-42　Database Manager 对话框

1. 添加元器件系列

在用户数据库中添加一个新元器件系列的操作步骤如下：

1）在图 3-42 所示对话框中选择 Family 选项卡。

2）在 Family Tree 选项区中，单击 User Database 库前的“+”号，展开元器件族列表，选中将要添加的新元器件系列所在的元器件族，并单击 Add Family 按钮，即可打开图 3-43 所示的 New Family Name 对话框。

图 3-43　New Family Name 对话框

3）在 New Family Name 对话框中，可以在 Select Family Group（元器件族选择）栏中选择将要添加新元器件系列所在的元器件族，在 Enter Family Name（元器件系列命名）栏中输入新建元器件系列的名称，最后单击 OK 按钮，就自动返回 Database Manager 对话框。

4）在 Database Manager 对话框相应的元器件族下就会看到一个新元器件系列。例如，在 Basic 族中添加了“光电器件”系列，如图3-44所示。

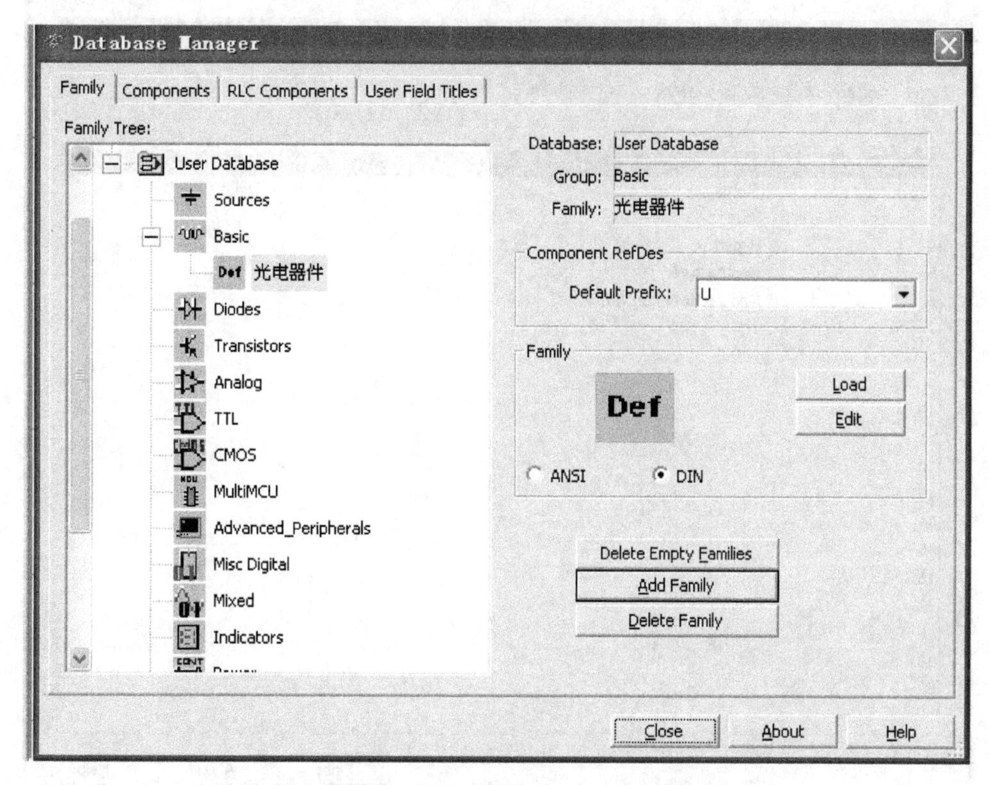

图3-44　添加光电器件系列的 Database Manager 对话框

2. 删除元器件系列

对不需要的元器件系列，可利用下列步骤删除：

1）在 Database Manager 对话框的 Family Tree 选项区中，选中将要删除的元器件系列。

2）单击 Delete Family 按钮，即可打开一个删除确认对话框。

3）单击 Yes 按钮，所选中的元器件系列就会自动从元器件系列列表中消失。

3. 删除空元器件系列

如果元器件系列下没有具体型号的元器件，则需要删除空元器件系列，具体操作步骤如下：

1）在 Database Manager 对话框中，选中 Family 选项卡。

2）单击 Delete Empty Families 按钮，即可打开一个提示对话框，询问是否要删除所有空元器件系列，如图3-45所示。

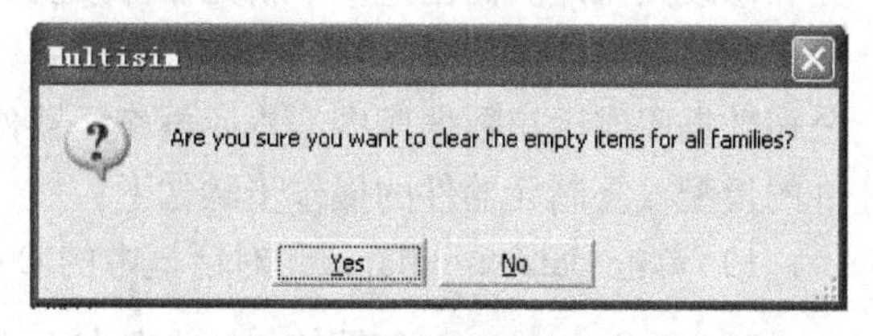

图3-45　删除空元器件系列提示对话框

3）确认无误后，单击 Yes 按钮，所有空元器件系列将会从元器件系列列表中消失。

4. 修改用户使用标题

Multisim 10 允许用户修改元器件数据库中的用户使用标题，具体修改方法如下：

1）在 Database Manager 对话框中，选中 User Field Titles 选项卡，如图 3-46 所示。

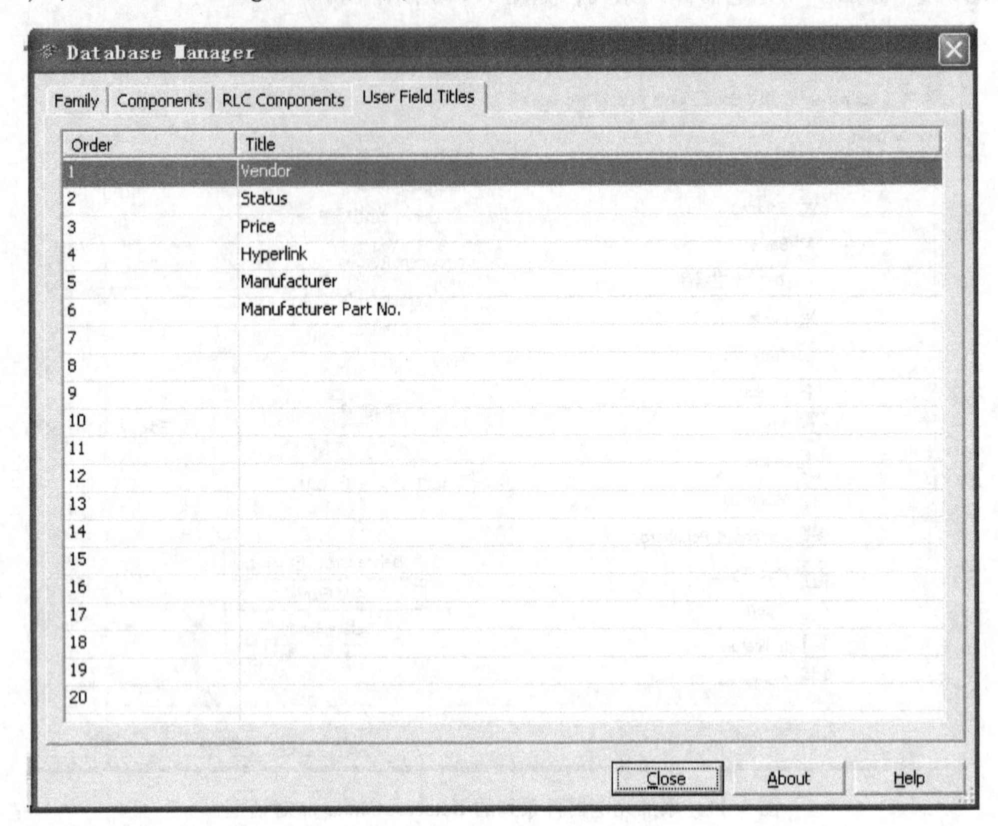

图 3-46　User Field Titles 选项卡

2）在 User Field Titles 选项卡中，Multisim 10 提供了 20 个可供用户填写的标题，默认状态下已填写了 Vendor（销售商）、Status（状态）、Price（价格）、Hyperlink（超链接）、Manufacturer（制造商）和 Manufacturer Part No.（制造商编号）6 个标题，其余可供用户自由填写。

3）确认标题修改无误后，单击 Close 按钮。

5. 复制仿真元器件

在 Multisim 10 的数据库中，公司数据库和用户数据库初次安装后是空的，允许用户创建和修改元器件。而创建一个新元器件涉及大量的参数，有的参数甚至需要厂家提供，以致造成创建元器件模型是一项复杂的工作。所以，常常需要将主数据库中的元器件模型复制到公司数据库或用户数据库中，然后再将元器件模型的个别参数作适当修改，建立所需要元器件的模型。复制元器件的操作步骤如下：

1）单击 Database Manager 对话框中的 Components 选项卡，如图 3-47 所示。

2）在 Components 选项卡中，单击右上方的 Filter 按钮，即可打开 Filter（筛选）

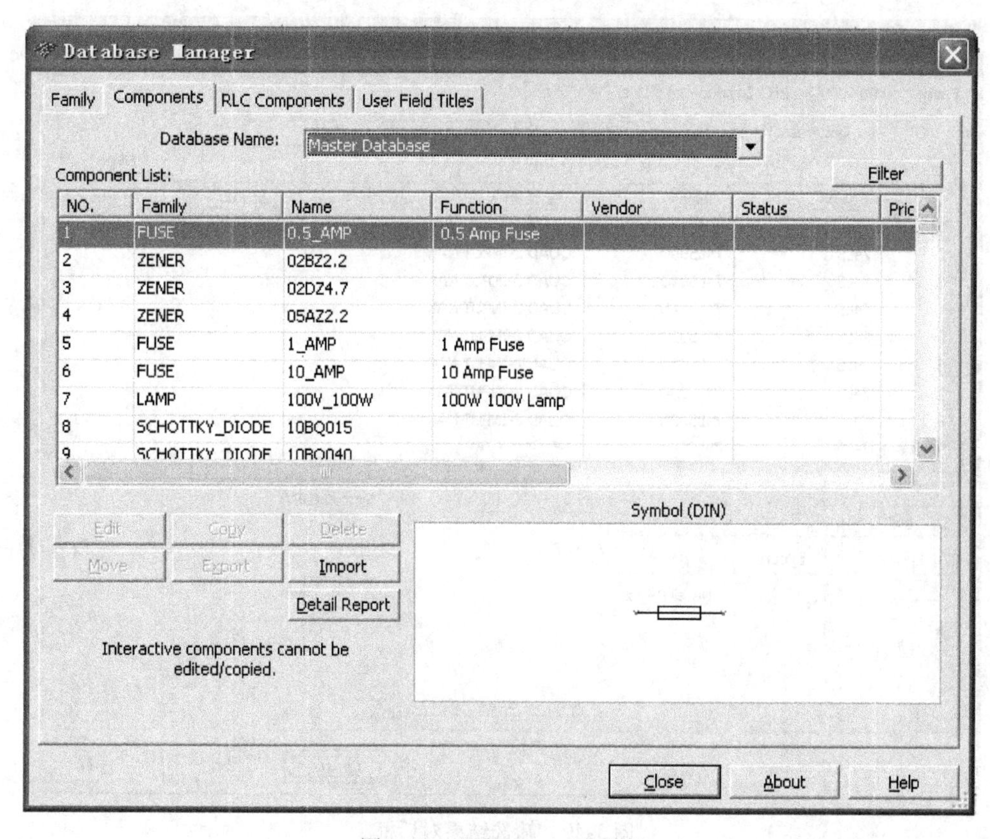

图 3-47　Components 选项卡

对话框，如图 3-48 所示。

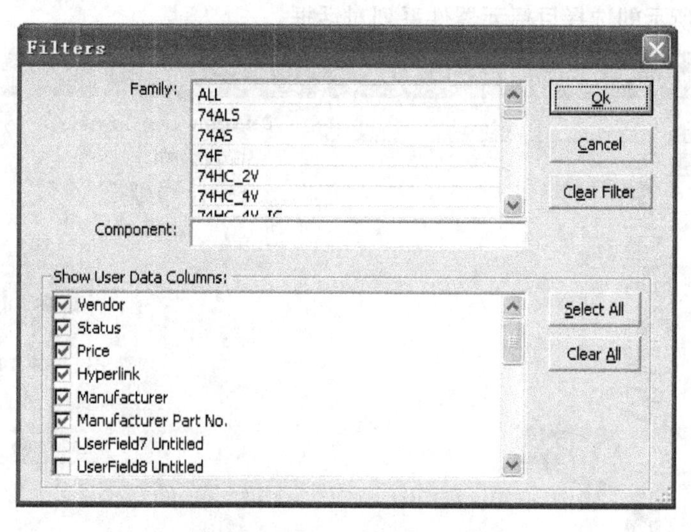

图 3-48　Filter（筛选）对话框

若在 Family 栏中选择 74LS 作为筛选条件，单击 OK 按钮，即可弹出符合条件的元器件列表，如图 3-49 所示。

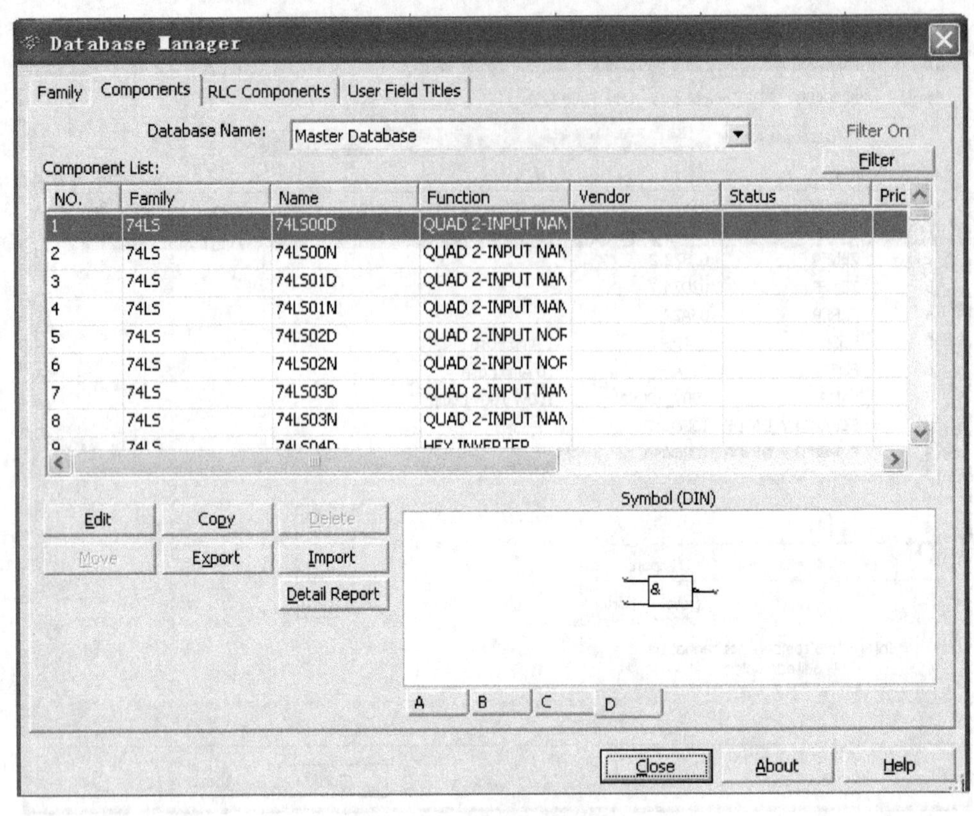

图 3-49　筛选结果对话框

在筛选结果对话框中，选择要复制的元器件，如选中 74LS00D，单击 Copy 按钮，即可打开图 3-50 所示的选择目标元器件系列对话框。

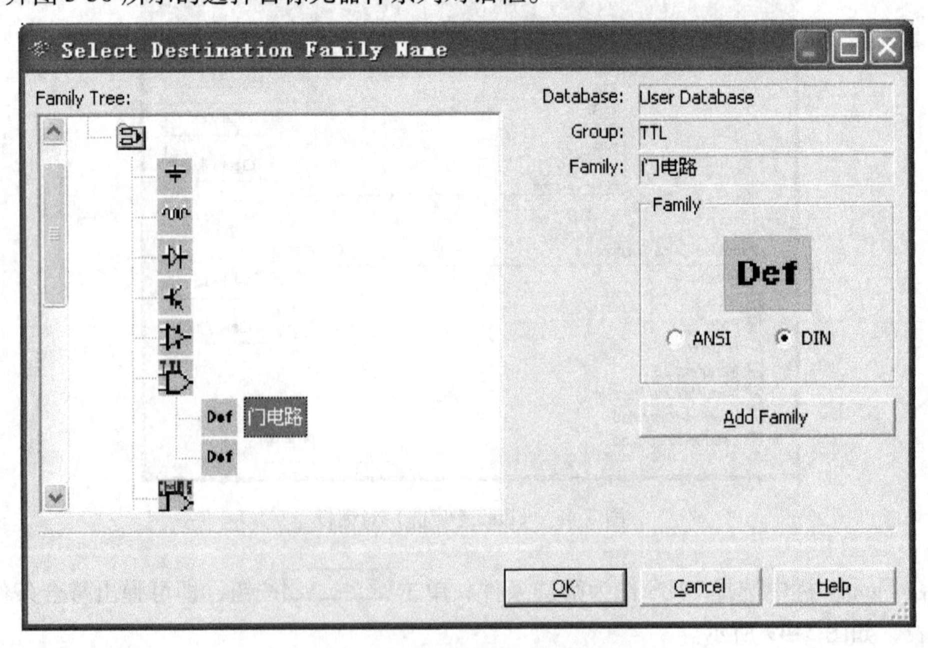

图 3-50　选择目标元器件系列对话框

3）选择要复制元器件的目标元器件数据库、所在的族和系列，如选中新建立的“门电路”系列，然后单击 OK 按钮，则自动返回 Database Manager 对话框，完成复制。

6. 删除仿真元器件

若要删除公司数据库和用户数据库中的某个元器件，可按如下步骤进行：

1）单击 Database Manager 对话框中的 Components 选项卡。

2）在 Database Name 下拉菜单中，选择要删除元器件所在的数据库，可删除元器件的数据库只能是公司数据库和用户数据库，如图 3-51 所示。

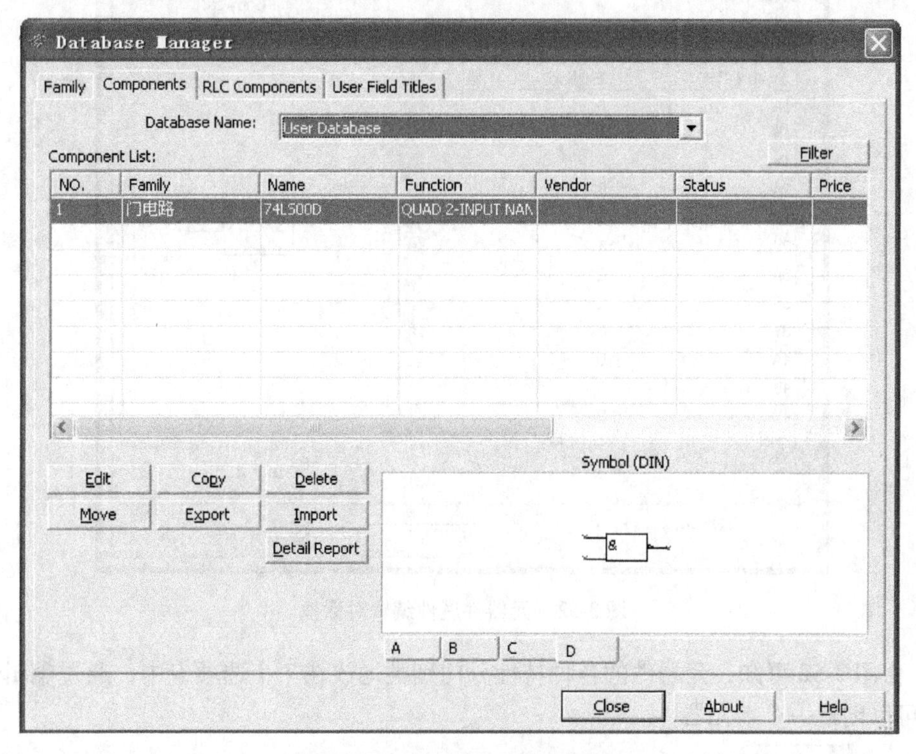

图 3-51　删除仿真元器件对话框

3）如果列表中元器件繁多，可利用 Filter 进行元器件筛选。

4）在元器件列表窗口中，选择要删除的元器件。

5）单击 Delete 按钮，就会看到所选中的元器件从元器件列表中消失。

7. 编辑仿真元器件

在仿真电路图的建立过程中，有时所要放置的元器件在 Multisim 10 提供的元器件库中没有，但和元器件库中的某个元器件特性相近，就可以通过编辑已存在元器件的特性来创建新元器件。可以编辑的元器件特性主要有元器件的一般特性（如大小）、符号、引脚模型、元器件模型、封装、电气特性和用户使用域等，具体编辑步骤如下：

1）单击 Database Manager 对话框中的 Components 选项卡。

2）在 Database Name 下拉菜单中，选择要编辑的元器件所在的数据库。

3）利用 Filter 进行元器件筛选。

4）在元器件列表窗口，选择要编辑的元器件。

5）单击 Edit 按钮，即可打开元器件属性编辑对话框，如图 3-52 所示。

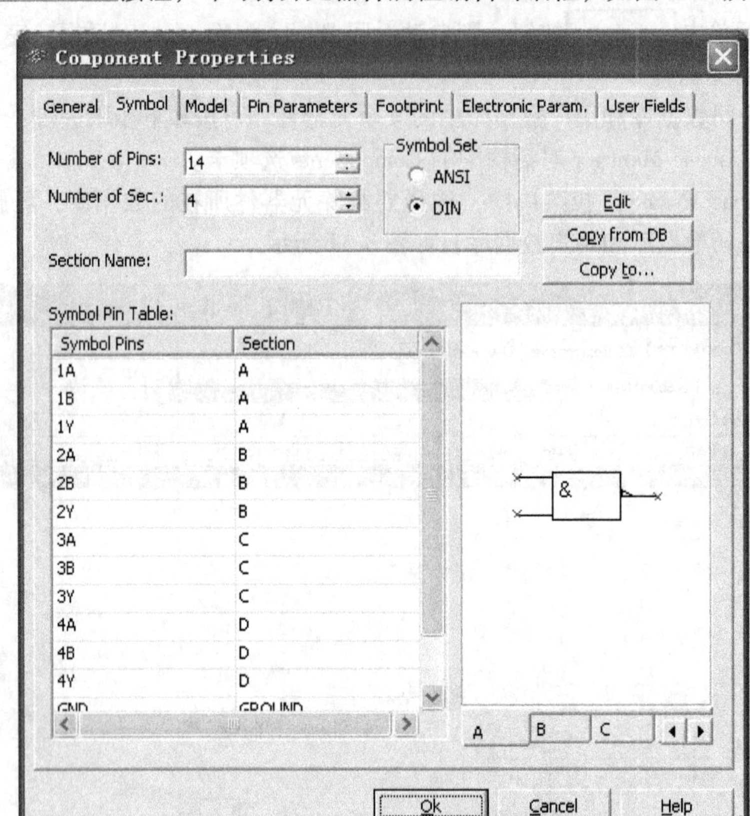

图 3-52　元器件属性编辑对话框

6）由图 3-52 可知，元器件的各种特性分门别类地放在 7 个选项卡中，通过编辑这些内容，就可以创建一个新元器件。

7）单击 OK 按钮，即可打开保存元器件对话框。在该对话框中，可以选择编辑后的新元器件存放的数据库、族和系列。

8）选择新元器件存放的系列后，单击 OK 按钮，自动返回 Database Manager 对话框，即完成了仿真元器件的编辑。

思　考　题

3-1　仿真元器件通常具有哪些信息？

3-2　元器件符号编辑器具有什么功能？说明利用元器件符号编辑器编辑元器件和创建元器件的方法。

3-3　如何将某一国产元器件编辑为仿真元器件？

3-4　如何根据已知元器件的信息创建一个新仿真元器件？

3-5　说明元器件库管理器的基本功能。

第4章 Multisim 10虚拟仪器仪表的使用

Multisim 10的虚拟仪器仪表，大多具有和真实仪器仪表相同的面板，用户可根据需要进行选择，将其调到电路窗口，并与电路连接。在仿真运行时，可以完成对电路的电压、电流、电阻数值及波形等物理量的测量，用起来几乎和实际的仪器仪表一样。由于仿真仪器的功能是软件化的，所以具有测量数值精确、价格低廉、使用灵活方便的优点。这些仪器仪表一般不会损坏，即使坏了，无非把软件重新安装一遍，便可马上恢复使用。

Multisim 10提供了22种虚拟仪器仪表，本章将介绍这些虚拟仪器仪表的使用方法。

4.1 电压表

Multisim 10的指示器件库中提供电压表给用户使用，该仪表为自动转换量程、交直流两用的4位数字电压表，而且在电路图中使用的数量不受限制。

4.1.1 电压表的图标

选用电压表可以从Indicators（指示器件库）中将电压表拖到电路工作区中，其图标如图4-1所示。电压表的两个接线端通过旋转可以改为上下连接或左右连接。

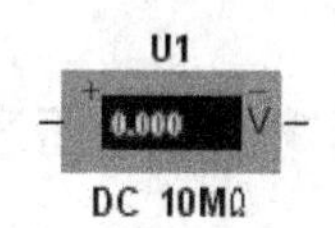

图4-1 电压表的图标

电压表用于测量电路两点间的交流或直流电压，当测量直流电压时，电压表两个接线端有正负之分，使用时按电路的正负极性对应相连接，否则读数将为负值。

4.1.2 电压表的设置

电压表在使用前，应对其属性进行设置。双击已调入工作区的电压表图标，即可打开电压表属性对话框，如图4-2所示。电压表属性的设置方法如下：

（1）Label（标号）选项卡　单击Label选项卡，在Label选项卡中可以设置电压表在电路图中的参考编号、标号。

（2）Value（标称值）选项卡　单击Value选项卡，在Value选项卡中可以设置电压表的内阻和测量电压的模式。电压表的内阻默认值为10MΩ，这样大的内阻一般对被测电路的影响很小。根据测量需要，可对电压表的内阻进行调整。测量电压的模式设置，是根据被测电压的类型选择“DC（直流）”或“AC（交流）”，当测量交流电压时显示数值为有效值。

（3）其他的选项卡　对话框中的另外5个选项卡，是对电压表的显示方式、故障模拟和引脚形式等进行设置，一般采用默认设置即可。

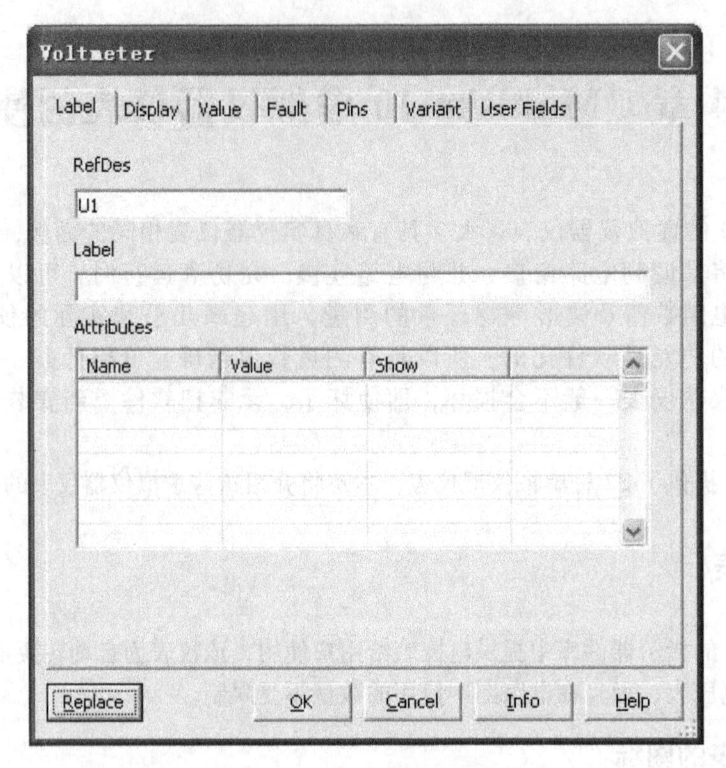

图 4-2 电压表属性对话框

4.1.3 电压表的连接

它的两个接线端使用时与被测量的电路并联连接，并注意按电路的正负极性对应连接。直流电路电压表应用的实例如图 4-3 所示。

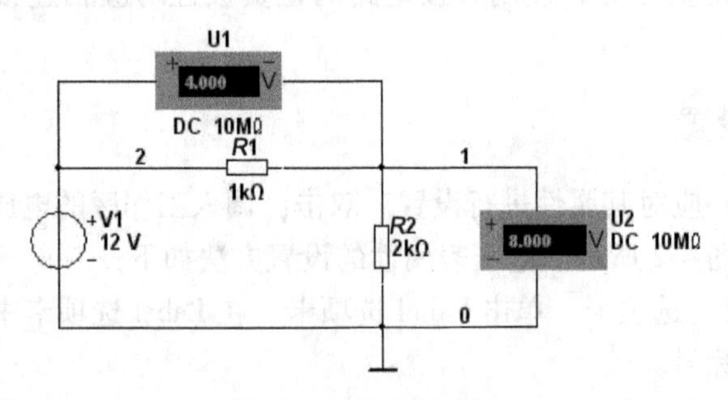

图 4-3 电压表的连接

4.2 电流表

4.2.1 电流表的图标

电流表也位于 Multisim 10 的 Indicators（指示器件库）中，在库中选中该仪表按下鼠标左键可将其拖到电路工作区，其图标如图 4-4 所示。电流表的两个接线端通过旋转可以改为上下连接或左右连接。

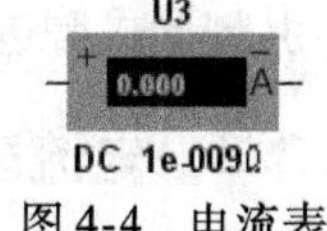

图 4-4　电流表的图标

电流表用于测量电路的交流或直流电流，它有两个接线端，当测量直流电流时，电流表两个接线端有正负之分，使用时按电路的正负极性对应连接，否则读数将为负值。

4.2.2　电流表的设置

电流表在使用前，一般应对其属性进行设置。双击已调入工作区的电流表图标，即可打开电流表属性对话框，如图 4-5 所示。电流表属性的设置方法如下：

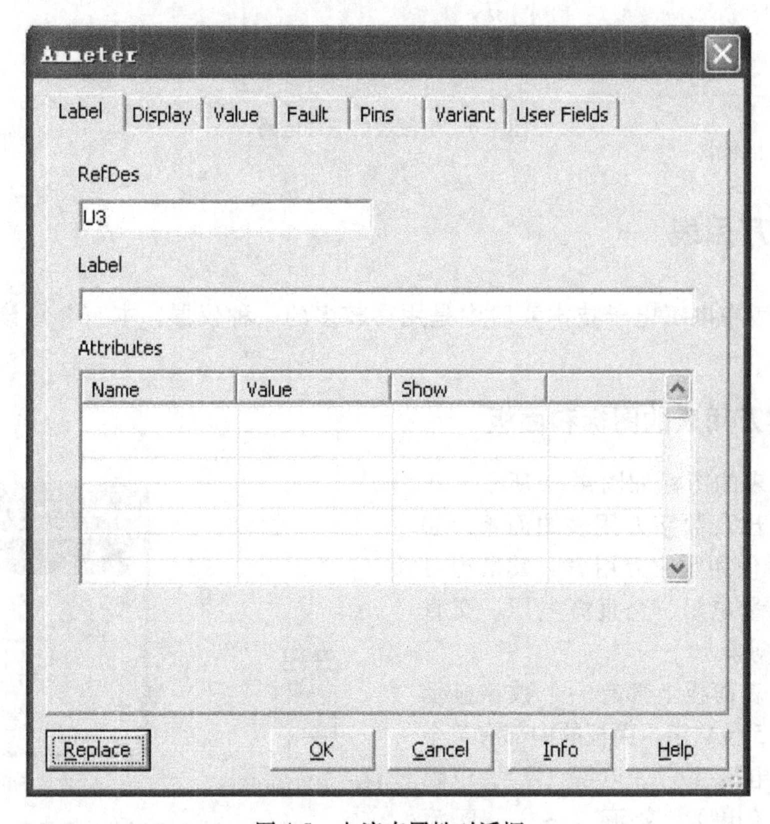

图 4-5　电流表属性对话框

（1）Label（标号）选项卡　单击 Label 选项卡，在 Label 选项卡中可以设置电流表在电路图中的标号、参考编号。

（2）Value（标称值）选项卡　单击 Value 选项卡，在 Value 选项卡中可以设置电流表的内阻和测量电流的模式。电流表的内阻默认值为 $10^{-9}\Omega$，这样小的内阻一般对被测电路的影响很小。根据测量需要，可对电流表的内阻进行调整。测量电流模式的设置，是根据被测电流的类型选择“DC（直流）”或“AC（交流）”，测量交流电流时显示的数值为有效值。

（3）其他选项卡　对话框中的另外 5 个选项卡，用于对电流表的显示方式、故障模拟和引脚形式等进行设置，一般采用默认设置即可。

4.2.3　电流表的连接

使用时电流表应与被测量的电路串联连接。图 4-6 所示为两只电阻并联连接后与 12V 直流电源连接，测量流过每只电阻的电流。

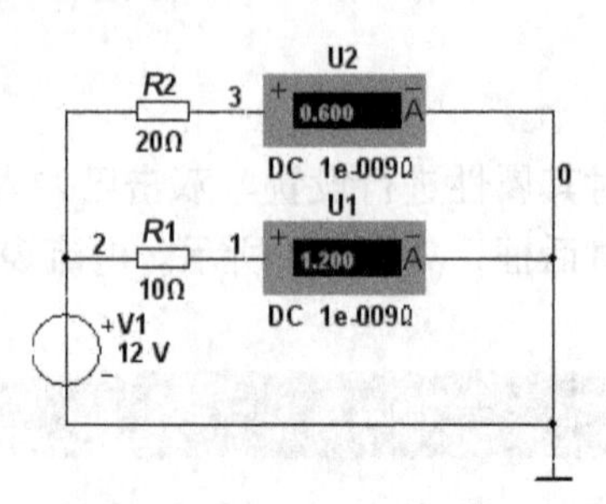

图 4-6　电流表的应用电路

4.3　数字万用表

数字万用表在电工电子技术实验中是用得较多的一种仪器，本节介绍该仪器的使用方法。

4.3.1　数字万用表的图标和面板

数字万用表的图标如图 4-7a 所示，双击该图标即可出现数字万用表的面板，如图 4-7b 所示。使用数字万用表时其量程自动调整，可测量电阻、交直流电压、交直流电流和电平等。

数字万用表面板上部有一个数字显示窗口，可显示 5 位数字。面板的中部有 7 个按钮，分别为电流（A）、电压（V）、电阻（Ω）、电平（dB）、交流（~）、直流（-）和设置（Set...），根据万用表测量信号的需要可进行相应的转换。面板的下部是正表笔和负表笔的连接端。

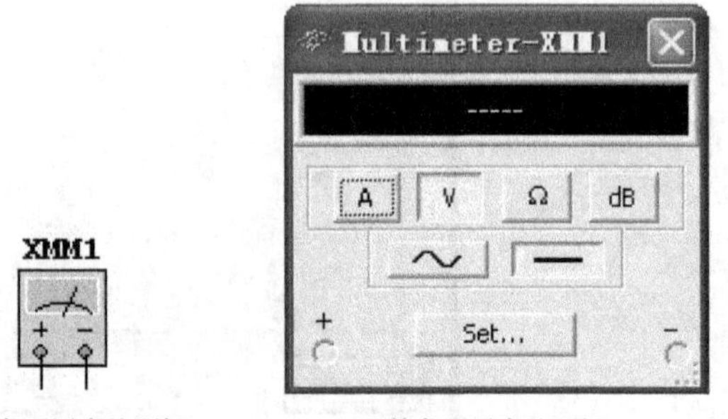

a) 数字万用表的图标　　b) 数字万用表的面板

图 4-7　数字万用表的图标和面板

4.3.2　数字万用表的内部参数设置

单击 Settings 按钮，即可打开数字万用表的参数设置对话框，如图 4-8 所示。可以设置数字万用表的电子参数和显示参数。

设置完成后，单击 Accept 按钮即可保存所作的设置，单击 Cancel 按钮可取消本次设置。

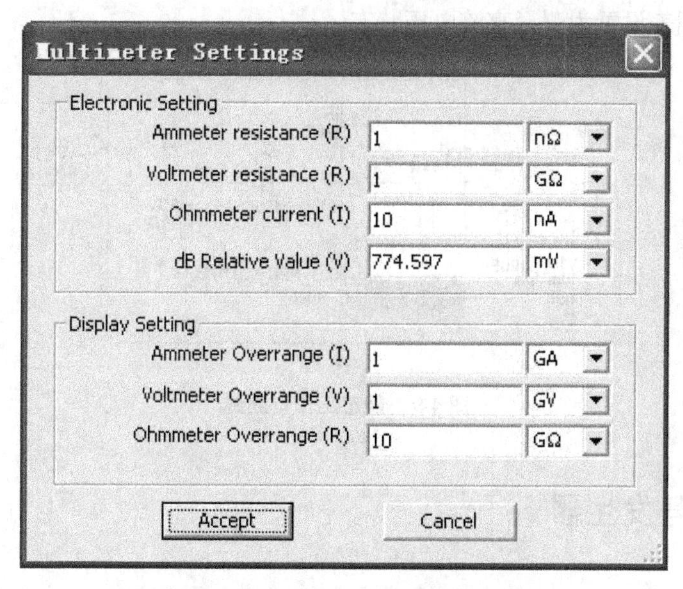

图 4-8　数字万用表的参数设置对话框

4.3.3　数字万用表的使用方法

1. 数字万用表测量交直流电压

两只表笔与被测量的电路并联连接。单击“V”按钮，选择测量电压档位，再根据测量电压的类型进行“交流”或“直流”按钮的选择。测量交流电压时，测试显示的数值为有效值；测量直流电压时，注意正、负表笔连接要与外电路一致，测试显示的数值为平均值。

2. 数字万用表测量交直流电流

两只表笔与被测量的电路串联连接。单击“A”按钮，选择测量电流档位，再根据测量电流的类型进行“交流”或“直流”按钮的选择。测量交流电流时，测试显示数值为有效值；测量直流电流时，注意正、负表笔连接要与外电路一致，测试显示数值为平均值。

3. 数字万用表测量电阻

两只表笔与被测量的元器件或元器件网络两端相连。单击“Ω”按钮，选择测量电阻档位，再根据测量类型选择“直流”按钮。为使测量值准确，应注意以下几点：

1）被测对象是一个不含源的元器件或元器件网络。

2）元器件或元器件网络要接地。

3）数字万用表要设置为直流工作方式。

4）保证没有与元器件或元器件网络相并联的其他电路。

4. 用数字万用表测量分贝

两只表笔分别与被测量的电路两个节点相连，测量电路两点之间的压降分贝值。单击“dB”按钮，选择测量分贝档位，测量类型选择“交流”或“直流”按钮。

4.3.4　应用举例

图 4-9 所示为单管放大电路的静态工作点测试，图中数字万用表测量的是 C、E 两极间

的电压，数字万用表设置为测量直流电压状态。

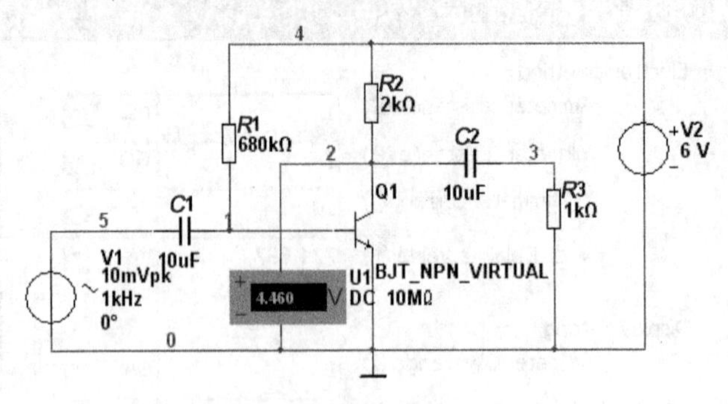

图 4-9　静态工作点测试

4.4　函数信号发生器

4.4.1　函数信号发生器的图标及面板

函数信号发生器是一个产生正弦波、三角波和方波信号的电压源，函数信号发生器的图标如图 4-10a 所示。双击函数信号发生器图标即可打开其面板，如图 4-10b 所示。

XFG1

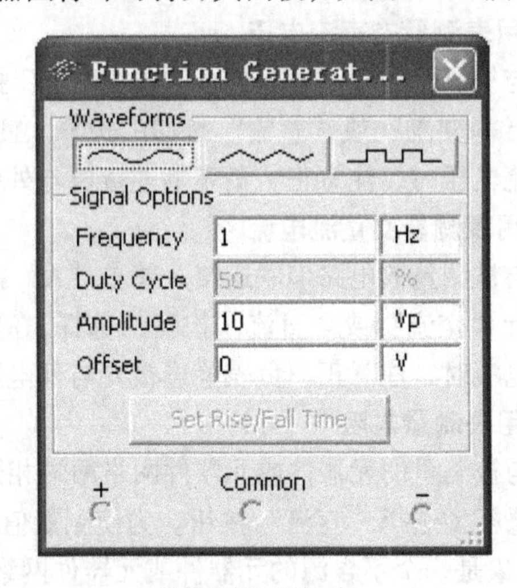

a) 函数信号发生器的图标　　b）函数信号发生器的面板

图 4-10　函数信号发生器的图标和面板

函数信号发生器面板上部的三个信号波形选择按钮，用于选择仪器产生波形的类型。中间的几个选项栏，分别用于选择信号的频率、占空比、幅度和直流偏置。

在函数信号发生器面板下部的三个接线端子中，通常“Common”端连接电路的参考地点，“+”为正波形端，“-”为负波形端。

4.4.2　连接

函数信号发生器的图标有“+”、“Common”和“-”三个输出端子，与外电路相连输出电压信号，其连接规则是：

1）连接“+”和“Common”端子，输出信号为正极性信号，峰-峰值等于2倍幅值。

2）连接“Common”和“-”端子，输出信号为负极性信号，峰-峰值等于2倍幅值。

3）连接“+”和“-”端子，输出信号的峰-峰值等于4倍幅值。

4）同时连接“+”、“Common”和“-”端子，且把“Common”端子与公共地（Ground）符号相连，则输出两个幅度相等、极性相反的信号。

4.4.3 面板设置

改动函数信号发生器面板上的相关设置，可改变输出电压信号的波形类型、大小、占空比或偏置电压等。

1）Waveforms 区：选择输出信号的波形类型，有正弦波、三角波和方波等3种周期性信号供选择。

2）Signal Options 区：对 Waveforms 区中选取的信号进行相关参数设置。

① Frequency：设置所要产生信号的频率，范围在 1Hz ~ 999MHz。

② Duty Cycle：设置所要产生信号的占空比，该参数设置只对三角波和方波有效，对正弦波信号不起作用。可调范围为 1% ~ 99%。

③ Amplitude：设置所要产生信号峰值，与信号直流偏置有关。设置范围为 0.001pV ~ 1 000TV。

④ Offset：设置偏置电压值，即把正弦波、三角波、方波叠加在设置的偏置电压上输出，其可选范围为 -999 ~ 999 kV。

⑤ Set Rise/Fall Time 按钮：设置输出信号的上升时间与下降时间，而该按钮只有在产生方波时有效。单击该按钮后，即可打开图 4-11 所示的对话框。此时，在栏中可以设定上升时间（或下降时间），再单击 Accept 按钮即可。如单击 Default 按钮，则恢复为默认值。

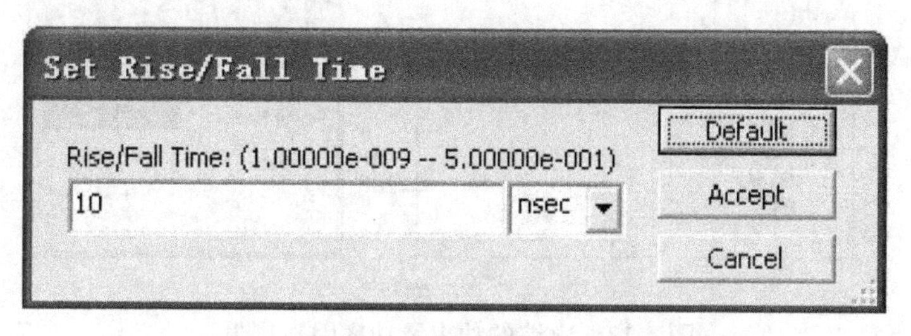

图 4-11 上升时间与下降时间设置对话框

4.5 功率表

4.5.1 功率表的图标和面板

功率表（Wattmeter）用来测量电路的交、直流功率，其图标和仪器面板如图 4-12 所示。

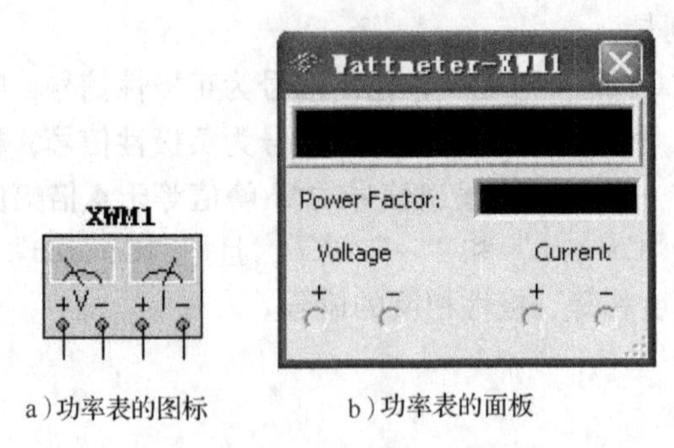

a）功率表的图标　　b）功率表的面板

图 4-12　功率表的图标和面板

4.5.2　连接

功率表的图标中有两组端子，左边两个端子为电压输入端子，与所要测量电路并联；右边两个端子为电流输入端子，与所在测量电路串联。

4.5.3　面板

电路连接好后，仿真运行所测得的功率将显示在面板上部的框内，该功率是平均功率，单位会自动调整。

在 Power Factor 框内，将显示功率因数，数值在 0 ~ 1 之间。

4.5.4　应用实例

用功率表测量图 4-13 所示电路的功率及功率因数。

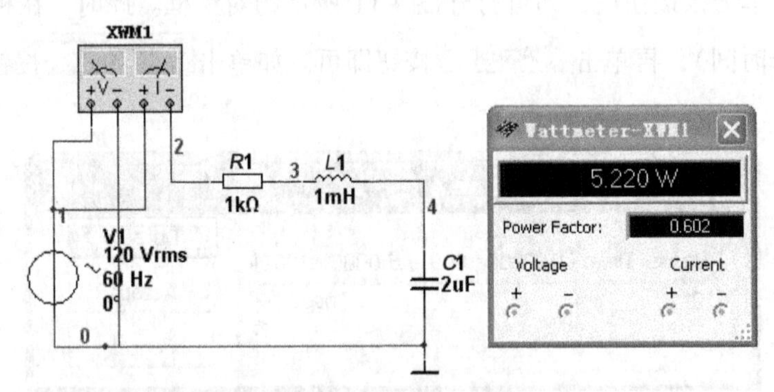

图 4-13　电路的功率及功率因数测量

测量结果显示：有功功率为 5.220W，功率因数为 0.602。

4.6　双通道示波器和四通道示波器

4.6.1　双通道示波器的图标和面板

Multisim 10 提供的双通道示波器（Oscilloscope）的图标和面板如图 4-14 所示。

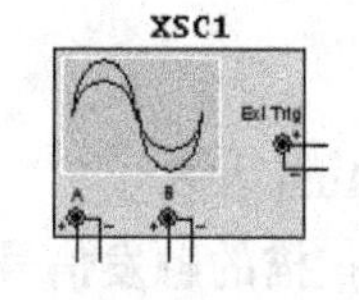

a）双通道示波器的图标

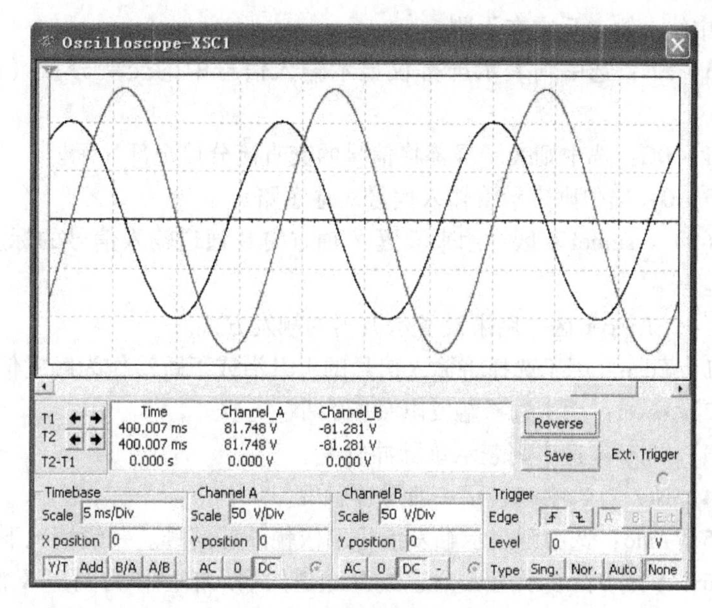

b）双通道示波器的面板

图 4-14　双通道示波器的图标和面板

4.6.2　双通道示波器的使用

Multisim 10 提供的虚拟双通道示波器与实际的双通道示波器外观和基本操作基本相同，用它可以观察一路或两路信号波形的形状，分析被测信号的频率和幅值。双通道示波器的图标上有 6 个连接端：A 通道输入和接地、B 通道输入和接地、Ext Trig 外触发端和接地。双通道示波器的面板布置按功能不同分为 6 个区：时基设置（Timebase）、A 通道设置（Channel A）、B 通道设置（Channel B）、触发方式设置（Trigger）、波形显示及测试数据显示。

（1）Timebase 区　用来设置 X 轴方向时间基线扫描时间。

1）Scale：选择 X 轴方向每一个刻度所代表的时间。单击该栏后将出现刻度翻转列表，根据所测信号频率的高低，上下翻转选择适当的值。

2）X position：表示 X 轴方向时间基线的起始位置，修改其设置可使时间基线左右移动。

3）Y/T：选中则表示 Y 轴方向显示 A、B 通道的输入信号，X 轴方向显示时间基线，并按设置时间进行扫描。

4）B/A：选中则表示将 A 通道信号作为 X 轴扫描信号，将 B 通道信号施加在 Y 轴上。

5）A/B：与 B/A 相反。以上这两种方式可用于观察李莎育图形。

6）Add：选中则表示 X 轴按设置时间进行扫描，而 Y 轴则显示 A、B 通道的输入信号之和。

（2）Channel A 区　用来设置 Y 轴方向 A 通道输入信号的标度。

1）Scale：表示 Y 轴对 A 通道输入信号而言每格所表示的电压数值。单击该栏后将出现刻度翻转列表，根据所测信号电压的大小，上下翻转选择一个适当的值。

2）Y position：表示时间基线在显示屏幕中的上下位置。当其值大于零时，时间基线在屏幕中线上侧，反之在下侧。

3）AC：选中则表示屏幕仅显示输入信号中的交变分量（相当于通过隔直流电容输入）。

4）DC：选中则表示屏幕将信号的交直流分量全部显示。

5）0：选中则表示将输入信号对地短路。

（3）Channel B 区　用来设置 Y 轴方向 B 通道输入信号的标度。其设置与 Channel A 区相同。

（4）Trigger 区　用来设置示波器的触发方式。

1）Edge：用于选择将输入信号的上升沿或下跳沿作为触发信号

2）Level：用于选择触发电平的大小。

3）Sing.：选中则表示单脉冲触发。

4）Nor.：选中则表示一般脉冲触发。

5）Auto：选中则表示触发信号不依赖外部信号。一般情况下使用 Auto 方式。

6）A 或 B：表示用 A 通道或 B 通道的输入信号作为同步 X 轴时基扫描的触发信号。

7）Ext：选中则表示用示波器图标上外触发端子连接的信号作为触发信号来同步 X 轴时基扫描。

（5）波形显示区　示波器面板上部的窗口用来显示被测试的波形。

1）信号波形的颜色可以通过设置 A、B 通道连接导线的颜色来改变。方法是快速双击连接导线，在弹出的对话框中设置导线颜色即可。

2）屏幕背景颜色可通过面板右下方的 Reverse 按钮来改变，单击 Reverse 按钮即可改变屏幕背景的颜色。如要将屏幕背景恢复为原色，再次单击 Reverse 按钮即可。

3）移动波形：在动态显示时，单击仿真开关的暂停按钮或按 F6 键，均可通过改变 X position 设置，从而左右移动波形；利用指针拖动面板波形显示屏幕下沿的滚动条也可左右移动波形。

4）测量波形参数：在屏幕上有两条可以左右移动的读数指针，指针上方有三角形标志。通过鼠标左键可拖动读数指针左右移动。为了测量方便准确，单击暂停按钮（或按 F6 键）使波形“冻结”，然后再测量更好。

（6）测量数据的显示区　用来显示读数指针测量的数据。

在面板波形显示屏幕下方有一个测量数据的显示区，第 1 行数据区表示 1 号读数指针所测信号波形的数据。T1 表示 1 号读数指针离开屏幕最左端（时基线零点）所对应的时间，时间单位取决于 Timebase 区所设置的时间单位；Channel_A、Channel_B 分别表示 1 号读数指针测得的通道 A、通道 B 的信号幅度值，其值为电路中测量点的实际值，与 X、Y 轴的 Scale 设置值无关。

第 2 行数据表示 2 号读数指针所在位置测得的数值。T2 表示 2 号读数指针离开时基线零点的时间值。Channel_A、Channel_B 分别表示 2 号读数指针测得的通道 A、通道 B 的信号幅度值。

第 3 行数据中，T2-T1 表示 2 号读数指针所在位置与 1 号读数指针所在位置的时间差值，可用来测量信号的周期、脉冲信号的宽度、上升时间及下降时间等参数。

存储读数：对于读数指针测量的数据，单击面板右下方 Save 按钮即可将其存储。数据存储格式为 ASCII 码格式。

4.6.3　应用实例

应用实例 1：观察李莎育图形的电路，如图 4-15 所示。

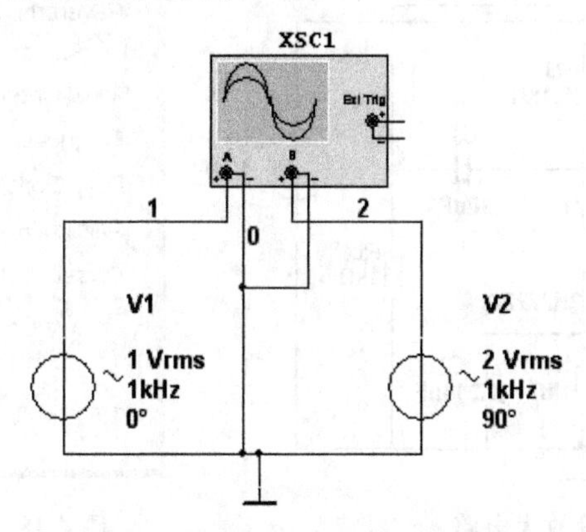

图 4-15　观察李莎育图形的电路

如选择示波器面板 Timebase 区中的 B/A 按钮，即以 B 通道为纵轴，A 通道为横轴，在示波器上即可显示李莎育图形，如图 4-16 所示。

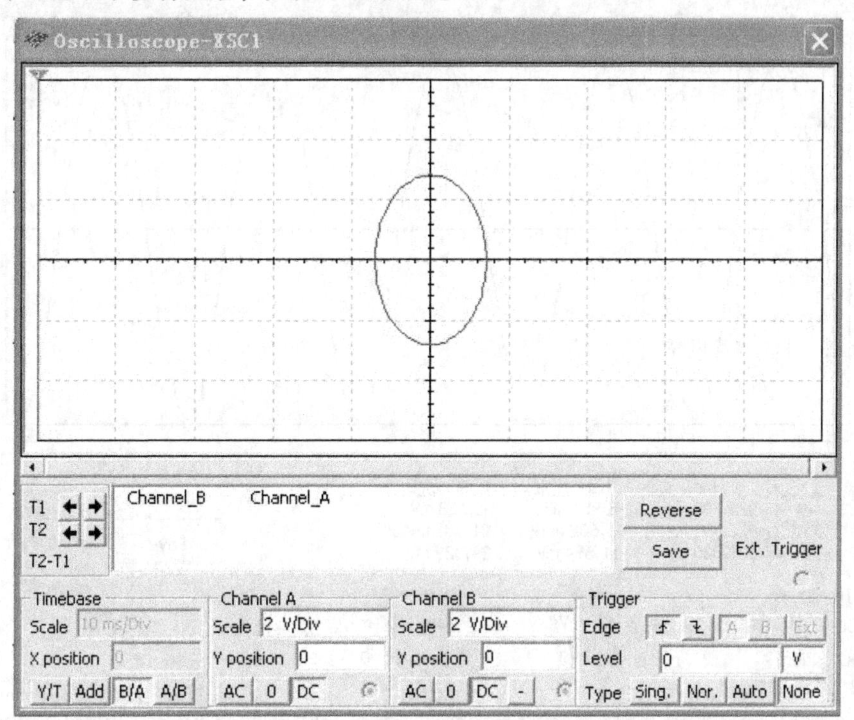

图 4-16　李莎育图形

应用实例 2：对图 4-17 所示的单管放大电路进行仿真，其信号发生器设置如图 4-18 所示，仿真结果在示波器上显示的图形如图 4-19 所示。

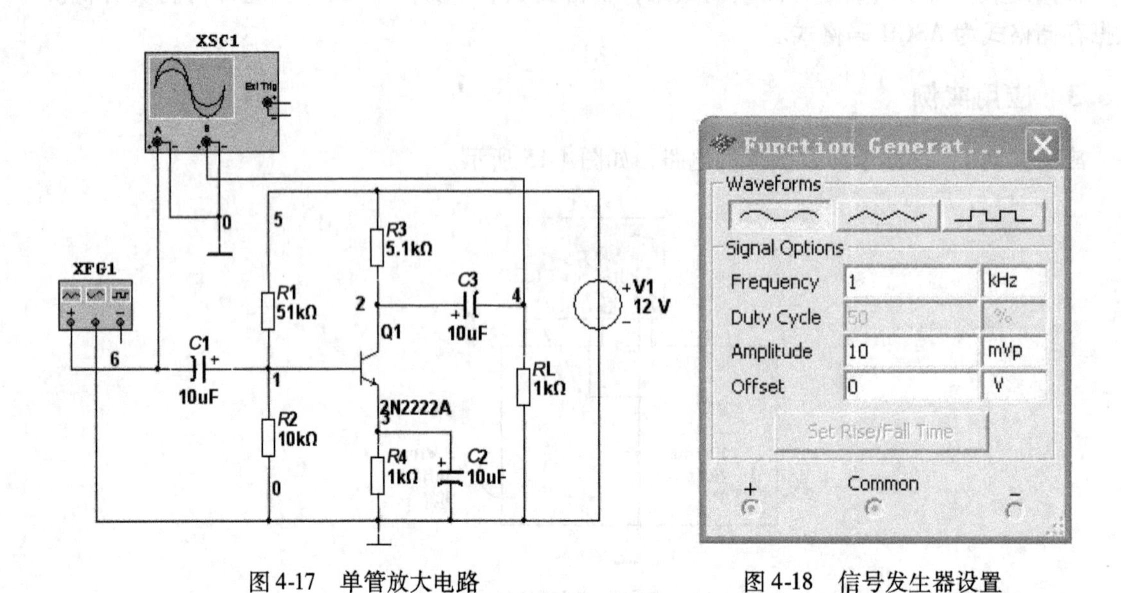

图 4-17　单管放大电路　　　　图 4-18　信号发生器设置

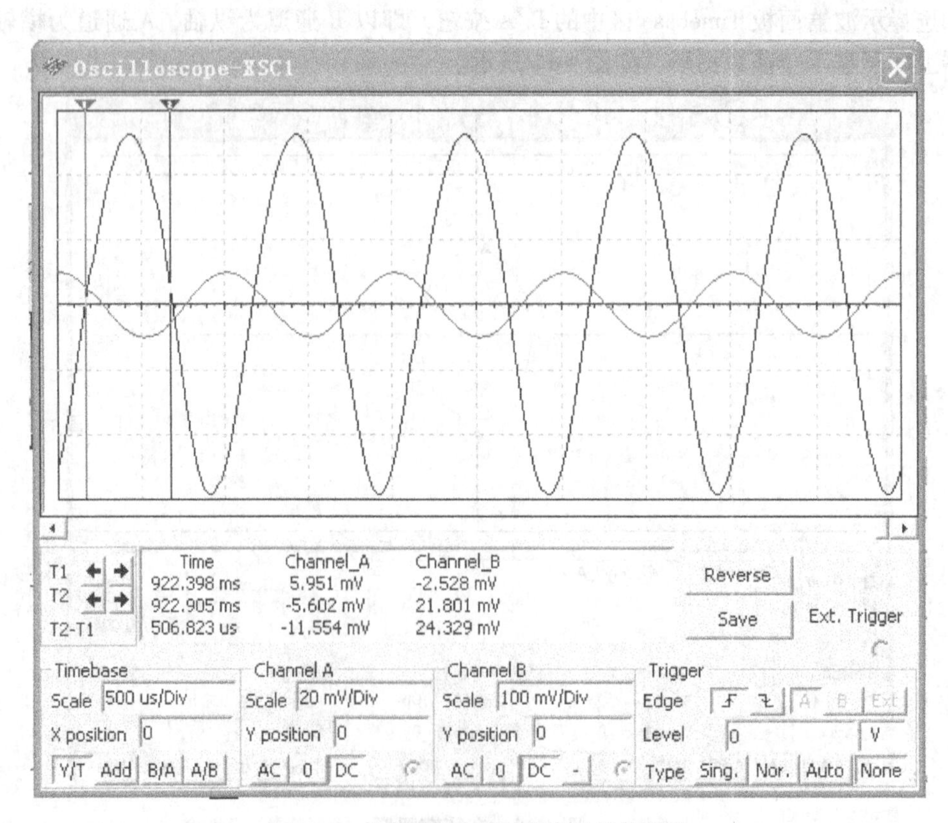

图 4-19　仿真结果在示波器上显示的图形

4.6.4　四通道示波器的图标和面板

四通道示波器（Channel Oscilloscope）的图标和面板如图 4-20 所示。

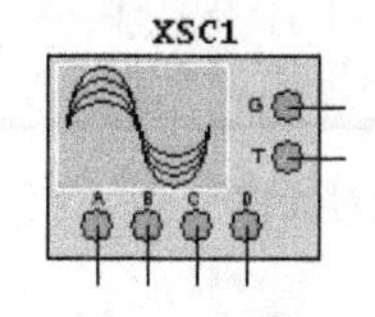

a）四通示波器的图标

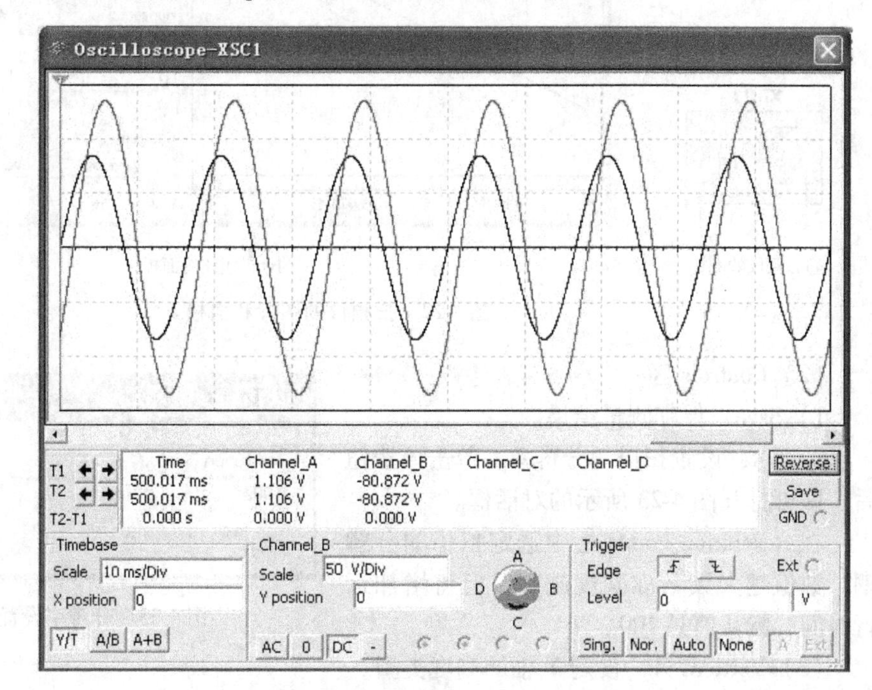

b）四通示波器的面板

图 4-20　四通道示波器的图标和面板

四通道示波器与双通道示波器的使用方法和参数调整方式完全一样，只是多了一个通道控制旋钮，如图 4-21 所示。

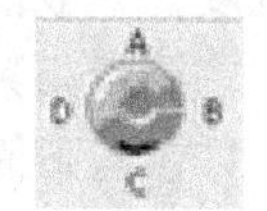

图 4-21　通道控制旋钮

当通道控制旋钮拨到某个通道位置时，才能对该通道的 Y 轴进行调整。具体使用方法和设置请参考双通道示波器的介绍，这里不再赘述。

4.7　扫频仪

4.7.1　扫频仪的图标和面板

Multisim 10 提供的扫频仪的图标如图 4-22a 所示，双击已置于工作区中的扫频仪图标即可打开扫频仪的面板，如图 4-22b 所示。

扫频仪的图标包括 4 个接线端，左边的 IN 是输入端口，其 +、 - 分别与电路输入端的正负端子相连；右边的 OUT 是输出端口，其 +、 - 分别与电路输出端的正负端子连接。

扫频仪面板上的按钮功能及其操作如下：

（1）Mode 区

1）Magnitude：单击此按钮时面板上的显示屏里显示幅频特性曲线。

2）Phase：单击此按钮时面板上的显示屏里显示相频特性曲线。

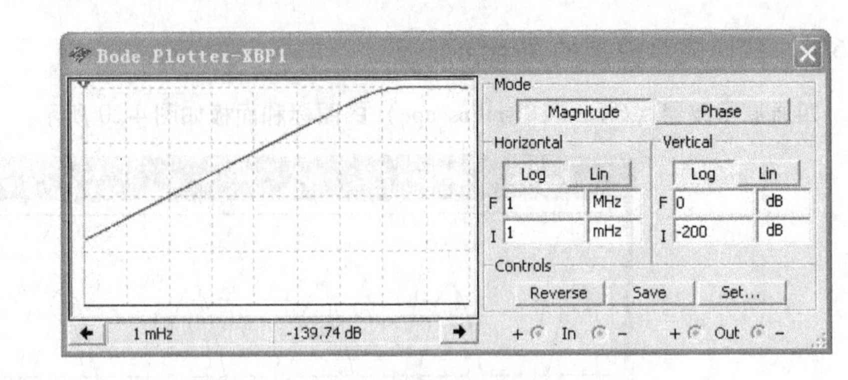

a）扫频仪的图标　　　　　　　　　　b）扫频仪的面板

图 4-22　扫频仪的图标和面板

（2）Controls 区

1）Save：保存测量结果。

2）Set：设置扫描的分辨率，单击该按钮后，即可打开图 4-23 所示的对话框。

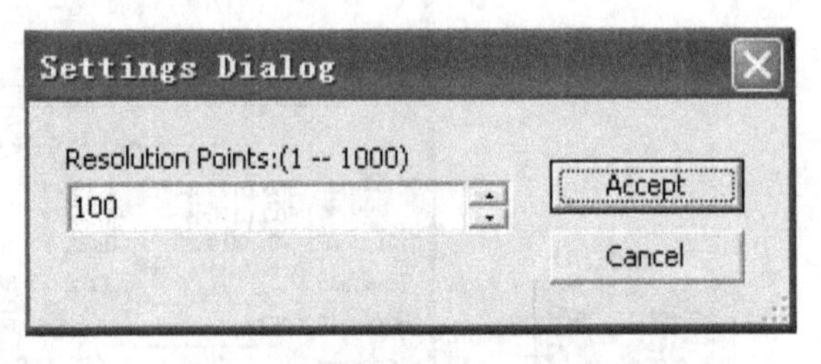

图 4-23　分辨率设置对话框

在 Resolution Points 栏中选定扫描的分辨率，数值越大读数准确度越高，但将增加运行时间，默认值是 100。

（3）Vertical 区　设定 Y 轴的刻度类型。

测量幅频特性时，当单击 Log（对数）按钮后，Y 轴刻度的单位是 dB（分贝），标尺刻度为 20Log$A$（f）dB，其中 $A(f)=U_o(f)/U_i(f)$；当单击 Lin（线性）按钮后，Y 轴是线性刻度。一般情况下采用线性刻度。

测量相频特性时，Y 轴坐标表示相位，单位是度，刻度是线性的。

该区下面的 F 栏用来设置最终值，而 I 栏则用来设置初始值。

注意：若被测电路是无源网络（谐振电路除外），由于 A（f）的最大值为 1，所以 Y 轴坐标的最终值设置为 0dB，初始值设为负值；对于含有放大环节的网络（电路），A（f）值可大于 1，最终值设为正值（+dB）为宜。

（4）Horizontal 区　设定扫频仪显示的 X 轴频率范围。

若单击 Log 按钮，则标尺用 Logf 表示；若单击 Lin 按钮，则坐标标尺是线性的。当测量信号的频率范围较宽时，用 Log 标尺为宜，I 和 F 分别是 Inital（初始值）和 Final（最终值）的缩写。

（5）测量读数　利用鼠标拖动读数指针（或单击读数指针移动按钮），可测量某个频率点处的幅值或相位，其读数在面板下方显示。

4.7.2　连接使用

使用时将扫频仪图标 IN（输入）端口的 +、- 分别与电路输入端的正负端子相连；OUT（输出）端口的 +、- 分别与电路输出端的正负端子相连。由于扫频仪本身没有信号源，所以在使用扫频仪时，必须在电路的输入端口示意性地接入一个交流信号源（或函数信号发生器），且无需对其参数进行设置。

图 4-24 所示为高通滤波器的测试电路，图 4-25 所示为扫频仪测试得到的电路幅频特性，图 4-26 所示为扫频仪测试得到的电路相频特性。

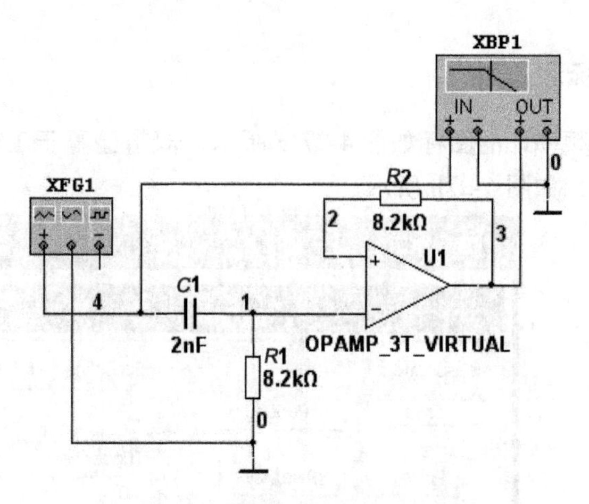

图 4-24　高通滤波器的测试电路

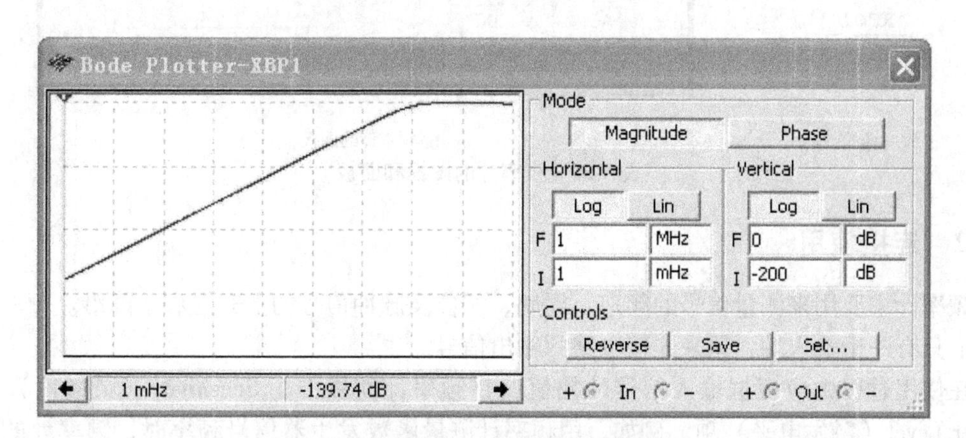

图 4-25　扫频仪测试得到的电路幅频特性

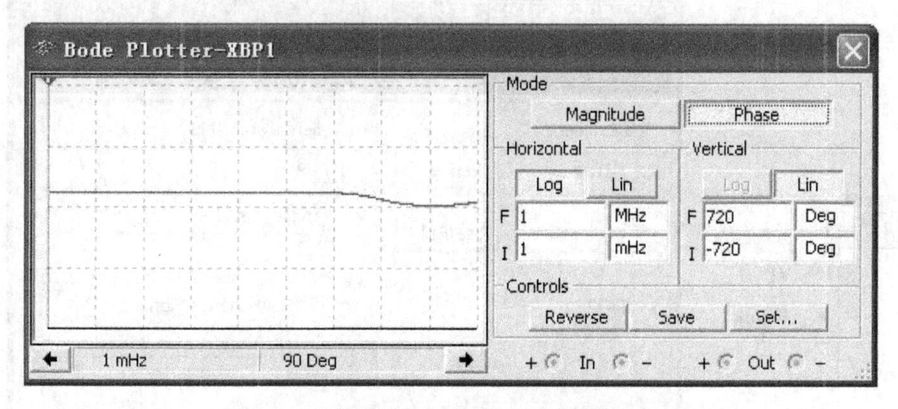

图 4-26　扫频仪测试得到的电路相频特性

4.8 频率计

4.8.1 频率计的图标和面板

Multisim 10 提供的频率计的图标如图 4-27 a 所示，双击已置于工作区中的频率计图标，即可打开频率计的面板，如图 4-27b 所示。

XFC1
123

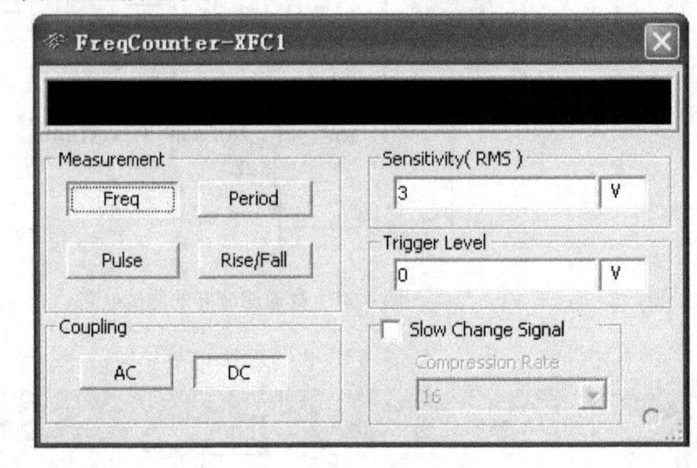

a) 频率计的图标　　b) 频率计的面板

图 4-27　频率计的图标和面板

4.8.2 连接使用

频率计主要用来测量信号的频率、周期、相位及脉冲信号的上升沿和下降沿。频率计的图标上只有一个输入端，用来连接电路的输出信号。

在使用过程中应根据输入信号的幅值调整频率计面板中的 Sensitivity（灵敏度）项和 Trigger Level（触发电平）项。例如，用频率计测量函数发生器信号频率时，频率计的测试电路、面板设置及结果如图 4-28 所示。设置 Trigger Level（触发电平）项时应**注意**：输入信

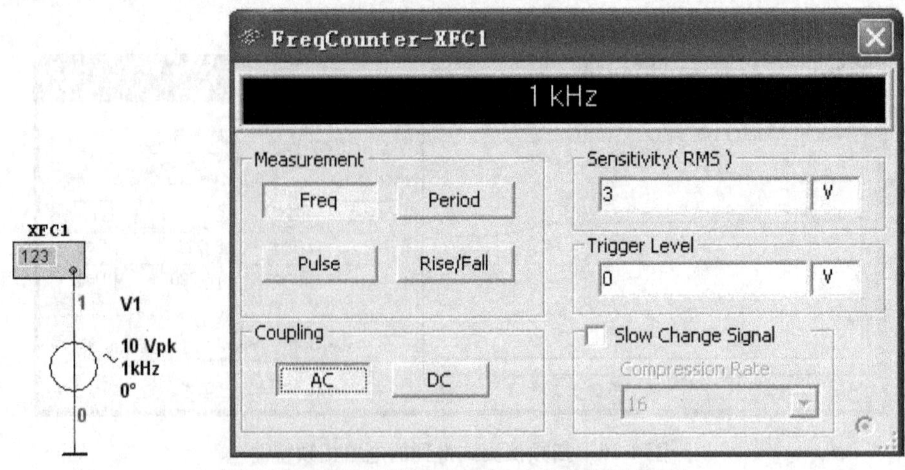

图 4-28　频率计的测试电路、面板设置及结果

号必须大于触发电平才能进行测量，测量结果与函数发生器的输出频率一致。

4.9 数字信号发生器

数字信号发生器（Word Generator）是一种能够产生32路（位）同步逻辑信号的仪器，可用来对数字逻辑电路进行测试。

4.9.1 数字信号发生器的图标和面板

数字信号发生器的图标如图4-29a所示，双击已置于工作区中的数字信号发生器的图标，即可打开数字信号发生器的面板，如图4-29b所示。

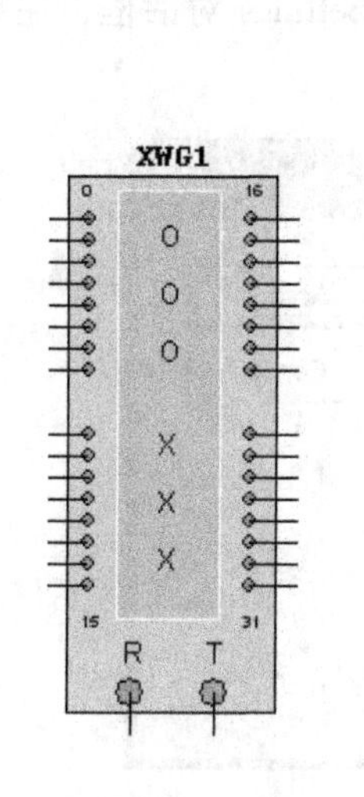

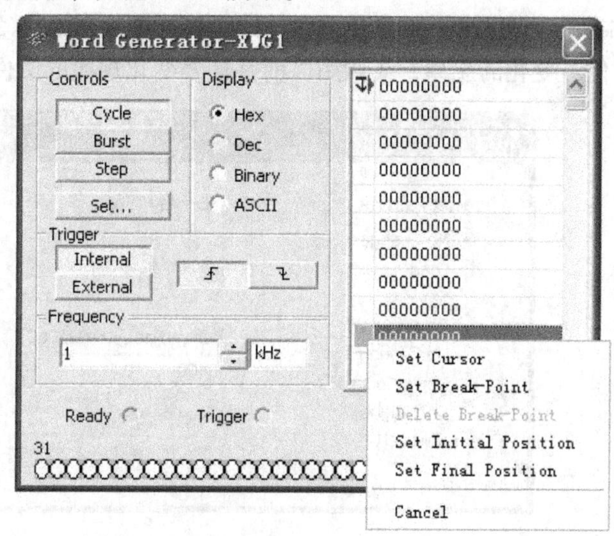

a）数字信号发生器的图标　　b）数字信号发生器的面板

图4-29 数字信号发生器的图标和面板

由图4-29a可以看出，数字信号发生器图标上共有34个端子，其中左边为0~15，共16个端子；右边为16~31，也是16个端子。这32个端子是该数字信号发生器所产生的信号输出端，其中的每一个端子都可接入数字电路的输入端。图标上还有R和T两个端子，R为数字信号准备好标志端，T为外触发信号端。

从图4-25b可以看出，数字信号发生器的面板共分5个部分，分别为：Controls（控制方式）区、Display（显示方式）区、Trigger（触发）区、Frequency（频率）区和字信号编辑显示区。

4.9.2 数字信号发生器的使用设置

（1）字信号编辑显示区　数字信号发生器面板的最右侧是字信号编辑区，32位的字信号以8位十六进制形式进行编辑和存放。可写入的十六进制数从00000000~FFFFFFFF（相当于十进制数从0~4 294 967 295）。若要求编辑区内的显示内容上下移动，利用鼠标移动滚动条即可实现；单击某一条字信号即可实现对其定位和写入（或改写），选中某一条字信号并单击右键，可以在弹出的控制字输出菜单中对该字信号进行设置，如图4-29所示。

1）Set Cursor：设置数字信号发生器开始输出字信号的起点。

2）Set Break-Point：在当前位置设置一个中断点。

3）Delete Break-Point：删除当前位置设置的一个中断点。

4）Set Initial Position：在当前位置设置一个循环字信号的初始值。

5）Set Final Position：在当前位置设置一个循环字信号的终止值。

当数字信号发生器发送字信号时，输出的每一位值都会在数字信号发生器面板的底部显示出来。

（2）Controls 区　选择数字信号发生器的输出方式，其中包括 5 个选择按钮：

1）Cycle（循环）：表示字信号在设置的地址初值到最终值之间周而复始地以设定频率输出。

2）Burst（单帧）：表示字信号从设置的地址初值逐条输出，直到最终值时自动停止。

3）Step（单步）：表示每单击鼠标一次输出一条字信号。

4）Set...（设置）：单击此按钮，即可打开图 4-30 所示的 Settings 对话框，主要用于设置和保存信号变化的规律，或调用以前字信号变化规律的文件。

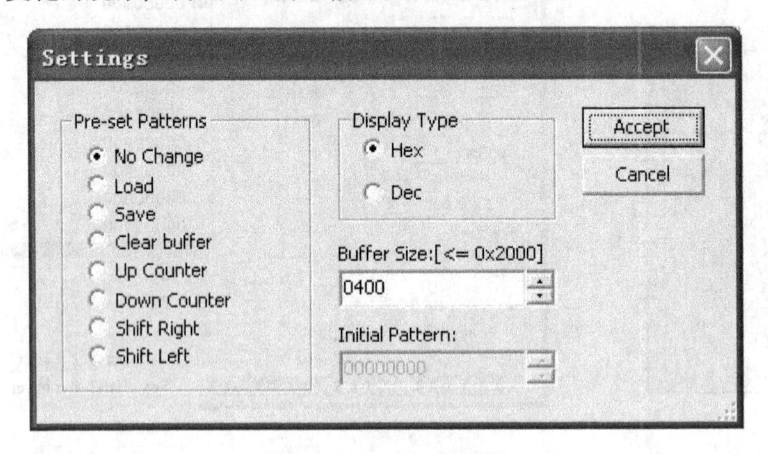

图 4-30　Settings 对话框

Settings 对话框各选项的具体功能简述如下。

① Pre-set Patterns 区：

· No Change：不变。

· Load：调用以前设置字信号的文件。

· Save：保存设置字信号的文件。

· Clear buffer：清除字信号缓冲区的内容。

· Up Counter：表示字信号缓冲区的内容按逐个“+1”递增方式进行编码。

· Down Counter：表示字信号缓冲区的内容按逐个“-1”递减方式进行编码。

· Shift Right：表示字信号缓冲区的内容按右移方式编码。

· Shift Left：表示字信号缓冲区的内容按左移方式编码。

② Display Type 区：

Display Type 区用于选择输出字信号的格式是十六进制（Hex）还是十进制（Dec）。

③ 地址选项区：

在 Buffer Size 条形框内可以设置缓冲区的大小。在 Initial Pattern 条形框内可以设置 Up Counter、Down Counter、Shift Right 和 Shift Left 模式的初始值。

（3）Display 区

1）Hex：选中此项，则字信号缓冲区内的字信号以十六进制显示。

2）Dec：选中此项，则字信号缓冲区内的字信号以十进制显示。

3）Binary：选中此项，则字信号缓冲区内的字信号以二进制显示。

4）ASCII：选中此项，则字信号缓冲区内的字信号以 ASCII 进制显示。

（4）Trigger 区　Trigger 区用于选择触发方式。

1）Internal：选择内部触发方式，字信号的输出直接受输出方式选择按钮 Step、Burst 和 Cycle 的控制。

2）External：选择外部触发方式，必须接入外触发脉冲信号，而且要设置“上升沿触发”或“下降沿触发”，然后单击输出方式按钮。只有外触发脉冲信号到来时才启动信号输出。

（5）Frequency 区　Frequency 区用来设置输出字信号的频率。

4.10 逻辑分析仪

逻辑分析仪（Logic Analyzer）可以同步记录和显示 16 路逻辑信号，可用于对数字逻辑信号的高速采集和时序分析。

4.10.1 逻辑分析仪的图标和面板

逻辑分析仪的图标如图 4-31a 所示，双击已置于工作区中的逻辑分析仪的图标，即可打开逻辑分析仪的面板，如图 4-31b 所示。

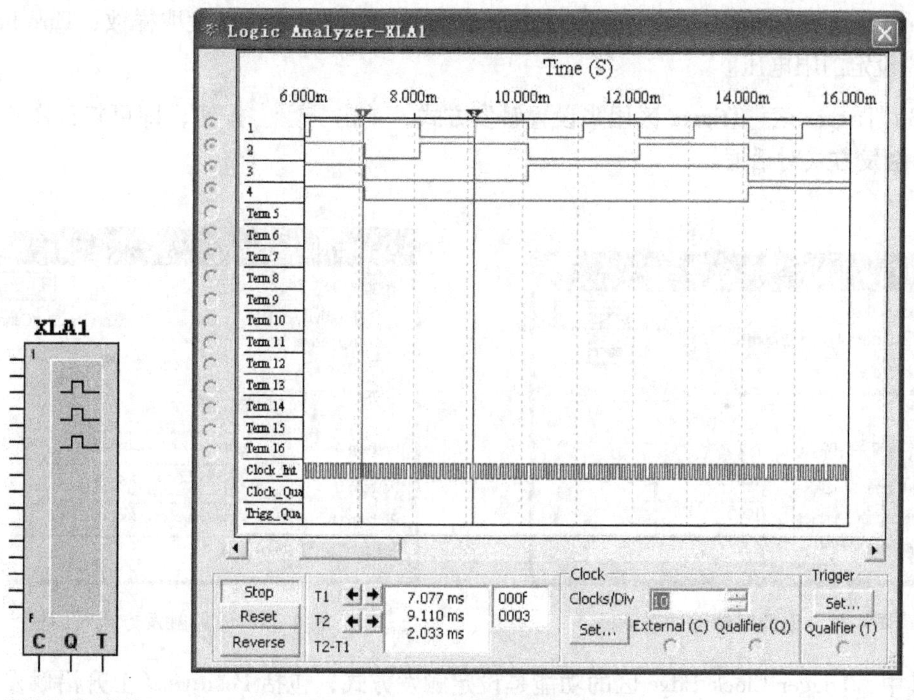

a）逻辑分析仪的图标　　b）逻辑分析仪的面板

图 4-31　逻辑分析仪的图标和面板

逻辑分析仪图标左侧从上至下 16 个端子是逻辑分析仪的输入信号端子，使用时连接到电路的测量点。图标下部的有 3 个端子：C 是外时钟输入端，Q 是时钟控制输入端，T 是触发控制输入端。

逻辑分析仪面板最左侧的 16 个小圆圈代表 16 个输入端，如果某个连接端接有被测信号，则该小圆圈内出现一个黑圆点。被采集的 16 路输入信号以方波形式显示在屏幕上。当改变输入信号连接导线的颜色时，显示波形的颜色立即改变。

逻辑分析仪的面板分上下两个部分，上半部分是显示窗口，下半部分是控制区。控制信号有 Stop（停止）、Reset（复位）、Reverse（反相显示）、Clock（时钟设置）、Trigger（设置触发方式）等。

4. 10. 2　逻辑分析仪的设置

使用逻辑分析仪时应注意对其面板下半部分的控制区有关参数的设置：

（1）读数指针数值显示区　移动读数指针上部的三角形可以读取波形的逻辑数据。其中，T1 和 T2 分别表示读数指针 1 和读数指针 2 相对于时间基线零点的时间；T2 - T1 表示两读数指针之间的时间差。

（2）Clock 区　利用 Clocks/Div 条形框可以设置在显示屏上每个水平刻度显示的时钟脉冲数。单击 Set... 按钮，即可打开图 4-32 所示的对话框，可以从中设置时钟脉冲。

其中，Clock Source 区的功能是选择时钟脉冲的来源，如果选取 External 项则设置为由外部取得时钟脉冲；如果选取 Internal 项则设置为由内部取得时钟脉冲。Clock Rate 区的功能是选取时钟脉冲的频率。Sampling Setting 区的功能是设置取样方式，其中的 Pre - trigger Samples 栏设置前沿触发取样数；Post-trigger Samples 栏设定后沿触发取样数；Threshold Volt.（V）栏设定门限电压。

（3）Trigger 区　Trigger 区用来设置触发方式，单击 Set... 按钮，即可打开图 4-33 所示的设置触发方式对话框。

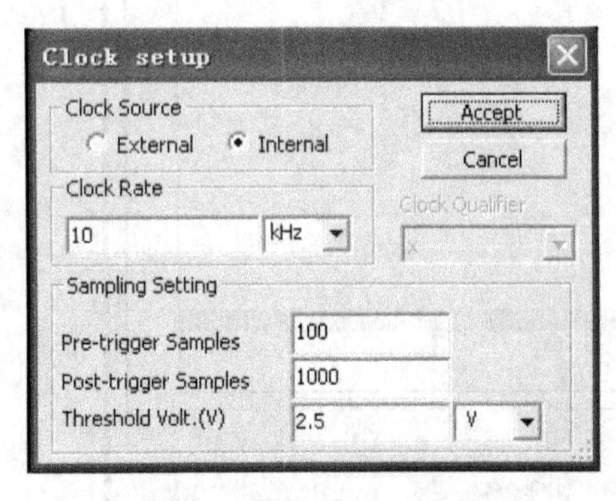

图 4-32　设置时钟脉冲对话框

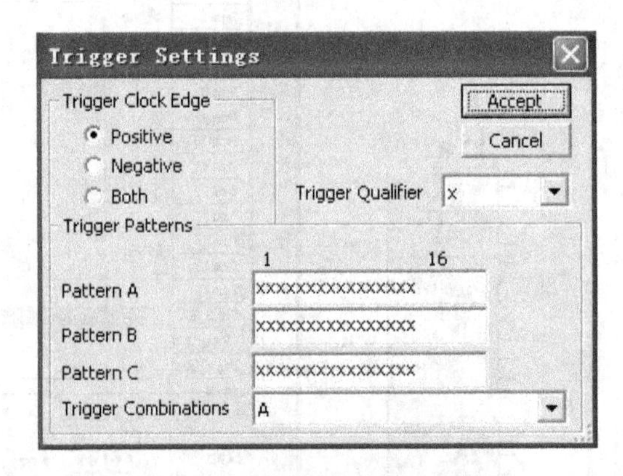

图 4-33　设置触发方式对话框

其中，Trigger Clock Edge 区的功能是设定触发方式，包括 Positive（上升沿触发）、Negative（下降沿触发）及 Both（升、降沿触发）等 3 个选项；Trigger Qualifier（触发电平控制）栏对触发有控制作用，如果设置为 X，则触发控制端不论高低电平都能产生触发控制；

如果该位设置为1或0，则仅当触发控制端输入信号为1或0相匹配时，触发控制端才起作用。Trigger Patterns区的功能是设置触发的样本，在Pattern A、Pattern B及Pattern C栏中可以设定触发字，每个触发字有16位，触发字的某一位设置为“X”时表示该位为任意（即0、1均可），三个触发字的默认值均为“XXXXXXXXXXXXXXXX”，即表示只要第一个输入逻辑信号到达，逻辑分析仪均被触发而开始波形采集。也可以在Trigger Combinations栏中选择组合的触发方式，共有21种触发组合方法供选择。

逻辑分析仪在阅读了指定字或字的组合的基础上才可能触发，当所有项目选定以后，单击 Accept 按钮即可。

4.10.3 应用实例

如图4-34所示，数字信号发生器产生00000000~0000000F的字信号（图中设置为采用递增编码，末地址设置为0000000F)，输出频率为1kHz，选择循环输出方式。数字信号发生器的低4位分别接入“8421”码数码管的四个引脚，用来显示输出的数字，为观测数字信号发生器输出的波形，逻辑分析仪的低4位分别与之相连。数字信号发生器的面板设置如图4-35所示。启动电路后，数码管循环显示0~F，逻辑分析仪显示各个位的波形。逻辑分析仪面板设置及显示的波形如图4-36所示。

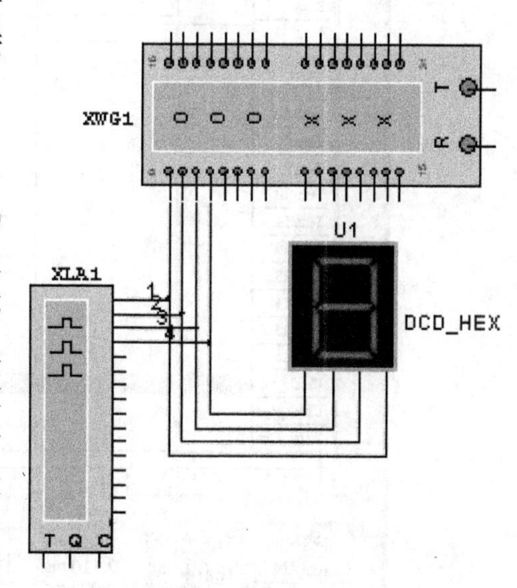

图4-34 数字信号发生器输出信号显示电路

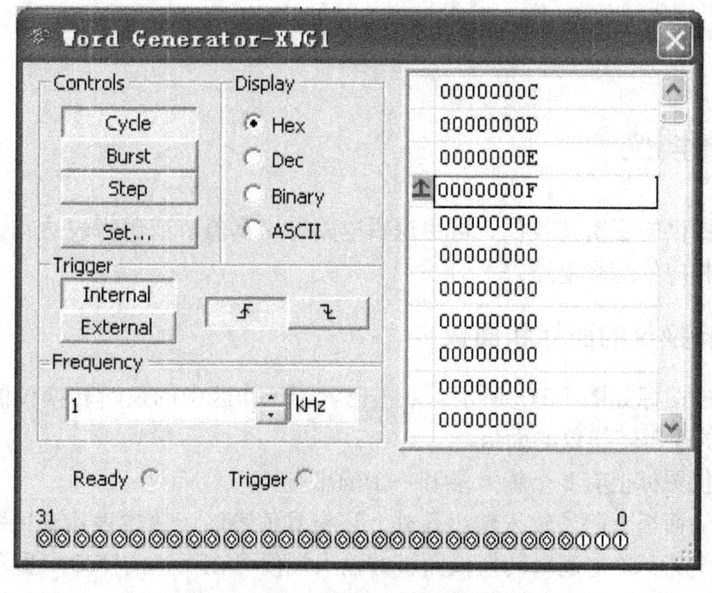

图4-35 数字信号发生器的面板设置

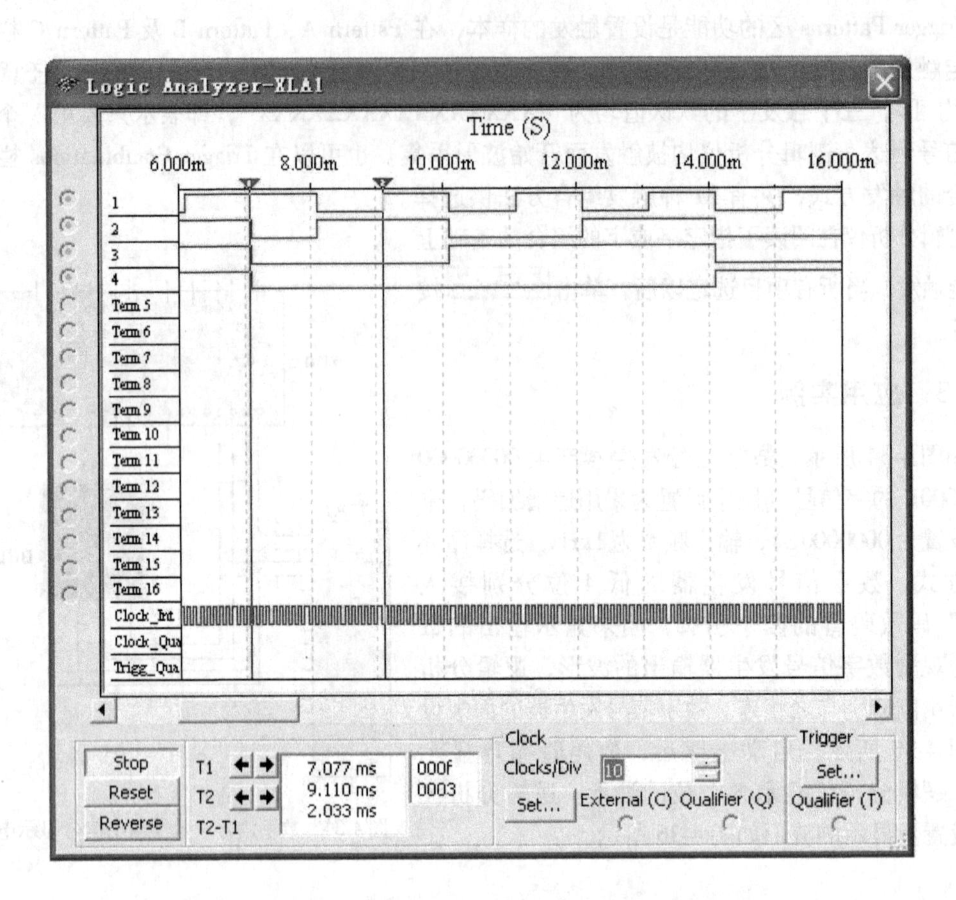

图 4-36 逻辑分析仪面板设置及显示的波形

4.11 逻辑转换仪

Multisim 10 提供的逻辑转换仪，可由逻辑电路导出真值表或逻辑表达式；或者输入逻辑表达式就会建立相应的逻辑电路。

4.11.1 逻辑转换仪的图标和面板

逻辑转换仪的图标如图 4-37a 所示，双击已置于工作区中的逻辑转换仪的图标，即可打开图 4-37b 所示的逻辑转换仪的面板。

在逻辑转换仪图标上有 8 个输入端和一个输出端。

逻辑转换仪的面板上除了输入输出端外，还有真值表区、逻辑表达式区和转换方式选择区（Conversions）等。单击逻辑转换仪面板的输入端便可在下边的窗口中显示出各个输入信号的逻辑组合（1 或 0）。在面板右边的转换方式选择区排列着 6 个转换按钮，其意义见表 4-1。

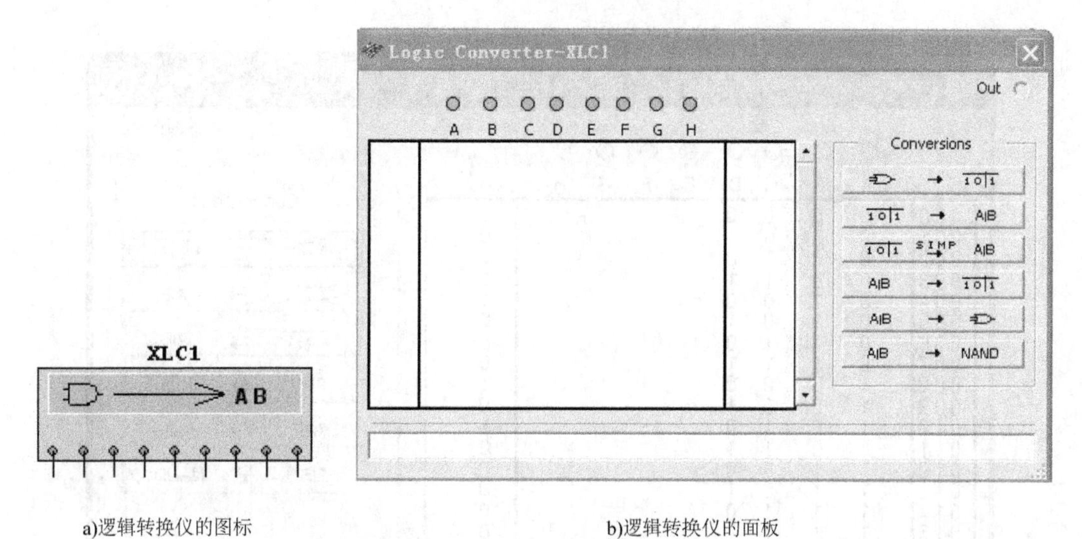

a)逻辑转换仪的图标　　　b)逻辑转换仪的面板

图4-37　逻辑转换仪的图标和面板

表4-1　转换方式选择区的6个转换按钮

转换按钮	功能意义
→ 10|1	逻辑电路→真值表转换按钮
10|1 → A|B	真值表→表达式转换按钮
10|1 SIMP A|B	真值表→简化表达式转换按钮
A|B → 10|1	表达式→真值表转换按钮
A|B →	表达式→逻辑电路转换按钮
A|B → NAND	表达式→与非门转换按钮

4.11.2　逻辑转换仪的使用

1. 逻辑电路转换为真值表的步骤

1）画出逻辑电路。

2）逻辑转换仪的输入端连接到电路的输入端。

3）电路的信号输出端连接到逻辑转换仪的输出端。图4-38所示为逻辑转换仪和两个与门及一个或非门相互连接的电路。

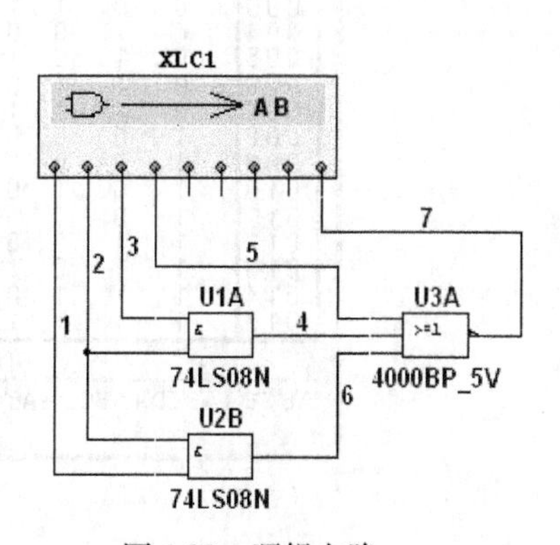

图4-38　逻辑电路

4）单击逻辑转换仪面板上的 → 10|1 按钮，电路的真值表就会在逻辑转换仪上显示出来，如图4-39所示。

2. 真值表转换为表达式的步骤

1）根据输入信号的个数，单击逻辑转换仪面板顶部

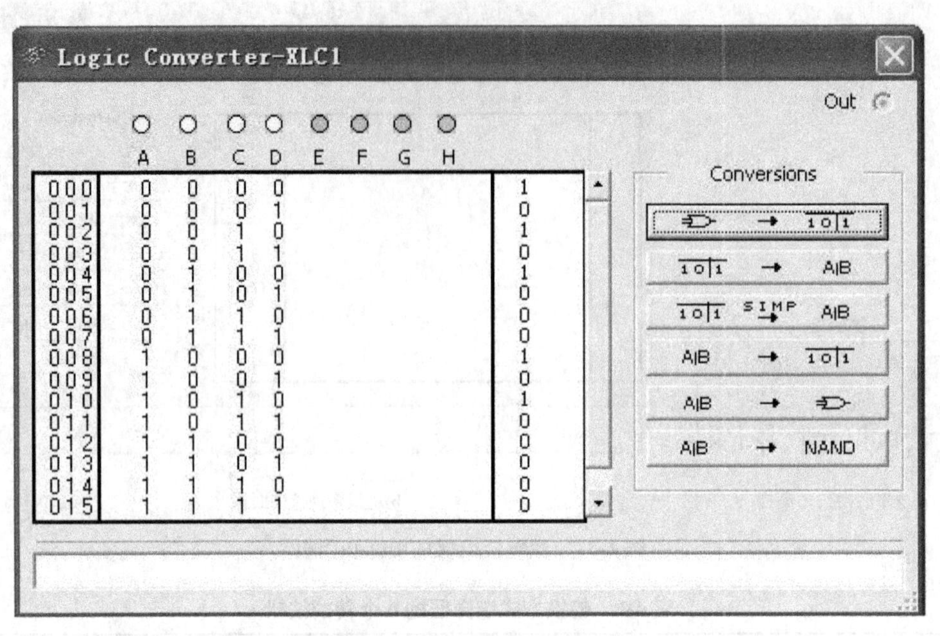

图 4-39　由电路转换为真值表

输入端的小圆圈，选定输入信号（A ~ H）。

2）真值表中自动出现输入信号的所有组合，而真值表区输出的初始值全部为 0。

3）根据逻辑关系修改真值表的输出值。

4）单击 10|1 → A|B 按钮，在面板底部逻辑表达式栏将出现相应的逻辑表达式。将图 4-39 所示真值表转换为表达式将在面板底部显示，如图 4-40 所示。

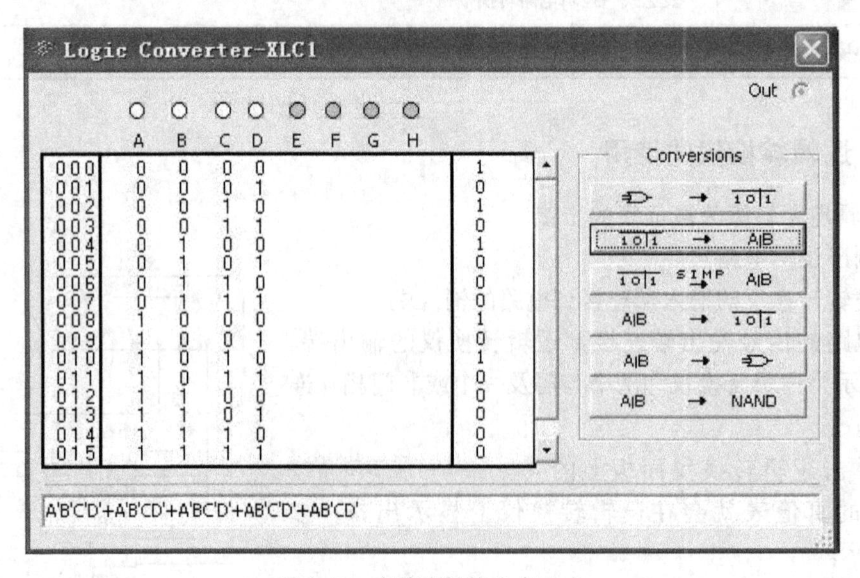

图 4-40　真值表转换为表达式

3. 真值表转换为简化表达式的步骤

前三步的操作同真值表转换为表达式，只是最后一步为：单击 10|1 SIMP→ A|B 按钮，在面板底部逻辑表达式栏出现简化的逻辑表达式，如图 4-41 所示，表达式中的“′”表示逻辑变量“非”。

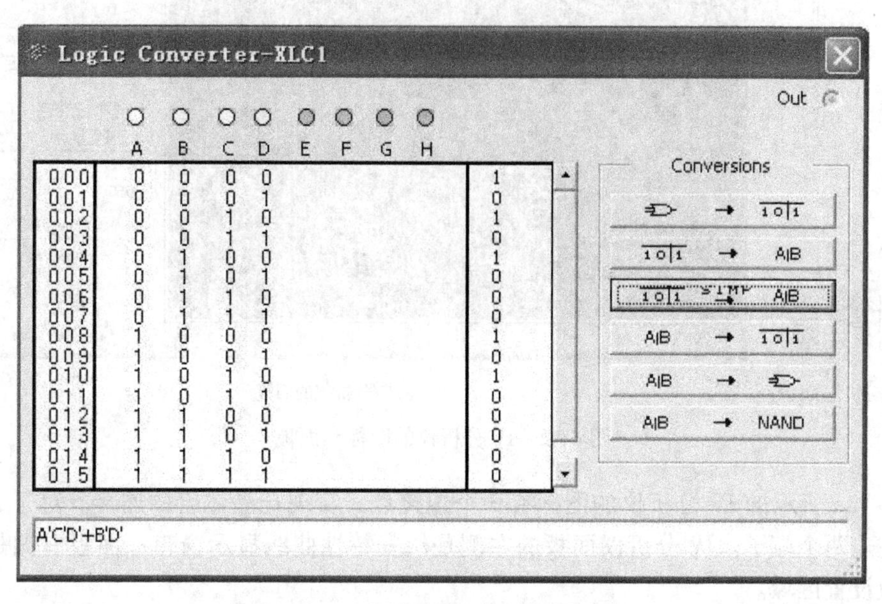

图 4-41 真值表转换为简化表达式

4. 逻辑表达式转换真值表的步骤

在逻辑表达式栏输入用“与-非”式或“或-非”式表示的逻辑表达式。**注意：**如果是逻辑“非”，例如：$\overline{A}$ 则应写成 A′，$\overline{A+B}$ 则应首先逻辑转换为 $\overline{A}\,\overline{B}$，输入 A′B′，然后再单击 A|B → 10|1 按钮，即可得到相应的真值表。

5. 逻辑表达式转换为逻辑电路的步骤

在逻辑表达式栏输入逻辑表达式，然后单击 A|B → 门电路 按钮，即可在工作区得到与、或、非门组成的逻辑电路。

6. 逻辑表达式转换为与非门电路的步骤

在逻辑表达式栏输入逻辑表达式，然后单击 A|B → NAND 按钮，即可在工作区得到由与非门组成的电路。

4.12 伏安特性分析仪

4.12.1 伏安特性分析仪的图标和面板

伏安特性分析仪（IV Analyzer）简称为 IV 分析仪，专门用来测量二极管、晶体管、PMOS 管和 NMOS 管的伏安特性曲线。IV 分析仪相当于实验室的晶体管特性图示仪，需要将晶体管与连接电路完全断开，才能进行 IV 分析仪的连接和测试。IV 分析仪的图标和面板如

图 4-42 所示。

a）IV分析仪的图标　　　　　　　　b）IV分析仪的面板

图 4-42　IV 分析仪的图标和面板

图 4-42a 所示的 IV 分析仪的图标有 3 个连接点，实现与晶体管的连接。对于二极管的测量用左边两个端子。IV 分析仪面板的左侧是伏安特性曲线显示窗口；面板右侧是功能选择及参数设置区域。

4.12.2　伏安特性分析仪的设置

IV 分析仪面板参数设置如下。

1. 选择器件类型

单击 Components 下拉菜单选择所测器件类型，分别是 Diode（二极管）、BJT NPN（NPN 晶体管）、BJT PNP（PNP 晶体管）、PMOS（P 沟道 MOS 场效应晶体管）和 NMOS（N 沟道 MOS 场效应晶体管），选择好器件类型后在面板右下方会出现所选器件类型对应的连接方式。

2. 显示参数设置

1）Current Range（A）区用以设置电流显示范围。F 栏设定电流终止值；I 栏设定电流初始值。可在对话框输入参数调整电流范围，有对数坐标和线性坐标两种显示方式。

2）Voltage Range（V）区用以设置电压显示范围。F 栏设定电压终止值；I 栏设定电压初始值。可在对话框输入参数调整电压范围，有对数坐标和线性坐标两种显示方式。

3. 扫描参数设置

单击 Simulate Param. 按钮，将弹出器件参数设置对话框。

（1）二极管参数设置　若二极管为测量器件，则单击 Simulate Param. 按钮，即可打开图 4-43 所示的二极管参数设置对话框，只有 V_pn（PN 结电压）一栏需要设置，包括 PN 结极间扫描的起始电压（Start）、终止电压（Stop）和扫描增量（Increment）。

（2）晶体管参数设置　若晶体管为测量器件，则单击 Simulate Param. 按钮，即可打开

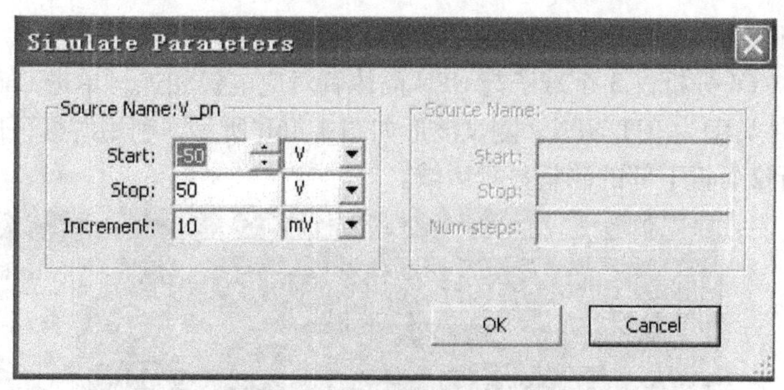

图4-43 二极管参数设置对话框

图4-44所示的参数设置对话框，包括两项设置内容：

1）V_ce栏用于设置晶体管C、E极间扫描的起始电压（Start）、终止电压（Stop）和扫描增量（Increment）。

2）I_b一栏用于设置晶体管基极电流极间扫描的起始电流（Start）、终止电流（Stop）和步长（Num steps）。

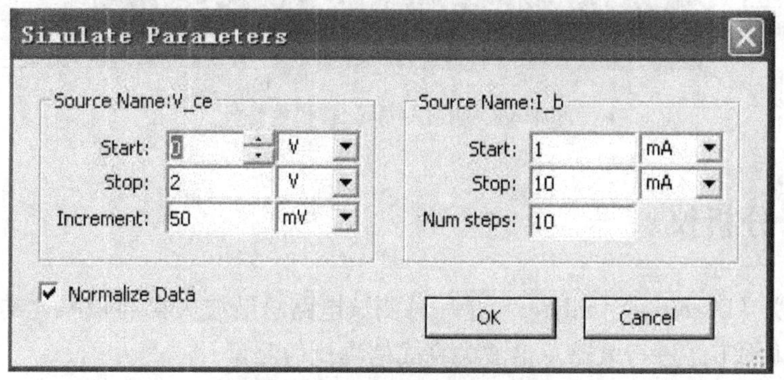

图4-44 晶体管参数设置对话框

（3）MOS管对应参数设置 若MOS管为测量器件，则单击 Simulate Param. 按钮，即可打开图4-45所示的参数设置对话框，包括两项：

1）V_ds栏用于设置MOS管D、S极间扫描的起始电压（Start）、终止电压（Stop）和扫描增量（Increment）。

2）V_gs栏用于设置MOS管G、S极间扫描的起始电压（Start）、终止电压（Stop）和步长（Num steps）。

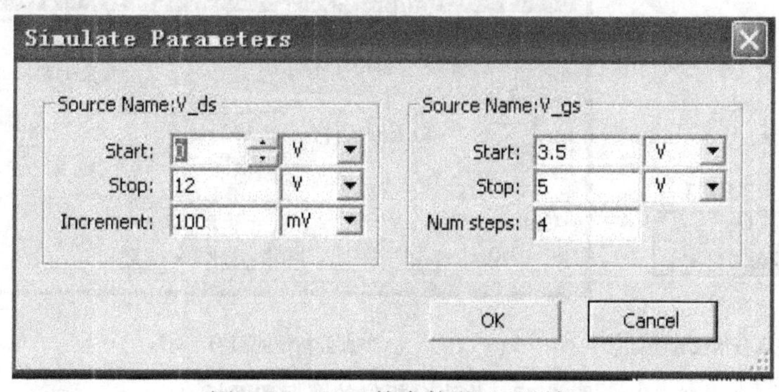

图4-45 MOS管参数设置对话框

应用举例：测 NPN 晶体管伏安特性。

按图 4-46a 将 IV 分析仪 3 个端子与 NPN 晶体管对应电极相连，单击 Components 下拉选项选择测量的器件类型为 BJT NPN。测试波形如图 4-46b 所示，利用游标可以读取每点数据并显示在 IV 分析仪面板下部的测量显示区域。

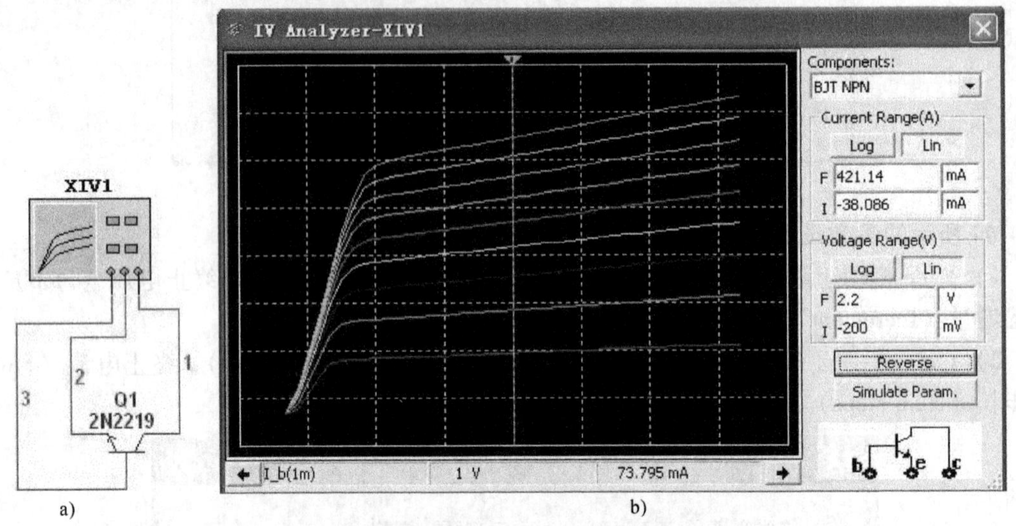

a)　　b)

图 4-46　测 NPN 晶体管伏安特性

4.13　失真分析仪

失真分析仪（Distortion Analyzer）是一种测试电路总谐波失真与信噪比的仪器，在用户所指定的基准频率下，进行电路总谐波失真或信噪比的测量。

4.13.1　失真分析仪的图标和面板

失真分析仪的图标如图 4-47a 所示，双击已置于工作区中的失真分析仪的图标，即可打开图 4-47b 所示的失真分析仪的面板。

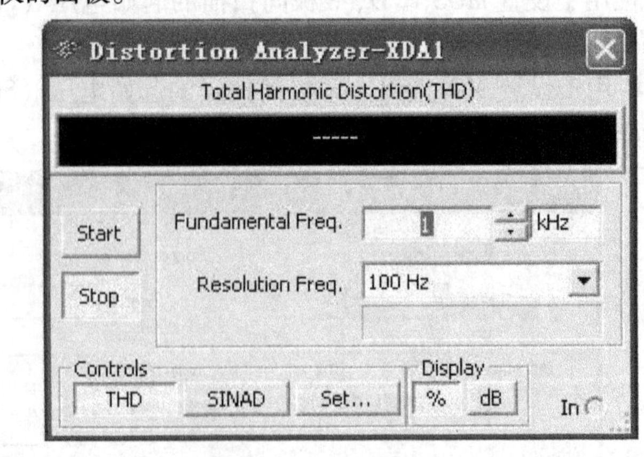

a) 失真分析仪的图标　　b) 失真分析仪的面板

图 4-47　失真分析仪的图标和面板

4.13.2　失真分析仪的使用与设置

失真分析仪图标中仅有一个端子（Input）用来连接电路的输出信号。

失真分析仪的面板包括以下内容。

1）Total Harmonic Distortion（THD）栏的功能是显示测试总谐波失真的值。

2）Display 区：单击 Display 区中的 % 按钮或 dB 按钮可以选择 Total Harmonic Distortion（THD）栏的值是用百分比表示，还是用分贝数表示。

3）Fundamental Freq. 栏的功能是设置基频。

4）Controls 区：单击 THD 按钮的功能是选取测试总谐波失真。单击 SINAD 按钮的功能是选取测试信号的信噪比，即 S/N。单击 Set... 按钮的功能是设置测试的参数，单击该按钮后即可打开图 4-48 所示的设置测试参数对话框。

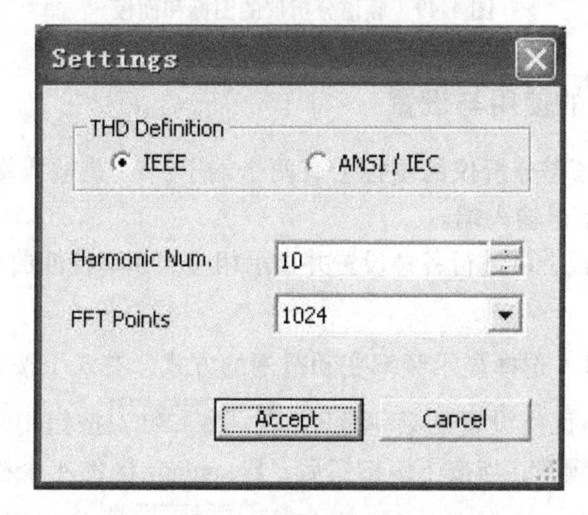

图 4-48　设置测试参数对话框

在该对话框中，THD Definition 区用来选择总谐波失真的定义方式，包括 IEEE 及 ANSI/IEC 两种定义方式；Harmonic Num. 栏用来选取谐波次数；FFT Points 栏用来选取 FFT 变换的点数，为 1024 的整数倍。

5）测试控制按钮：单击 Start 按钮的功能是开始测试；单击 Stop 按钮的功能是停止测试。当电路的仿真开关打开后，Start 按钮会自动按下，一般要经过一段时间计算后方可显示稳定的数值，这时再单击 Stop 按钮，读取测试结果。

4.14　频谱分析仪

频谱分析仪（Spectrum Analyzer）主要用于测量信号所包含的频率及频率所对应的幅度。频谱测量对广播通信及通信领域具有重要的意义。

4.14.1　频谱分析仪的图标和面板

频谱分析仪的图标如图 4-49a 所示，双击已置于工作区中的频谱分析仪的图标即可打开频谱分析仪的面板，如图 4-49b 所示。

XSA1

IN T

a）频率分析仪的图标

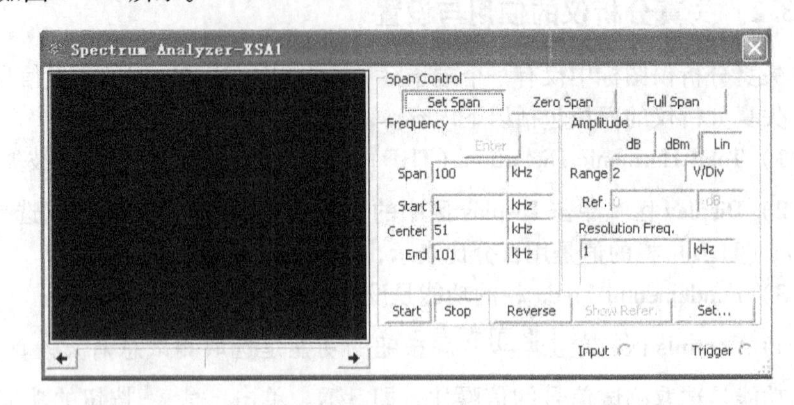

b）频率分析仪的面板

图 4-49　频谱分析仪的图标和面板

4.14.2　频谱分析仪的使用与设置

由图 4-49a 可见，频谱分析仪的图标上有两个端子：IN 是输入端子，用来连接电路的输出信号；T 是外触发信号输入端。

在频谱分析仪的面板上可进行各种设置并显示相应的频率特性曲线。下面对其面板的各项设置作简要说明。

（1）Span Control 区　选择显示频率变动范围的方式，有 3 个按钮：Set Span 按钮用来设置采用 Frequency 区所设置的频率范围；Zero Span 按钮用来设置采用 Center（中心）栏定义的一个单一频率，当按下该按钮后，Frequency 区的 4 个栏中仅 Center 栏可以设置某一频率，仿真结果是以该频率为中心曲线；Full Span 按钮用来设置采用全频范围，即从 0 ~ 4GHz，程序自动给定，Frequency 区不起作用。

（2）Frequency 区　设置频率范围，其中包括 4 个栏：Span 栏用来设置频率变化范围；Start 栏用来设置开始频率；Center 栏用来设置中心频率；End 栏用来设置结束频率。

（3）Amplitude 区

1）选择频谱纵坐标的刻度，有 3 个选项：

① dB（分贝）：表示以分贝数即 20log10（U）为刻度，这里 log10 是以 10 为底的对数，U 是信号的幅度。当选中这个选项时，信号将以 dB/Div 的形式显示在频谱分析仪的右下角。

② dBm：表示纵轴以 10log10（U/0.775）为刻度。0dBm 是指当通过 600Ω 电阻上的电压为 0.775V 时在电阻上的功耗，这个功率等于 1mW。如果一个信号是 10dBm，那么意味着它的功率是 10mW。当使用这个选项时，以 0dBm 为基础显示信号的功率。在终端电阻是 600Ω 的应用场合，诸如电话线，直接读 dBm 数会很方便，因为它直接与功率损耗成比例。在使用 dB 时，为了找到在电阻上的功率损耗，需要单独考虑电阻值；而用 dBm 时，电阻值已经考虑在内。

③ LIN（线性）：表示纵轴以线性刻度来显示。

2）Range 栏：用以设置频谱分析仪面板左边频谱显示窗口纵向每格代表的幅值是多少。

3）Ref. 栏：用以设置参考标准。所谓参考标准就是确定被显示在窗口中的信号频谱的某一幅值所对应的频率范围大小。由于频谱分析仪的轴没有标明单位和值，通常需用滑块来读取显示在频谱分析仪左侧频谱显示窗口中的每一点的频率和幅度。当滑块放置在某点上时，此点的频率和幅度以V、dB或dBm的形式显示在分析仪面板的右下角部分。如果读取的不是一个频率点，而是要确定某个频率范围。比如想知道什么条件下某些频率成分的幅度在一个限定值之上（该限定值必须以dB或dBm形式表示），如取限定值为 -3dB，读取通过 -3dB点的位置所对应的频率，则可估计出放大器的带宽。

（4）Resolution Freq. 区　设定频率的分辨率。

（5）频谱分析仪面板下部的5个按钮　用以控制频率分析仪运行：单击 Start 按钮开始分析；单击 Stop 按钮停止分析；单击Reverse按钮使波形显示区的背景颜色反色；单击Show-Refer按钮显示参考值；单击 Set... 按钮即可打开Settings对话框，如图4-50所示。

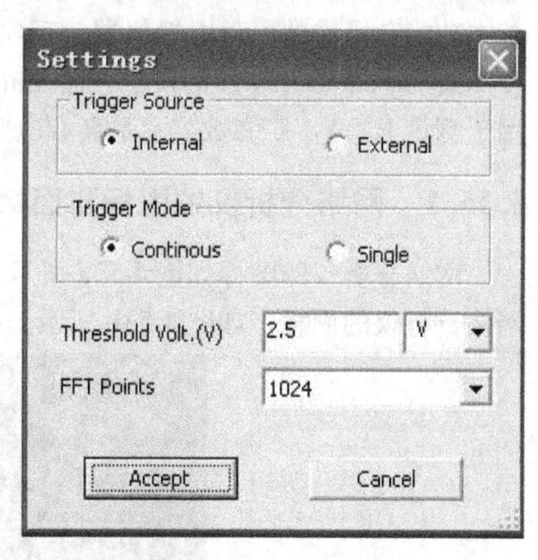

图4-50　Settings对话框

Settings对话框的内容说明如下。

1）在Trigger Source区里指定触发源，包括Internal选项（内部触发）及External选项（外部触发）。

2）在Trigger Mode区里指定触发模式，包括Continous选项（连续触发）及Single选项（单一触发）。

3）Threshold Volt.（V）栏：设置触发开启电压。

4）FFT Points栏：选择分析点数，应为1024的整数倍。

例：用频谱分析仪，分析图4-51所示的电路的频谱。频谱分析仪面板上的各项设置和仿真的结果如图4-52所示。

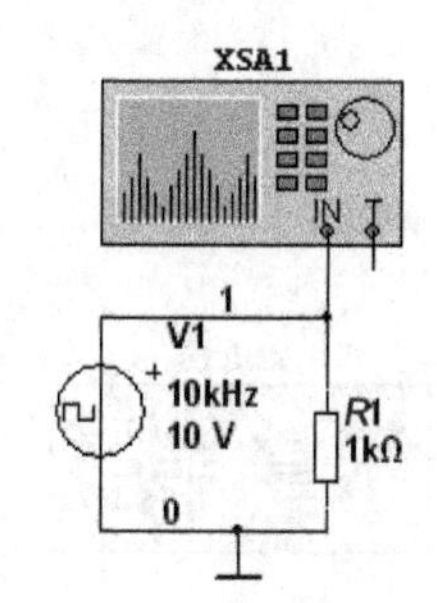

图4-51　时钟信号的频谱分析电路

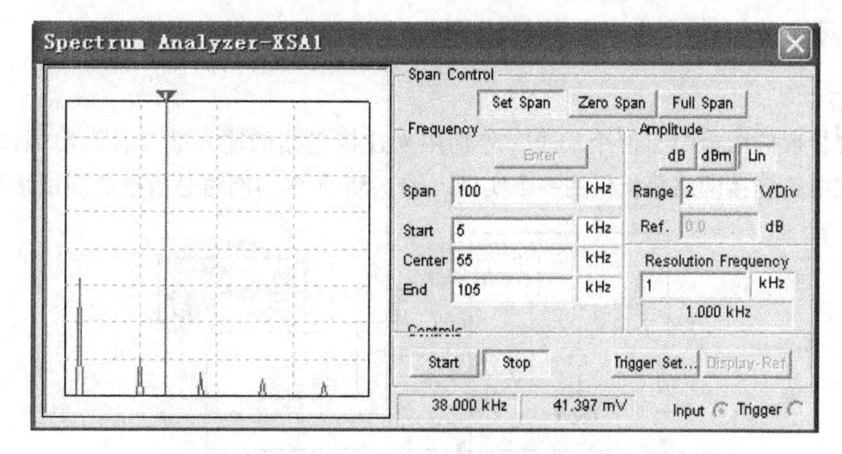

图4-52　频谱分析仪面板上的各项设置和仿真结果

4.15　网络分析仪

Multisim 10 中的网络分析仪（Network Analyzer）是仿效现实仪器 HP8751A 和 HP8753E 基本功能和操作的一种虚拟仪器。现实中的网络分析器是一种测试双端口高频电路 S 参数（Scattering parameters）的仪器，而 Multisim 10 中的网络分析仪除了可用于 S 参数外，也可用于测量 H、Y、Z 参数。它是高频电路中最常使用的几种仪器之一。

4.15.1　网络分析仪的图标和面板

网络分析仪的图标如图 4-53a 所示，双击已置于工作区中的网络分析仪的图标即可打开网络分析仪的面板，如图 4-53b 所示。

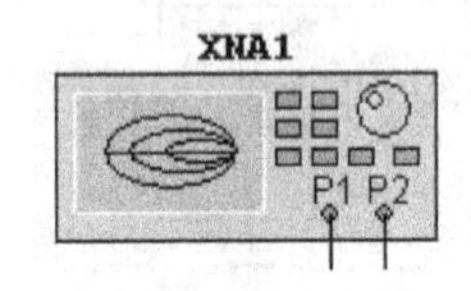

a）网络分析仪的图标

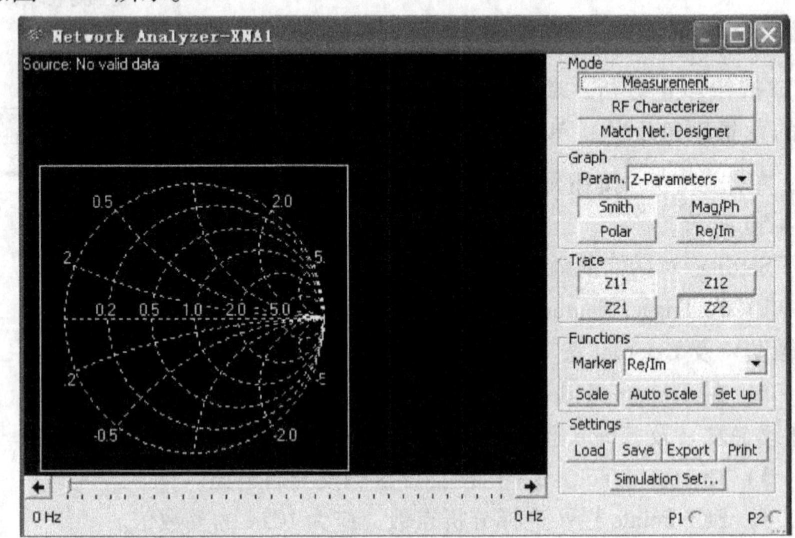

b）网络分析仪的面板

图 4-53　网络分析仪的图标和面板

4.15.2　网络分析仪的连接和面板设置

1. 连接

网络分析仪的图标中有两个端子，分别用来连接电路的输入端口及输出端口。图 4-54 所示为测试电路连接网络分析仪的一个实例。图 4-55 所示为网络分析仪的测试结果。

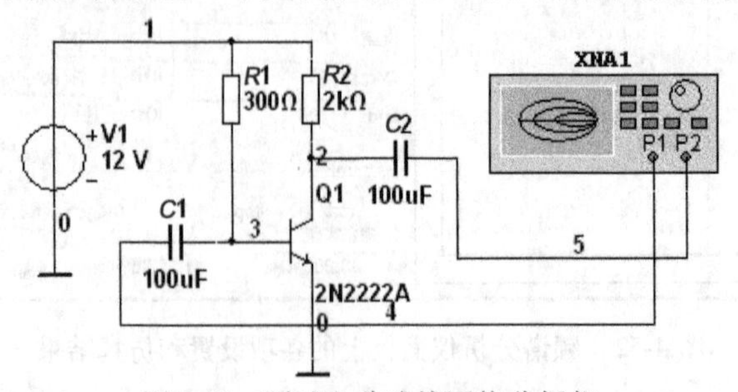

图 4-54　测试电路连接网络分析仪

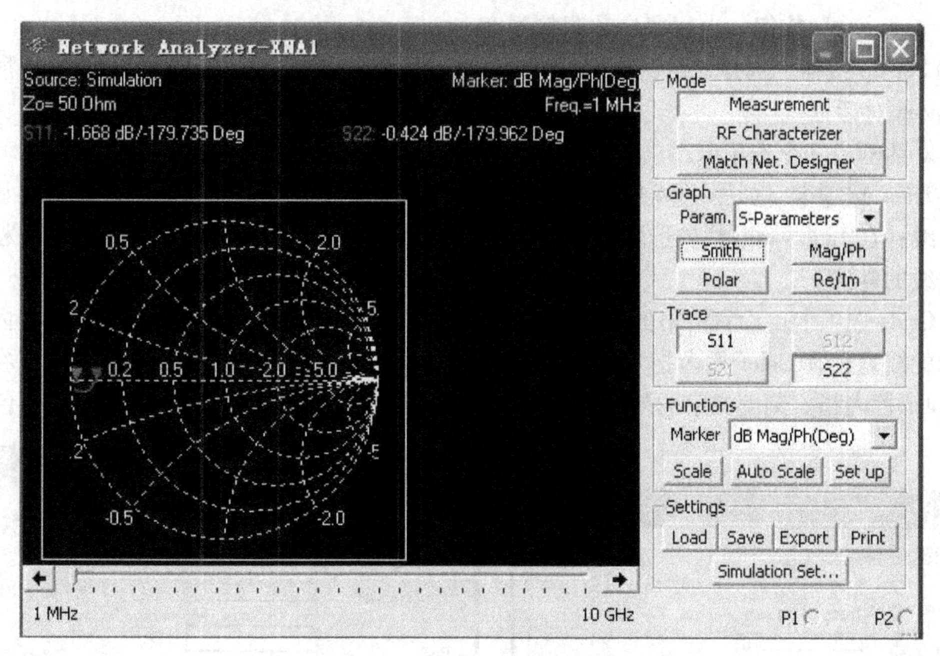

图 4-55　网络分析仪的测试结果

2. 面板的设置

使用时应对网络分析仪面板上的有关项进行设置，现将各项设置说明如下：

（1）Mode 区　该区用于选择分析模式，有 3 个按钮代表各自不同的模式：Measurement 为测量模式；Match Net. Designer 为高频电路的设计工具；RF Characterizer 为射频电路特性分析工具。

（2）Graph 区

1）Param 选项：该选项可以选择要分析的参数，包括 S、H、Y、Z 参数和 Stability factor（稳定因子）。

2）有 4 个按钮可供选择显示模式：Smith（史密斯格式）、Mag/Ph（幅度/相位的频率响应图，即波特图）、Polar（极化图）、Re/Im（实部/虚部）。这 4 种显示模式的刻度参数可以通过单击 Scale 按钮设置；程序自动调整刻度参数可通过单击 Auto Scale 按钮设置；显示窗口的显示参数（如线宽颜色等），可通过单击 Set up 按钮设置。

（3）Trace 区　该区选择所要显示的参数，只要按下需要显示的参数按钮即可，这些按钮和 Param 选项中选择的显示参数对应。

（4）Functions 区

1）Marker 栏：选择显示窗口数据显示的模式。包括 3 个选项：

① Re/Im（实部/虚部）：以直角坐标模式显示参数。

② Mag/Ph（Degs）（幅度/相位）：以极坐标模式显示参数。

③ dBMag/Ph（Degs）（dB 数/相位）：选项设定以分贝的极坐标模式显示参数。

2）其他按钮

① Scale 按钮：选择纵轴刻度。

② Auto Scale 按钮：由程序自动调整刻度。

③ Set up 按钮：选择显示窗口数据显示的模式，单击该按钮后，将打开图 4-56 所示的 Preferences 对话框。

该对话框有 3 个选项卡：

· Trace 选项卡：如图 4-56 所示，用来设置曲线的属性。在 Trace#栏内选择所要显示的参数曲线；在 Line width 栏内选取曲线线宽；在 Color 栏内指定曲线的颜色；在 Style 栏内选择该曲线的样式。

· Grids 选项卡：设置网格的属性，其对话框如图 4-57 所示。　在 Line width 栏内选取网格线的线宽；在 Color 栏内指定网格线的颜色；在 Style 栏内指定网格线的样式；在 Tick label color 栏内指定刻度文字的颜色；在 Axis title color 栏内指定刻度轴标题文字的颜色。

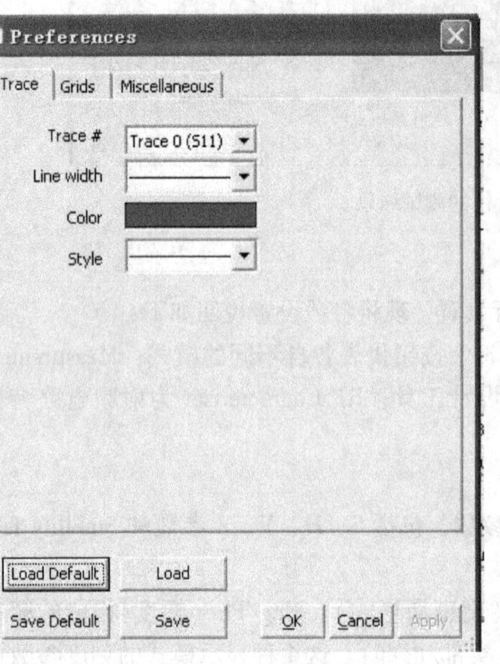
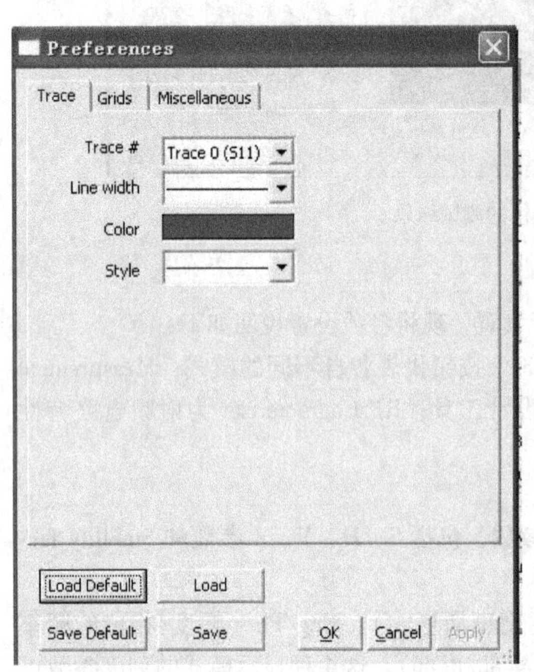

图 4-56　Preferences 对话框

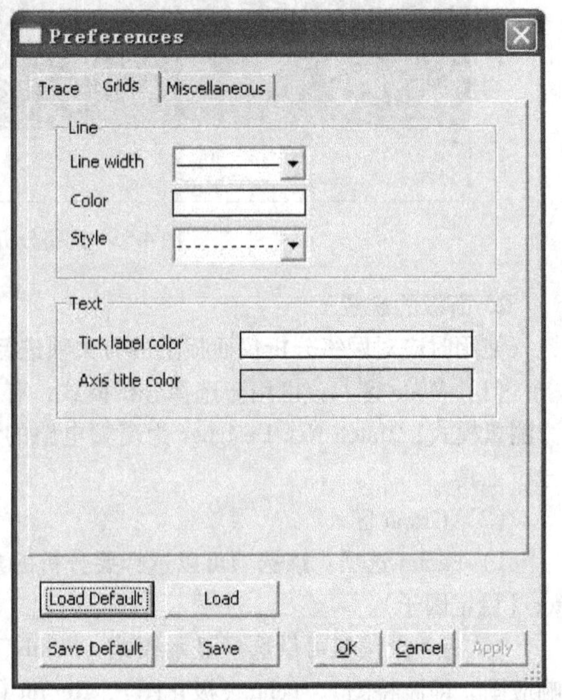

图 4-57　设置网格属性对话框

· Miscellaneous 标签：设置绘图区域和文本的属性，如图 4-58 所示。在 Frame width 栏内指定图框的线宽；在 Frame Color 栏内指定图框的颜色；在 Background color 栏内指定背景颜色；在 Graph area color 栏内指定绘图区的颜色；在 Label color 栏内指定标注文字的颜色；在 Data color 栏内指定数据文字的颜色。

（5）Settings 区　该区提供数据管理功能，共有 5 个按钮：Load 为加载数据；Save 为保存资料；Export 为输出资料；Print 为打印资料；Simulation Set... 是设置待分析的参数，在不同的分析模式下，将会有不同的参数需要设置，以测量模式为例，单击此按钮，将打开图 4-59所示的 Measurement Setup 对话框。该对话框中，Start frequency 栏设置激励信号的起始频率；Stop frequency 栏设置激励信号的终止频率；Sweep type 栏设置扫描的方式；Number of points per decade 栏设置每 10 倍频率取样点数；Characteristic Impedance 栏设置阻抗特性。

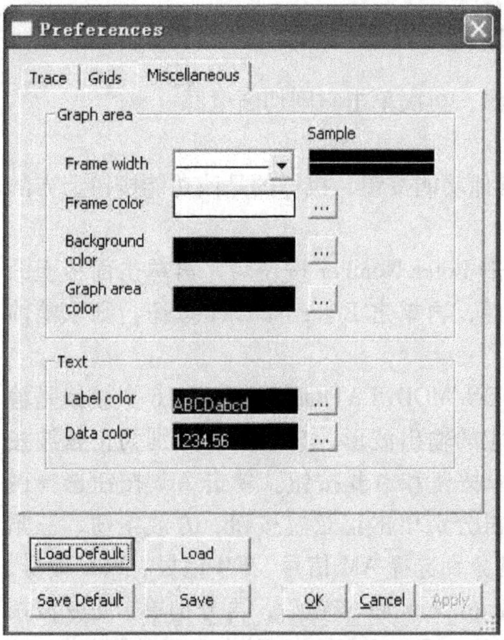

图 4-58　设置绘图区域和文本的属性

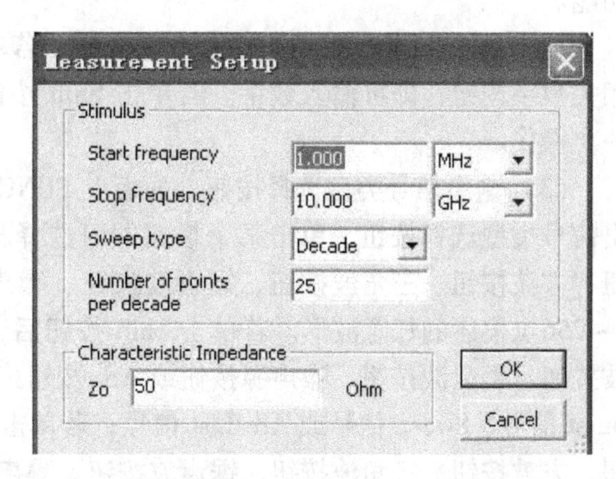

图 4-59　Measurement Setup 对话框

4.16　安捷伦函数信号发生器

4.16.1　安捷伦函数信号发生器的图标和面板

Multisim 10 仿真软件提供的 Agilent 33120A 是安捷伦公司生产的一种宽频带、多用途、高性能的函数信号发生器，它不仅能产生正弦波、方波、三角波、锯齿波、噪声源和直流电压 6 种标准波形，而且还能产生按指数下降的波形、按指数上升的波形、负斜波函数、Sa(x) 及 Cardiac（心律波）5 种系统存储的特殊波形和由 8 ~ 256 点描述的任意波形。Agilent 33120A 的图标和面板如图 4-60 所示，图标包括两个端口，其中上面的 Sync 端口是同步方式输出端，下面的 Output 端口是普通信号输出端。

a）Agilent 33120A的图标

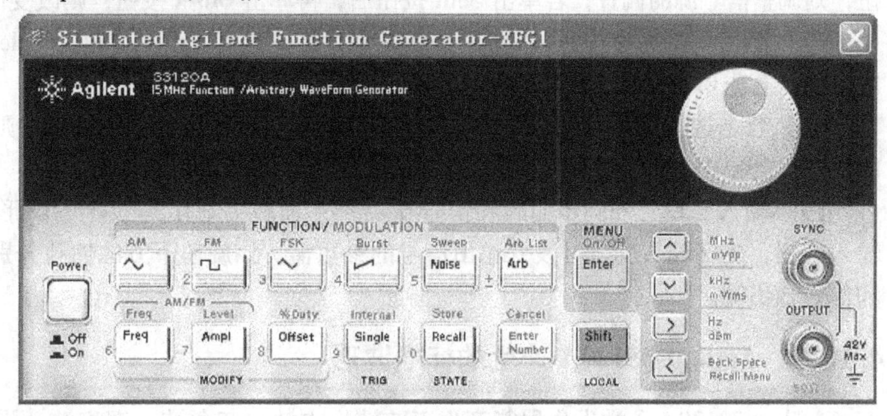

b）Agilent 33120A的面板

图 4-60　Agilent 33120A 的图标和面板

4.16.2　Agilent 33120A 面板上按钮的主要功能

（1）Power　电源开关按钮，单击它可接通电源，再次单击它则切断电源。

（2）Shift 和 Enter Number

1）Shift 是换档按钮，同时单击 Shift 按钮和其他功能按钮，执行的是该功能按钮上方的功能。

2）Enter Number 按钮是输入数字按钮。若单击 Enter Number 按钮后，再单击面板上的相关数字按钮，即可输入数字。若单击 Shift 按钮后，再单击 Enter Number 按钮，则取消前一次操作。

（3）输出信号类型选择按钮　面板上 FUNCTION/MODULATION 线框下的 6 个按钮是输出信号类型选择按钮，单击某个按钮即可选择相应的输出波形，自左向右分别为正弦波按钮、方波按钮、三角波按钮、锯齿波按钮、噪声源按钮和 Arb 按钮。单击 Arb 按钮选择由 8 ~ 256点描述的任意波形。若单击 Shift 按钮后，再分别单击正弦波按钮、方波按钮、三角波按钮、锯齿波按钮、噪声源按钮或 Arb 按钮，则分别选择 AM 信号、FM 信号、FSK 信号、Burst 信号、Sweep 信号或 Arb List 信号；若单击 Enter Number 按钮后，再分别单击正弦波按钮、方波按钮、三角波按钮、锯齿波按钮、噪声源按钮和 Arb 按钮，则分别选择数字 1、2、3、4、5 和 ± 极性。

（4）频率和幅度按钮　面板上的 AM/FM 线框下的两个按钮分别用于 AM/FM 信号参数的调整。单击 Freq 按钮，可调整信号的频率；单击 Ampl 按钮，可调整信号的幅度。若单击 Shift 按钮后，再分别单击 Freq 接钮、Ampl 按钮，则分别调整 AM、FM 信号的调制频率和调制度。

（5）菜单操作按钮　单击 Shift 按钮后，再单击 Enter 按钮，就可以对相应的菜单进行操作，若单击按钮则进入下一级菜单；若单击按钮则返回上一级菜单；若单击按钮则在同一级菜单右移；若单击按钮则在同一级菜单左移。若选择改变测量单位，则直接单击按钮选择测量单位递减，单击按钮选择测量单位递增。

（6）偏置设置按钮　Offset 按钮为 Agilent 33120A 信号源的偏置设置按钮。单击 Offset 按钮，则调整信号源的偏置；若单击 Shift 按钮后，再单击 Offset 按钮，则改变信号源的占空比。

（7）触发模式选择按钮　Single 按钮是触发模式选择按钮。单击 Single 按钮，则选择单次触发；若先单击 Shift 按钮，再单击 Single 按钮，则选择内部触发。

（8）状态选择按钮　Recall 按钮是状态选择按钮。单击 Recall 按钮，则选择上一次存储的状态；若单击 Shift 按钮后，再单击 Recall 按钮，则选择存储状态。

（9）输入旋钮、外同步输入和信号输出端　面板上显示屏右侧的圆形旋钮是信号源的输入旋钮，旋转输入旋钮可改变输出信号的参数值。该旋钮下方的插孔分别为外同步输入端和信号输出端。

4.16.3　Agilent 33120A 产生的标准波形

Agilent 33120A 函数发生器能产生正弦波、方波、三角波、锯齿波、噪声源、直流电压 6 种标准波形及 AM、FM 信号和几种特殊函数波形。下面举例说明几种常用信号的产生，并用示波器观察输出的信号，电路连接如图 4-61 所示。

（1）正弦波　单击正弦波按钮，选择输出的信号为正弦波。信号频率的调整方法是单击 Freq 按钮，通过输入旋钮调整频率的大小；或直接单击 Enter Number 按钮后，输入频率的数字，再单击 Enter 按钮确定；或单击∧或∨按钮逐步增减数值，直到得到所需频率数值为止。信号幅度的调整方法：单击 Ampl 按钮，再直接单击 Enter Number 按钮，输入幅度的数字，之后单击 Enter 按钮确定；或单击∧或∨按钮逐步增减数值。信号偏置的调整方法：单击 Offset 按钮，通过输入旋钮调整偏置的大小；或直接单击 Enter Number 按钮，输入偏置的数值，再单击 Enter 按钮确定；或单击∧或∨按钮逐步增减偏置值。另外，先单击 Enter Number 按钮，再单击∧按钮，可显示峰-峰值；先单击 Enter Number 按钮，然后单击∨按钮，可实现将峰-峰值转换为有效值；先单击 Enter Number 按钮，然后单击>按钮，可实现将峰-峰值转换为分贝值。

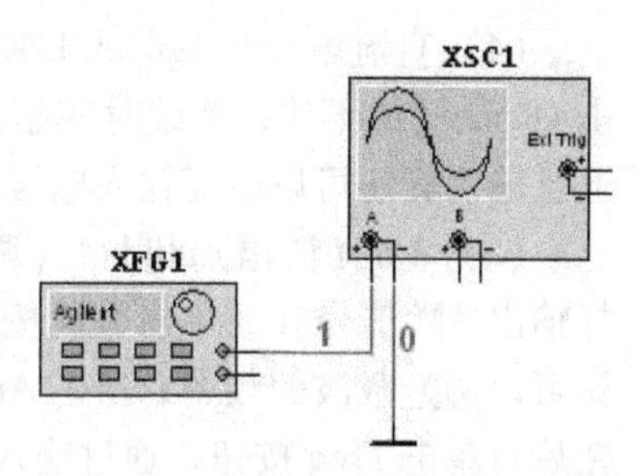

图 4-61　用示波器观察 Agilent 33120A 输出的信号

（2）方波、三角波和锯齿波　分别单击方波按钮、三角波按钮或锯齿波按钮，Agilent 33120A函数发生器能分别产生方波、三角波或锯齿波。设置方法和正弦波的设置类似，只是对于方波，单击 Shift 按钮后，再单击 Offset 按钮，通过输入旋钮可以改变方波的占空比。

（3）噪声源　单击 Noise 按钮，则 Agilent 33120A 函数发生器可输出一个模拟的噪声。其幅度可以通过单击 Ampl 按钮，调节输入旋钮来改变。输出幅度为 100mV、Offset 输入偏置数值为 0 的噪声源波形如图 4-62 所示。

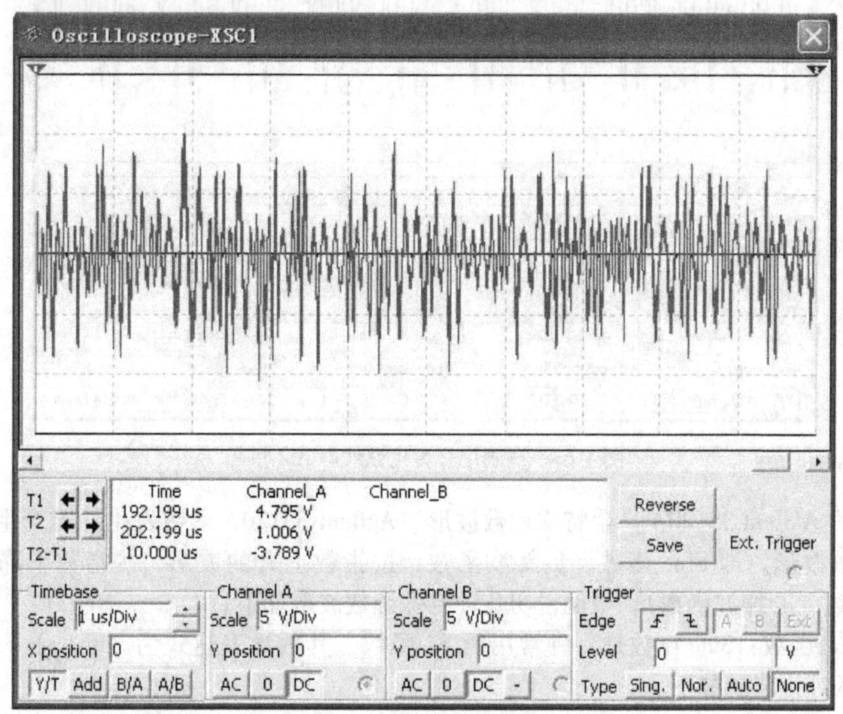

图 4-62　噪声源的波形

（4）直流电压　Agilent 33120A 函数发生器能产生一个直流电压，范围是 -5 ~ 5V。单击 Offset 按钮不放，持续时间超过 2s，显示屏先显示“DCV”，然后变成“+0.000 VDC”；通过输入旋钮可以改变输入电压的大小。

（5）AM（调幅）和 FM（调频）信号　单击 Shift 按钮后，再单击正弦波按钮则可以选择输出 AM 信号（或单击方波按钮则可以选择输出 FM 信号）。单击 Freq 按钮，通过输入旋钮可以调整载波的频率；单击 Ampl 按钮，通过输入旋钮可以调整载波的幅度；单击 Shift 按钮后再单击 Freq 按钮，通过输入旋钮可以调整调制信号的频率；单击 Shift 按钮后，再单击 Ampl 按钮，通过输入旋钮可以调整调制信号的调幅度。此外，还可以选择其他波形作为调制信号，改变调制信号的操作步骤：单击 Shift 按钮，再单击正弦波按钮选择 AM 方式；然后单击 Shift 按钮，再单击 Enter 按钮进行菜单操作，显示屏显示“Menus”后立即显示“A：MOD Menu”，这时再单击按钮，显示屏显示“COMMANDS”后立即显示“AM SHAPE”，再单击按钮，显示屏显示“PAMAMETER”后立即显示“Sine”；单击按钮选择调制信号类型。设置完成后单击 Enter 按钮保存设置。

若调整 Agilent 33120A 函数发生器，使其输出 AM 信号，载波的峰-峰值设置为 10V，频率为 5 kHz，调制信号为正弦波，其频率为 1 kHz，所产生的 AM 信号如图 4-63 所示。

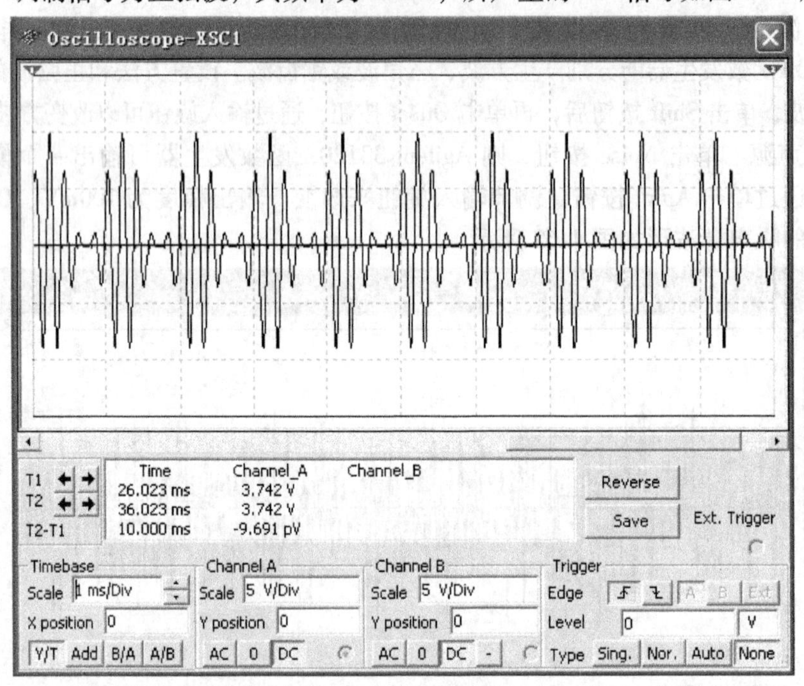

图 4-63　调制信号为正弦波时 AM 信号

（6）用 Agilent 33120A 产生特殊函数波形　Agilent 33120A 函数发生器能产生 5 种内置的特殊函数波形，即 Sinc 函数、负斜波函数、按指数上升的波形、按指数下降的波形及 Cardiac 函数（心律波函数）。举例说明几种特殊函数波形如下。

1）Sinc 函数：Sinc 函数是一种常用的 Sa 函数，其数学表达式为 $\mathrm{Sinc}(x)=\sin(x)/x$。Sinc 函数的产生步骤如下。

① 单击 Shift 按钮，再单击 Arb 按钮，显示屏显示“SINC ~”。

② 再次单击 Arb 按钮，显示屏显示“S1N^{Arb}”，选择 Sinc 函数。

③ 单击 Freq 按钮，通过输入旋钮将输出波形的频率设置为 30 kHz；单击 Ampl 按钮，通过输入旋钮将输出波形的幅度设置为 5.000 V。

④ 设置完毕，启动仿真开关，通过示波器观察波形。

2）负斜波函数：产生负斜波函数信号的步骤如下。

① 单击 Shift 按钮后，再单击 Arb 按钮，显示屏显示“SINC ~”。

② 单击 > 按钮，选择“NEG RAMP ~”，然后单击 Enter 按钮保存设置函数的类型。

③ 单击 Shift 按钮后，再单击 Arb 按钮，显示屏显示“NEG_RAMP ~”，再次单击 Arb 按钮，显示屏显示“NEG_RAMP^{Arb}”，Agilent 33120A 函数发生器选择输出负斜波函数。

④ 单击 Freq 按钮，通过输入旋钮可设置输出波形的频率；单击 Ampl 按钮，通过输入旋钮可设置输出波形的幅度；单击 Offset 按钮，通过输入旋钮可设置波形的偏置。

⑤ 设置完毕，启动仿真开关。通过示波器观察波形。

另外三种特殊函数（按指数上升函数、按指数下降函数和 Cardiac 函数）的产生方法，本文不再赘述。用户需要时，可参阅 Multisim 10 仿真软件的帮助文件。

4.17　安捷伦数字万用表

安捷伦数字万用表（Agilent Multimeter）是仿 Agilent 34401A 型虚拟仪器，具有 $6\frac{1}{2}$ 位高性能。它不仅具有传统的测试功能，如测试电阻、交直流电压、交直流电流、信号频率和周期，还具有一些高级功能，如数字运算功能、dB、dBm、界限测试和最大、最小、平均等功能。

4.17.1　安捷伦数字万用表的图标和面板

Agilent 34401A 的图标和面板如图 4-64 所示。Agilent 34401A 对外的连接端有 5 个，其中左侧上下两个端子为 200V Max 一对，右侧上面的两个端子为 1000V Max 一对，右侧下面的端子为电流接线端。

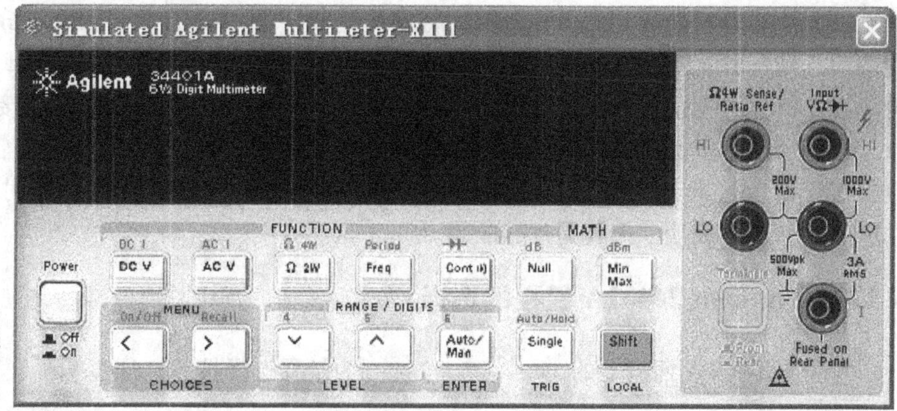

a) Agilent 34401A的图标　　　b) Agilent 34401A的面标

图 4-64　Agilent 34401A 的图标和面板

4.17.2 安捷伦数字万用表的使用

将安捷伦数字万用表连接到电路图中，然后双击它的图标，即可打开其面板。单击面板上的电源（Power）开关，数字万用表的显示屏变亮，表明数字万用表已处于工作状态，就可以完成相应的测试功能。单击图 4-64 中的 Shift 按钮后，再单击其他功能按钮时，执行面板按钮上方所标注的功能。

（1）电压的测量　测电压时，安捷伦数字万用表的 2、4 端应与被测试电路的端点并联；单击面板上的 DC V 按钮，可以测量直流电压，在显示屏上显示的单位为 VDC；而单击 AC V 按钮，可以测量交流电压，在显示屏上显示的单位为 VAC。

（2）电流的测量　测电流时，应将图标中的 5、3 端串联到被测试的支路中。单击面板上的 Shift 按钮，则显示屏上显示“Shift”，若单击 DC V 按钮，显示屏上显示的单位为 ADC，即可测量直流电流；若单击 AC V 按钮，此时在显示屏上显示的单位为 AAC，即可测量交流电流。若被测量值超过该段测量量程时，面板显示 OVLD。

（3）电阻的测量　安捷伦数字万用表提供二线测量法和四线测量法两种方法测量电阻。二线测量法和普通的万用表测量方法相同，将 2 端和 4 端分别接在被测电阻的两端，同时 4 端也要连接地线。测量时，单击面板上的 Ω2W 按钮，可测量电阻阻值的大小。四线测量法是为了更准确测量小电阻的方法，它能自动减小接触电阻，提高测量准确度，因此测量准确度比二线测量法高。其方法是将 1 端和 2 端相连接，3 端和 4 端相连接，再并联在被测电阻的两端。测量时，先单击面板上的 Shift 按钮，显示屏上显示“Shift”，再单击面板上的 Ω2W 按钮，即为四线测量法的模式，此时显示屏上显示的单位为 ohm^{4W}，它为四线测量法的标志。

（4）频率或周期的测量　安捷伦数字万用表可以测量电路的频率或周期。测量时，需将 2 端和 4 端分别接在被测电路的两端。测量时，若单击面板上的 Freq 按钮，可测量频率的大小。若单击面板上的 Shift 按钮，显示屏上显示“Shift”，然后再单击 Freq 按钮，则可测量周期的大小。

注意：测量交流信号的带宽为 3 Hz～1.999 99 MHz。

（5）二极管极性的判断　测量时，将安捷伦数字万用表的 1 端和 3 端分别接在二极管的两端，先单击面板上的 Shift 按钮，显示屏上显示“Shift”后，再单击 Cont（b）按钮，即可测试二极管的极性。若安捷伦数字万用表的 1 端接二极管的正极，3 端接二极管的负极时，则显示屏上显示二极管的正向导通压降；反之，34401A 的 3 端接二极管的正极，1 端接二极管的负极时，则显示屏上显示为“0ohm”（Ω）。若二极管断路时，显示屏显示“OPEN”字样，表明二极管是开路故障。

4.17.3 Agilent 34401A 量程的选择

Agilent 34401A 面板上的 ∨、∧ 和 Auto/Man 为量程选择按钮。通过 ∨、∧ 按钮可改变测量的量程。当被测值超过所选择的量程时，面板显示屏显示 OVLD。Auto/Man 按钮是自动测量与人工测量转换按钮。选择人工测量模式时，不能自动改变量程范围，并且显示屏上显示“Man”标记。选择自动测量模式时，量程范围自动改变。

∨、∧ 和 Auto/Man 按钮与 Shif 按钮结合起来可以选择显示不同的位数。选择方法是：

1）单击面板上的 Shift 按钮，显示屏上显示“Shift”，再单击 ∧ 按钮，显示 $4\frac{1}{2}$位；

2）接着单击面板上的 Shift 按钮，显示屏上显示“Shift”，再单击 ∧ 按钮，显示 $5\frac{1}{2}$位；

3）接着单击面板上的 Shift 按钮，显示屏上显示“Shift”，再单击 ∧ 按钮，显示 $6\frac{1}{2}$位，其中$\frac{1}{2}$位是指在显示的最高位只能是“0”或“1”。

4.18　安捷伦示波器

Multisim 10 仿真软件提供的安捷伦示波器（Agilent Oscilloscope）是仿 Agilent 54622D 型虚拟仪器，其带宽为 100MHz，具有两个模拟通道和 16 个逻辑通道。

4.18.1　安捷伦示波器的图标和面板

Agilent 54622D 的图标和面板如图 4-65 所示。

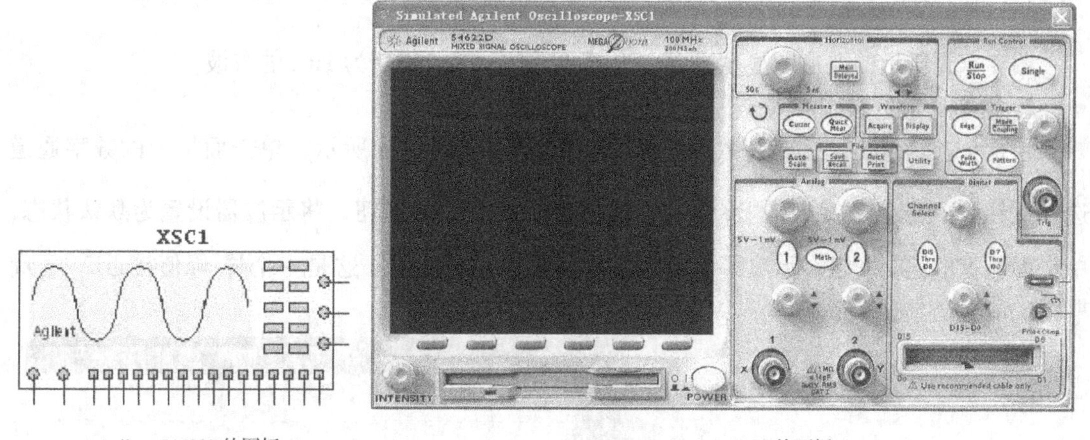

a) Agilent 54622D的图标　　b) Agilent 54622D的面板

图 4-65　Agilent 54622D 的图标和面板

图 4-65a 所示图标下方有两个模拟通道和 16 个逻辑通道的接线端，图标右侧有触发端、数字地和探头补偿输出端子。

图 4-65b 所示 Agilent 54622D 的面板中，POWER 是电源开关；INTENSITY 是灰度调节旋钮；在电源开关和 INTENSITY 旋钮之间是软驱，软驱上面是设置参数的软按钮，软按钮上方是显示屏；Horizontal 区是时基调整区；Run Control 区是运行控制区；Trigger 区是触发区；Digital 区是数字通道的调整区；Measure 区是测量控制区；Waveform 区是波形调整区。

4.18.2　Agilent 54622D 的校正

1. 模拟通道的校正

模拟通道的校正可采取如图 4-66a 所示的连接，即将探头补偿输出端和模拟通道 1 端连接。单击面板中按钮开启示波器，单击面板上的按钮选择模拟通道 1 显示，单击面板上的按钮，将示波器设置为默认状态，最后单击面板上的按钮，此时在示波器显示屏上显示图 4-66b 所示的波形。

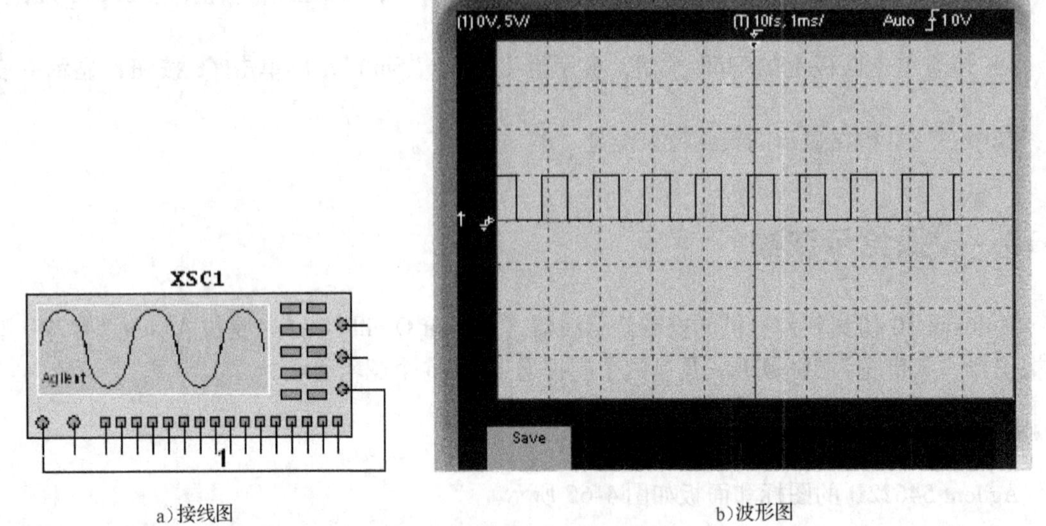

a）接线图　　　　b）波形图

图 4-66　模拟通道的校正

图 4-66b 所示的波形图显示这是一个峰-峰值为 5V、周期为 1ms 的方波。

2. 数字通道的校正

将探头补偿输出端连接到数字通道 D0 ~ D7，如图 4-67a 所示，单击面板上的数字通道选择按钮，选择数字通道 D0 ~ D7，再单击面板上按钮，将示波器设置为默认状态，单击面板上的按钮，示波器显示的波形如图 4-67b 所示。这是一个峰-峰值接近 2V、周期为 1ms 的方波。

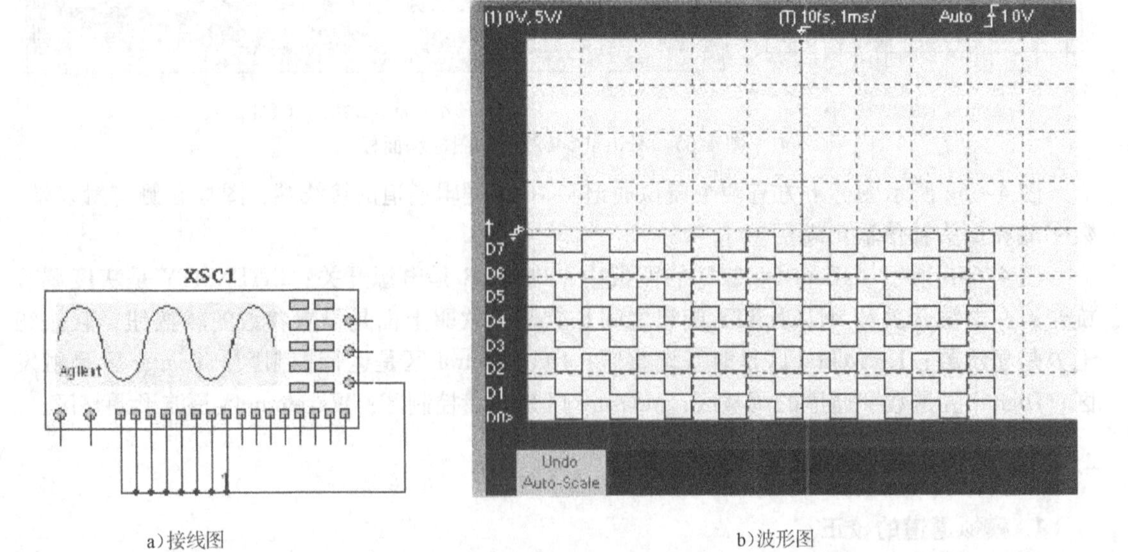

a）接线图　　　　b）波形图

图 4-67　数字通道的校正

4.18.3　Agilent 54622D 示波器的基本操作

使用 Agilent 54622D 示波器进行测量前，必须首先通过面板设置仪器参数，然后才能进行测量并读取测量结果。

（1）模拟通道垂直位置调整　图 4-65b 所示的 Analog 区是模拟通道垂直调整区。

1）单击模拟通道 1 选择按钮，选择模拟通道 1。模拟通道的耦合方式通过 Coupling 软按钮选择。耦合方式有 3 种：DC（直接耦合）、AC（交流耦合）和 GND（地）。

2）波形位置调整旋钮位于 Analog 区中间位置，用来垂直移动信号。要把信号放在显示屏中央，应注意随着转动波形位置调整旋钮会短时显示电压值指示参考电平与屏幕中心的距离，还应注意屏幕左端的参考接地电平符号随波形位置调整旋钮的旋转而移动。单击 Vemier 软按钮，可微调波形的位置。单击 Invert 软按钮，可使波形反相。

3）通过幅度衰减旋钮可以改变垂直灵敏度，两个幅度衰减旋钮位于 Analog 区上部。幅度衰减旋钮设置的范围为 1nV/格 ~ 50V/格。单击 Vemier 软按钮，可以按较小的增量改变波形的幅度。

（2）数字通道的显示和重新排列　图 4-65b 所示的 Digital 区是数字通道调整区。

1）单击数字通道 D15 ~ D8 选择按钮或数字通道 D7 ~ D0 选择按钮，可打开或关闭数字通道显示，当这些按钮被点亮时显示数字通道。

2）旋转数字通道选择旋钮，选择所要显示的数字通道，并在所选的通道号右侧显示“>”。

3）旋转数字位置调整旋钮，在显示屏上能重新定位所选通道。如果在同一位置显示两个或多个通道，则弹出的菜单显示重叠的通道。继续旋转通道选择旋钮，直到在弹出菜单中选定所需通道。

4）先单击数字通道 D15 ~ D8 选择按钮或数字通道 D7 ~ D0 选择按钮，再单击下面的软按钮，使数字通道显示格式在全屏显示和半屏显示之间切换。

（3）时基调整区　图 4-65b 所示的 Horizontal 区是时基调整区。该区左侧是时间衰减旋钮，中间是主扫描/延迟扫描测试功能按钮，右侧是水平位置旋钮。

1）时间衰减旋钮旋转调整的时间单位为 s/Div，调整中以 1-2-5 的步进序列在 5 ns/Div ~ 50s/Div 范围内变化，选择适当的扫描速度，使测试波形能完善、清晰地显示在显示屏上。

2）水平位置旋钮，用于水平移动信号波形。

3）单击主扫描/延迟扫描测试功能按钮，再单击 Man 主扫描软按钮，可在显示屏上观察被测波形。单击 Vemier（时间衰减微调）软按钮，通过时间衰减旋钮以较小的增量改变扫描速度，这些较小增量均经过校准，因而，即使在微调开启的情况下，也能得到精确的测量结果。

4）单击主扫描/延迟扫描测试功能按钮，然后单击 Delayed（延迟）软按钮，在显示屏上观察测试波形的延迟显示。

（4）使用滚动模式　单击主扫描/延迟扫描测试功能按钮，然后单击 Roll（滚动）软按钮，选择滚动模式。滚动模式引起波形在屏幕上从右向左缓慢移动。它只能在 500ms/Div 或更慢的时基设置下工作。如果当前时基设置超过 500 ms/Div 的限制值，在进入滚动模式时，将自动被设置为 500 ms/Div。

（5）使用 XY 模式　单击主扫描/延迟扫描测试功能按钮，然后单击 XY 软按钮，选择 XY 模式。XY 模式把显示屏从电压对时间显示变成电压对电压显示，此时时基被关闭，通道 1 的电压幅度绘制于 X 轴上，而通道 2 的电压幅度则绘制于 Y 轴上，XY 模式常用于比较两个信号的频率和相位关系。图 4-68 是用 XY 模式测量李莎育图形的电路和输出波形。

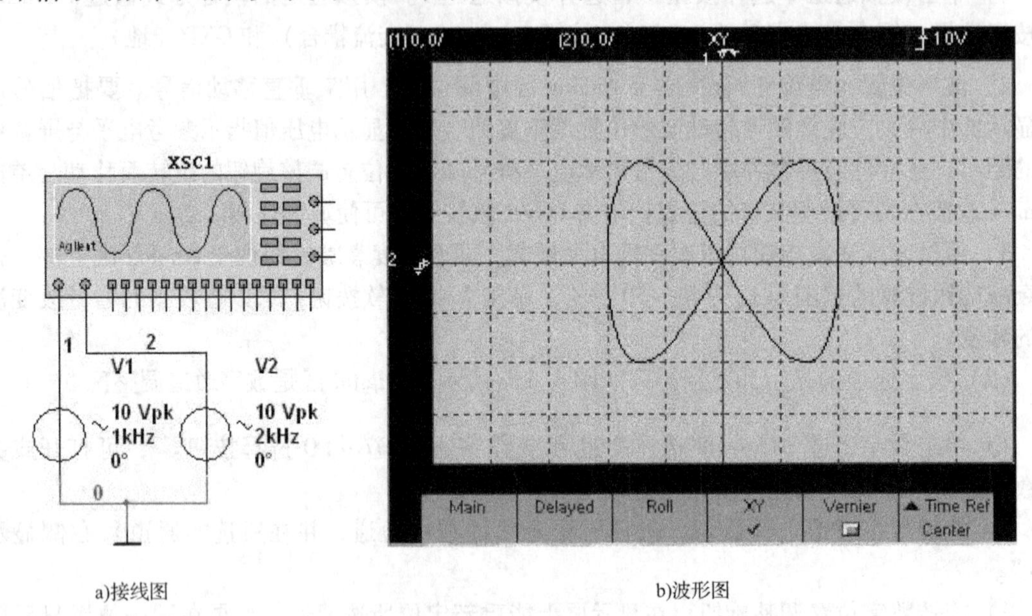

a)接线图　　b)波形图

图 4-68　XY 模式测量李莎育图形

（6）连续运行与单次触发　运行控制包括连续运行（Run）和单次触发（Single）两种触发模式。图 4-65b 所示的 Run Control 区是运行控制区。其中 Run Stop 是运行/停止控制控钮，Single 是单次触发按钮。

1）当运行/停止控制按钮变为绿色时，示波器处于连续运行模式，显示屏显示的波形是对同一信号多次触发的结果，这种方法与模拟示波器显示波形的方法类似。当运行/停止按钮变为红色时，示波器停止运行，即停止对信号触发，显示屏顶部状态行中触发模式位置上显示“Stop”。但是，此时旋转水平旋钮和垂直旋钮可以对保存的波形进行平移和缩放。

2）当单次触发按钮变为绿色时，示波器处于单次运行模式，显示屏显示的波形是对信号的单次触发。利用单次触发按钮观察单次事件，显示波形不会被后继的波形覆盖。在平移和缩放需要最大的存储器深度，并且希望得到最大取样率时，应使用单次触发模式。单次触发完成后，示波器停止，“Run/Stop”按钮点亮为红色，再次单击单次触发按钮，又一次触发波形。

（7）调节波形显示亮度　图 4-65b 中左下角的 INTENSITY 旋钮是调节波形显示亮度旋钮。

（8）选择模式　单击图 4-65b 中 Trigger（触发）区中的 Mode/Compling（模式/耦合）按钮 Mode Coupling，显示屏的下部出现 Mode、Hold off 软按钮。通过设置软按钮，可以改变触发模式。

单击 Mode（模式）软按钮，出现 Normal、Auto 和 Auto Level 3 种触发模式可选择。

1）Normal 模式显示符合触发条件时的波形，否则示波器既不触发扫描，显示屏也不更新。对于输入信号频率低于 20Hz 或不需要自动触发的情况，应使用常规触发模式。

2）Auto 模式自动进行扫描信号，即使没有输入信号或是输入信号没有触发同步时，仍可以显示扫描基线。

3）Auto Level 模式适用于边沿触发或外部触发。示波器首先尝试常规触发，如果未找到触发信号，它将在触发源的 ±10% 的范围内搜索信号，如果仍没有信号，示波器就自动触发。在把探头从电路板一点移到另一点时，这种工作模式很有用。

（9）测量控制区　图 4-65b 中的 Measure 区是测量控制区。其中 Cursor 按钮是游标按钮，Quick Mear 按钮是快速测量按钮。

1）单击 Cursor 按钮，在显示屏下面将出现图 4-69 所示的选择菜单，通过改变菜单中的参数，可以选择测量源和设置测量轴的刻度。

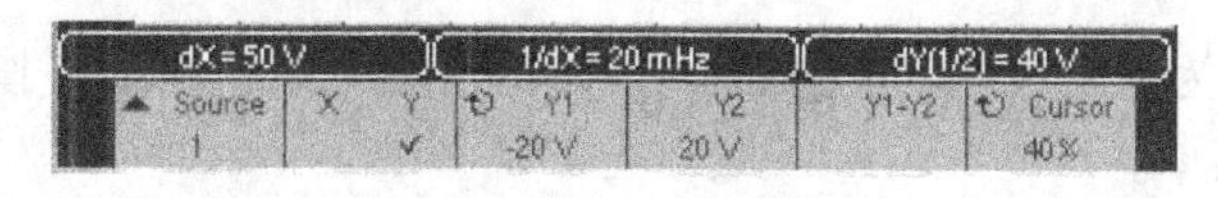

图 4-69　选择菜单

① Source 软按钮用于从模拟通道 1、模拟通道 2 或 Math 菜单中选择测量源。

② X Y 软按钮用于选择与 X 轴或 Y 轴有关参数的设置。

2）单击 QuickMear 按钮，在显示屏下方将出现图 4-70 所示的 Quick Mear 选择菜单，通过改变菜单中的参数可以设置相关测量参数。

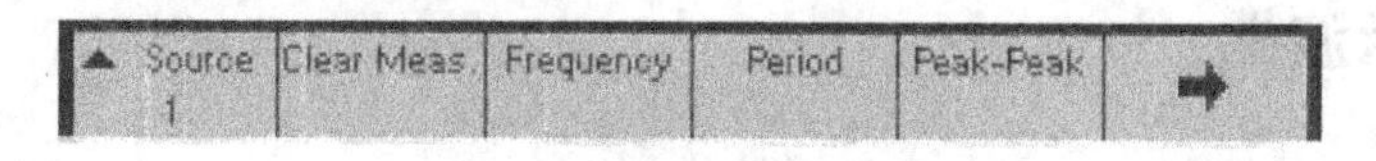

图 4-70　Quick Mear 选择菜单

① 单击 ➡ 软按钮，可实现菜单之间的转换。

② 单击 Source 软按钮，可从模拟通道 1、模拟通道 2 或 Math 菜单中选择测量源。

③ 单击 Clear Meas 软按钮，停止测量。从软按钮上方显示行中擦除测量结果。

④ 分别单击 Frequency、Period、Peak-Peak 等软按钮，可以测量波形的频率、周期、峰-峰值等性能指标，并显示在软按钮上方显示行中。

（10）打印显示　单击 Quick Print（快速打印）按钮，可以把包括状态行和软按钮在内的显示内容通过打印机打印。单击 Cancel Print 软按钮，可停止打印。

（11）网格的亮度　单击 Display 按钮，然后旋转输入旋钮可以改变显示的网格亮度。Grid（网格）软按钮中显示的亮度级可在 0～100% 间调节。

4.18.4　示波器触发方式的调整

图 4-65 b 中的 Trigger 区是触发控制区。其触发方式有边沿触发、脉冲宽度触发、码型触发 3 种类型。

（1）边沿触发　通过面板上的 Edge 按钮，可以选择触发源和触发方式。单击面板上的按钮，显示屏下面弹出了 Source 软按钮和 Slope 软按钮。通过 Source 软按钮，选择触发源，触发源主要有模拟通道 1、模拟通道 2、Ext（外部）和数字通道 D0 ~ D15。通过 Slope（斜率）软按钮，选择触发类型并显示在屏幕右上角。

（2）脉冲宽度触发　单击按钮，选择脉冲宽度触发并显示脉冲宽度触发菜单，如图 4-71 所示。该菜单含义依次为触发源选择软按钮、脉冲极性选择软按钮、时间限定符选择软按钮、脉冲宽度限定符时间小于某确定时间的调整软按钮和脉冲宽度限定符时间大于某一确定时间的调整软按钮。

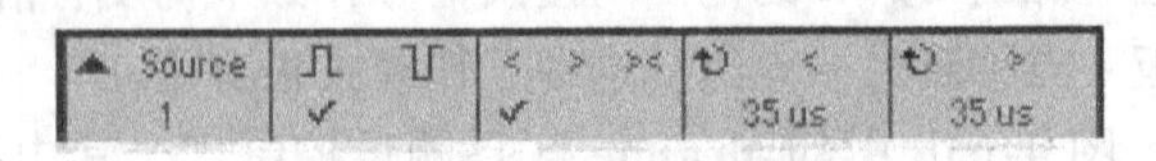

图 4-71　脉冲宽度触发菜单

（3）码型触发　码型是各通道数字逻辑组合的序列。每个通道数字逻辑有高（H）、低（L）和忽略（X）值。码型触发通过查找指定码型来识别触发条件，可以指定一个通道信号的上升或下降沿作为触发条件。单击面板 Trigger 区的（码型）按钮，将显示如图 4-72 所示的码型触发菜单。

图 4-72　码型触发菜单

4.19　泰克示波器

4.19.1　泰克示波器的图标和面板

Multisim 10 提供的泰克示波器（Tektronix Simulated Oscilloscope）是仿 Tektronix TDS 2024 型虚拟仪器，拥有 4 通道 200 MHz 带宽。泰克示波器的图标和面板如图 4-73 所示。

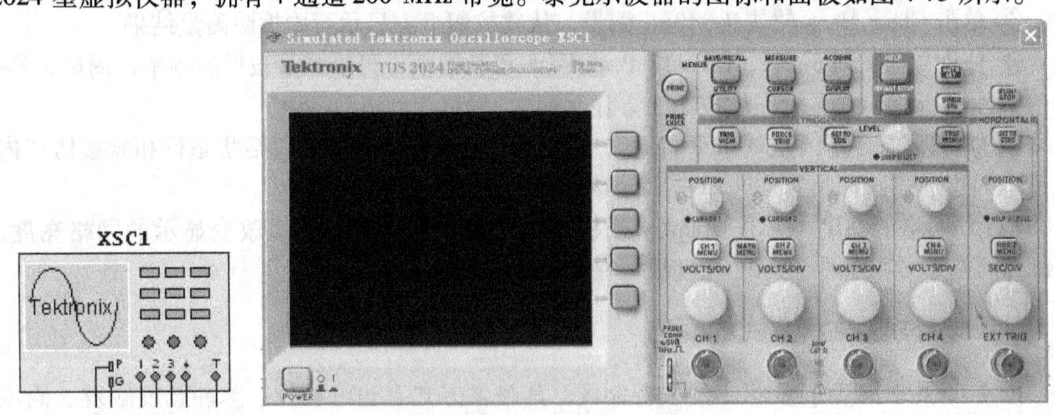

a）泰克示波器的图标　　b）泰克示波器的面板

图 4-73　泰克示波器的图标和面板

泰克示波器的图标上共有 7 个连接点，从左至右依次为 P（探针公共端，内置 1 kHz 测试信号）、G（接地端）、1、2、3、4（模拟信号输入通道 1～4）和 T（触发端）。

4.19.2　泰克示波器的特性

泰克示波器具有以下特性。

1）运行模式：自动、单一、停止。

2）触发模式：自动、正常。

3）触发类型：边沿触发、脉冲触发。

4）触发源：模拟、外部。

5）显示方式：Main、Window、XY、FFT、Trig view。

6）信号通道数：4 个模拟通道、1 个 Math 通道和 1 路 1kHz 的自检测试信号。

7）光标数：4 个。

8）Math 通道：FFT 变换、加法、减法运算。

9）测量功能：用于对光标位置进行显示以及对频率、周期、峰-峰值、最大值、最小值、上升沿时间、下降沿时间、有效值、平均值等进行测量。

10）显示控制：用于对矢量线或点划线、对比度进行控制。

11）自动设置：有。

12）打印波形：有。

此软件菜单栏的功能与真实仪器类似。

4.19.3　泰克示波器的操作使用

泰克示波器的面板主要由显示区、系统选项按钮、电源开关和功能区 4 部分组成。其中功能区主要分为系统菜单控制区、触发控制区、水平控制区和垂直控制区，且每个区中所有按钮被单击时，都会在显示区中弹出相应的子菜单。

（1）显示区　示波器的面板左下角有一个电源按钮，单击此按钮后示波器接通电源，示波器的显示区片刻被点亮。此时，如果示波器处在测量状态下，且信号幅值在 mV 范围内，则在显示区域内会显示随机感应的不规则杂波。在正式测量信号时，示波器的探头应按规定接在被测量端，在被调整到合适幅值和时基的示波器上应该能显示输入信号的波形，同时在显示区内不同的位置上显示对于示波器进行控制设置的详细信息。

（2）系统菜单控制区　用户界面操作主要是通过系统菜单访问来实现。单击面板中的某一按钮，示波器将在显示屏的右侧显示相应的菜单。该菜单对应于面板左边一列未标记的按钮，根据菜单提示单击相应的选项按钮即可实现所选择项目的功能。通常采用以下 4 种方法来显示菜单选项。

1）子菜单选择：对于某些菜单，可使用面板上边的选项按钮来选择两个或三个子菜单。每次单击这些子菜单中的某个按钮时，选项显示的提示都会随之改变。例如，单击 SAVE/RECALL 按钮，然后单击菜单对应的顶端选项按钮，示波器菜单显示的“Setup”下面的波形编号会进行切换。

2）循环列表选择：每次单击这类选项按钮时，示波器都会将参数设定为不同的值。例如，可单击 CH1 MENU 按钮，然后单击 Coupling 对应的顶端选项按钮，那么耦合方式将在直流、交流、接地之间进行选项切换。

3）动作选择：当单击动作选项类按钮时，示波器会立即给出动作选项的类型。例如，单击 DISPLAY 按钮，然后再单击 Contrast Increase 对应的选项按钮，这时示波器屏幕会立即使黑白对比度增加。

4）单选钮选择：示波器为区分各选项的内容，使用了不同的显示环境提示。每个当前选择的选项被加亮为黑色衬底显示的文字。例如，当单击 ACQUIRE（采集）按钮时，示波器会显示不同的采集模式选项。要选择某个选项，可单击相应按钮则其相应的选项被点亮。

（3）系统菜单控制区的按钮功能

1）SAVE/RECALL（保存/调出）：显示设置和波形的“保存/调出”菜单。

2）MEASURE（测量）：显示自动测量菜单。

3）ACQUIRE（采集）：显示“采集菜单”。

4）DISPLAY（显示）：显示“显示菜单”。

5）CURSOR（光标）：显示“光标菜单”。当显示“光标菜单”并且光标被激活时，“垂直位置”控制方式可以调整光标的位置。离开“光标菜单”后，光标保持显示（除非“类型”选项设置为“关闭”），但不可调整。

6）UTILITY（辅助功能）：显示“辅助功能菜单”。

7）HELP（帮助）：显示“帮助菜单”。打开泰克示波器帮助文件。

8）DEFAULT SETUP（默认设置）：自动调出厂商对软件的出厂设置。

9）AUTO SET（自动设置）：自动设置示波器控制状态，以产生适用于输出信号的显示图形。

10）SINGLE SEQ（单次序列）：采集单个波形，然后停止。

11）RUN/STOP（运行/停止）：连续采集波形或停止采集。

12）PRINT（打印）：开始打印操作。

（4）触发控制区

1）：电平和用户选择旋钮。当使用边沿触发时，由于电平旋钮的基本功能是用来设置电平幅度，所以信号必须高于它才能进行采集。还可使用此旋钮执行用户选择的其他功能。旋钮下的 LED 发亮可以指示相应功能。

2）TRIG MENU：显示“触发菜单”。

3）SET TO 50%设置为 50%，触发电平设置为触发信号峰值的中点。

4）FORCE TRIG强制触发，不管触发信号是否适当，都要完成采集。如采集已停止，则该按钮不起作用。

5）TRIG VIEW触发视图，单击触发视图按钮时，显示触发波形而不显示通道波形。可用此按钮查看诸如触发耦合之类的参数对触发信号的影响。

（5）垂直控制区

1）CH1 ~ CH4 的垂直位移（Position）旋钮：可调整波形的垂直位置。当单击菜单区的光标（Cursor）按钮时，CH1、CH2 的垂直位移旋钮下方两个指示灯变亮，在这种状态下旋转旋钮，则光标 1、光标 2 定位移动有效。

2）CH1 MENU ~ CH4 MENU 4 个按钮：显示对应垂直通道的菜单项并打开或关闭对应

通道波形的显示。

3）CH1～CH4的VOLTS/DIV旋钮：是用来调整标定对应垂直通道Y轴刻度系数。

4）MATH MENU：数学运算按钮，显示单个通道波形的FFT变换或者两个通道波形的数学运算。

（6）水平控制区

1）水平位移旋钮：调整所有通道和数学波形的水平位置。这一控制的分辨率随时基设置的不同而改变。要对水平位置进行大幅调整，可旋动调整“s/Div”的旋钮来更改水平刻度的读数，在使用水平控制改变波形时，水平位置读数表示屏幕中心位置处所表示的时间（将触发时间作为零）。

2）HORIZ MENU：水平菜单按钮，显示“水平菜单”的选项，如果继续进行操作测量可单击对应的按钮。

3）SET TO ZERO：设置为零按钮，将水平位置从任意处移到X轴的中心定义为零。

4）SEC/DIV旋钮：为主时基或窗口时基选择水平的时间/格（刻度系数）。如窗口区被激活，通过更改窗口时基可以改变窗口的宽度。

4.19.4　泰克示波器的使用举例

测量信号源Vl和V2的有关参数，其电路如图4-74所示。

将信号源V1、V2分别接入泰克示波器的1、2号端口，单击仿真按钮，电路开始仿真。

单击CH1菜单按钮，然后单击自动设置按钮，示波器自动设置垂直、水平和触发控制。示波器根据检测到的信号进行模-数转换和一些相应的处理，在显示屏幕上自动显示测量波形和数据。使用时也可单击DEFAULT SETUP按钮，然后再用其他的按钮和自动设置完成测量。也可用手动调整设置控制，测量结果显示如图4-75所示。

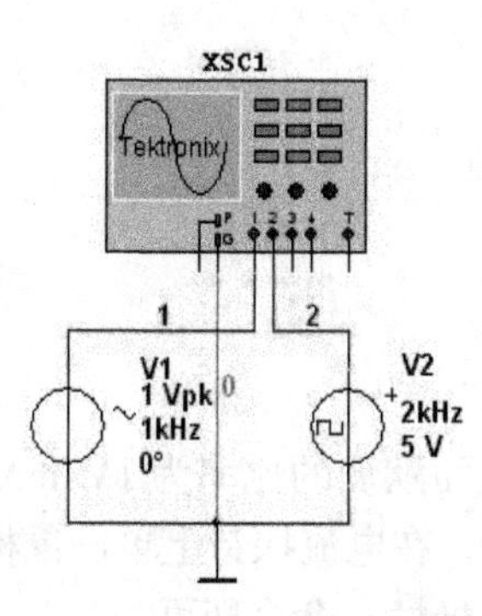

图4-74　泰克示波器测量电路

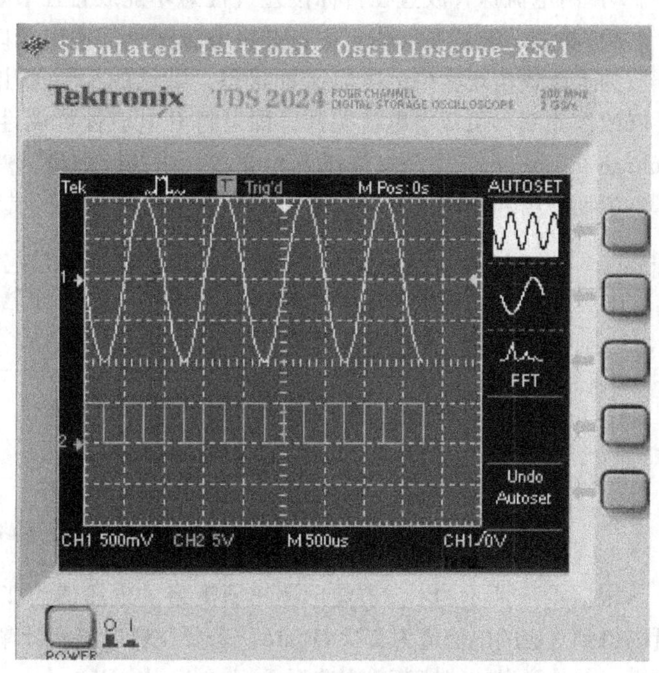

图4-75　测量结果显示

4.20　测量探针

在电路仿真过程中，测量探针（Measurement Probe）可以用来对电路的某个点的电位、某条支路的电流或频率等特性进行动态测试，使用起来较其他仪器更加方便、灵活。其主要有动态测试和放置测试两种功能：动态测试指仿真时用测量探针移动到任何点时，会自动显示该点的电信号信息；而放置测试则是指在仿真前或仿真时将测量探针放置在目标位置上，仿真时该点自动显示相应的电信号信息。

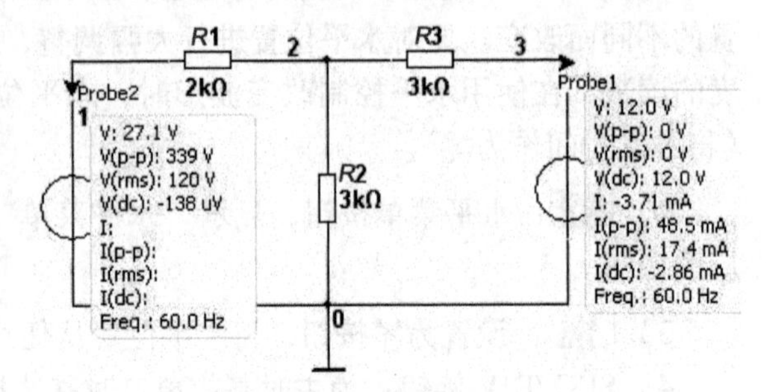

图 4-76　测量探针测试电路

在图 4-76 所示的测量探针测试电路中，左方是动态测试结果，右方为放置测试结果。

4.21　电流探针

电流探针（Current Probe）是效仿工业应用电流夹的动作，将电流转换为输出端口电阻丝器件的电压。如果输出端口连接的是一台示波器，则电流基于探针上电压和电流的比率确定。其放置和使用方法如下。

1）在仪器工具栏中选择电流探针。

2）将电流探针放置在目标位置（注意不能放置在节点上）。

3）放置示波器在工作区中，并将电流探针的输出端口连接至示波器。

为了能效仿现实中的电流探针状态，默认的探针输出电压与电流的比率为 1V/mA。若要修改该比率，可双击电流探针，即可打开电流探针属性对话框，并在对话框中的 Ratio of Voltage to Current（电压电流比率）文本栏中修改数值，然后单击 Accept 按钮确认即可。

下面介绍利用电流探针、示波器测量电流的方法，其测试电路如图 4-77 所示。

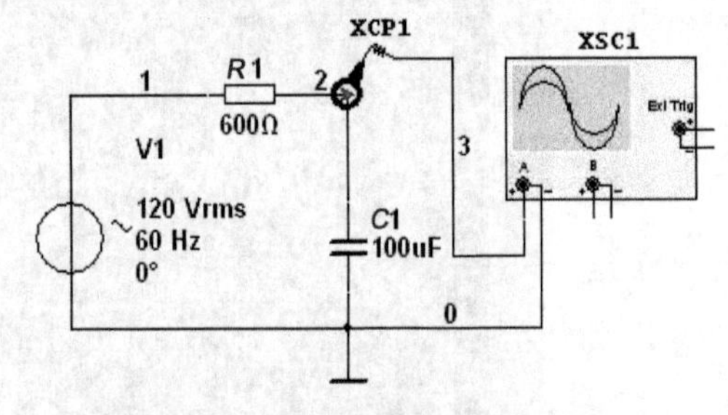

图 4-77　电流探针测试电路

根据 4-78 所示的示波器波形读出所测量的电压值为 270.415V，而默认的比率为 1V/mA，可以得到对应的电流值为 270.415mA。若要反转电流探针输出的极性，在电流探针上单击鼠标右键，并从弹出的快捷菜单中选择 Reverse Probe Direction（反转探针极性）命令即可。

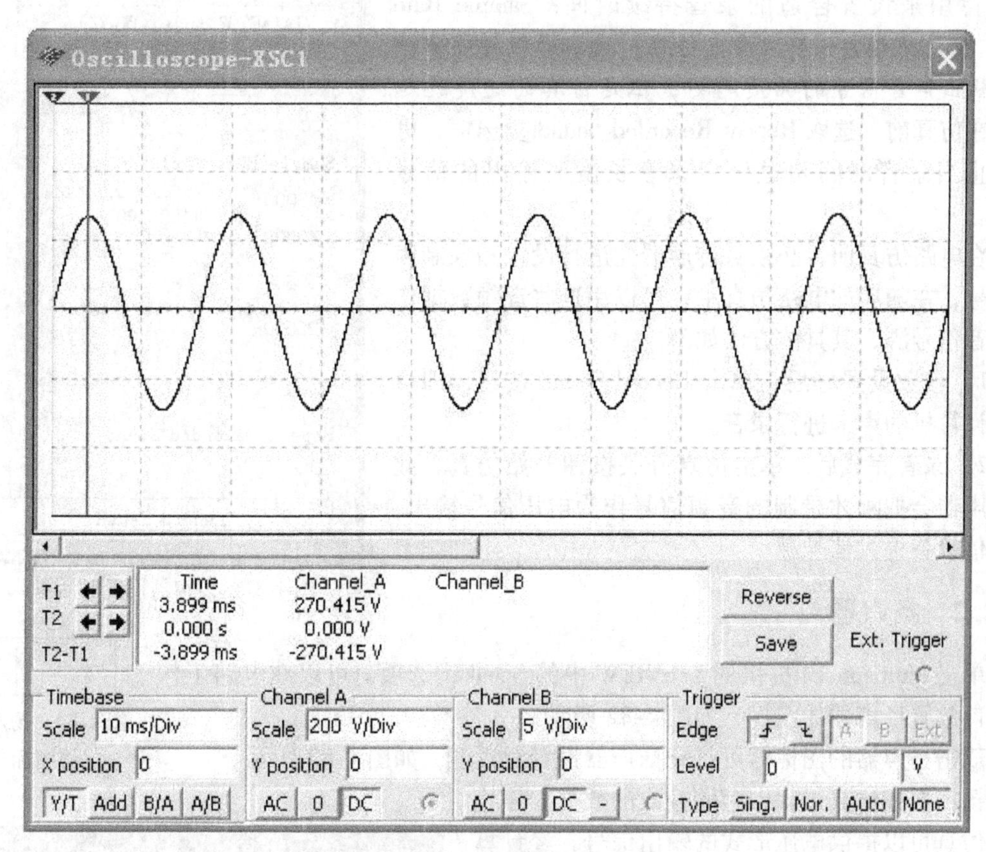

图 4-78　由电流探针测试的波形

4.22　LabVIEW 虚拟仪器

Multisim 10 提供了 4 种 LabVIEW 虚拟仪器，分别是传声器（Microphone）、扬声器（Speaker）、信号分析仪（Signal Analyzer）和信号发生器（Signal Generator）。在 Multisim 10 仪器栏中，打开 LabVIEW 虚拟仪器的下拉框，可以看到这 4 个虚拟仪器，如图 4-79 所示。

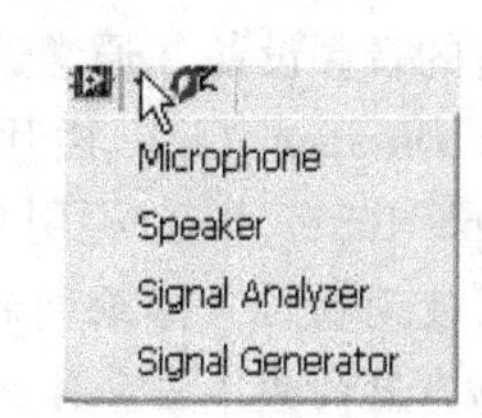

图 4-79　Multisim 10 的 LabVIEW 虚拟仪器

4.22.1　传声器（Microphone）

传声器可以通过计算机的声卡录音，这些录制的声音数据可以作为 Multisim 10 的信号源。

单击 Multisim 10 提供的 LabVIEW 中的 Microphone 选项，可在电路工作区窗口放置传声器的图标，如图 4-80 所示。

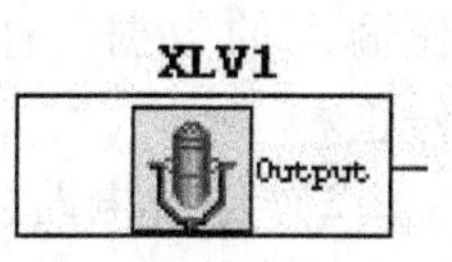

图 4-80　传声器的图标

双击传声器图标即可打开传声器设置对话框，如图 4-81 所示。

在传声器设置对话框中，Device 栏用来选择合适的音频设备（通常选用默认的设备）；Recording Duration（s）栏用来设置合适的录音持续时间；Sample Rate（Hz）区用来设置采样频率。**注意：**选取的采样频率越高，输出声音信号的品质越好，但是仿真的速度就越慢。在仿真前，选取 Repeat Recorded Sound 复选框，可以防止当录音时间超过设定录音长度时输出的信号为零。

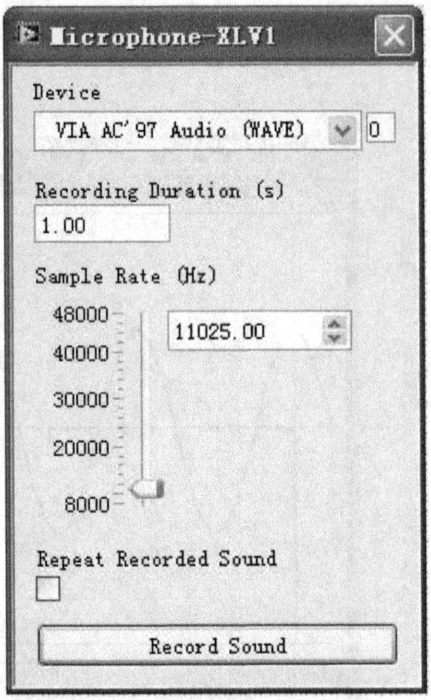

在电路仿真前，必须对传声器先进行设置和录制声音信号，在随后的电路仿真中，可以用这些音频数据作为声音信号源，其具体方法如下。

1）参数设置好后，单击 Record Sound 按钮，即可通过计算机的声卡进行录音。

2）录音完成后，单击仿真开关按钮开始仿真，此时传声器会把刚才录制的音频信号作为电压信号输出，为其他设备提供信号源。

图 4-81　传声器设置对话框

4.22.2　扬声器

单击 Multisim 10 提供的 LabVIEW 中的 Speaker 选项，可以在电路工作区窗口放置扬声器的图标，如图 4-82 所示。

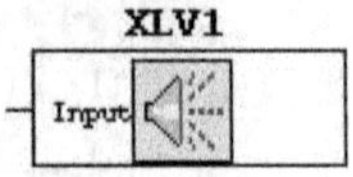

图 4-82　扬声器的图标

双击扬声器的图标即可打开扬声器设置对话框，如图 4-83 所示。

扬声器在仿真过程中存储输入的数据，停止电路仿真可以提供电压形式的输出信号，经计算机的声卡可以把该音频信号播放出来，在使用该仪器前必须先设置好参数。

在扬声器设置对话框中，Device 栏用来选择合适的音频设备（通常选用默认的设备）；Playback Duration（s）栏用来设置播放的时间；Sample Rate（Hz）栏用来设置采样频率。**注意：**如果使用由传声器录制的数据作为信号源数据，则扬声器的频率应和传声器的频率保持一致，或者把扬声器的频率设定为输入信号频率的 2 倍以上。具体方法如下：

1）开始电路仿真，在仿真过程中扬声器存储输入的数据，直到到达设定的仿真时间才停止。

2）停止电路仿真，打开扬声器设置对话框，单击 Play Sound 按钮，扬声器开始播放刚才存储的声音信号。

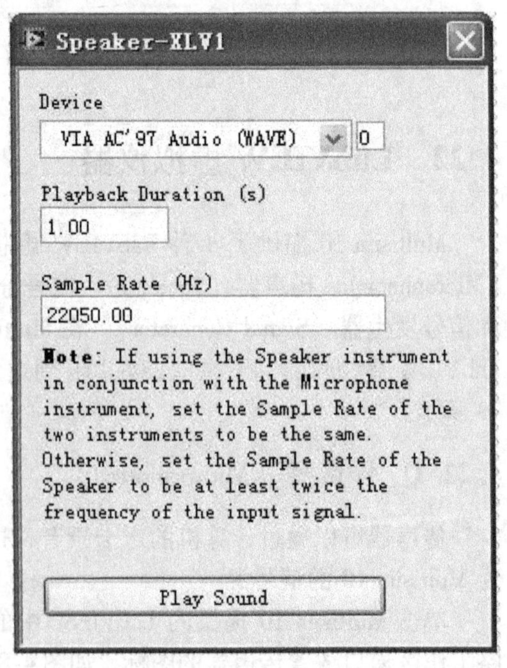

图 4-83　扬声器设置对话框

4.22.3　信号发生器

信号发生器（Signal Generator）能够产生并输出信号，可以作为信号源使用。

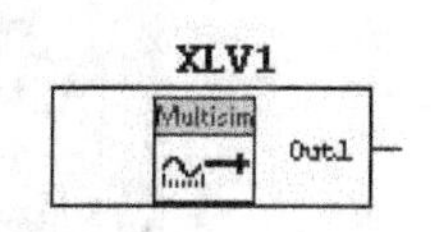

图4-84　信号发生器的图标

单击Multisim 10提供的LabVIEW中的Signal Generator选项，可以在电路工作区窗口放置信号发生器的图标，如图4-84所示。

双击信号发生器的图标即可打开信号发生器的面板，如图4-85所示。信号发生器面板的设置方法如下：

1）设置Signal Information区的内容：在Signal type选项中，选择需要的信号类型（正弦波、三角波、方波和锯齿波）；在frequency选项中设置信号的频率；在square wave duty cycle（%）选项中设置方波信号的占空比；在amplitude选项中设置信号的幅度：在phase选项中设置信号的相位；在offset选项中设置信号的偏置电压。

2）设置Sampling Info区的信息：在Sampling Rate（Hz）选项中设置信号的采样频率；在Number of Samples选项中设置信号的采样个数。为保证信号的连续输出，可选择Repeat Data复选框，设置后如图4-85所示。

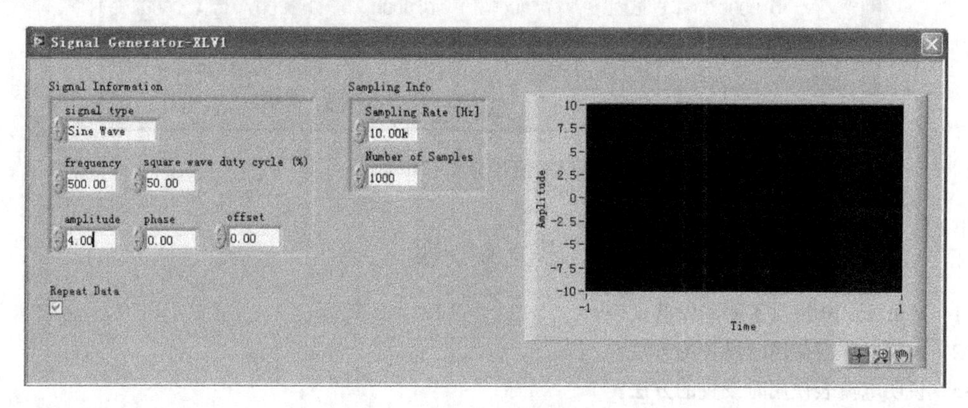

图4-85　信号发生器的面板

4.22.4　信号分析仪

信号分析仪（Signal Analyzer）是一个信号接收设备，它能够适时地显示和分析输入信号。

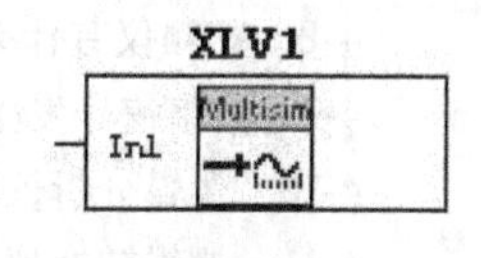

图4-86　信号分析仪的图标

单击Multisim 10提供的LabVIEW中的Signal Analyzer选项，可以在电路工作区窗口放置信号分析仪的图标，如图4-86所示。

双击信号分析仪的图标即可打开信号分析仪的面板，如图4-87所示。信号分析仪是一个信号接收设备，它能够实时地显示和分析输入信号，信号分析仪的面板的设置方法如下：

1）在Analysis Type选项中设置信号的分析类型；

2）在Sampling Rate［Hz］选项中设置信号的采样频率，为保证信号的正常显示，采样频率应是信号频率的2倍以上，采样频率越高输出波形和输入波形就越一致。

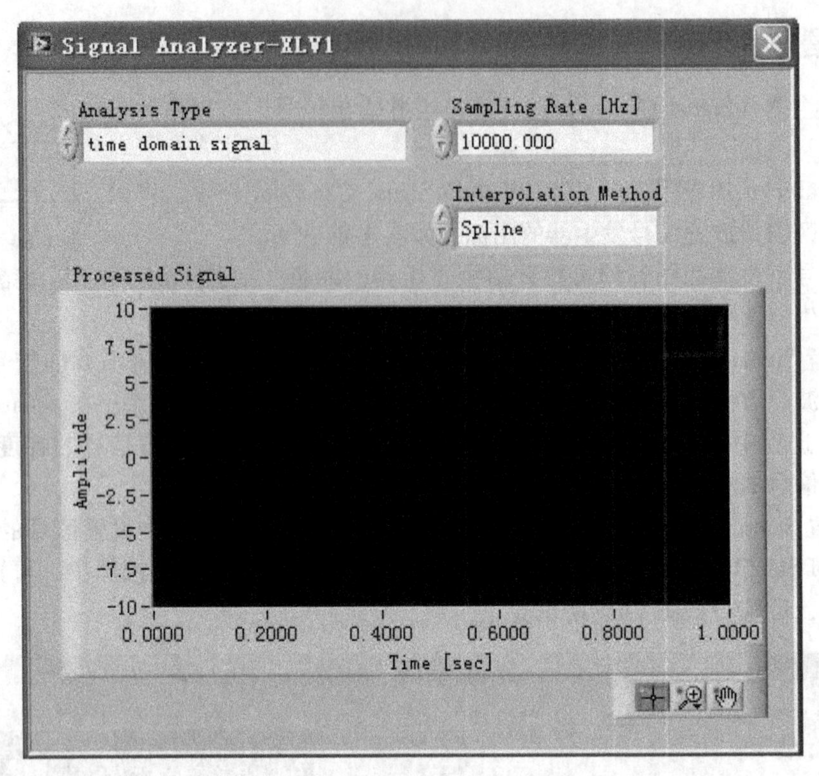

图 4-87　信号分析仪的面板

思　考　题

4-1　Multisim 10 提供了哪些仪器仪表？

4-2　说明电压表使用时设置的方法？

4-3　说明电流表使用时设置的方法？

4-4　数字万用表与电压表、电流表比较，在功能和使用方法上有什么不同？

4-5　功率表有什么功能？其电压、电流端子如何与电路连接？

4-6　虚拟示波器与现实示波器相比较有哪些特长？

4-7　函数信号发生器可产生几种信号？性能参数有哪些？

4-8　扫频仪有什么功能？其与电路是如何连接的？

4-9　数字信号发生器最多可产生多少位逻辑信号？说明其主要设置。

4-10　逻辑分析仪具有什么功能？说明其主要设置。

4-11　逻辑转换仪具有什么功能？

4-12　失真分析仪具有什么功能？说明其设置和使用方法。

4-13　频谱分析仪主要用来测试什么？其有哪些设置？

4-14　网络分析仪具有什么功能？如何使用？

第5章　电路原理图的设计

设计电路原理图是进行电子产品设计的重要环节，本章介绍设计电路原理图的各项基本操作。

5.1　电路原理图设计窗口的设置

Multisim 10 启动后，会出现一个默认的窗口界面，Multisim 10 允许用户根据具体电路的要求和个人的习惯设置一个特定的窗口界面来取代这个默认的窗口界面。创建新文件后，可通过 Option 菜单中的 Global Preferences 和 Sheet Properties 两个选项进行设置。

5.1.1　Preferences 对话框

执行 Option \ Global Preferences... 命令，即可打开图 5-1 所示的 Preferences 对话框，该对话框共有 4 个选项卡，每个选项卡都有相应的功能设置选项。

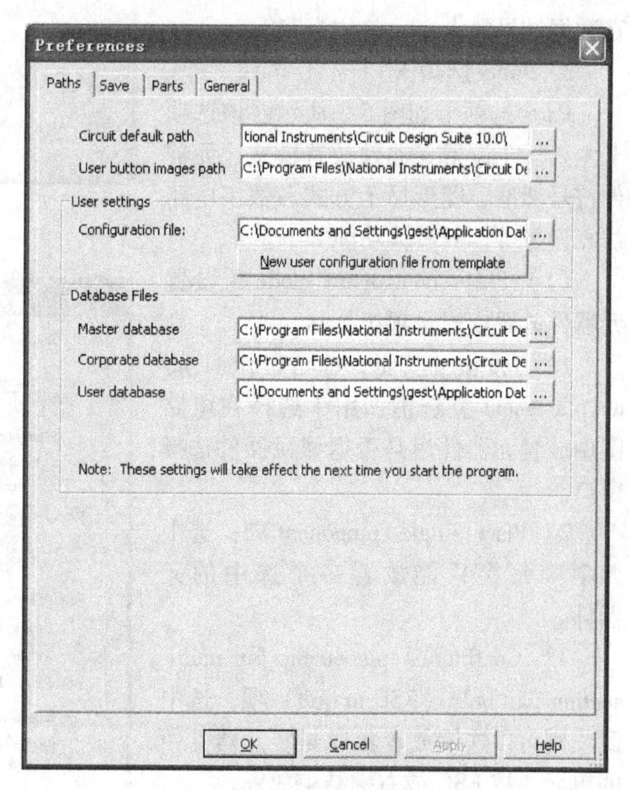

图 5-1　Preferences 对话框

1. Paths 选项卡

该选项卡主要用于改变元器件库文件、电路图文件和用户文件的存储目录设置，系统默认的目录为 Multisim 10 的安装目录，见图 5-1。该选项卡的各项具体功能如下：

1）Circuit default Path 栏：Multisim 10 电路图文件存储目录，建议不用默认的目录，要单独建立。

2）User button images path 栏：用户设计的按钮图形的存储目录。

3）Configuration file 栏：用户自定义界面后的配置文件存储目录。

4）New user configuration file from template 按钮：从模板得到的配置文件。

5）Databases Files 区：用来设置元器件库（Master database、Corporate database 和 User database）的存储目录。

2. Save 选项卡

Save 选项卡如图 5-2 所示。该选项卡主要用于设置自动保存、仿真数据和电路图的备份，其主要功能如下。

1）Create a “Security Copy” 复选框：是否设置电路图文件的安全备份。

2）Auto-backup 复选框：是否进行电路图自动保存，若选中则在指定时间间隔将自动保存电路图。

3）Auto-backup interval 栏：用来设置自动保存时间间隔，单位为分钟。

4）Save simulation data with instruments 复选框：是否将仿真结果一起保存。

5）Maximum size 栏：指定保存仿真数据结果的大小，单位为 MB。

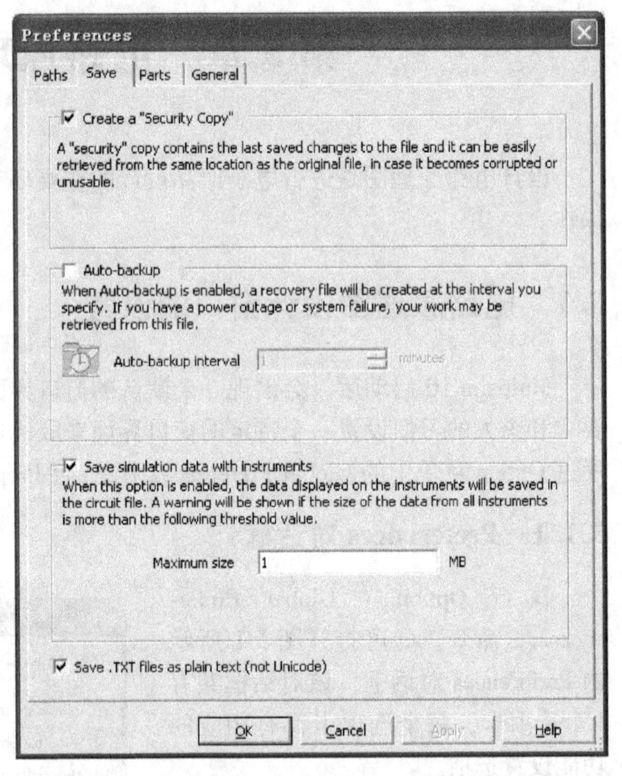

图 5-2　Save 选项卡

3. Parts 选项卡

Parts 选项卡如图 5-3 所示。该选项卡主要用于设置元器件放置模式、元器件符号标准、图形显示方式和数字电路仿真设置等，其具体功能如下。

（1）Place component mode（设置元器件放置模式选项组）区

1）Return to Component Browser after placement 复选框：用于选择在电路图中放置元器件后是否返回元器件选择窗口。

2）Place single component 项：选中此项则每次只能放置一个选中的元器件。

3）Continuous placement for multi-section part only（ESC to quit）项：选中此项则可以连续放置集成封装元器件中的单元，按 ESC 或右键结束放置。

4）Continuous placement（ESC to quit）项：选中此项则可以连续放置多个选中的元器件，按 ESC 或右键结束放置。

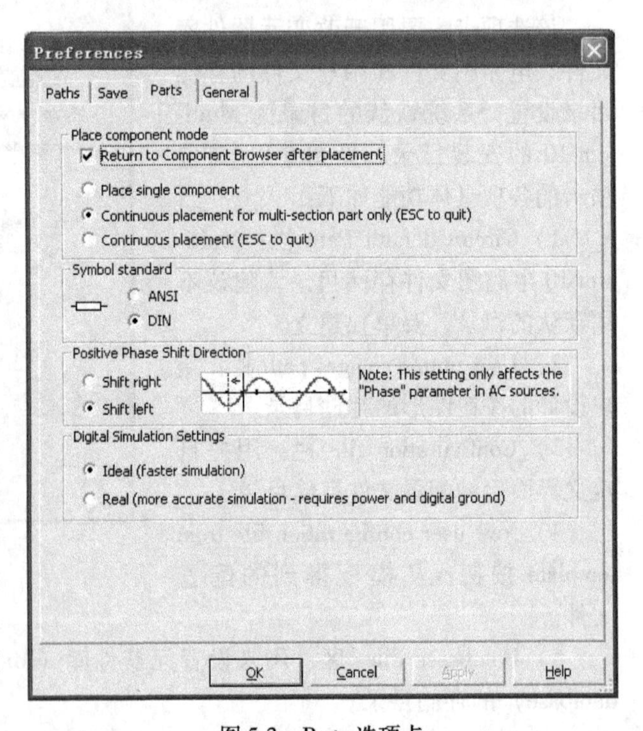

图 5-3　Parts 选项卡

（2）Symbol standard（元器件符号

标准选项组）区

1）ANSI 项：选中此项则采用美国电气标准。

2）DIN 项：选中此项则采用欧洲标准，该标准与我国元器件符号标准接近。

注意：切换元器件标准后，仅对以后编辑的电路有效，而对已有的电路元器件无效。

（3）Positive Phase Shift Direction（图形显示方式选项组）区

1）Shift right 项：选中此项则图形曲线右移。

2）Shift left 项：选中此项则图形曲线左移。

注意：该选项设置仅对 AC 信号有效。

（4）Digital Simulation Settings（数字电路仿真设置选项组）区

1）Ideal 项：选中此项则按理想元器件模型仿真，仿真速度快。

2）Real 项：选中此项则按实际元器件模型仿真，要求必须有电源和数字地，仿真数据精确，但速度较慢。

4. General 选项卡

General 选项卡如图 5-4 所示。该选项卡主要用于设置选择方式、鼠标操作模式、总线连接和自动连线模式等，其下拉菜单及功能如下。

（1）Selection Rectangle（设置选择方框）区

1）Intersecting 项：选中此项则选择选择框所包括的。

2）Fully enclosed 项：选中此项则包围式全部选择。

（2）Mouse Wheel Behaviour（鼠标滚轮操作方式）区

1）Zoom workspace 项：选中此项则滚动鼠标滚轮可以实现放大或缩小电路图。

2）Scroll workspace 项：选中此项则滚动鼠标滚轮可以实现电路图的翻页。

（3）Wiring（自动连线）区

1）Autowire when pins are touching 复选框：选中此框，则当与引脚接触时自动连线。

2）Autowire on connection 复选框：选中此框，则当连接时自动连线。

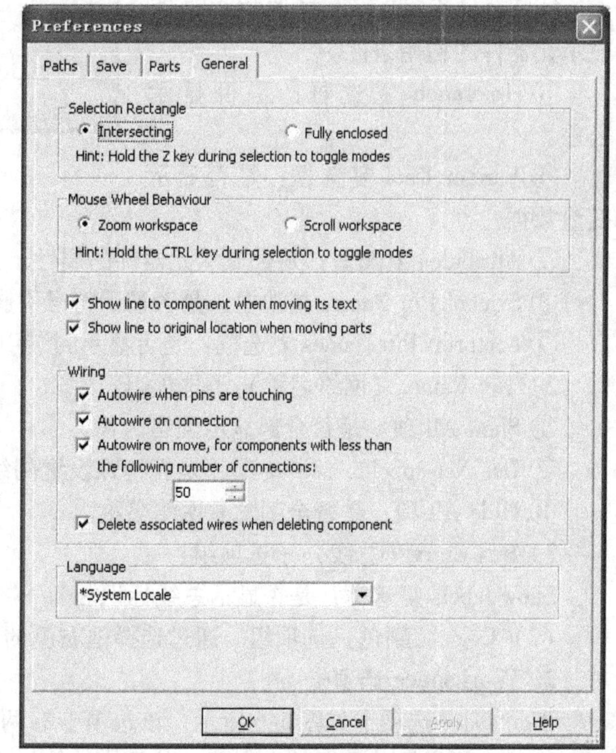

图 5-4　General 选项卡

3）Autowire on move…复选框：选中此框，则在移动时自动连线。

5.1.2　Sheet Properties 对话框

执行 Option \ Sheet Properties 命令，即可打开图 5-5 所示的 Sheet Properties 对话框，该对

话框共有 6 个选项卡，每个选项卡都有相应的功能设置选项。

1. Circuit 选项卡

Circuit 选项卡如图 5-5 所示，其有两个选项组，主要用于设置电路仿真工作区中元器件的标号、节点的名称、电路图的颜色等。

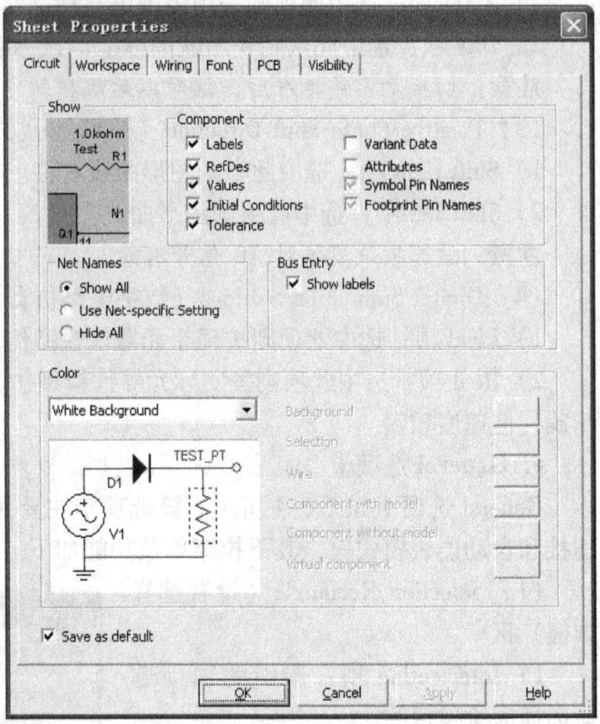

（1）Show（显示）选项组

1）Component（元器件）子选项组：

① Labels 复选框：是否显示元器件的标注。

② RefDes 复选框：是否显示元器件的序号。

③ Values 复选框：是否显示元器件的参数。

④ Initial Conditions 复选框：是否显示元器件的初始条件。

⑤ Tolerance 复选框：是否显示公差。

⑥ Variant Data 复选框：是否显示变量数据。

图 5-5 Sheet Properties 对话框

⑦ Attributes 复选框：是否显示元器件的属性。

⑧ Symbol Pin Names 复选框：是否显示符号引脚名称。

⑨ Footprint Pin Names 复选框：是否显示封装引脚名称。

2）Net Names（网络名称）子选项组：

① Show All 项：是否全部显示网络名称。

② Use Net-specific Setting 项：是否特殊设置网络名称显示。

③ Hide All 项：是否全部隐藏网络名称。

3）Bus Entry（总线）子选项组：

Show labels 复选框：是否显示总线标识。

（2）Color（颜色）选项组　通过选择框右侧的下拉箭头可改变电路工作区的颜色。

2. Workspace 选项卡

Workspace 选项卡如图 5-6 所示。该选项卡有两个选项组，主要用于设置电路工作区的显示方式、图样尺寸和摆放方向等，其具体功能如下。

（1）Show（显示）选项组

1）Show grid 复选框：是否显示栅格。

2）Show page bounds 复选框：是否显示页边界。

3）Show border 复选框：是否显示图样边框。

（2）Sheet size（图样尺寸设置）选项组

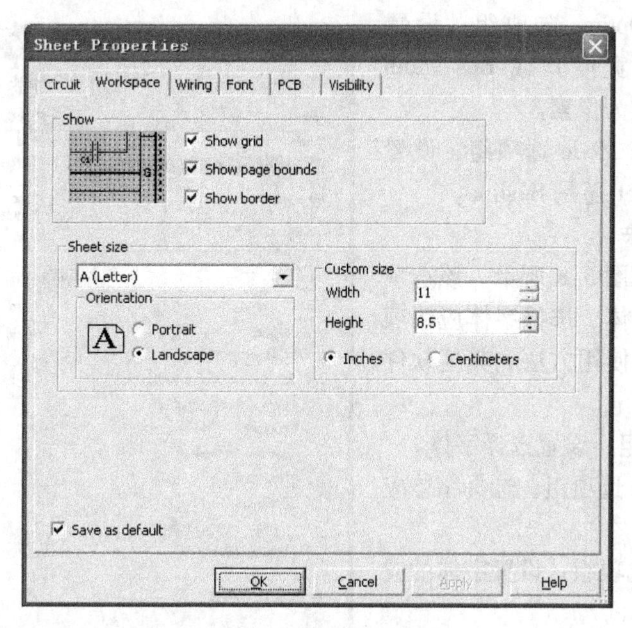

图 5-6　Workspace 选项卡

1）选择框右侧下拉箭头可选择纸张规格。

2）Orientation 子选项组：设置纸张方向。

3）Custom size 子选项组：设置自定义纸张。

3. Wiring 选项卡

Wiring 选项卡如图 5-7 所示。该选项卡有两个选项组，主要用于设置电路连线的属性，其具体功能如下。

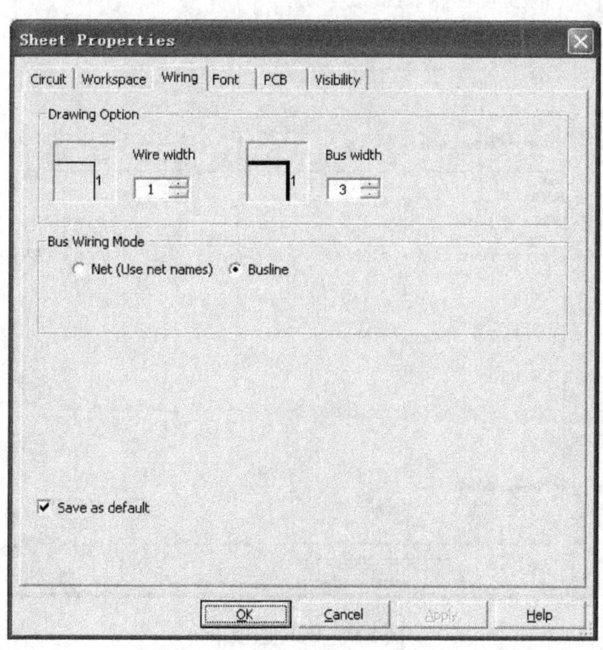

图 5-7　Wiring 选项卡

1）Drawing Option 选项组：设置 Wire width（连线宽度）或 Bus width（总线宽度），单位为像素。

2）Bus Wiring Mode 选项组：设置总线连接方式是 Net 还是 Busline。

4. Font 选项卡

Font 选项卡如图 5-8 所示。该选项卡主要用于设置字体、选择字体应用项目及应用的范围，使用方法和其他软件基本相同。

1）Font 选项组：设置选择字体。

2）Change All 选项组：选择字体应用项目。

3）Apply to 选项组：设置字体的应用范围。

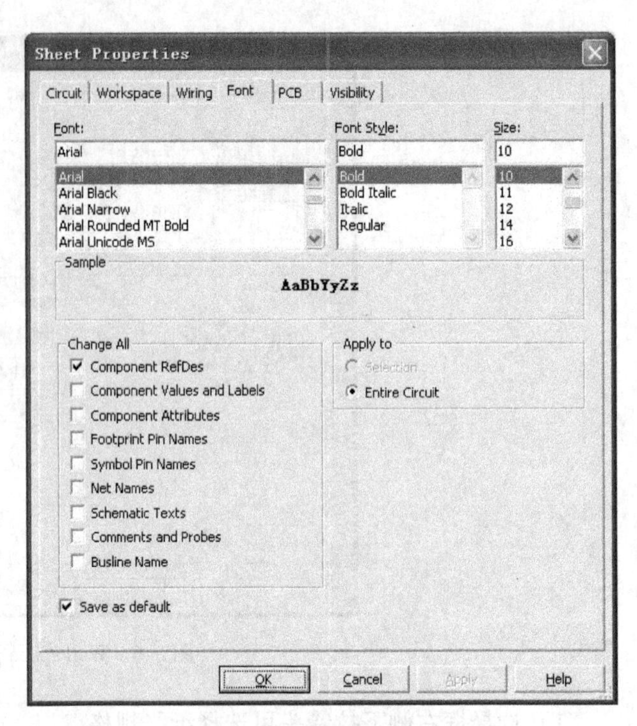

图 5-8　Font 选项卡

5. PCB 选项卡

PCB 选项卡如图 5-9 所示。该选项卡主要用于设置生成制作 PCB 文件的参数。

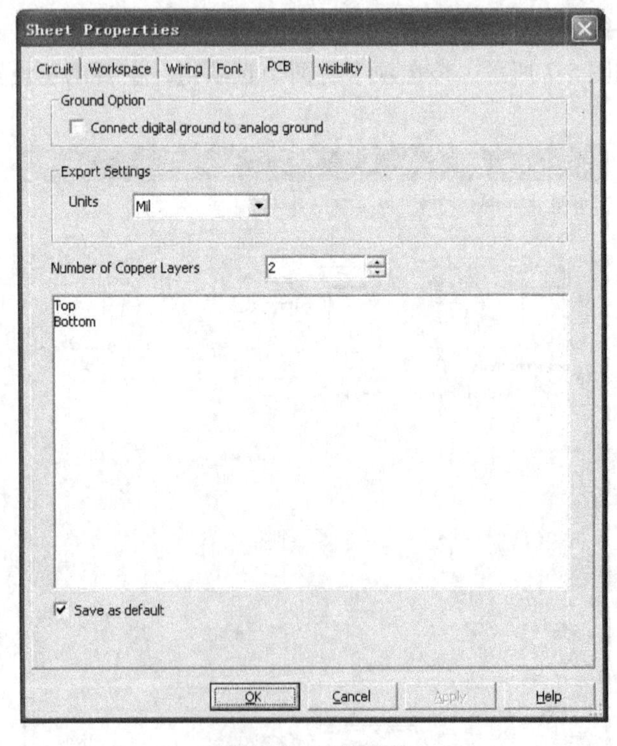

图 5-9　PCB 选项卡

1）Ground Option 选项组：是否将数字地与模拟地相连接。

2）Export Settings 选项组：设置导出文件的尺寸单位是 mm（毫米）还是 mil（毫英寸）。

3）Number of Copper Layers 选项组：设置 PCB 敷铜的层数。

6. Visibility 选项卡

Visibility 选项卡如图 5-10 所示。该选项卡主要用于添加注释层及设置各电路层是否显示。

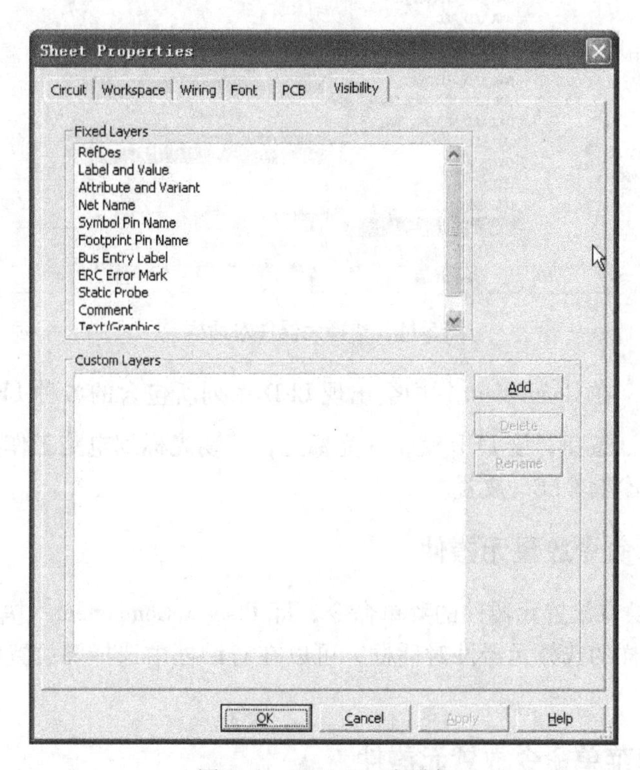

图 5-10　Visibility 选项卡

5.2　放置元器件

在电路窗口设置完毕后，就可以向电路窗口放置元器件。本节介绍放置元器件的几种方法。

5.2.1　从元器件工具栏的元器件库中选取

从元器件工具栏的元器件库中选取是用得最多、最直接的方法。选取元器件时，首先要知道该元器件是属于哪个元器件库，将光标指向所要选取的元器件库，在弹出的元器件库中找到所属的元器件系列，在系列中找到具体的元器件，单击其即可将该元器件调出。例如，要放置一个发光二极管（LED），首先让光标指向 LED 所在的 Diodes（二极管）库，单击该库后即可打开选择元器件对话框，如图 5-11 所示。

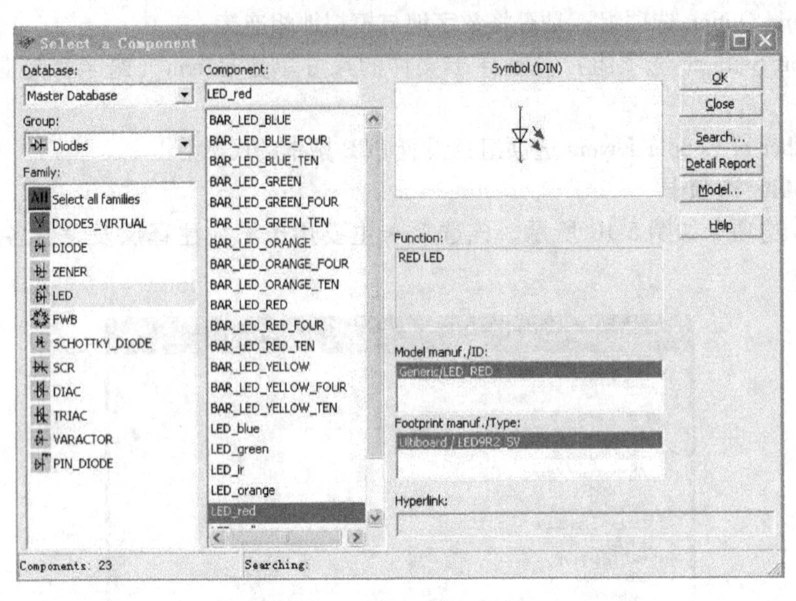

图 5-11　选择元器件对话框

选择 LED 系列，在 Component 栏中会出现 LED 系列所包含的各种 LED，找到要放置的 LED 并单击 OK 按钮，该 LED 就粘在光标上，移动光标到电路工作区的适当位置然后单击鼠标左键，即可将该 LED 放置。

5.2.2　使用菜单命令放置元器件

Multisim 10 提供有放置元器件的菜单命令，即 Place \ Component，执行该命令后，会打开与图 5-11 完全一样的选择元器件对话框，可以在对话框中选择要放置的元器件，用同样的方法进行放置。

5.2.3　使用右键菜单命令放置元器件

在电路工作区单击鼠标右键，将出现图 5-12 所示的右键菜单。

执行右键菜单命令 Place Component，也会打开图 5-11 所示的选择元器件对话框，可以在对话框中选择要放置的元器件，用同样的方法进行放置。

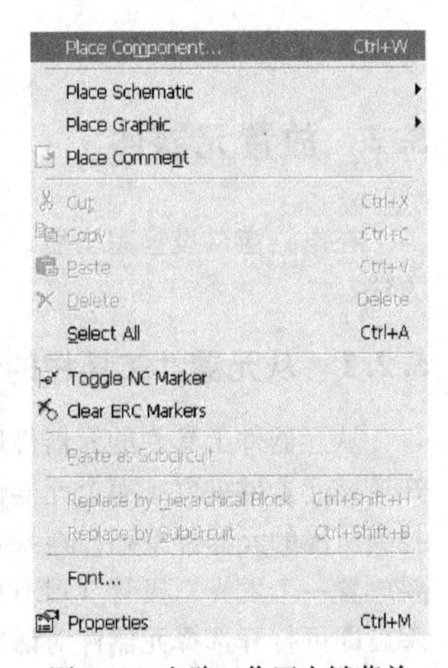

图 5-12　电路工作区右键菜单

5.2.4　如何正确使用虚拟元器件

严格地讲，元器件库中所有元器件都是虚拟元器件，但在 Multisim 10 软件的元器件库中许多元器件模型与实际存在的元器件基本对应，模型精度高，仿真结果准确可靠。本书称此类元器件为现实元器件。本书所说的虚拟元器件（Virtual Component）是指元器件的大部分模型参数是该类元器件的典型值，部分模型参数可由用户根据需要而自行确定的元器件。

在现实设计中，经常要用到各式各样的参数元器件，用户如能直接修改确定其中的一些参数，会给设计分析带来极大的方便。不仅如此，大多数情况下选取虚拟元器件的速度要比选取现实元器件快速得多。

虚拟元器件选取时可直接取出，而不必指定元器件值或元器件编号；待该元器件放置在电路窗口后，其某些参数值或元器件编号由用户随时更改。如果是现实元器件，选取元器件时，必须等待程序启动该元器件库，然后由用户查找并指定元器件，对这种元器件不宜更改其部分参数。

以虚拟电阻（Virtual Resistor）为例，从虚拟元器件库中取出的是默认值为 1kΩ 电阻。为了得到所需参数的电阻，可双击该电阻图标，打开其属性对话框如图 5-13 所示。

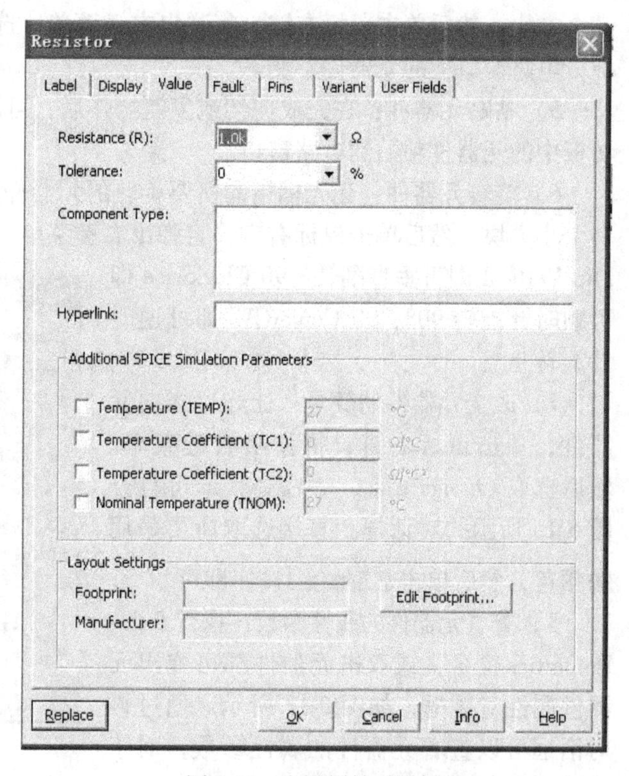

图 5-13　电阻属性对话框

用户可以在该对话框中对某些参数进行修改。

5.2.5　对电路窗口上的元器件操作

元器件放置到电路窗口后，根据需要还可以对其进行移动、删除、旋转和改变颜色等操作。这些操作可用 Edit（编辑）菜单的下拉命令来完成；也可以通过将光标放在元器件上，然后单击鼠标右键，在弹出的右键菜单中选择相应的命令来完成，图 5-14 所示为元器件的右键菜单。下面介绍对电路窗口上的元器件的具体操作。

1）移动元器件：让光标指向所要移动的元器件上，按住鼠标左键，然后移动鼠标将其移动到适当位置后放开左键。

2）删除元器件：让光标指向所要删除的元器件并单击，则在该元器件的四周将各出现一个方块。然后按下键盘上的 Del 键。

3）剪切元器件：让光标指向所要剪切的元器件并单击，则在该元器件的四周将各出现一个方块，然后单击鼠标右键将弹出右键菜单，选取 Cut 命令即可将元器件放置到剪贴板，同时电路窗口上的元器件消失。

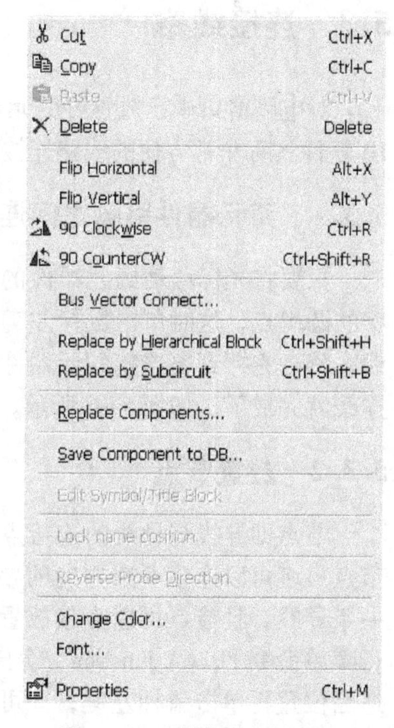

图 5-14　元器件的右键菜单

4）复制元器件：让光标指向所要剪切的元器件并单击，则在该元器件的四周将各出现一个方块，然后单击鼠标右键，将弹出右键菜单，选取 Copy 命令即可将元器件放置到剪贴板，电路窗口上的元器件不变。

5）粘贴元器件：在完成剪切或复制操作后，可以执行 Edit \ Paste 命令，将已放置到剪切板中的元器件粘贴到电路窗口。

6）旋转元器件：让光标指向所要旋转的元器件并单击，则在该元器件的四周将各出现一个小方块，然后单击鼠标右键，将弹出右键菜单，选取 Flip Horizontal 命令即可水平翻转、Flip Vertical 即可垂直翻转、90 Clockwise 即可顺时针旋转 90°、90 CouterCW 即可逆时针旋转 90°。

7）改变元器件的颜色：让光标指向元器件，单击鼠标右键，将弹出右键菜单。然后选取 Change Color... 命令，即可打开图 5-15 所示的对话框。直接选取所要采用的颜色，然后单击 OK 按钮即可。

8）查看元器件的属性参数：执行 Edit \ Properties 命令，或双击元器件都可弹出元器件属性对话框，如图 5-13 所示。通过该对话框可以查看元器件的属性参数，对于虚拟元器件还可以修改某些参数。

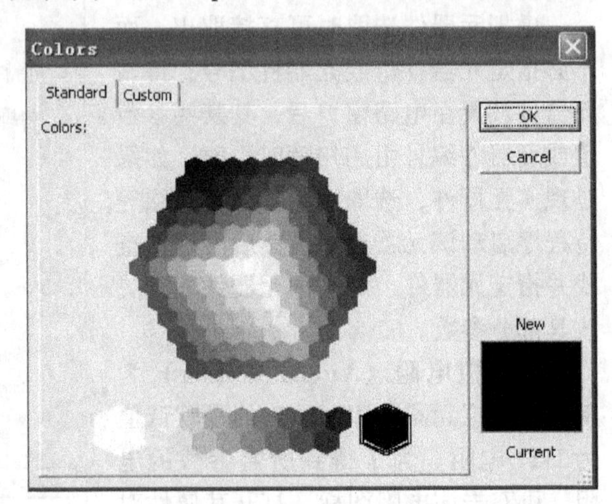

图 5-15　“颜色”对话框

5.3　连接线路

对电路窗口中已放置好的元器件进行线路连接是编辑电路原理图的重要步骤，Multisim 10 软件具有非常方便的线路连接功能，本节介绍线路的连接方法。

5.3.1　两元器件引脚之间连线

只要将光标移动到元器件的引脚附近，就会自动形成一个带十字的圆黑点，这时单击鼠标左键并拖动光标，就会自动拖出一条虚线，移动光标到要连接的元器件引脚处再单击一下鼠标左键，一条连线就完成了，如图 5-16 所示。

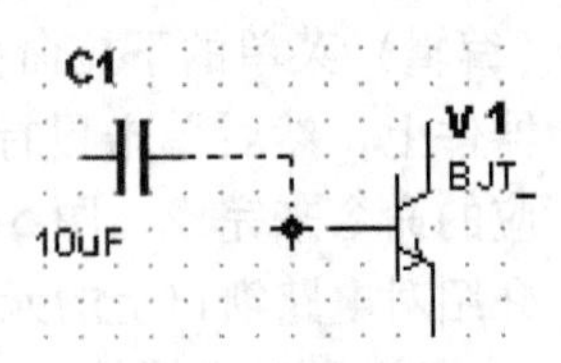

图 5-16　简单连线操作

5.3.2　放置节点

节点即导线与导线的连接点，在图中表示为一个小圆点。一个节点最多可以连接 4 个方向的导线，即上下左右每个方向只能连接一条导线，且节点可以直接放置在连线中。放置节点的方法是：执行菜单命令 Place \ junction，会出现一个节点跟随光标移动，移动到适当位置再单击鼠标左键，即可将节点放置到导线上。两条线交叉连接处必须打上节点，如图 5-17 所示。

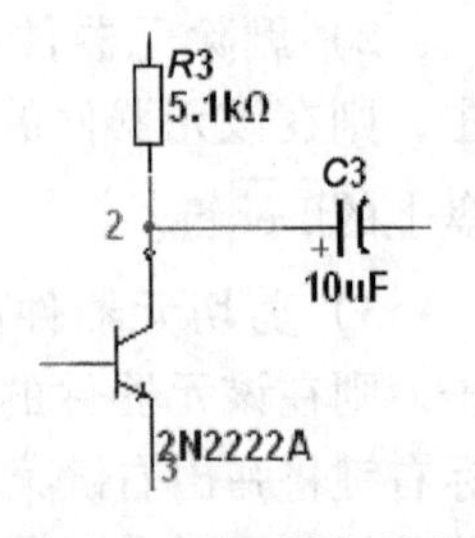

图 5-17　放置节点操作

使用节点时应**注意**：为了可靠连接，在放置节点之后，稍微移动一下与该连接点相连的其中一个元器件，查看是否存在脱离现象（即虚焊）。

5.3.3　元器件引脚与线路连接

元器件引脚与线路连接有两种方法：一是从元器件引脚向线路连接；二是由线路上的节点向元器件引脚连接。

1. 从元器件引脚向线路连接

先让光标移向元器件的引脚，当到达元器件引脚附近时，就会自动形成一个带十字的圆黑点，这时单击鼠标左键并拖动光标，就会自动拖出一条虚线，如图5-18a所示。接着移动光标到要连接的线路处再单击一下鼠标左键，会自动地在线路上形成一个节点，元器件引脚与线路的连线就完成了，如图5-18b所示。

2. 从线路向元器件引脚连线

从线路向元器件引脚连线，应首先在线路上放置一个节点，然后从这个节点再向元器件引脚连接，如图5-19所示。

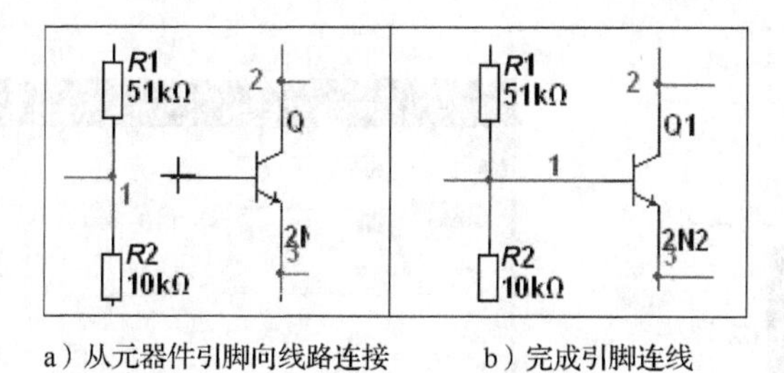

a）从元器件引脚向线路连接　　b）完成引脚连线

图5-18　元器件引脚与线路连接

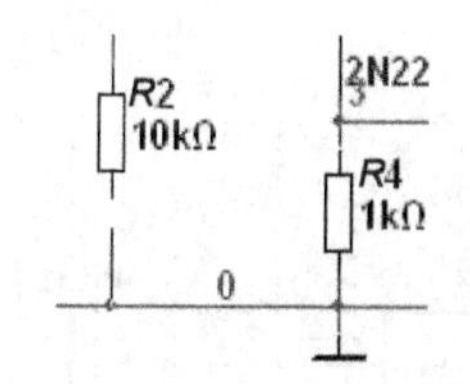

图5-19　线路上放置节点再连接

5.3.4　线路之间的连接

有时需要将两条线路之间连接起来，连接的方法是：首先在其中一条线路上适当位置放置一个节点，然后使光标移动到该节点，即会自动形成一个带十字的圆黑点，这时单击鼠标左键确认，并拖动光标形成一条虚线，当到达要连接线路的适当位置后再单击，就会形成一个新的节点，且这两个节点之间产生了一条连线，如图5-20所示。

注意：在线路中经常遇到两条线交叉而不连接的情况，在进行交叉连接时可直接穿过，不要在线路上停顿单击，否则会产生连接点，如图5-21所示。

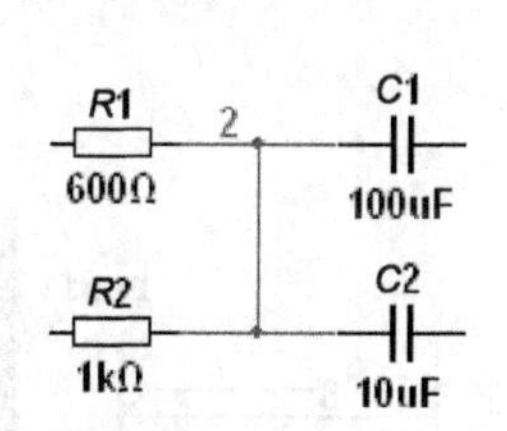

图5-20　两线之间连接

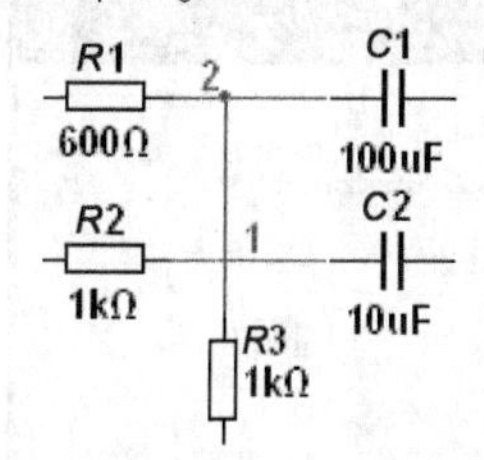

图5-21　两线交叉不连接

5.3.5　放置总线

现代电子电路中，集成电路已成为电路的主要器件，电路的连线越来越多，甚至难以分辨其来龙去脉，经常会遇到多条导线按同一方向连接的情况，例如，图 5-22 所示的是一个 3 线-8 线译码器与七段显示器连接电路，由 A、B、…、G 等 7 条连接线把它们彼此连接起来。

如果利用总线来连接，将两端的单线分别接入总线，构成单线-总线-单线的连接方式，线路就会简单得多。

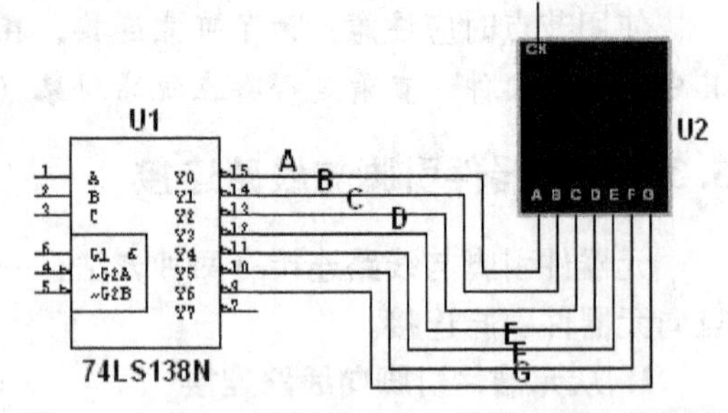

图 5-22　3 线-8 线译码器与七段显示器连接电路

放置总线的操作过程如下：

1）启动 Edit 菜单的 Place Bus 命令，进入绘制总线的状态。

2）拖动所要绘制总线的起点，即可拉出一条总线。如要转弯，则先单击鼠标左键再转弯即可。到达目的地后，双击鼠标左键即可完成该总线，系统自动给出总线名称 Bus1，如图 5-23 所示。

3）接着绘制 U1 各引脚与总线连接的单线，将光标移向所要连接的 U1 引脚，待出现一个带十字的圆黑点时单击左键，然后拖动鼠标移向总线，与总线相距一个栅格时将出现图 5-24 所示的总线分支连接对话框。

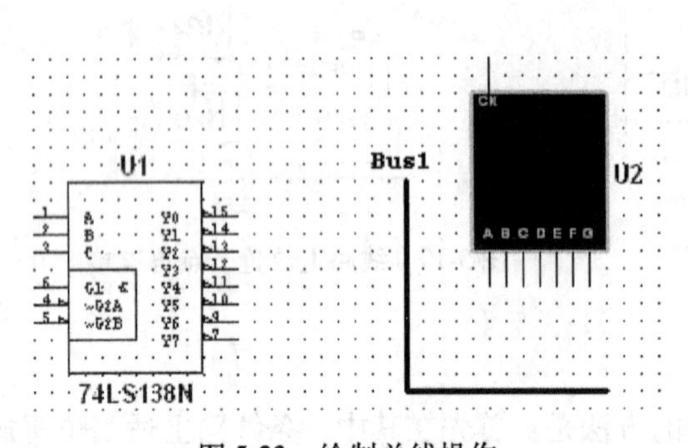

图 5-23　绘制总线操作

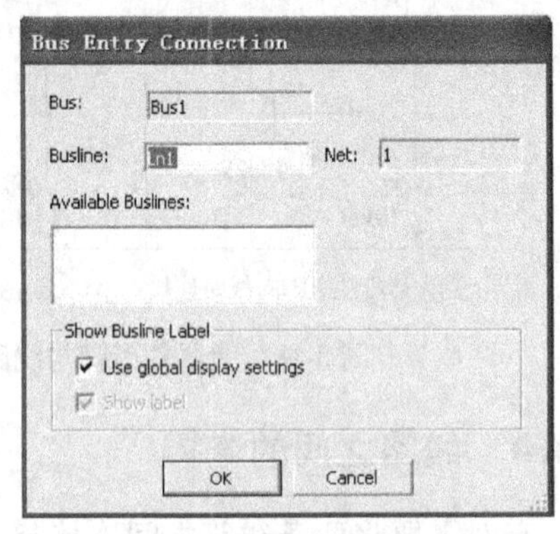

图 5-24　总线分支连接对话框

在对话框的 Busline 栏中输入单线的名称，如 ln1，单击 OK 按钮关闭对话框，同时该单线名称将出现在单线分支上；接着双击该单线弹出图 5-25 所示对话框，在此对话框中可修改网络名称，如 A。用同样的操作方法可将 U1 的各引脚与总线相连，如图 5-26 所示。

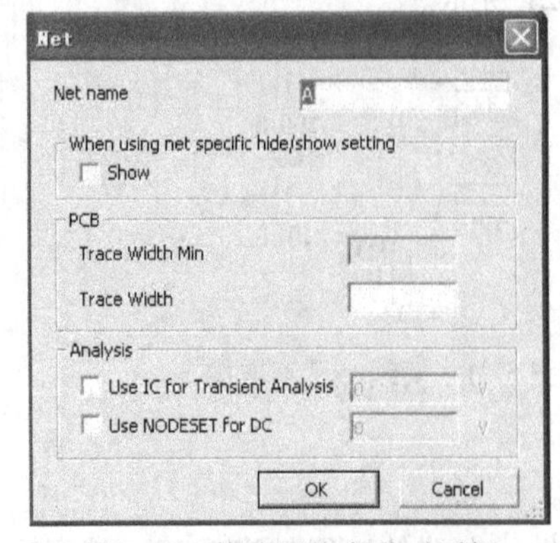

图 5-25　修改网络名称对话框

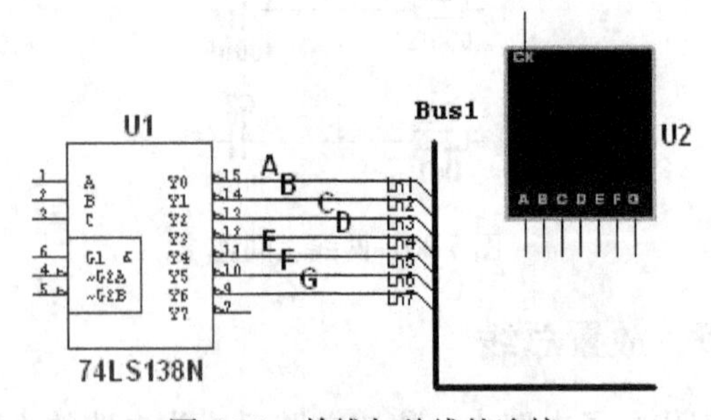

图 5-26　单线与总线的连接

4）绘制 U2 与总线连接的单线，将光标移向 U2 的引脚，待出现一个带十字的圆黑点时单击左键，然后拖动鼠标移向总线，与总线相交时再单击左键，则将出现图 5-27 所示的总线分支选择对话框。

依照电路原理，选择对话框 Available Buslines 栏中相对应的连接线标号，然后单击 OK 按钮即可完成单线连接。用类似的操作方法将 U2 的各引脚与总线相连，如图 5-28 所示。

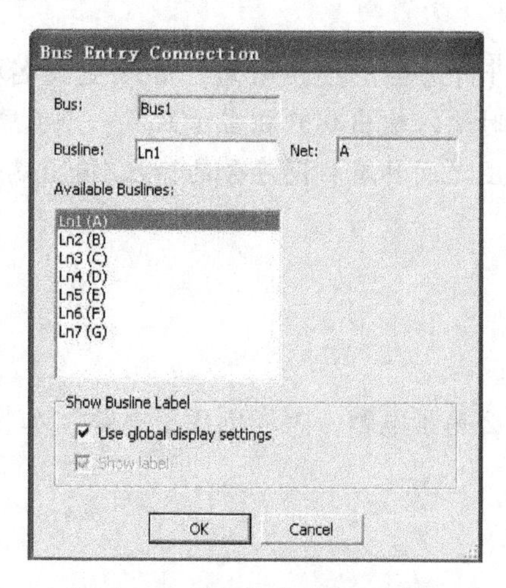

图 5-27　总线分支选择对话框

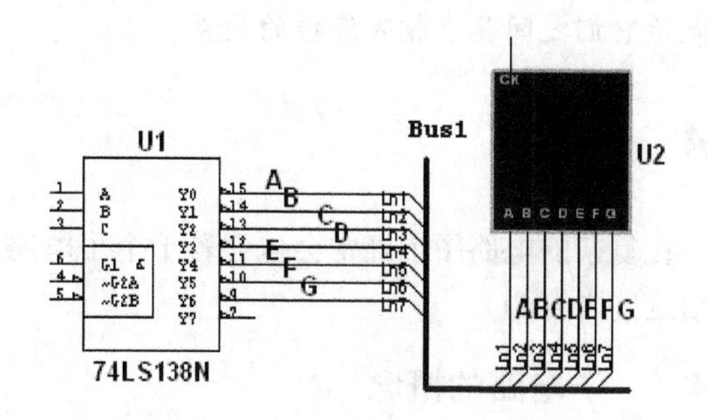

图 5-28　通过总线将两元器件相连

5.3.6　调整导线位置

要对已连接好的导线进行调整，可先将光标对准欲调整的导线单击左键，就会在导线上形成一个双箭头的调整符，按住鼠标左键移动导线至适当位置后松开即可，如图 5-29 所示。

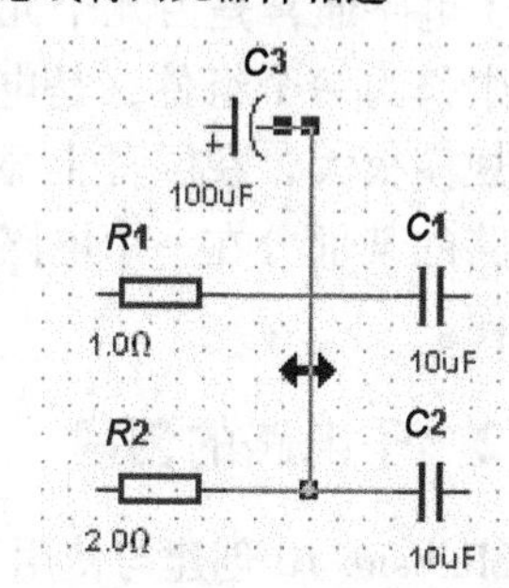

图 5-29　调整总线位置操作

5.3.7　设置连线与节点的颜色

为了使电路各连线及节点之间彼此清晰可辨，可通过设置不同的颜色来区分，方法是：将光标指向某一连线或节点，单击鼠标右键，即可弹出图 5-30 所示的右键菜单，选择 Change Color... 命令可打开颜色对话框，选取所需的颜色后单击 OK 按钮，这时连线和节点的颜色将同时改变。

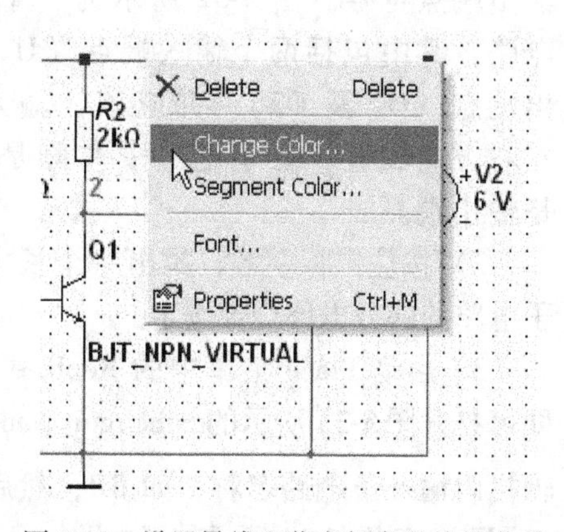

图 5-30　设置导线和节点颜色的快捷菜单

5.3.8　删除连线和节点

如要删除连线或节点，则将光标指向所要删除的连线或节点，单击鼠标右键，同样弹出图 5-30 所示的右键菜单，选择 Delete 命令即可。

5.3.9　放置输入/输出端点

一个电路有时要与外电路相连，需要放置与外电路连接的输入/输出端点。此外，输入/输出端点也是子电路连接其上层电路的端点。放置输入/输出端点的步骤如下：

1）执行 Place \ Connector \ HB/SC Connector 命令，即可出现一个跟随光标移动的输入/输出端点，移动光标到适当位置后单击鼠标左键，即可将其放置，如图 5-31 所示。

IO1

图 5-31　输入/输出端点

2）这时可以把输入/输出端看成一般的元器件进行适当的连接处理，如改变其名称、旋转、翻转或改变其颜色甚至删除等。但要**注意**：此时输入输出端只相当于只有一个引脚的虚拟元器件，其参考序号可以修改，一般是不同电路图之间具有相同序号的输入/输出端子，以表示它们之间具有相互连接的关系。

5.4　子电路

在复杂的电路图中经常会包含若干个子电路，什么是子电路？怎样创建子电路？本节就介绍这些内容。

5.4.1　子电路的概念

子电路通常是由几个元器件及它们之间的连线组成。它与一个元器件相似，只是在电路中作为一个组件，是电路图的一个组成部分。子电路的应用主要有两个方面：一是电路规模很大，在屏幕上显示会分辨不清，这时可将电路的某部分用子电路来表示；二是电路的某部分在一个电路或多个电路中多次使用，若将其视为子电路，使用起来会十分方便。

5.4.2　子电路的创建

Multisim 10 创建与使用子电路很简单，其基本步骤如下：

1）建立要成为子电路部分的电路图，与其他电路部分相连的端子上必须连接输入/输出端点符号。图 5-32 所示为一个二极管桥式整流电路，其中包括两个输入端点（I1 及 I2）和两个输出端点（O1 及 O2），并应该让输入/输出端点符号左右方向放置，在子电路中左侧是输入端，而右侧是输出端。

2）按住鼠标左键，拉出一个长方形，把用来组成子电路的部分电路全部选定。

3）启动 Place 菜单中的 Replace bySubcircuit 命令，即可打开图 5-33 所示的 Subcircuit Name 对话框。在其编辑栏内输入子电路名称，如 BR，然后单击  OK 按钮即可得到图 5-34 所示的子电路。

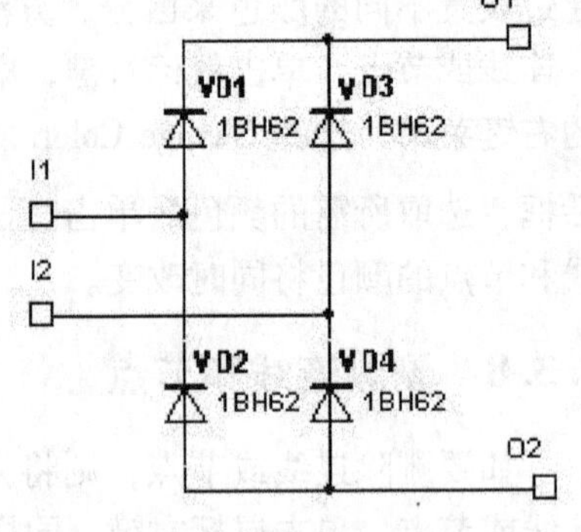

图 5-32　二极管桥式整流电路

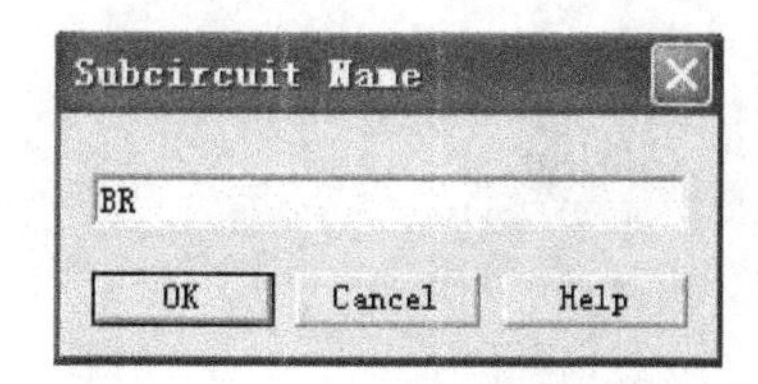

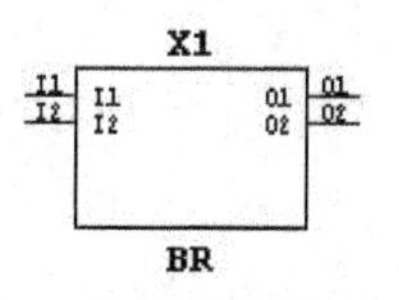

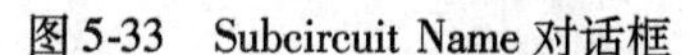

图5-33　Subcircuit Name 对话框　　　　图5-34　桥式整流子电路

4）取出子电路，移至适当位置后，单击其则可打开图5-35所示的Subcircuit对话框。可以在Ref Des栏内输入该子电路的序号。若单击 Edit HB/SC 按钮，则可重新进入该子电路内进行电路编辑。

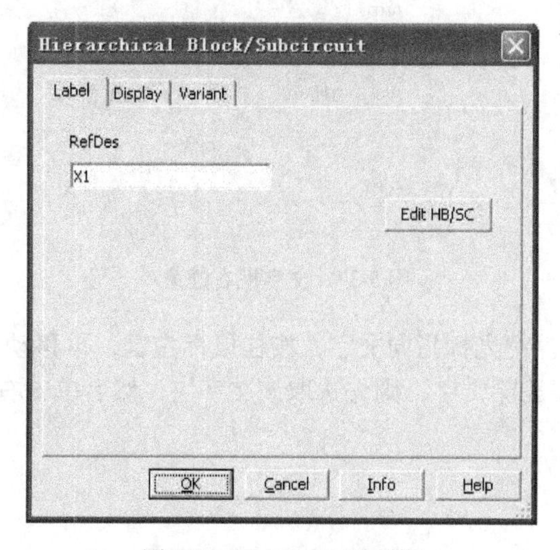

图5-35　Subcircuit 对话框

5.5　文字编辑

经常需要在电路图中放置一些说明文字，以对某些必要部分添加注释，方便对电路图的阅读和理解。本节介绍有关文字的编辑。

5.5.1　放置文字

在电路图中放置文字的基本步骤如下：

1）执行Place \ Text命令，光标变为I形状，单击左键在电路窗口会出现一个文字框，如图5-36所示（如果电路窗口背景为白色，则文字块的边框不可见）。然后单击所要放置文字的位置，将在该处放置一个文字块。

图5-36　在电路图中放置文字

2）在文字框中输入所要放置的文字，文字框随文字的多少会自动缩放。输入完成后，单击此文字框以外的地方，即可得到相应的文字，而文字框的边框会自动消失。

3）如果要改变文字的颜色，把光标指向该文字框，然后单击鼠标右键则弹出右键菜单，如图5-37所示。选取Pen Color... 命令，在打开的“颜色”对话框中指定文字颜色。

注意：文字的字体和大小不允许改动。

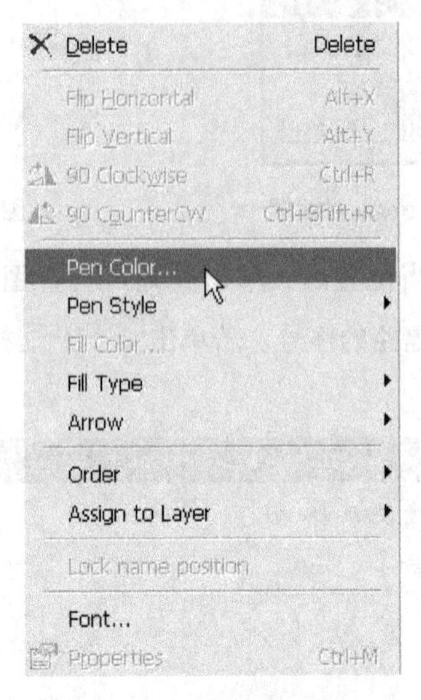

图 5-37　文字框右键菜单

4）移动或删除文字。把光标指向文字，按住鼠标左键，再移动至目的地后放开左键即可完成文字移动。如果要删除文字，则先选取该文字块，然后单击右键打开右键菜单，选取 Delete 命令。

5.5.2　放置注释

在电路窗口中放置注释可方便地对电路特定的地方就近进行描述性说明，并且在需要查看时才打开，不需要时关闭，不占用电路窗口空间。编写注释的操作很简单，执行 Place \ Comment 命令，在光标上就会粘一个，移动光标到适当位置并单击左键，就放置了图 5-38 所示的放置注释描述框，在其中输入需要说明的注释文字（中英文均可），单击左键即可完成放置注释。当光标移出时注释文字会自动隐藏；当光标重新移到时，注释文字即刻显现。

如需对注释文字进行剪切、复制、删除、编辑等操作，可将光标移到上并单击右键，即弹出图 5-39 所示的右键菜单，执行右键菜单中的相关命令即可。

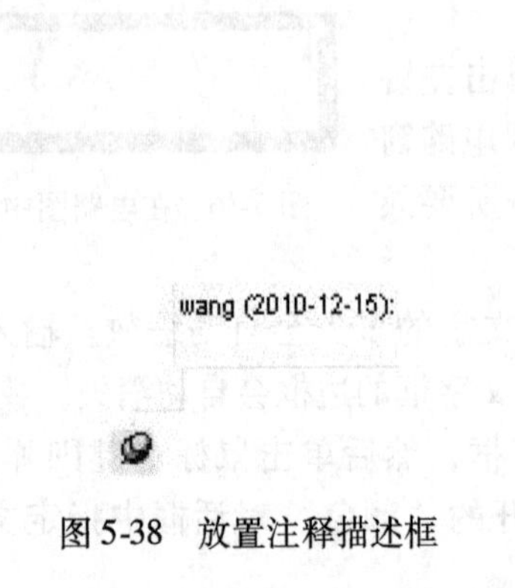

图 5-38　放置注释描述框

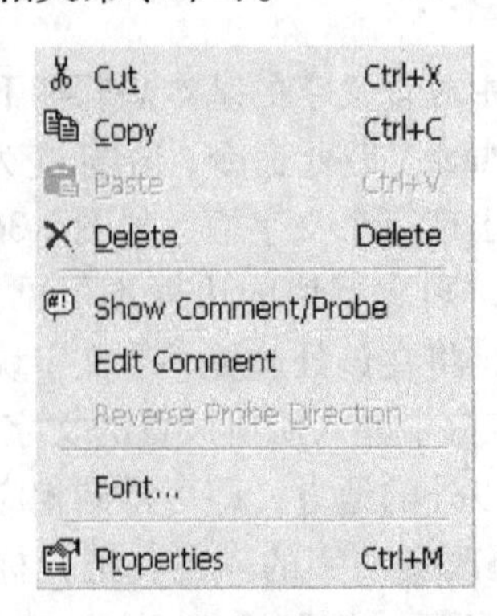

图 5-39　注释框的右键菜单

思　考　题

5-1　通过执行什么命令来设置电路原理图的编辑窗口界面？

5-2　在 Preferences 对话框中可对编辑窗口界面做哪些项目设置？

5-3　在 Sheet Properties 对话框中可对图样做哪些设置？

5-4　说明在电路图中放置元器件的几种方法？

5-5　现实元器件和虚拟元器件有什么区别？

5-6　如何对元器件属性进行编辑？

5-7　如何实现元器件的移动、旋转、删除等操作？

5-8　如何在电路图中放置连线和节点？

5-9　说明绘制总线和总线分支的方法。

5-10　如何创建子电路？子电路有什么用途？

5-11　如何在电路图中放置文字和注释？

5-12　绘制图5-40所示的电路图。

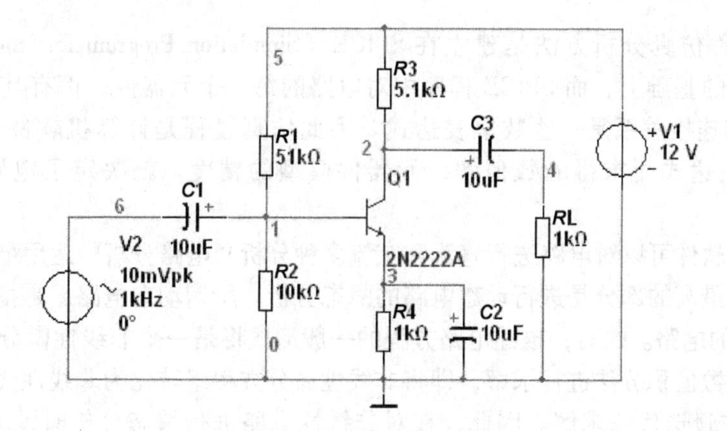

图5-40　单管放大电路

第6章　电路仿真分析

在进行电路设计时，设计者总要对电路的性能进行推算、判断和验证，过去常用的方法是数学和物理方法，这两种方法对设计规模较小的电路是可行的，但随着电子工业的迅速发展，电路品种日新月异，规模越来越大，单纯的数学和物理方法已不能满足要求，因而，计算机辅助电路仿真分析已成为电路设计人员的主要工具。

6.1　电路仿真基本原理及参数设置

6.1.1　电路仿真的基本原理

Multisim 软件仿真分析方法是建立在 SPICE（Simulation Program for Integrated Circuits Emphasis）程序的基础上，而 SPICE 程序中对电路的每一个元器件，都有其特定的数学模型，元器件之间连接关系是一些数学表达式。因此仿真过程是计算机软件计算用户所建立的电路数学表达式而求得的数值解，元器件模型的精度，就决定了电路仿真结果的精度。

Multisim 10 软件可以对电路进行直流和交流多种分析，电路分析中运用最多、最复杂且耗费计算机资源最高的部分是进行动态电路的瞬态分析。所谓动态电路，是指含有储能元件（电容或电感）的电路。这时，描述电路方程的一般形式将是一个非线性微分方程组，这就必须采用适当的数值积分法进行求解，即将非线性微分方程组转化为非线性代数方程组，然后再用牛顿-拉夫逊迭代法求解。因此，在对非线性电路进行瞬态分析时，求一个离散值，相当于求解一次非线性代数方程组，即进行若干次（几十次到上百次）牛顿迭代。于是，瞬态分析所需要的总的迭代次数是离散化迭代次数与牛顿迭代次数的乘积，这意味着计算量是很大的。故各种仿真软件均对离散点有一定的限制。

6.1.2　电路仿真分析的方法步骤

Multisim 软件对电子电路进行仿真运行，整个过程可分成 3 个步骤：建立电路、选择分析方法、运行电路仿真。

1）建立电路：建立用于分析的电路，设置好元器件参数。

2）选择分析方法：选择进行何种仿真分析，并设置参数。

3）运行电路仿真：运行电路仿真后，可从测试仪器仪表，如示波器等获得仿真运行的结果，也可以从分析显示图中看到测试、分析的数据或波形图。

6.1.3　电路仿真的参数设置

Multisim 10 软件可以根据用户对电路分析的要求，设置不同参数进行仿真，仿真的效果与用户设置分析选项的参数有关。分析选项的参数含义和设置方法见表 6-1。

表6-1　分析选项一览表

参　数	意　义	描　述	默认值	量纲	推荐值
acct	打印（显示）仿真统计数据	打开/关闭显示仿真过程的有关信息数据。该信息数据对于调试仿真过程中出现的问题有用	Off		accuracy
gmin	最小电导	用来设置电路支路上的最小的电导值。该值不能设置为零，增大该值可以改善收敛性，但会影响仿真准确度	1e-12	s	一般不改变默认值
reltol	相对误差容限	用来设置需要精确控制仿真过程的相对误差。改变此值会影响仿真速度和收敛性。设置的数值必须在1和0之间	0.001		典型值在1.0e-06和0.01之间
abstol	相对误差容限	用来设置绝对电流误差容限。默认设置适合大多数双极型晶体管VLSI电路	1e-12	A	通常小于电路中最大电流信号6~8个数量级
vntol	电压绝对误差容限	用来设置绝对电压误差容限	1.0e-06	V	通常小于电路中最大电压信号6~8个数量级
trtol	截断误差关键系数	设置电路的瞬态误差容限。仅在局部截断误差标准中使用	7		一般情况下不用调整
chgtol	电荷误差容限	设置库仑计中的电荷容限	1.0e-14	C	不要改变默认值
pivtol	矩阵对角线绝对最小值	设置仿真电路的主元矩阵项绝对最小值	1.0e-13		不要改变默认值
pivrel	矩阵对角线绝对比率最小值	设置最大矩阵项与主元值的相对比率。该值设定在0~1之间	0.001		不要改变默认值
tnom	标称温度	设置测量和计算模型参数时的标称温度	27	℃	除非为了与其他温度条件下的电路匹配，否则不要改变标称数值
itl1	直流迭代极限	设置直流工作点分析中的N-R算法的迭代次数	100		如出现No convergence in DC analysis信息，可以把该值增加到500~1000
itl2	直流转移曲线迭代极限	设置仿真电路的直流转移曲线迭代极限	50		
itl4	瞬态迭代次数上限	瞬态分析每时间点迭代次数上限。增大此值会缩短瞬态分析时间，但是过分降低该值会引起不稳定	10		如出现Time step too small或者No convergence in transient analysis，可以增大该值至15~20
defl	MOSFET沟道长度	设置MOSFET沟道长度	0.0001	μm	除非知道如何从MOS器件数据手册中查找并设置该值，否则不要改变默认值

（续）

参　数	意　义	描　述	默认值	量　纲	推　荐　值
defw	MOSFET 沟道宽度	设置 MOSFET 沟道宽度	0.0001	μm	除非知道如何从 MOS 器件数据手册中查找并设置该值，否则不要改变默认值
edfad	MOSFET 漏极扩散区面积	设置 MOSFET 漏极扩散区面积	0	m^2	除非知道如何从 MOS 器件数据手册中查找并设置该值，否则不要改变默认值
edfas	MOSFET 源极扩散区面积	设置 MOSFET 源极扩散区面积	0	m^2	除非知道如何从 MOS 器件数据手册中查找并设置该值，否则不要改变默认值
bypass	不改变元件的允许分流	为非线性模型评估，开/关器件分流电路。如果关闭会增加仿真时间	On		不要改变默认值
maxord	最大积分阶数	当选择 gear（变阶积分方法）为瞬态分析的积分方式，设置积分的最大阶数。数值必须在 2～6 之间。使用较高的阶数可以提高仿真结果的准确度，但会增加仿真时间	2		对于大多数仿真电路应使用默认值
temp	工作温度	设置针对整个电路仿真时的温度	27	℃	
oldlimit	使用 spice2 MOSfet 限制				
itl6	源步进算法的步长	设置 gmin 步进算法的步长，以帮助求出直流工作点分析中的解	10		
gminsteps	Gmin 步长数	设置 gmin 步长算法的步长。如果步长是 0，那么 gmin 算法无效	10		
minbreak	断点间的最小时间		0		
noopiter	执行直接 gmin 步进				
method	积分方式	该项为瞬态分析选择。对于相同的仿真准确度，默认值仿真速度较快，但只能产生已计划的结果	Trape zoidal		如果不希望出现数字振荡或电路中有理想的开关，可使用变阶积分方法（即 gear），如果电路工作在振荡模式，应使用默认值。**注意：变积分可能会引起过阻尼的结果**
trytocompact	有损传输线压缩	仅适合于有损传输线元件。当设置为打开时，将会减少计算含有有损传输线电路的瞬态仿真所需要的数据存储和记忆量	Off		

（续）

参　数	意　义	描　述	默认值	量 纲	推 荐 值
badmos3	使用旧的 mos3 模型				
keepopinfo	记录小信号分析工作点	当进行交流分析、失真分析或者极点-零点分析时保留工作点信息			特别适用于电路规模较大并且不想进行多余的 OP 分析
noopalter	在 dcop 中取消模拟/事件交替				
ramptime	瞬态分析的斜升时间	在确定的时间内，独立源、电容和电感从零至终值的条件	0	s	
maxevtiter	分析点事件迭代		0		
maxopalter	在 dcop 中模拟/事件交替最大值		0		
convlimit	能使模型码收敛	在创建某些模型码时，选择用/不用收敛算法	On		
convab-sstep	在迭代中模型码允许的绝对收敛步长	在求直流工作点时，建立绝对步长限制自动控制收敛	0.1		
convstep	在迭代中模型码允许的相对收敛步长	在求直流工作点时，建立相对步长限制自动控制收敛	0.25		
autopartial	全部模型自动局部计算				
rshunt	模拟节点至地的分流电阻	在节点和地之间接入的电阻，若减小该值，将降低仿真准确度	如果选择该项，则电阻值为 1.0e+12	Ω	通常应设置非常高的电阻，如 1.0e+12Ω。在出现 No DC path to ground 或 Matrix is nearly singular 时，可以降低该数值至 1e+9Ω 或者 1e+6Ω

6.2　直流工作点分析

直流工作点分析（DC Operating Point Analysis）是进行电路其他分析的基础，在进行直流工作点分析时，软件将交流电源视为零，电容视为开路，电感视为短路。具体分析步骤如下。

6.2.1　建立要分析的电路

例如建立图 6-1 所示的分压式单管放大电路，并把电路的节点标志显示在电路图上。

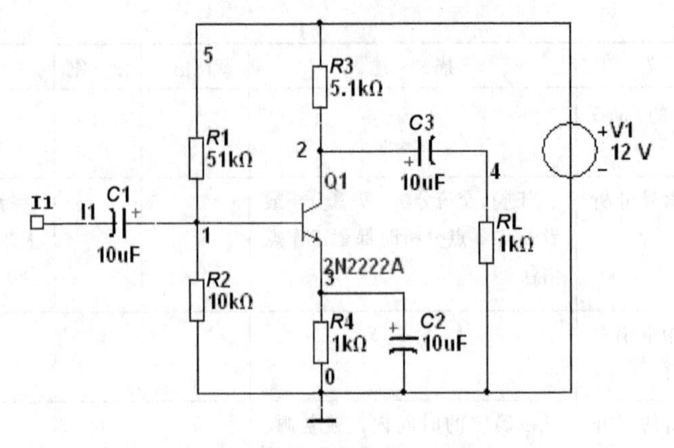

图 6-1　分压式单管放大电路 1

6.2.2　分析设置

执行 Simulate\Analysis\DC Operating Point 命令，即可打开图 6-2 所示的直流工作点分析对话框，该对话框包括 Output、Analysis Options 及 Summary 共 3 个选项卡。

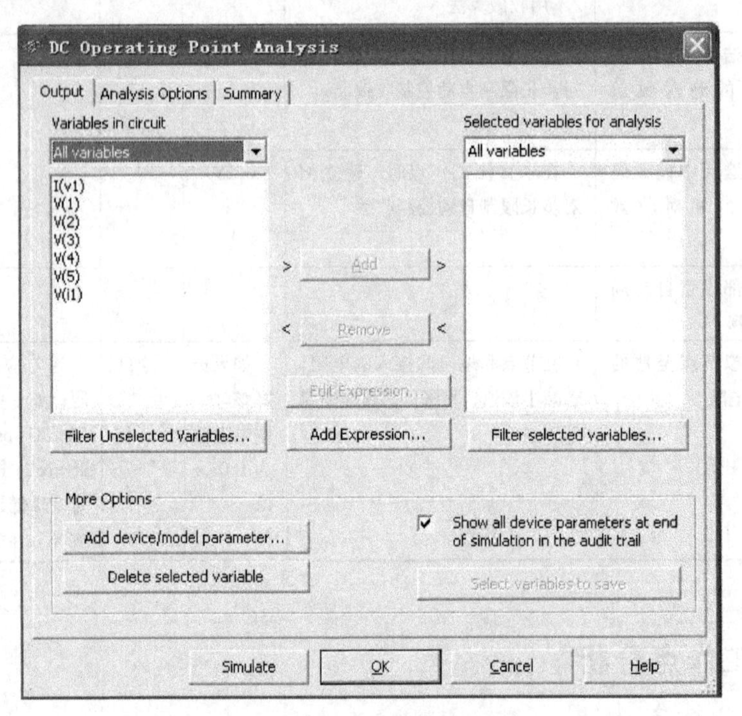

图 6-2　直流工作点分析对话框

下面对 3 个选项卡加以介绍：

（1）Output 选项卡　设置所要分析的节点和电源支路。

1）Variables in circuit 栏：用于选择电路变量。栏内默认状态列出的是电路中可用于分析的节点以及流过电压源的电流等全部变量，如果不需要这么多的变量显示，可单击 Variables in circuit 栏的下箭头按钮，打开图 6-3 所示的变量类型选择表。其中，Static Probes 是仅显示静态探针变量；Voltage and current 是仅显示电压和电流变量；Voltage 仅显示电压变量；Current 仅显示电流变量；Device/Model Parameters 显示的是元器件/模型参数变量；A11 variables 则显示程序自动给出的全部变量。

如果还需显示其他参数变量，可单击该栏下的 Filter Unselected Variables... 按钮，可对程序没有自动选中的某些变量进行筛选。单击此按钮，即可打开图 6-4 所示的对话框。

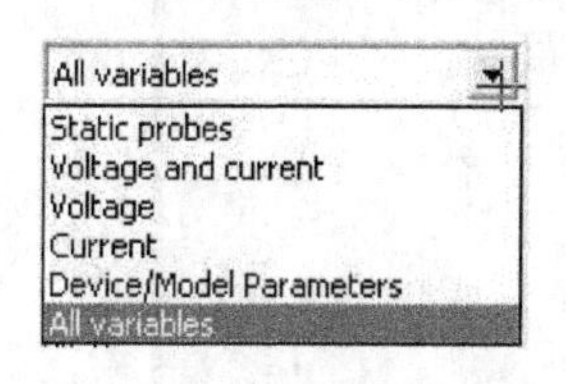

图 6-3 变量类型选择表

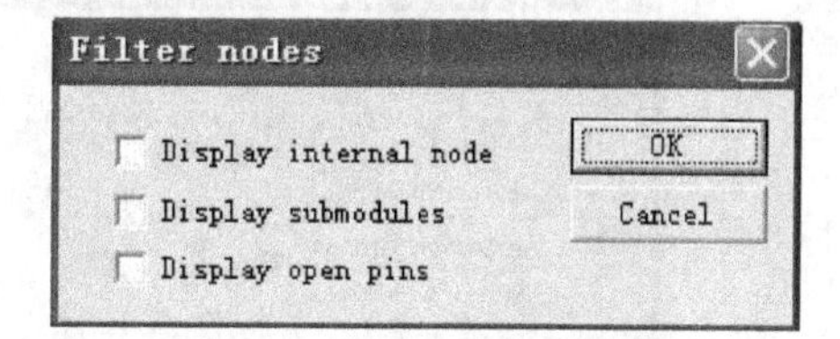

图 6-4 筛选节点对话框

该对话框有 3 个复选框：Display internal node 复选框的功能是设置是否显示内部节点；Display submodules 复选框的功能是设置是否显示子模型的节点，Display open pins 复选框的功能是设置是否显示开路的引脚（即没被用到的引脚）。选中者将与节点等变量同时出现在栏内。

2）Selected variables for analysis 栏：用来确定需要分析的节点。默认状态下为空，需要用户从 Variables in circuit 栏中选取，方法是：首先选中左边的 Variables in circuit 栏中需要分析的一个或多个变量，再单击 Add 按钮，则这些变量将出现在 Selected variables for analysis 栏中。如果不想分析其中已选中的某一个变量，可先选中该变量，再单击 Remove 按钮即可将其移回 Variables in circuit 栏内。

该栏下方的 Filter Selected Variables... 按钮与 Filter Unselected Variables 按钮的功能类似，不同之处在于前者只能筛选由后者已经选中且放在 Selected Variables for analysis 栏中的变量。

3）图 6-2 所示对话框下部的 More Options 区中的两个按钮作用分别为：

① Add device/model parameter... 按钮的功能是在 Variables in circuit 栏内增加某个元器件/模型的参数。单击该按钮，即可打开图 6-5 所示的对话框。

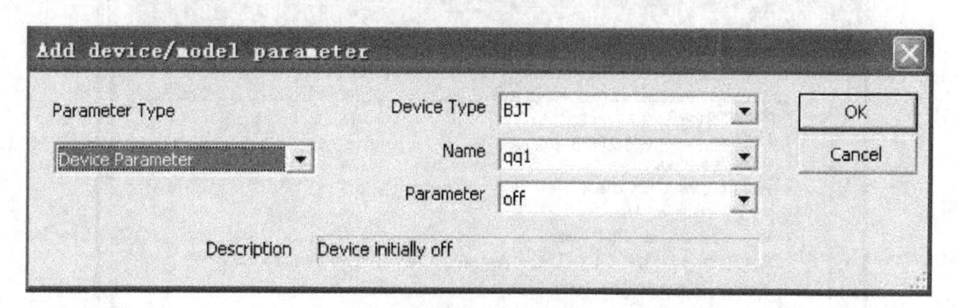

图 6-5 增加元器件/模型的参数对话框

可在 Parameter Type 栏内指定所要新增参数的形式是 Model Parameter 还是 Device Parameter；然后分别在 Device Type 栏内指定元器件模块的种类，在 Name 栏内指定元器件名称（序号），在 Parameter 栏内指定所要使用的参数。

② Delete selected variable 按钮的功能是删除已通过 Add device/model parameter... 按钮

选择到 Variables in circuit 栏内且不再需要的变量。首先选中变量，然后单击该按钮即可删除。

（2）Analysis Options 选项卡　Analysis Options 选项卡是与仿真分析有关的其他分析选项卡，如图 6-6 所示。

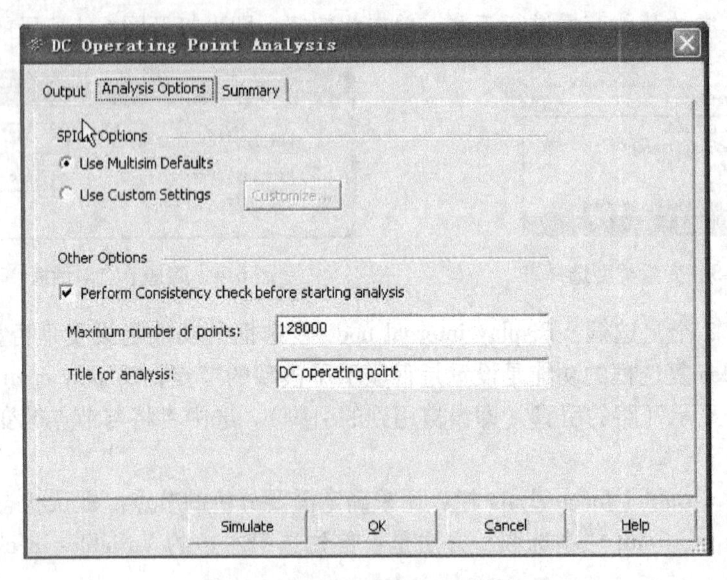

图 6-6　Analysis Options 选项卡

其中，Use Multisim Defaults 项的作用是采用系统默认选项；Use Custom Settings 项的作用是采用用户所设定的选项。大部分分析项目应该采用默认值，如果想要改变其中某一个分析选项，则选中 Use Custom Settings 项。

在 Other Options 区中，选中 Perform Consistency check before starting analysis 复选框，表示在开始分析之前要先进行一致性检查；Maximum number of points 栏用来设定最多的取样点数；Title for analysis 栏用来输入所要进行分析的名称。

（3）Summary 选项卡　Summary 选项卡的作用是对分析设置进行汇总确认，如图 6-7 所示。

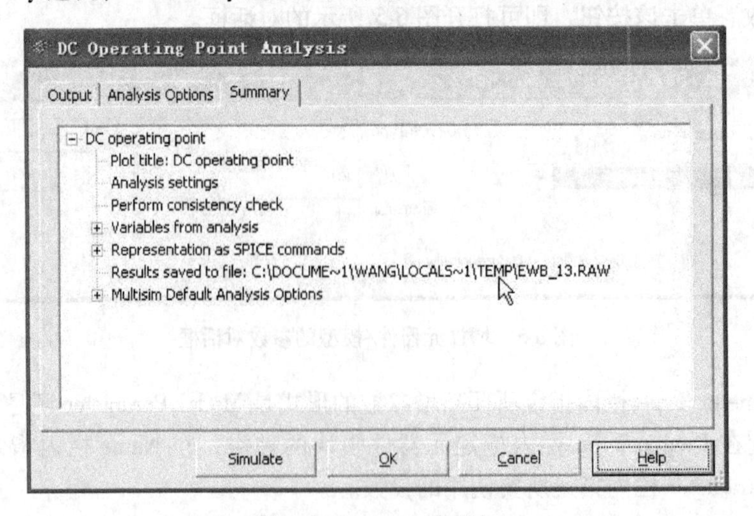

图 6-7　Summary 选项卡

在 Summary 选项卡中，给出了所设定的参数和选项，用户可确认检查所要进行的分析设置是否正确。

6.2.3　仿真分析

分析设置完毕后，单击图 6-7 所示对话框下部的 Simulate 按钮即可进行仿真分析。本例直流工作点分析结果如图 6-8 所示。

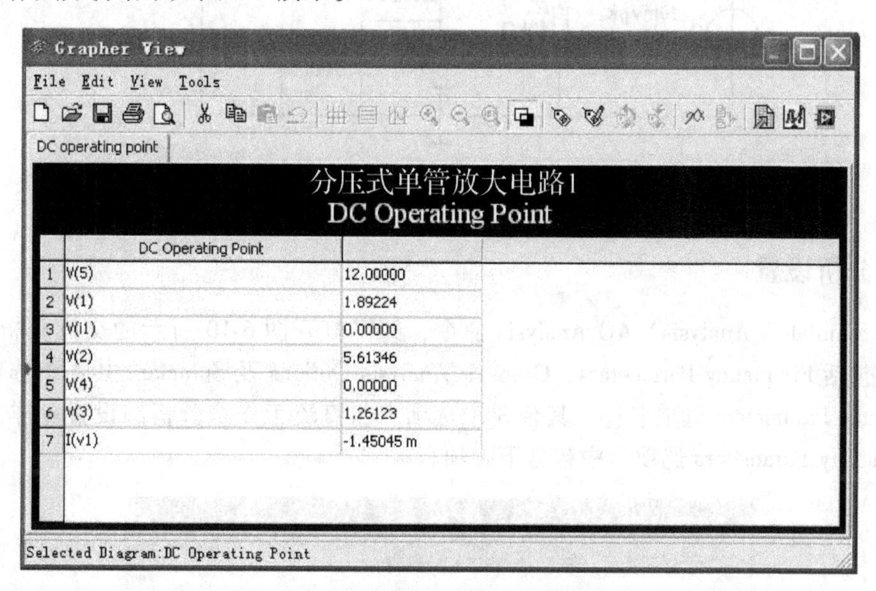

图 6-8　直流工作点分析结果

如果不想立即进行仿真分析，而要保存设定的话，可单击图 6-7 所示对话框下部的 OK 按钮；如果要放弃设定则单击 Cancel 按钮即可。

6.3　交流分析

交流分析（AC Analysis）是一种频域分析，就是把用户指定的交流输出量作为频率的函数来计算。

进行交流分析时程序自动先对电路进行直流工作点分析，以便建立电路中非线性元件的交流小信号模型，并把直流电源置零，交流信号源、电容及电感等元件用其交流模型代替，如果电路中含有数字器件，将认为是一个接地的大电阻。交流分析是以正弦波为输入信号，不管在电路的输入端输入何种信号，进行分析时都将自动以正弦波替换，而其信号频率也将以设定的范围替换之。交流分析的结果以幅频特性和相频特性两个图形显示。如果将扫频仪连至电路的输入端和被测节点，也可获得同样的交流频率特性。

交流分析的步骤如下。

6.3.1　建立要分析的电路

分析电路仍采用分压式单管放大电路，如图 6-9 所示。

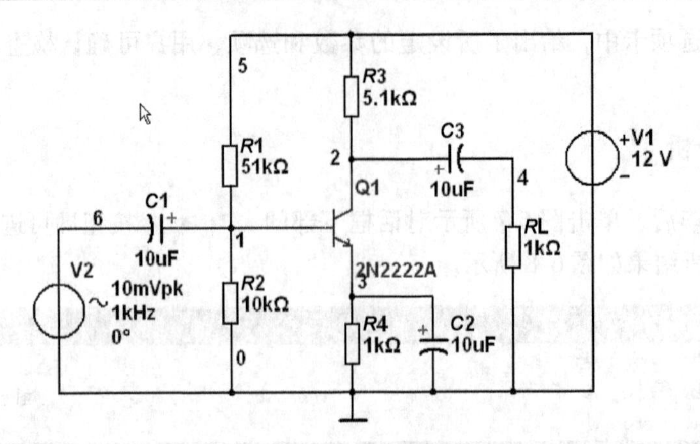

图 6-9　分压式单管放大电路 2

6.3.2　分析设置

执行 Simulate \ Analysis \ AC Analysis 命令，即可打开图 6-10 所示的交流分析对话框，该对话框包括 Frequency Parameters、Output、Analysis Options 及 Summary 共 4 个选项卡。除了 Frequency Parameters 选项卡外，其余 3 个选项卡与直流工作点分析的设置一样，不再赘述。Frequency Parameters 选项卡中包含下列项目：

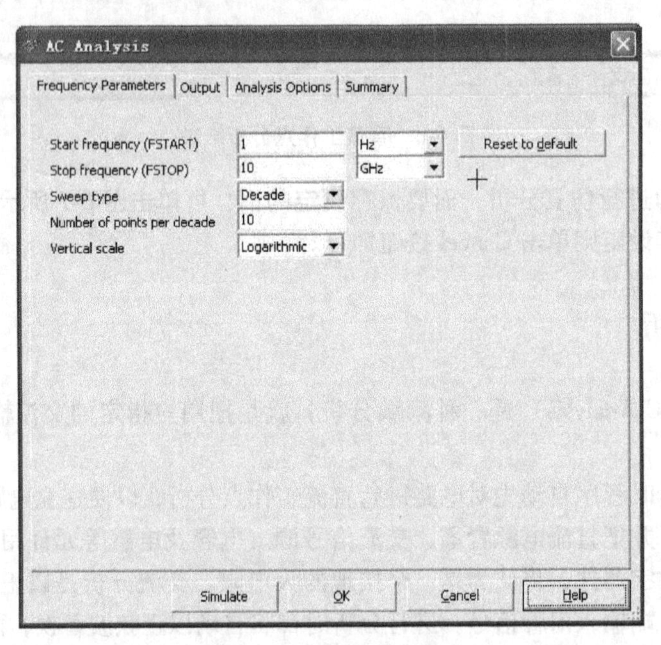

图 6-10　交流分析对话框

1）Start frequency（FSTART）栏：设置交流分析的起始频率。

2）Stop frequency（FSTOP）栏：设置交流分析的终止频率。

3）Sweep type 栏：设置交流分析的扫描方式，包括 Decade（10 倍程扫描）和 Octave（8 倍程扫描）及 Linear（线性扫描）。通常采用 10 倍程扫描（即 Decade 选项），以对数方式展现。

4）Number of points per decade 栏：设置每10倍频率的取样数量。

5）Vertical scale 栏：从该下拉列表中选择输出波形的纵坐标刻度，其中包括 Decibel（分贝）、Octave（8倍）、Linear（线性）及 Logarithmic（对数）。通常采用 Logarithmic 或 Decibel。

单击 Reset to default 按钮，可把所有设置恢复为程序默认值。

对于单管放大电路，设起始频率为1Hz，终止频率为10GHz，扫描方式为 Decade，取样值为10，纵轴坐标为 Logarithmic。另外，在 Output 选项卡里，选定分析节点4；在 Analysis Options 选项卡中的 Title for analysis 栏输入“AC Analysis”。

6.3.3 仿真分析

分析设置完毕后，单击图6-10对话框下部的 Simulate 按钮即可进行分析。本例交流分析的结果如图6-11所示。

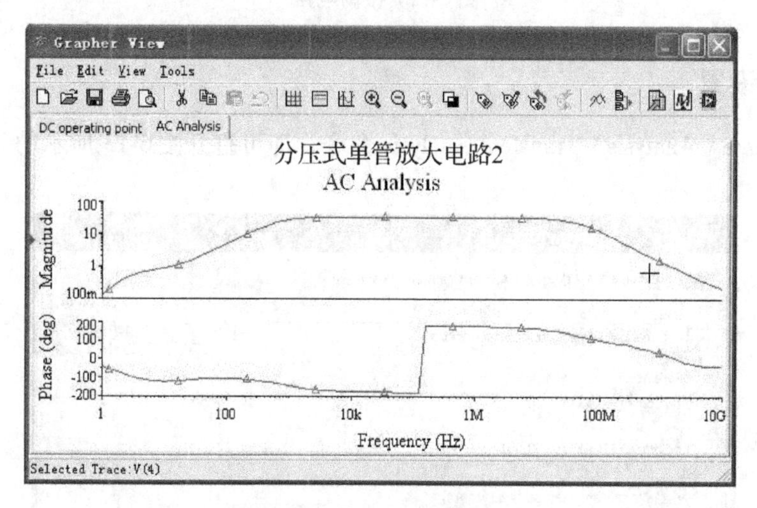

图6-11 交流分析结果

从图6-11所示的结果中可以看出，幅频特性的纵轴用该点的电压值来表示。这是因为不管输入信号源的数值是多少，程序一律将其视为幅度为单位1且相位为零的单位信号源，这样从输出节点取得的电压，其幅度就代表了增益值，相位就是输出与输入之间的相位差。

6.4 瞬态分析

瞬态分析（Transient Analysis）指对所选定的电路节点进行的时域响应分析。即观察节点在整个显示周期中每一时刻的电压波形。在进行瞬态分析时，直流电源具有恒定的数值，交流电源的数值随时间而变化，电容和电感都具有储能的特性。分析时，电路的初始状态可由用户自行指定，也可由程序自动进行直流分析，用直流解作为电路初始状态。瞬态分析的结果通常是分析节点的电压波形，故用示波器可观察到相同的结果。

瞬态分析的具体步骤如下。

6.4.1 建立要分析的电路

建立图 6-12 所示的振荡电路，作为分析的电路。

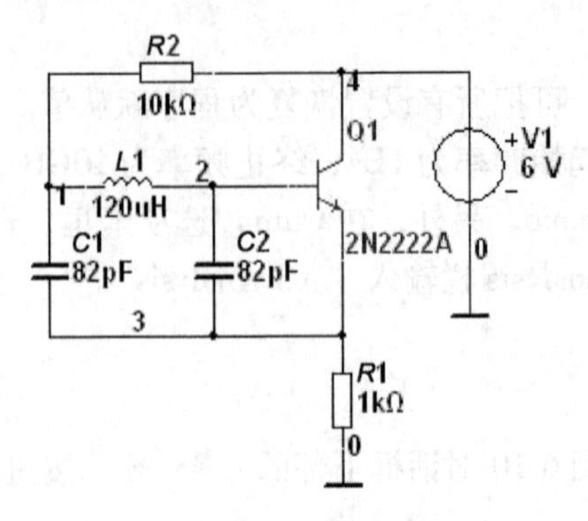

图 6-12 振荡电路

6.4.2 分析设置

执行 Simulate \ Analysis \ Transient Analysis 命令，即可打开图 6-13 所示的 Transient Analysis 对话框。

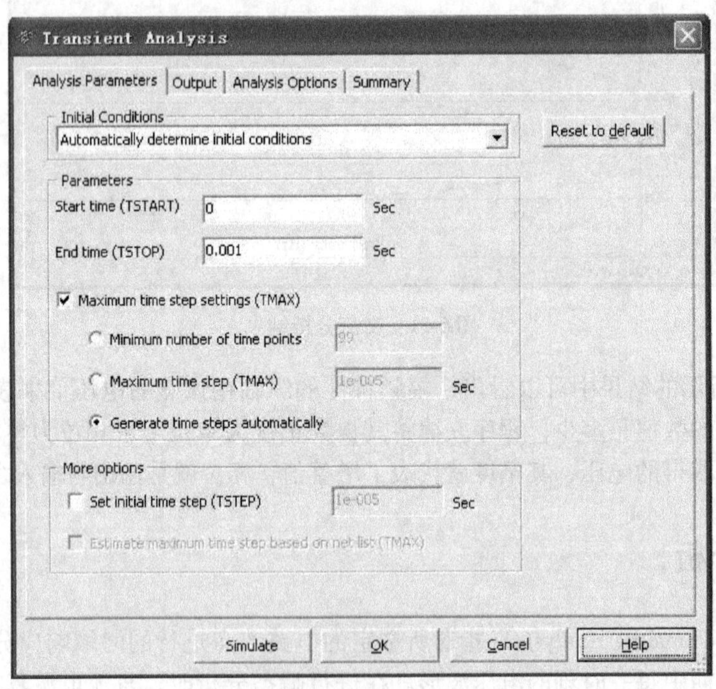

图 6-13 Transient Analysis 对话框

该对话框中包括 4 个选项卡，同样除了 Analysis Parameters 选项卡外，其余选项卡与直流工作点分析的设置一样。而在 Analysis Parameters 选项卡中则包括如下项目：

（1）Initial Conditions 区 其功能是设置初始条件，包括以下选项：

1）Automatically determine initial conditions：由程序自动设置初始值。

2）Set to zero：初始值设置为0。

3）User defined：由用户定义初始值。

4）Calculate DC operating point：通过计算直流工作点得到的初始值。

（2）Parameters区 本区的功能是对时间间隔和步长等参数进行设置。包括：

1）Start time（TSTART）栏：设置开始分析的时间。

2）End time（TSTOP）栏：设置结束分析的时间。

3）Maximum time step settings（TMAX）复选框：最大时间步长设置。选中此框才可以进行以下3项设置。

① Minimum number of time points：设置指定单位时间间距内最少要取样的点数，作为设置时间内的分析步长。在右边栏指定单位时间间距内最少要取样的点数。

② Maximum time step（TMAX）：以时间间距设置分析的步长，选取该选项后，在右边栏指定最大的时间间距。

③ Generate time steps automatically：设置由程序自动决定分析的时间步长。

（3）More options区 Set initial time step（TSTEP）复选框由用户决定是否自行确定起始时间步长，如不选择，则由程序自动约定；如选择，则在其右边栏内输入步长大小。Estimate maximum time step based on net list（TMAX）复选框用来决定是否根据网络表来估算最大时间步长。

单击 Reset to default 按钮可将所有设置恢复为默认值。

结合图6-12所示分析电路，选取Automatically determine initial conditions选项，由程序自动设定初始值，然后将开始分析的时间设为0、结束分析的时间设为0.001s，选取Minimum number of time points栏且设为99。另外，在Output选项卡中，选择节点2作为分析变量；在Analysis Options选项卡的Title for analysis栏内输入“Transient Analysis”。

6.4.3 仿真分析

分析设置完毕后，单击图6-13所示对话框下部的 Simulate 按钮即可进行分析。本例瞬态分析结果如图6-14所示。

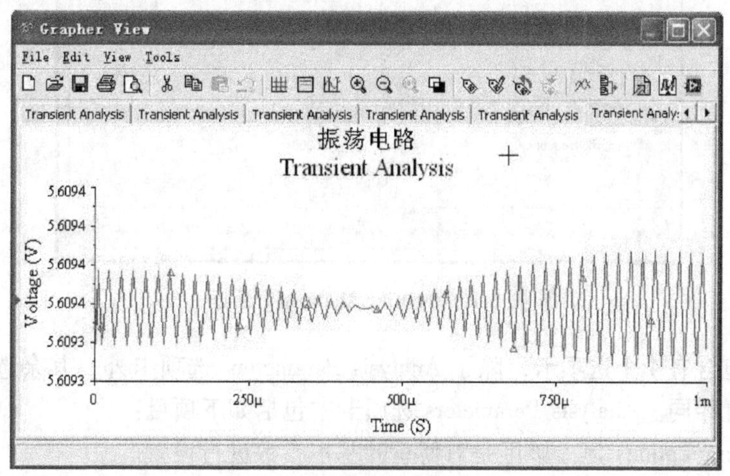

图6-14 瞬态分析结果

6.5　傅里叶分析

傅里叶分析是指分析时域信号的直流分量、基波分量和谐波分量，即把被测节点的时域变化信号作离散傅里叶变换，求出它的频域变化的规律。Multisim 10 能自动地由时域分析产生频域分析的结果。

在进行傅里叶分析时，必须首先选定被分析的节点，一般将电路的交流电源的频率设定为基波频率，如果电路中有几个交流电源，可以将基波频率设定在这些频率的最大公因数上，如电路有 10. 5kHz 和 3kHz 两个交流激励电源信号，应设定 1. 5kHz 作为基频。

傅里叶分析的具体步骤如下。

6.5.1　建立要分析的电路

建立图 6-15 所示的方波电路，以备进行频率为 2kHz 的方波信号的傅里叶变换。

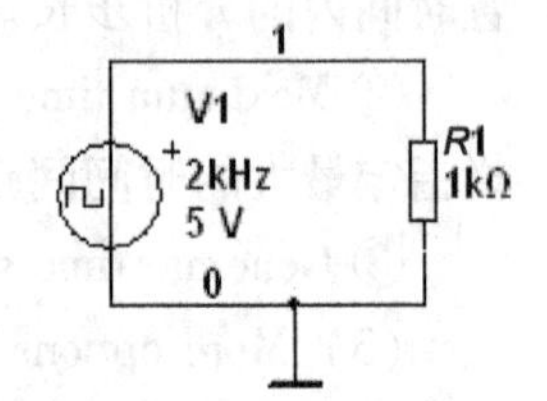

图 6-15　方波电路

6.5.2　分析设置

执行 Simulate\Analysis\Fourier Analysis 命令，即可打开图 6-16 所示的 Fourier Analysis 对话框。

图 6-16　Fourier Analysis 对话框

该对话框包含有 4 个选项卡，除了 Analysis Parameters 选项卡外，其余选项卡与直流工作点分析的设置相同。Analysis Parameters 选项卡中包括如下项目：

（1）Sampling options 区　该区是对傅里叶基本参数进行设置。

1）Frequency resolutuion（Fundamental frequency）栏：设置基波频率。如果电路之中有

多个交流信号源，则取各信号源频率的最大公因数。如果不知道如何设置时，可单击该栏后面的 Estimate 按钮，由程序自动设置。

2）Number of harmonics 栏：设置希望分析的谐波的次数。

3）Stop time for sampling（TSTOP）栏：设置停止取样的时间。如果不知道如何设置时，也可以单击该栏后面的 Estimate 按钮，由程序自动设置。

本例中设置基波频率为2000Hz，谐波的次数取9，单击 Stop time for sampling（TSTOP）栏后面的 Estimate 按钮，程序自动给出停止取样的时间为0.000472222。同时在 Output 选项卡中选择节点1作为分析变量；在 Analysis Options 选项卡的 Title for analysis 栏内输入“Fourier Analysis”。

单击 Edit transient analysis 按钮，即可打开 Transient Analysis（瞬时分析）对话框，如图6-17所示。该对话框中的各项设置均与时域瞬时分析相同。

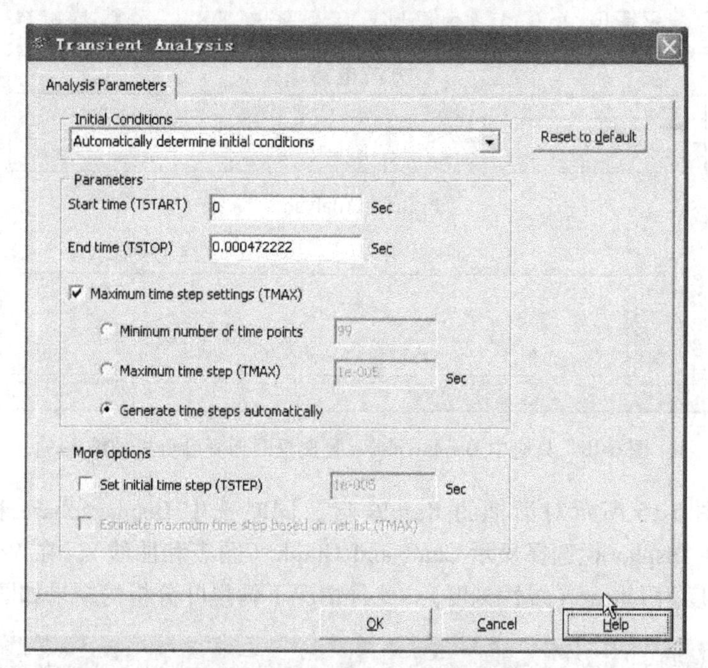

图6-17　Transient Analysis 对话框

（2）Results 区　该区用来选择仿真结果的显示方式。包括：

1）Display phase 复选框：设置是否显示幅度频谱及相位频谱。

2）Display as bar graph 复选框：设置是否以线条绘出频谱图。

3）Normalize graphs 复选框：设置是否绘出归一化频谱图。

4）Display 栏：选择所要显示的项目，包括3个选项：Chart（图表）、Graph（曲线）及 Chart and Graph（图表和曲线）。

5）Vertical scale 栏：选择频谱的纵轴刻度，其中包括 Decibel（分贝刻度）、Octave（八倍刻度）、Linear（线性刻度）及 Logarithmic（对数刻度）。

（3）More Options 区　该区内有两个选项，介绍如下：

1）Degree of polynomial for interpolation 选项的功能是设置多项式的维数，选中该选项

后，可在其右边栏中输入维数值。多项式的维数越高，仿真运算的准确度也越高。

2）Sampling frequency 的功能是设置取样频率。

6.5.3 仿真分析

分析设置完毕后，单击图 6-16 对话框下部的 Simulate 按钮即可进行傅里叶分析，分析的结果根据设置选项不同而不同：

1）如果在图 6-16 所示对话框的 Results 区，只选中 Display phase 复选框，同时在 Display 栏选择显示 Chart and Graph（图表和曲线），在 Vertical scale 栏选择频谱的纵轴刻度为 Linear（线性刻度）。傅里叶分析的结果如图 6-18 所示。

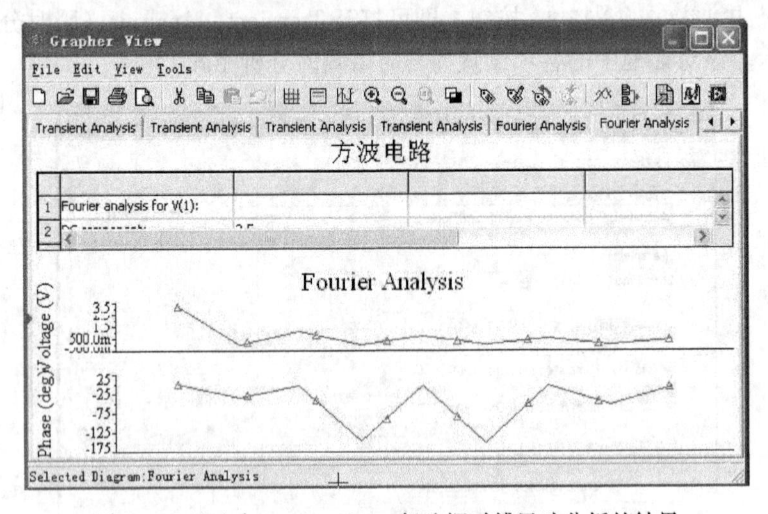

图 6-18 只选中 Display phase 复选框时傅里叶分析的结果

2）如果在图 6-16 所示对话框的 Results 区，同时选中 Display phase 和 Display as bar graph 复选框，在 Display 栏选择显示 Chart and Graph（图表和曲线），在 Vertical scale 栏选择频谱的纵轴刻度为 Linear（线性刻度）。此种情况下傅里叶分析的结果如图 6-19 所示。

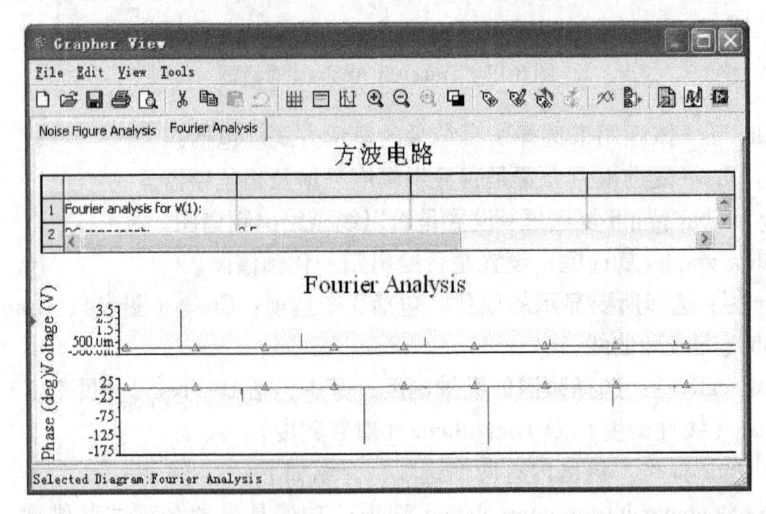

图 6-19 选中 Display phase 和 Display as bar graph 复选框时傅里叶分析的结果

3）如果在图6-16所示对话框的Results区，同时选中Display as bar graph和Normalize graphs复选框，在Display栏选择显示Chart and Graph（图表和曲线），在Vertical scale栏选择频谱的纵轴刻度为Linear（线性刻度）。此种情况下傅里叶分析的结果如图6-20所示。

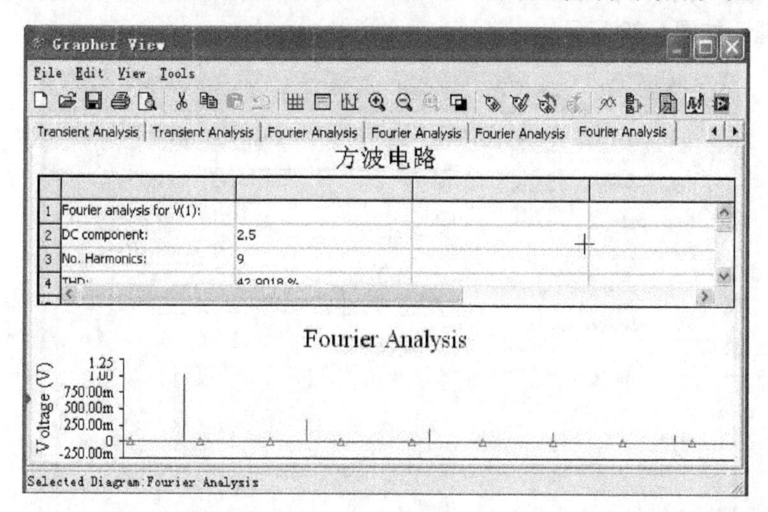

图6-20　选中Display as bar graph和Normalize graphs复选框时傅里叶分析的结果

6.6　噪声分析

噪声分析（Noise Analysis）用于检测电路输出信号的噪声功率幅度，分析计算由电阻和半导体器件噪声对电路的影响。Multisim 10提供了热噪声（Thermal noise）、散弹噪声（Shot noise）和闪烁噪声（Flicker noise）3种不同的噪声模型。在分析时，假设电路中各噪声源是互不相关的，因此它们的数值可以分开各自计算。总噪声是各个噪声在该节点的有效值之和。

如果选择V1作为输入噪声源，选择N1是输出节点，那么电路中由N1的输出噪声值除以V1到N1的增益值，即可得到输入噪声。

6.6.1　建立要分析的电路

建立图6-21所示的单管放大电路，以备进行噪声分析。

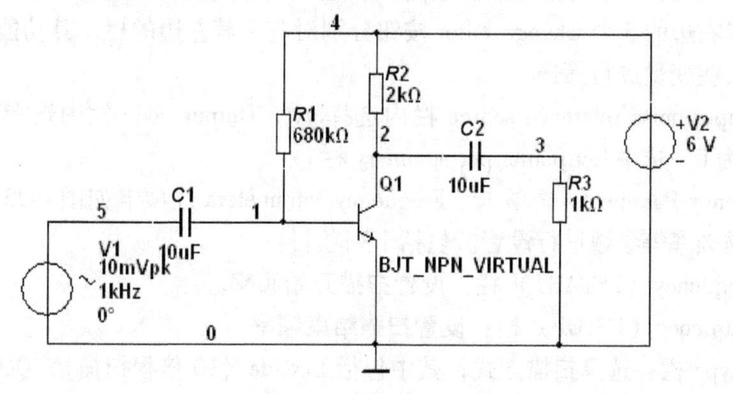

图6-21　单管放大电路

6.6.2 分析设置

当要进行噪声分析时，可执行 Simulate\Analysis\Noise Analysis 命令，即可打开 Noise Analysis 对话框，如图 6-22 所示。

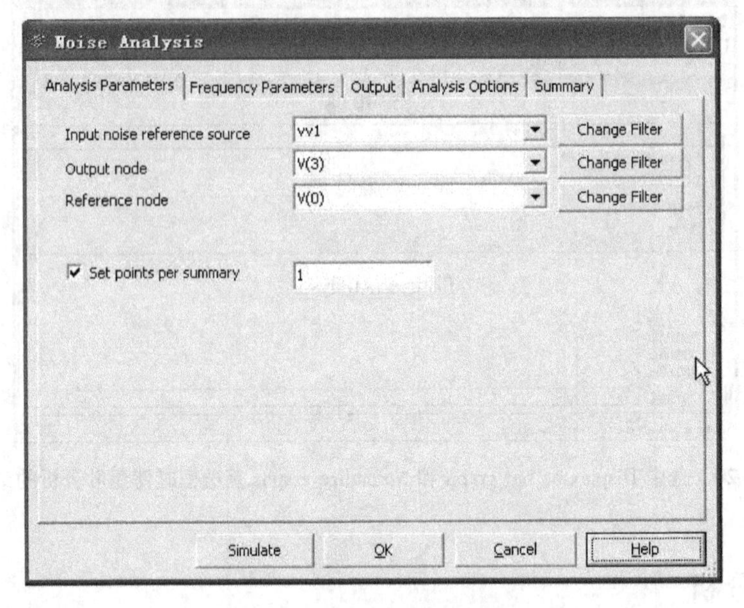

图 6-22 Noise Analysis 对话框

该对话框中包括 5 个选项卡，除了 Analysis Parameters 和 Frequency Parameters 选项卡外，其余 3 个选项卡与直流工作点分析的设置相同。

（1） Analysis Parameters 选项卡 用来设置噪声分析的基本参数，包括下列项目：

1） Input noise reference source 栏：选择输入噪声的参考电源。这里选择交流信号源 VV1（表示电压交流信号源 V1）。

2） Output node 栏：选择噪声输出节点。这里选节点 3。

3） Reference node 栏：设置参考电压的节点，通常取 0（接地）。

4） Set points per summary 栏：设置每个汇总的取样点数。当选中时，将产生所选噪声量曲线，在右边栏内输入取样点数，数值越大，输出曲线的解析度越低。

在该选项卡右边的 3 个 Change Filter 按钮分别对应于其左边的栏，其功能是可对程序没有自动选中的某些变量进行筛选。

本例中，Input noise reference source 栏内选择 vvl，Output node 栏内选择节点 3，Reference node 栏仍为 0，选中 Set points per summary 栏。

（2） Frequency Parameters 选项卡 Frequency Parameters 选项卡如图 6-23 所示。该选项卡主要是对扫描频率等参数进行设置。包括下列项目：

1） Start frequency（FSTART）栏：设置扫描开始频率。

2） Stop frequency（FSTOP）栏：设置扫描结束频率。

3） Sweep type 栏：选择扫描方式，其中包括 Decade（10 倍程扫描）、Octave（8 倍程扫描）和 Linear（线性扫描）。

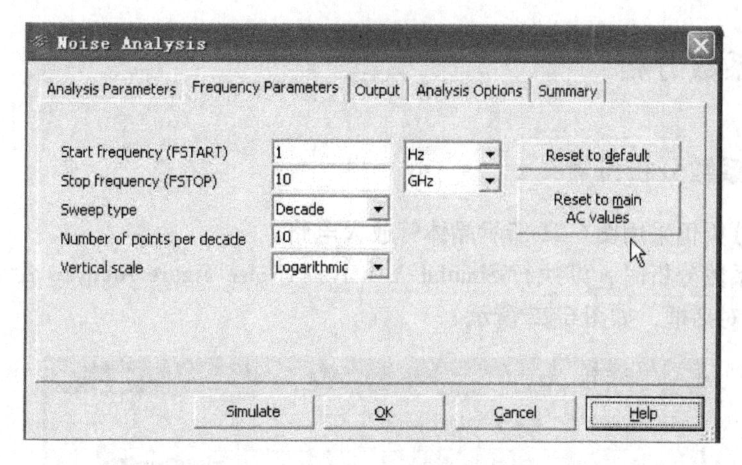

图 6-23　Frequency Parameters 选项卡

4）Number of points per decade 栏：设置每 10 倍频率的取样点数。

5）Vertical scale 栏：选择纵轴刻度，其中包括 Decibel（dB）、Octave（8 倍）、Linear（线性）及 Logarithmic（对数），通常选择 Logarithmic（对数）或 Decibel（dB）。

6）Reset to main AC values 按钮用来将所有设置恢复为与交流分析相同的设置值。

7）Reset to default 按钮用来将本选项卡的所有设置恢复为默认值。

通常只要设定起始频率及终止频率，而其他保持不变即可。

对于本分析电路，保持此选项卡为默认值。同时在 Output 选项卡中选择 inoise_spectrum 和 onoise_spectrum 为分析变量；在 Analysis Options 选项卡的 More Options 区的 Title for analysis 栏内输入“Noise Analysis”。

6.6.3　运行仿真分析

分析设置完毕后，单击图 6-22 所示对话框下部的 Simulate 按钮即可进行噪声分析。其仿真分析结果如图 6-24 所示。

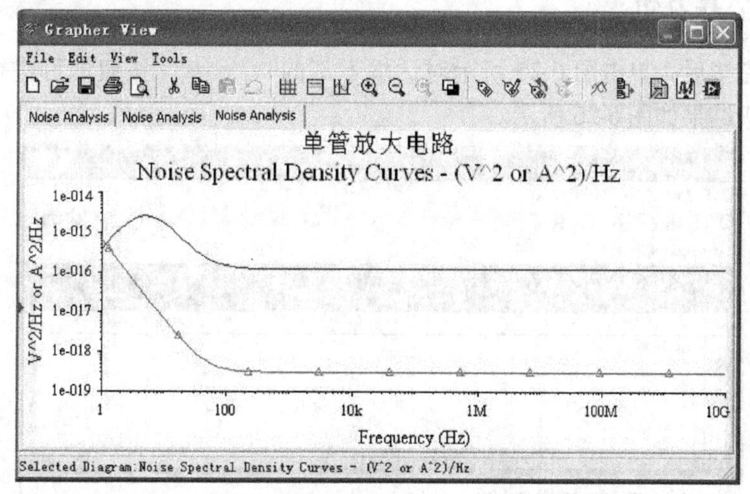

图 6-24　噪声仿真分析结果

6.7 噪声系数分析

6.7.1 噪声系数分析设置

噪声系数分析仍采用图 6-21 所示晶体管放大电路。

进行噪声系数分析时，可执行 Simulate \ Analysis \ Noise Figure Analysis 命令，打开 Noise Figure Analysis 对话框，如图 6-25 所示。

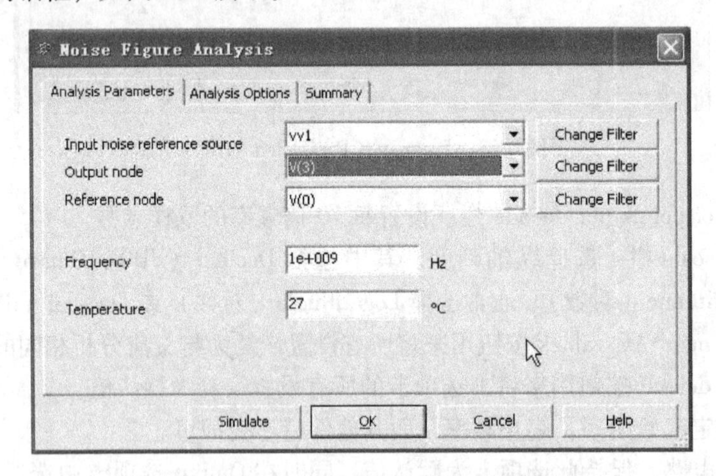

图 6-25 Noise Figure Analysis 对话框

该对话框中包括 3 个选项卡，除了 Analysis Parameters 选项卡外，其余 2 个选项卡与直流工作点分析的设置相同。Analysis Parameters 选项卡的选项和设置要求与噪声分析 Analysis Parameters 选项卡基本相同，只是多了 Frequency 栏（设置输入信号频率）和 Temperature 栏（设置输入温度，单位是摄氏度，默认值是 27℃）。

6.7.2 运行仿真分析

分析设置完毕后，单击图 6-25 所示对话框下部的 Simulate 按钮即可进行噪声系数分析。其仿真分析结果如图 6-26 所示。

图 6-26 噪声系数仿真分析结果

6.8　失真分析

失真分析（Distortion Analysis）是分析电路的非线性失真及相位偏移。通常非线性失真会导致谐波失真；而相位偏移会导致互调失真。Multisim 可以分析小信号模拟电路的谐波失真和互调失真。如果电路中只有一个交流电源，该分析将确定电路中每一点的二、三次谐波造成的失真。如果电路中有频率分别为 F1 和 F2 的两个不同频率的交流电源（设 F1 > F2），则该分析将寻找电路变量在（F1 + F2）、（F1 – F2）及（2F1 – F2）3 个不同频率上的谐波失真。

失真分析对于研究瞬态分析中不易观察到的小失真比较有效。

失真分析的具体步骤如下。

6.8.1　建立要分析的电路

建立图 6-27 所示的单管放大电路，晶体管选用 2N2222A，输入信号为两个不同频率的交流信号。

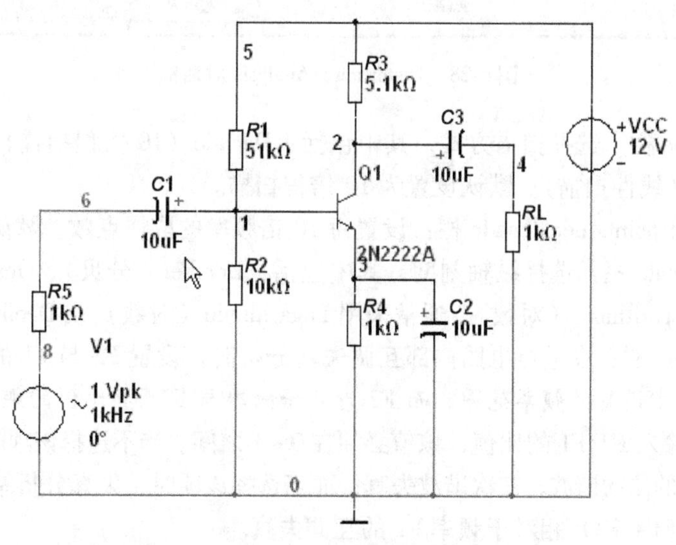

图 6-27　单管放大电路

6.8.2　分析设置

当要进行失真分析时，可执行 Simulate\Analysis\Distortion Analysis 命令，打开图 6-28 所示的对话框。

该对话框中包括 4 个选项卡，除了 Analysis Parameters 选项卡外，其余 3 个选项卡与直流工作点分析的设置相同。

Analysis Parameters 选项卡包括下列项目：

1）Start frequency（FSTART）栏：扫描起始频率，默认设置为 1Hz。

2）Stop fequency（FSTOP）栏：扫描终点频率，默认设置为 10GHz。

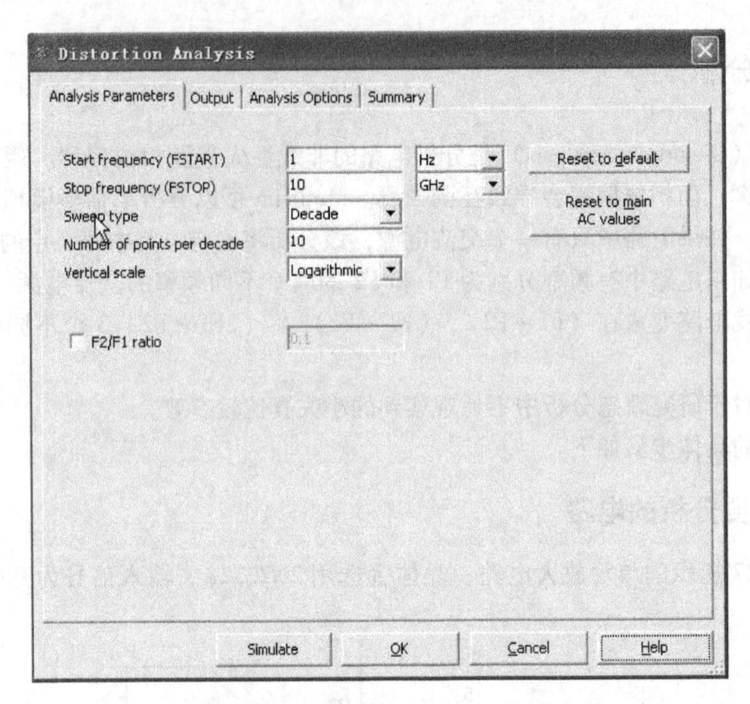

图 6-28　Distortion　Analysis 对话框

3）Sweep type 栏：选择扫描方式，其中包括：Decade（10 倍程扫描）、Octave（8 倍程扫描）及 Linear（线性扫描）。默认设置为 10 倍程扫描。

4）Number of points per decade 栏：设置每 10 倍频率的取样点数。默认设置为：10。

5）Vertical scale 栏：选择纵轴刻度，其中包括：Decibel（分贝）、Octave（8 倍）、Linear（线性）及 Logarithmic（对数），通常采用 Logarithmic（对数）或 Decibel（分贝）选项。

6）F2/F1 ratio 栏：在进行电路内部互调失真分析时，设置 F2 与 F1 的比值。**注意：这里的 F1 是对话框中设置的频率范围，而 F2 为开始频率与 F2/F1 比值的乘积。**如选取该项，则在右边的栏内输入 F2/F1 的比值，该值必须在 0 ~ 1 之间。当不选择该项时，失真分析结果为 F1 作用时产生的二次谐波、三次谐波失真；而当选择该项时，失真分析结果为（F1 + F2）、（F1 – F2）及（2F1 – F2）相对于频率 F1 的互调失真。

7）Reset to main AC values 按钮的作用是将所有设置恢复为与交流分析相同的设置值。

8）Reset to default 按钮的作用是将本选项卡的所有设置恢复为默认值。

对于本分析电路，对话框中 Analysis Parameters 选项卡上的选项都取默认值，而在 Output 选项卡上选取节点 4 为输出变量，在 Analysis Options 选项卡的 More Options 区的 Title for analysis 栏内输入“Distortion Analysis”。

6.8.3　运行仿真分析

分析设置完毕后，单击图 6-28 所示对话框下部的 Simulate 按钮即可进行失真分析，其仿真分析结果如图 6-29 所示。

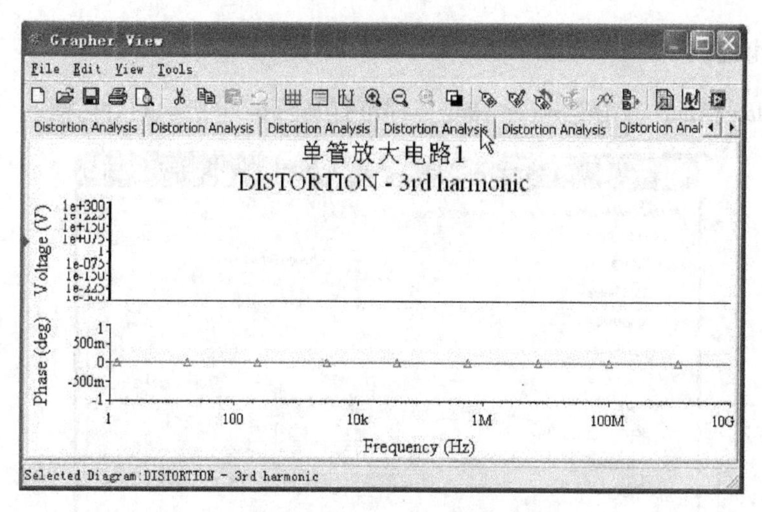

图6-29 失真仿真分析结果

6.9 直流扫描分析

直流扫描分析（DC Sweep Analysis）是计算电路中某一节点上的直流工作点随电路中一个或两个直流电源的数值变化而变化的情况。利用直流扫描分析，可快速地根据直流电源的变动范围确定电路直流工作点。它的作用相当于每变动一次直流电源的数值，则对电路作几次不同的仿真。**注意：**如果电路中有数字器件，可将其当做一个大的接地电阻处理。

6.9.1 建立要分析的电路

建立图6-30所示的单管放大电路，通过改变两直流电源V2和V3的数值来了解直流扫描分析的过程。

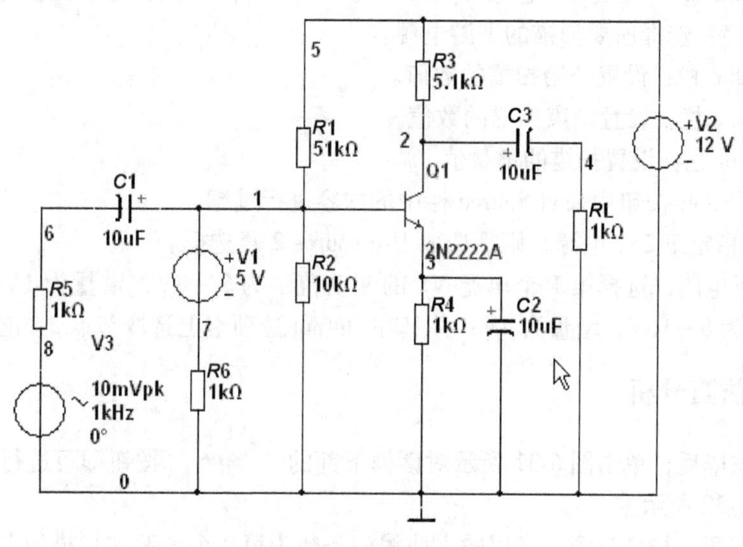

图6-30 单管放大电路

6.9.2 仿真设置

执行 Simulate\Analysis\DC Sweep 命令，即可打开图 6-31 所示的对话框。

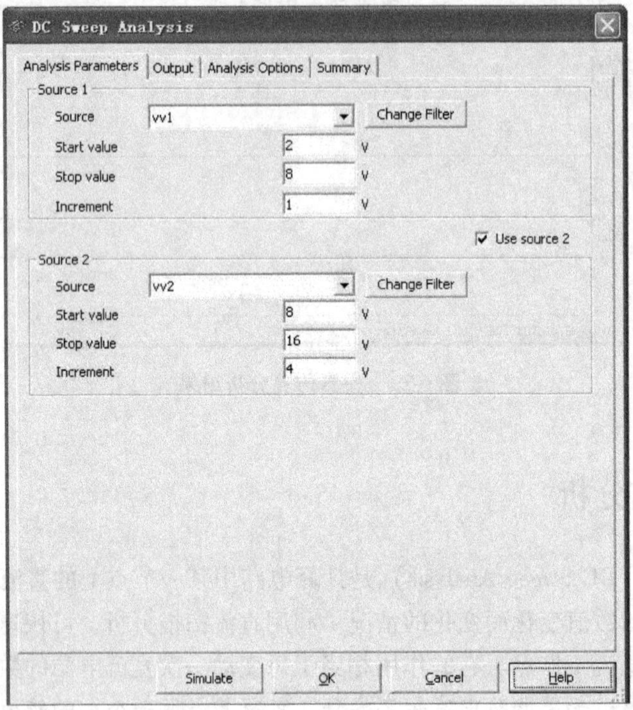

图 6-31 DC Sweep Analysis 对话框

该对话框中包括 4 个选项卡，除了 Analysis Parameters 选项卡外，其他 3 选项卡与直流工作点分析的设置相同。

Analysis Parameters 选项卡中包括 Source 1 与 Source 2 两个区，每个区各有下列项目：

1）Source 栏：选择所要扫描的下游电源。

2）Start value 栏：设置开始扫描的数值。

3）Stop value 栏：设置结束扫描的数值。

4）Increment 栏：设置扫描的增量值。

5）Change Filter 按钮用来对 Source 栏中的内容进行过滤。

6）如果要指定第 2 个电源，则需选取 Use source 2 复选框。

对于本分析电路，选择第 1 个电源 V1 的变动范围为 2～8V，增量为 1V；第 2 个电源 V2 的变动范围为 8～16V，增量为 4V；并且在 Output 选项卡上选取节点 3 为输出变量。

6.9.3 运行仿真分析

分析设置完毕后，单击图 6-31 所示对话框下部的 Simulate 按钮即可进行分析，其仿真分析结果如图 6-32 所示。

由于同时有两个扫描电源，所以输出曲线的条数为第 2 个电源被扫描的点数。

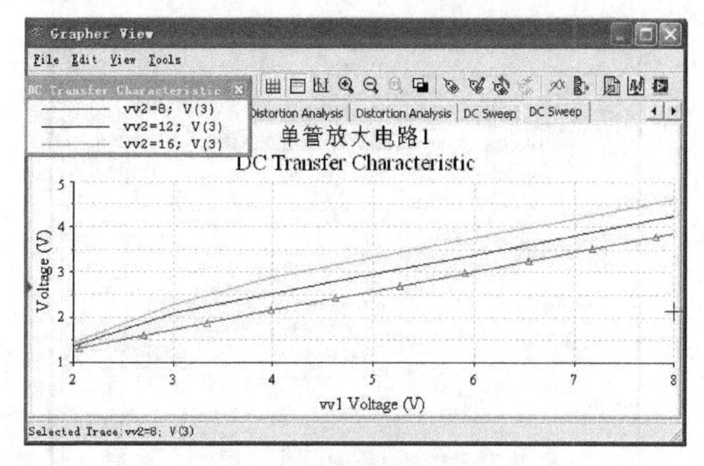

图 6-32　直流扫描分析仿真结果

6.10　灵敏度分析

灵敏度分析（Sensitivity Analysis）是计算电路的输出变量对电路中元器件参数的敏感程度。Multisim 10 提供直流灵敏度与交流灵敏度的分析功能。直流灵敏度的仿真结果以数值的形式显示，而交流灵敏度的仿真结果则绘出相应的曲线。

6.10.1　建立要分析的电路

建立灵敏度分析电路，如图 6-33 所示。

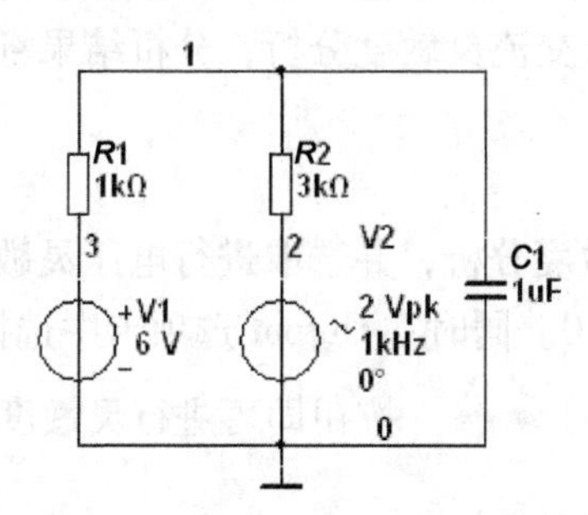

图 6-33　灵敏度分析电路

6.10.2　仿真设置

执行 Simulate\Analysis\Sensitivity... 命令，即可打开图 6-34 所示的灵敏度分析对话框。

该对话框中包括 4 个选项卡，除了 Analysis Parameters 选项卡外，其余 3 个选项卡皆与直流工作点分析的设置相同。

Analysis Parameters 选项卡中包括两个区，现分别加以说明：

1）Output nodes/currents 区有下面一些选项：

① Voltage 项：选择进行电压灵敏度分析。选取该项后即可在其下的 Output node 栏内选定要分析的输出节点及在 Output reference 栏内选择输出端的参考节点。

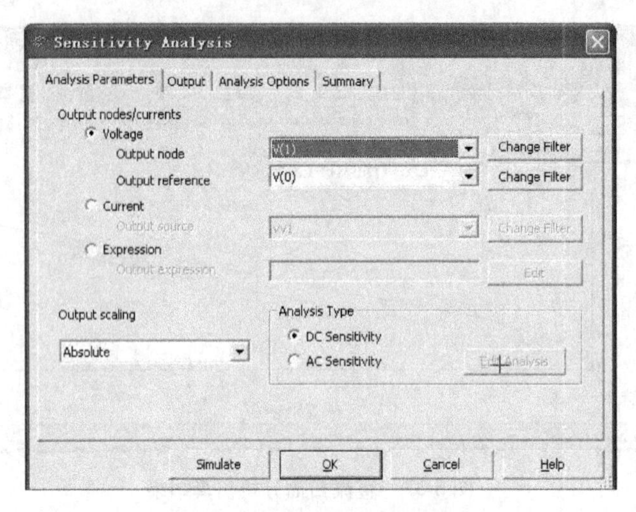

图 6-34　灵敏度分析对话框

② Current 项：选择进行电流灵敏度分析。电流灵敏度分析只能对信号源的电流进行分析，因此，在选取该项后即可在其下的 Output source 栏内选择要分析的信号源。

③ Output scaling 栏：选择灵敏度输出格式，包括 Absolute（绝对灵敏度）和 Relative（相对灵敏度）两个选项。

④ Change Filter 按钮的功能是打开 Filter nodes 对话框，过滤内部节点、外部引脚及子电路中的输出变量。

2）Analysis Type 区包括两个选项：

① DC Sensitivity：选择进行直流灵敏度分析，分析结果将产生一个表格。

② AC Sensitivity：选择进行交流灵敏度分析，分析结果将产生一个分析图。

6.10.3　运行仿真分析

本分析电路若选择直流灵敏度分析，并选取进行电压灵敏度分析，要分析的节点选择节点 1，输出端的参考节点为节点 0。同时在 Output 选项卡中选择全部变量。分析设置完毕后，单击图 6-34 所示对话框下部的 Simulate 按钮即可进行灵敏度分析，则直流灵敏度分析仿真结果如图 6-35 所示。

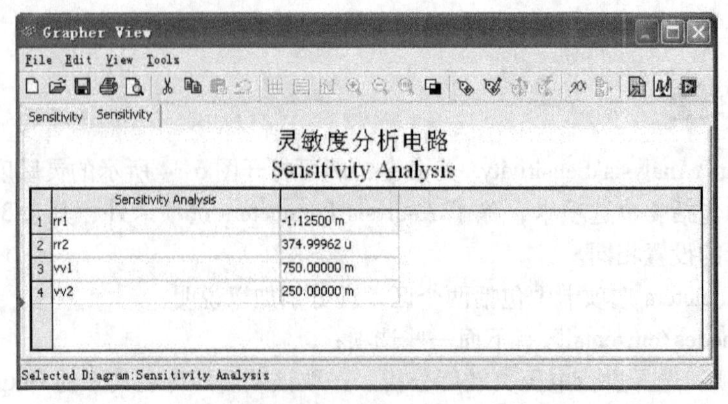

	Sensitivity Analysis	
1	rr1	-1.12500 m
2	rr2	374.99962 u
3	vv1	750.00000 m
4	vv2	250.00000 m

图 6-35　直流灵敏度分析仿真结果

本分析电路若选择交流灵敏度分析，仍选取电压灵敏度分析，分析节点和输出端的参考节点仍为节点1和0。在Output选项卡中选择全部变量。分析设置完毕后，单击图6-34所示对话框下部的Simulate按钮即可进行灵敏度分析，则交流灵敏度分析仿真结果如图6-36所示。

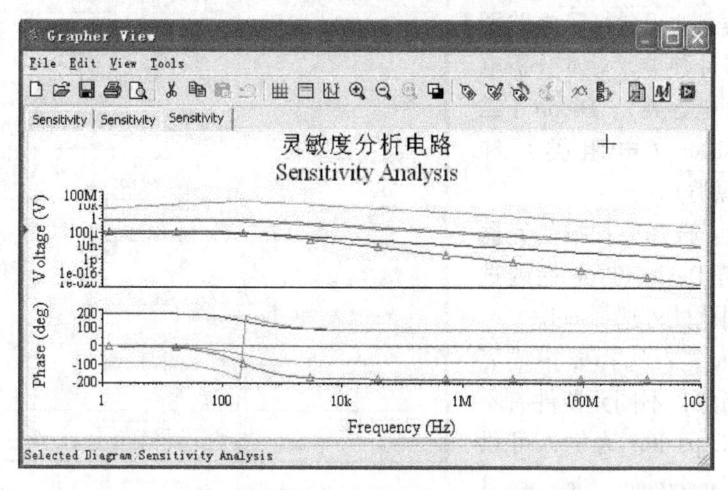

图6-36　交流灵敏度分析仿真结果

6.11　参数扫描分析

参数扫描分析（Parameter Sweep Analysis）可以较快地查证电路元器件参数在一定范围变化时对电路的影响，这种分析方法相当于该元器件每次取不同的参数值，进行多次仿真。观察元器件参数变化对电路直流工作点、瞬态特性及交流频率特性的影响，以便对电路的某些性能指标进行优化。

6.11.1　建立要分析的电路

建立图6-37所示的整流滤波电路，以备进行参数扫描分析，即对电容*C*1的参数进行扫描，观察电容量与纹波电压之间的关系。

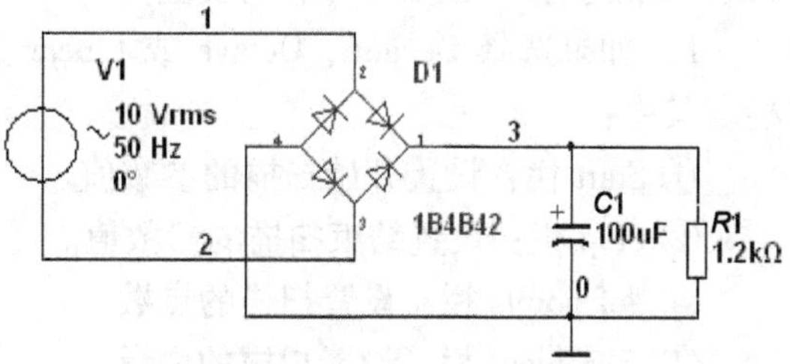

图6-37　整流滤波电路

6.11.2　分析设置

要进行参数扫描分析，可执行Simulate\Analysis\Parameter Sweep命令，打开图6-38所示的Parameter Sweep对话框。

该对话框中包括4个选项卡，除了Analysis Parameters选项卡外，其余各选项卡均与直流工作点分析的设置相同。

Analysis Parameters选项卡中的各项说明如下：

（1）Sweep Parameters区　设置扫描的元器件及参数。

可供选择的扫描参数类型有：元器件参数或模型参数。选择不同的扫描参数类型之后，还将有不同的项目供进一步选择，说明如下：

1）Device Parameter项：表示选中的是元器件参数类型。选取该选项后，该区右边的5

个栏出现与元器件参数有关的一些信息，还需进一步选择。

① Device Type 栏：选择所要扫描的元器件种类，这里包括了电路图中所用到的元器件种类，对本分析电路有 Capacitor（电容类）、Diode（二极管类）、Resistor（电阻类）和 Vsource（电压源类）。

② Name 栏：选择要扫描的元器件序号。例如若 Device Type 栏内选择 Capacitor，则此处可选择 ccl。

③ Parameter 栏：选择要扫描元器件的参数。当然，不同元器件有不同的参数，以 Capacitor 为例，可供选择的参数有 Capacitance、ic、w、1 和 seas cap 等，其含义在 Description 栏内说明。而 Present Value 栏则为目前该参数的设置值。

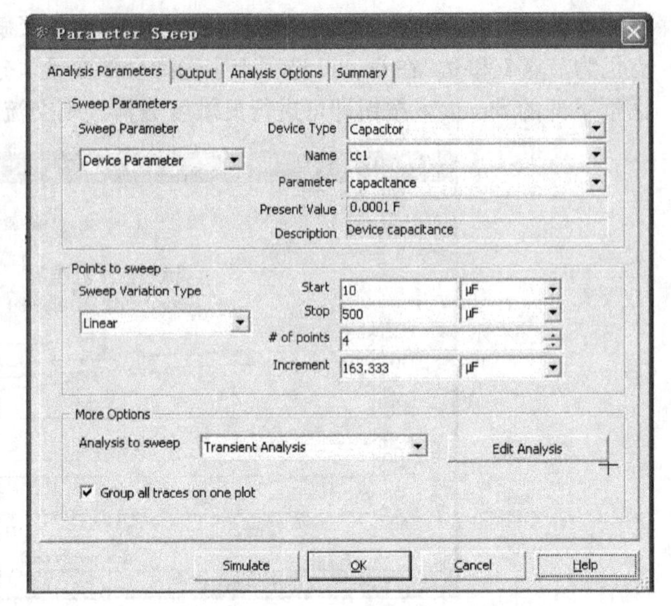

图 6-38　Parameter Sweep 对话框

2）Model Parameter 项：表示选中的是元器件模型参数类型。选取该选项后，该区右边同样出现需要进一步选择的 5 个栏。这 5 个栏中提供的选项，不仅与电路有关，而且与选择 Device Parameter 项对应的选项有关，需注意区别。

（2）Points to sweep 区　本区的功能是选择扫描方式。本区的 Sweep Variation Type 栏中有 4 种可选择的扫描变量类型：Decade（10 倍刻度扫描）、Octave（8 倍刻度扫描）、Linear（线性刻度扫描）及 List（取列表值）。

1）如果选择 Decade、Octave 或 Linear 选项，则该区的右边将出现图 6-38 所示的 4 个栏。其中：

① Start 栏：设置开始扫描的参数值。

② Stop 栏：设置结束扫描的参数值。

③ #of points 栏：设置扫描的点数。

④ Increment 栏：设置扫描的增量。

以上 4 个数值之间存在着明显关系：(Increment) = [(Stop) - (Start)]/(#of - 1)，故#of 与 Increment 只需指定其中之一，另一个由程序自动设定。

2）如果选择 List 选项，则其右边将出现 Value 栏，如图 6-39 所示。

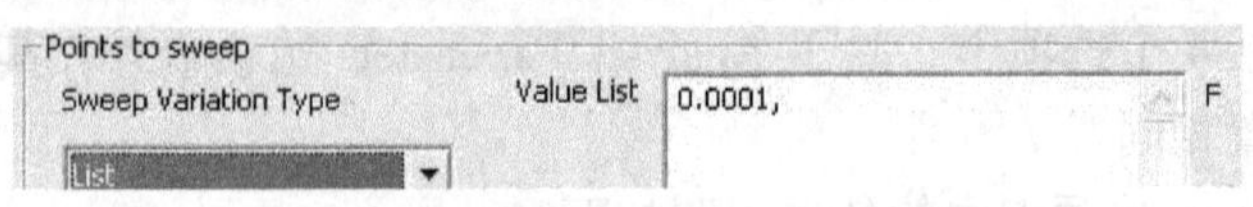

图 6-39　Points to sweep 区

此时可在 Value List 栏中输入所取的值。如果要输入多个不同的值，则在数字之间以空格、逗点或分号隔开。

（3）More Options 区　本区的功能是选择分析类型。

1）Analysis to sweep 栏：选择分析类型，有 DC Operating Point（直流工作点分析）、AC Analysis（交流分析）及 Transient Analysis（瞬态分析）3种分析类型供选择。在选定分析类型后，可单击 Edit Analysis 按钮对该项分析进行进一步编辑设置。

2）Group all traces on one plot 复选框：若选中此项则可将所有分析的曲线放置在同一个分析图中显示。

本分析电路中，Analysis Parameters 选项卡中的各选项选择如下：

Sweep Parameter 栏：Device Parameter。

Device Type 栏：Capacitor。

Name 栏：ccl。

Parameter 栏：Capacitance。

Sweep Variation Type 栏：Linear。

Start 栏：1e-005（单位为 F，即 10μF）。

Stop 栏：0.0005（即 500μF）。

#of Points 栏：4。

Analysis to sweep 栏：Transient Analysis，并单击 Edit Analysis 按钮，将 Endtime 修改为0.1。

选中 Group all traces on one plot 复选框。

同时，在 Output 选项卡中选择节点3为分析变量。

6.11.3　运行仿真分析

各项参数设置好后，单击图6-38所示对话框下部的 Simulate 按钮即可进行参数扫描分析，则参数扫描分析仿真结果如图6-40所示。

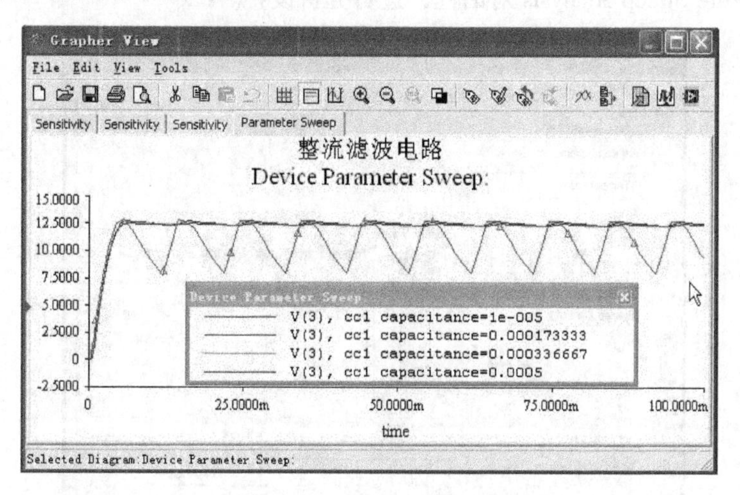

图6-40　参数扫描分析仿真结果

6.12　温度扫描分析

温度扫描分析（Temperature Sweep Analysis）是研究温度变化对电路性能的影响。通常电路的仿真都是假设在27℃下进行的，而由于许多电子元器件与温度有关，当温度变化时，电路的特性也会产生一些改变。该分析相当于在不同的工作温度下多次仿真电路性能。不过，Multisim 10 中的温度扫描分析并不是对所有元器件都有效，仅限于考虑一些半导体器件和虚拟电阻。

6.12.1　建立要分析的电路

建立图 6-41 所示的单管放大电路，以备对输出节点 4 进行温度扫描分析。

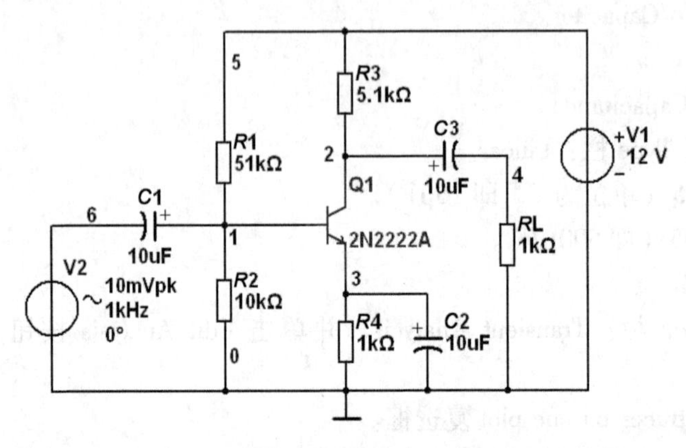

图 6-41　单管放大电路

6.12.2　分析设置

要进行温度扫描分析，应先执行 Simulate\Analysis\Temperature Sweep 命令，打开图 6-42 所示的 Temperature Sweep Analysis 对话框，进行分析设置。

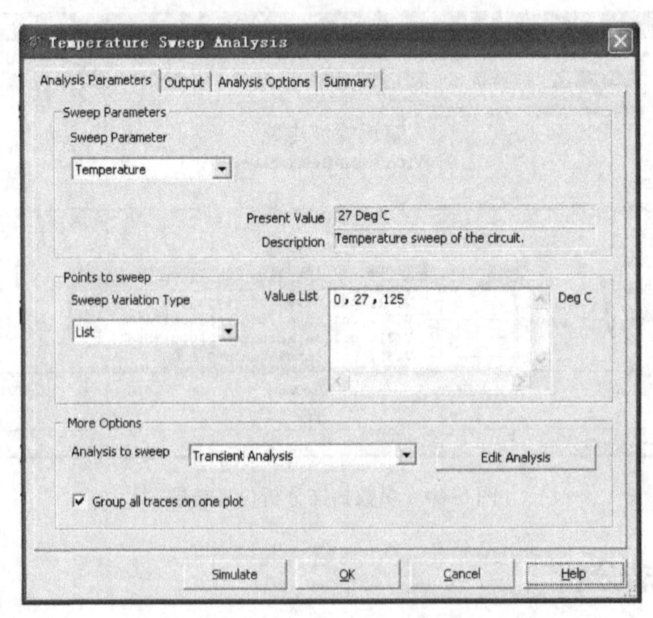

图 6-42　Temperature Sweep Analysis 对话框

由图6-42可见，与参数扫描分析的设置对话框完全一样，故其设置方式也一样，只要在Sweep Variation Type栏内选取List，然后在其右边的Value栏内列出所要扫描的温度即可。

对于本分析电路，假设扫描的温度分别为0℃、27℃和125℃，并在Output选项卡中选择节点4为分析变量。

6.12.3 运行仿真分析

参数设置好后，单击图6-42所示对话框下部的 Simulate 按钮，则温度扫描分析仿真结果如图6-43所示。

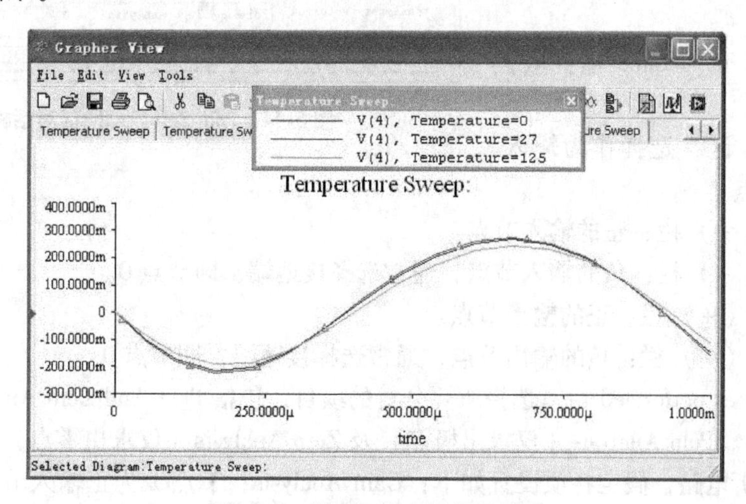

图6-43　温度扫描分析仿真结果

6.13 极点-零点分析

极点-零点分析（Pole-Zero Analysis）是对电路进行交流小信号状态下传递函数的极点和零点分析。该分析首先要计算电路的直流工作点，依据非线性器件小信号线性化的模型，通过仿真运行找出传递函数的极点和零点。极点-零点分析用于确定电路的稳定性，若分析结果中传递函数的极点具有负实部则电路是稳定的，否则电路在某些频率响应时将是不稳定的。

6.13.1 建立要分析的电路

本分析电路仍采用图6-41所示的单管放大电路，对其进行极点-零点分析。

6.13.2 分析设置

要进行极点-零点分析，可执行Simulate\Analysis\Pole-Zero…命令，打开图6-44所示的Pole-Zero Analysis对话框，进行分析设置。

该对话框中包括3个选项卡，除了Analysis Parameters选项卡外，其余的选项卡与直流工作点分析的设置相同。Analysis Parameters选项卡的各项设置说明如下：

（1）Analysis Type区　选择分析类型，共有4种：

1）Gain Analysis（output voltage/input voltage）项：电路增益分析，也就是计算输出电压/输入电压的值。

2）Impedance Analysis（output voltage/input current）项：电路互阻抗分析，也就是计算输出电压/输入电流的值。

3）Input Impedance 项：电路输入阻抗。

4）Output Impedence 项：电路输出阻抗。

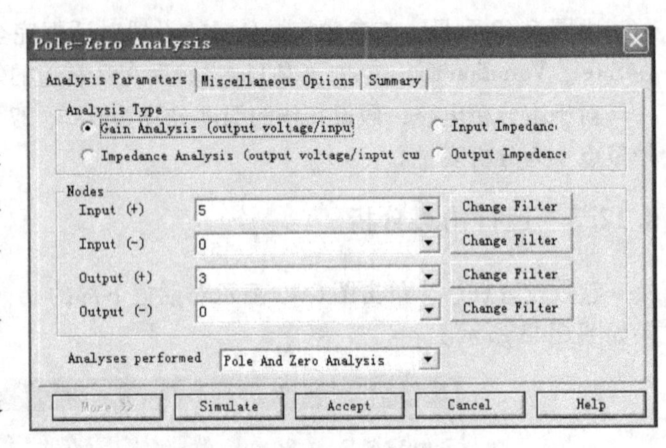

图 6-44　Pole-Zero Analysis 对话框

（2）Nodes 区　选择作为输入、输出的正负节点。

1）Input（+）栏：正的输入节点。

2）Input（-）栏：负的输入节点，通常选择接地端，即节点 0。

3）Output（+）栏：正的输出节点。

4）Output（-）栏：负的输出节点，通常选择接地端，即节点 0。

（3）Analyses performed 栏　选择所要分析的项目，包括 Pole And Zero Analysis（同时求出极点与零点）、Pole Analysis（仅求出极点）及 Zero Analysis（仅求出零点）3 个选项。

对于本分析电路，假定各项设置如下：Gain Analysis；节点 1 为正输入节点；节点 4 为正输出节点；节点 0 为输入、输出负节点；同时求出极点和零点。

6.13.3　运行仿真分析

参数设置好后，单击图 6-44 所示对话框下部的 Simulate 按钮，则 Pole-Zero Analysis 仿真结果如图 6-45 所示。图表中所列极点和零点的单位为 rad/s。

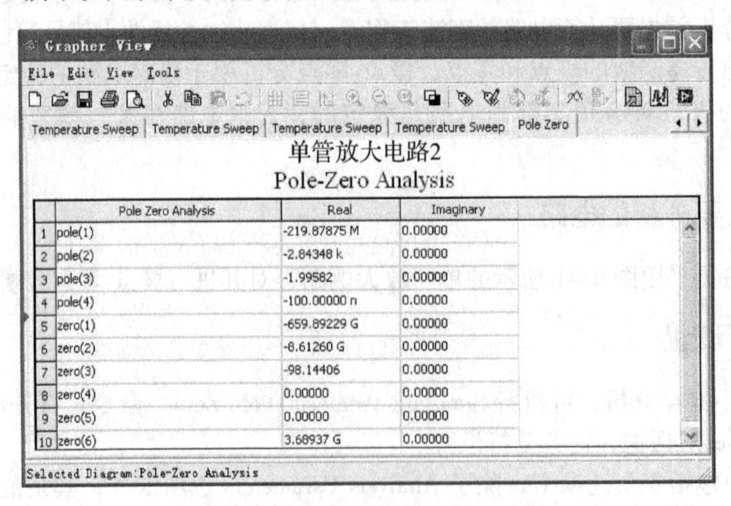

	Pole Zero Analysis	Real	Imaginary
1	pole(1)	-219.87875 M	0.00000
2	pole(2)	-2.84348 k	0.00000
3	pole(3)	-1.99582	0.00000
4	pole(4)	-100.00000 n	0.00000
5	zero(1)	-659.89229 G	0.00000
6	zero(2)	-8.61260 G	0.00000
7	zero(3)	-98.14406	0.00000
8	zero(4)	0.00000	0.00000
9	zero(5)	0.00000	0.00000
10	zero(6)	3.68937 G	0.00000

图 6-45　Pole-Zero Analysis 仿真结果

6.14　传递函数分析

传递函数分析（Transfer Function Analysis）是分析计算在交流小信号条件下，由用户指定的作为输出变量的任意两节点之间的电压或流过某一个器件上的电流与作为输入变量的独立电源之间的比值，同时也将计算出相应的输入阻抗和输出阻抗值。在进行分析前应对非线性器件建立线性化模型，并进行直流工作点计算。

6.14.1　建立要分析的电路

建立图 6-46 所示的比例运放电路，以备进行传递函数分析。

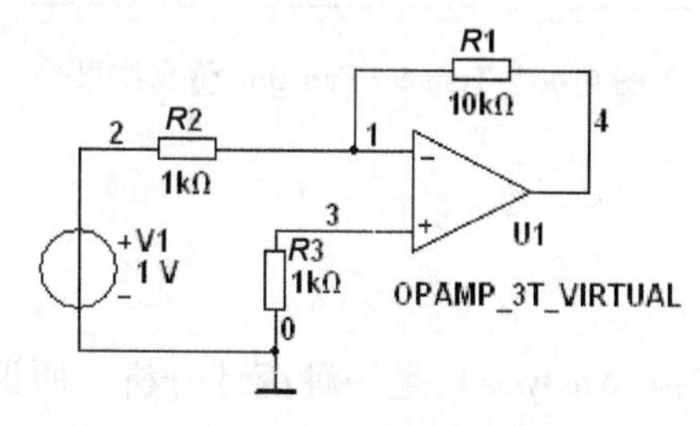

图 6-46　比例运放电路

6.14.2　分析设置

要进行传递函数分析，可执行 Simulate\Analysis\Transfer Function 命令，打开图 6-47 所示的 Transfer Function Analysis 对话框，先进行分析设置。

该对话框中包括 3 个选项卡，除了 Analysis Parameters 选项卡外，其余各选项卡皆与直流工作点分析的设置一样。Analysis Parameters 选项卡各项设置说明如下：

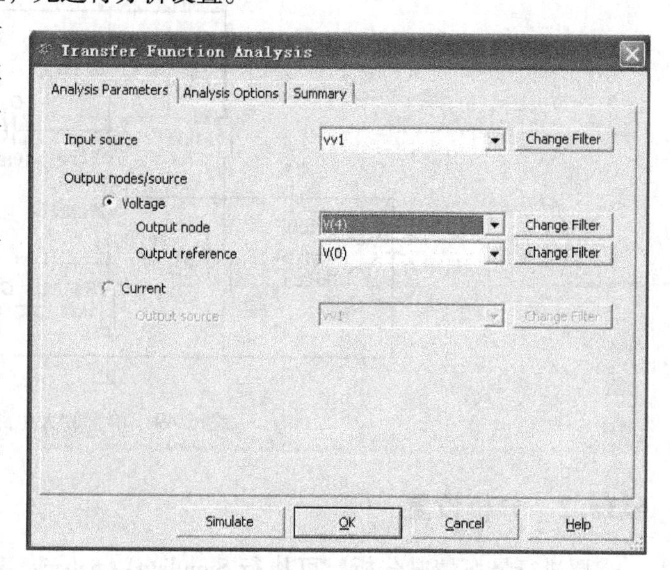

图 6-47　Transfer Function Analysis 对话框

1）Input source 栏：选择所要分析的输入电源。

2）Voltage 项：选择作为输出电压的变量。在 Output node 栏中指定作为输出的节点；而在 Output reference 栏中指定参考节点，通常是接地端（即节点 0）。

3）Current 项：选择作为输出电流的变量。在 Output source 栏中指定所要输出的电流。对于本分析电路，Input source 栏只能取 vv1（vv1 含义为第 1 个电源的电压）；节点 4 为输出节点；节点 0 为参考节点。

6.14.3　运行仿真分析

参数设置好后，单击图 6-47 所示对话框下部的 Simulate 按钮，则 Transfer Function 仿真结果如图 6-48 所示。

比例运放电路
Transfer Function

	Transfer Function Analysis	
1	Transfer function	-10.00055
2	vv1#Input impedance	999.94998
3	Output impedance at V(V(4),V(0))	0.00000

图 6-48　Transfer Function 仿真结果

6.15　最坏情况分析

最坏情况分析（Worst Case Analysis）是一种统计分析。所谓最坏情况是指电路中的元器件参数在其容差域边界点上取某种组合时所引起的电路性能的最大偏差。而最坏情况分析是在给定电路元器件参数容差的情况下，估算出电路性能相对于标称值时的最大偏差。

6.15.1　建立分析电路

建立图 6-49 所示的单管放大电路，以备进行最坏情况分析。

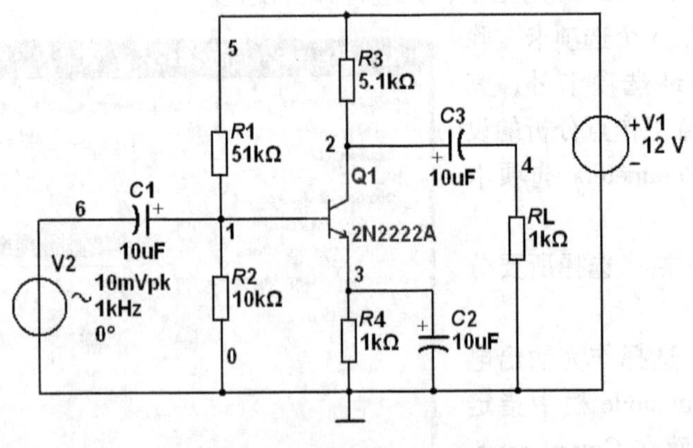

图 6-49　单管放大电路

6.15.2　分析设置

要进行最坏情况分析，可执行 Simulate \ Analysis \ Worst Case 命令，打开图 6-50 所示的 Worst Case Analysis 对话框，进行分析设置。

该对话框中包括 4 个选项卡，除了 Model tolerance list 和 Analysis Parameters 选项卡外，其余各选项卡皆与直流工作点分析的设置相同。

1. Model tolerance list 选项卡

Current list of tolerances 区：列出当前分析电路中元器件模型误差。可以单击下方的 Add tolerance 按钮，打开图 6-51 所示的对话框，添加误差设置。

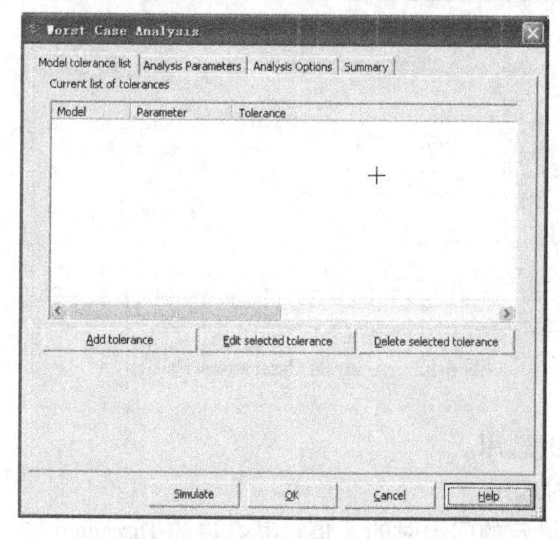

图 6-50　Worst Case Analysis 对话框

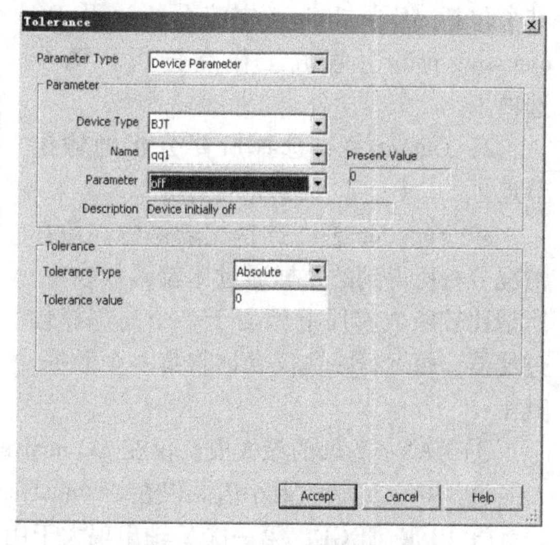

图 6-51　Tolerance 对话框

在该对话框的 Parameter Type 栏中可以选择所要设定的元器件模型参数（Model Parameter 选项）或元器件参数（Device Parameter 选项），其下的 Parameter 区和 Tolerance 区将随之改变，说明如下：

（1）Parameter 区　该区包括：

1）Device Type 栏：选择所要设定参数的元器件种类，其中包括电路图中所使用到的元器件种类，例如 BJT（双极性晶体管类）、Capacitor（电容器类）、Diode（二极管类）、Resistor（电阻器类）及 Vsource（电压源类）等。

2）Name 栏：选择所要设定参数的元器件序号。例如 Q1 晶体管则指定为 qq1；C1 电容器则指定为 cc1 等。

3）Parameter 栏：选择所要设定的参数。当然，不同元器件有不同的参数，以晶体管为例，可指定为 off（不使用）、icvbe（即 i_c、u_{be}）、icvce（即 i_c、u_{ce}）、area（区间因素）、i_c（即 I_c）、sens_area（即灵敏度）或 temp（温度）等。

4）Present Value 栏：当前该参数的设定值（不可更改）。

5）Description 栏：Parameter 栏所选参数的说明（不可更改）。

（2）Tolerance 区　确定容差的设置方式，其中包括 2 个栏：

1）Tolerance Type：选择容差的形式，其中包括 Absolute（绝对值）和 Percent（百分比）两个选项。

2）Tolerance value：根据所选的容差形式设置容差值。

当完成新增设定后，单击 Accept 按钮即可将新增项目添加到图 6-50 所示的对话框中。

图 6-50 中还有两个按钮：Edit selected tolerance 按钮的功能是对所选取的某个误差项目进行重新编辑，单击此按钮，将打开图 6-51 所示的对话框；Delete selected tolerance 按钮的功能是删除所选取的误差项目。

2. Analysis Parameters 选项卡

Analysis Parameters 选项卡如图 6-52 所示，该选项卡中包括下列项目：

1）Analysis 栏：选择所要进行的分析，其中包括 AC analysis（交流分析）及 DC operating point（直流工作点分析）两个选项。

2）Output 栏：选择所要分析的输出节点。

3）Function 栏：选择比较函数。最坏情况分析所得到的数据通过比较函数收集。所谓比较函数实质上相当于一个高选择性过滤器，每运行一次仅允许收集一个数据。其中：

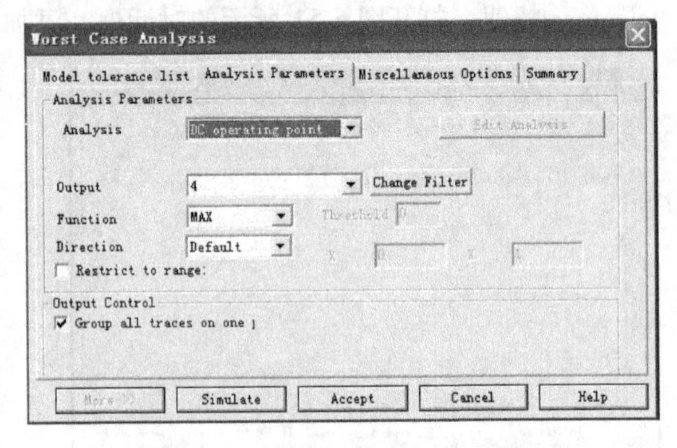

图 6-52　Analysis Parameters 选项卡

① MAX：Y 轴的最大值。仅在 AC analysis 时选用。

② MIN：Y 轴的最小值。仅在 AC analysis 时选用。

③ RISE_EDGE：第一次 Y 轴出现大于用户设定的门限时的 X 值。其右边的 Threshold 栏用来输入其门限值。

④ FALL_EDGE：第一次 Y 轴出现小于用户设定的门限时的 X 值。其右边的 Threshold 栏用来输入其门限值。

4）Direction 栏：选择容差变化方向，包括 Default、Low 及 High 3 个选项。

5）Group all traces on one plot 复选框：若选中此框，将所有仿真分析结果和记录在一个图形中显示。若不选此框，则将标称值仿真、最坏情况仿真和 Run Log Descriptions 分别输出显示。

对于本分析电路，假设 BJT 晶体管的 bf 值容差为 20%，电阻 *R*3 的容差为 10%，具体设置说明如下：

（1）BJT 容差的设置

1）Parameter Type 栏：Model Parameter。

2）Device Type 栏：BJT。

3）Name 栏：2n2222a_bjt_npn_1。

4）Parameter 栏：bf。

5）Distribution 栏：Ideal forward beta。

6）Tolerance Type 栏：Percent。

7）Tolerance value 栏：20%。

（2）*R*3 容差的设置

1）Parameter Type 栏：Device Parameter。

2）Device Type 栏：Resistor。

3）Name 栏：rr3。

4）Parameter 栏：resistance。

5）Distuibution 栏：resistance。

6）Tolerance Type 栏：Percent。

7）Tolerance value 栏：10%。

（3）Analysis Parameters 选项卡的设置

1）Analysis 栏：DC Operating point。

2）Output 栏：V（2）。

3）Function 栏：MAX。

4）Direction 栏：High。

5）选中 Group all traces on one plot 复选框。

6.15.3　运行仿真分析

参数设置好后，单击图 6-52 所示对话框下部的 Simulate 按钮，则最坏情况分析仿真结果如图 6-53 所示。

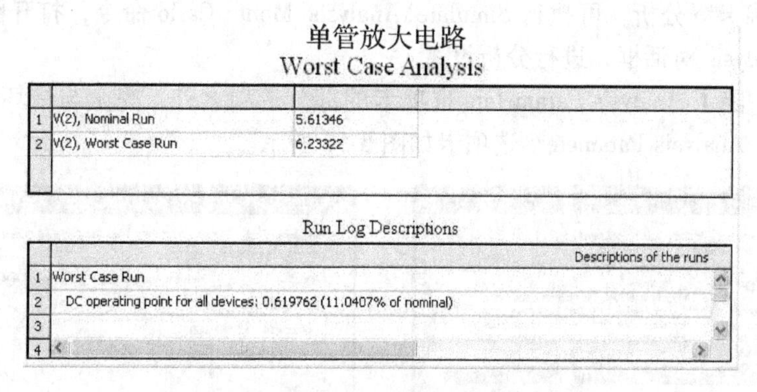

图 6-53　直流工作点最坏情况分析仿真结果

若 Analysis Parameters 选项上中的 Analysis 选项设置为 AC analysis，其他设置不变，单击图 6-52 所示对话框下部的 Simulate 按钮，则交流分析最坏情况仿真结果如图 6-54 所示。

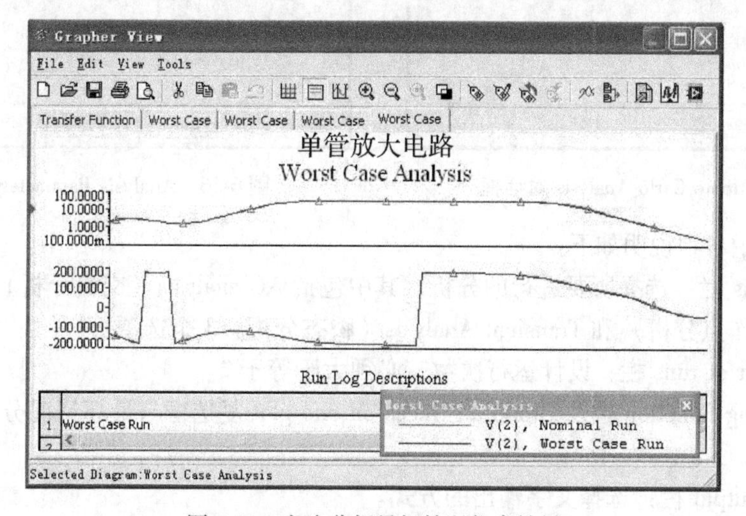

图 6-54　交流分析最坏情况仿真结果

6.16　蒙特卡罗分析

蒙特卡罗分析（Monte Carlo Analysis）是一种统计模拟方法，它是在给定电路元器件参数容差的统计分布规律的情况下，用一组伪随机数求得元器件参数的随机抽样序列，对这些随机抽样的电路进行直流、交流和瞬态分析，并通过多次分析结果估算出电路性能的统计分布规律，如电路性能的中心值和方差、电路合格率及成本等。

6.16.1　建立要分析的电路

分析电路仍用图 6-49 所示的单管放大电路。

6.16.2　分析设置

要进行蒙特卡罗分析，可执行 Simulate\Analysis\Monte Carlo 命令，打开图 6-55 所示的 Monte Carlo Analysis 对话框，进行分析设置。

该对话框中除了 Analysis Parameters 选项卡的部分选项之外，完全与最坏情况分析对话框的选项相同。Analysis Parameters 选项卡如图 6-56 所示。

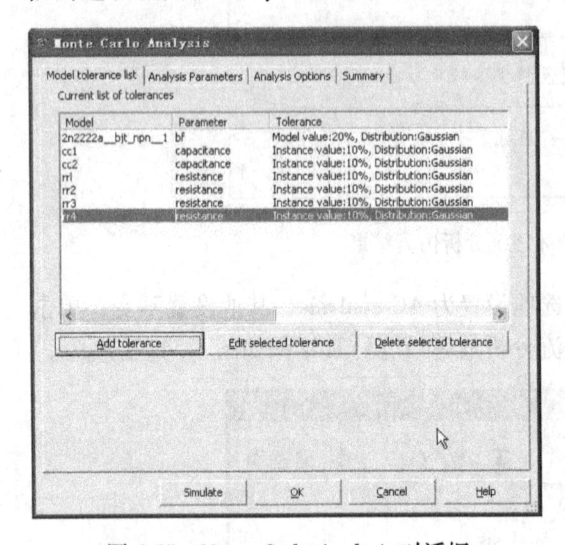

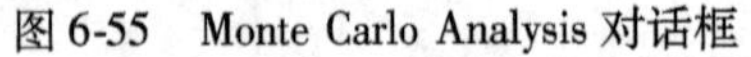

图 6-55　Monte Carlo Analysis 对话框

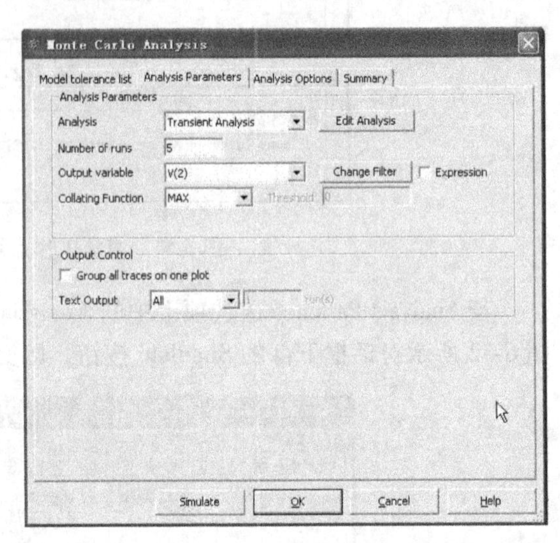

图 6-56　Analysis Parameters 选项卡

该选项卡中各项说明如下：

1）Analysis 栏：选择所要进行的分析，其中包括 AC analysis（交流分析）、DC operating point（直流工作点分析）和 Transient Analysis（瞬态分析）3 个选项。

2）Number of runs 栏：设计运行次数，必须大于等于 2。

3）Collating Function 栏及 Group all traces on one plot 复选框与最坏情况分析中对应的选项相同。

4）Text Output 栏：选择文字输出的方式。

对本分析电路，设输出节点为节点 2；Number of runs 栏设置为 5；Text Output 栏为 All。

6.16.3　运行仿真分析

参数设置好后，单击图 6-56 所示对话框下部的 Simulate 按钮，则 Monte Carlo Analysis 仿真结果如图 6-57 所示。

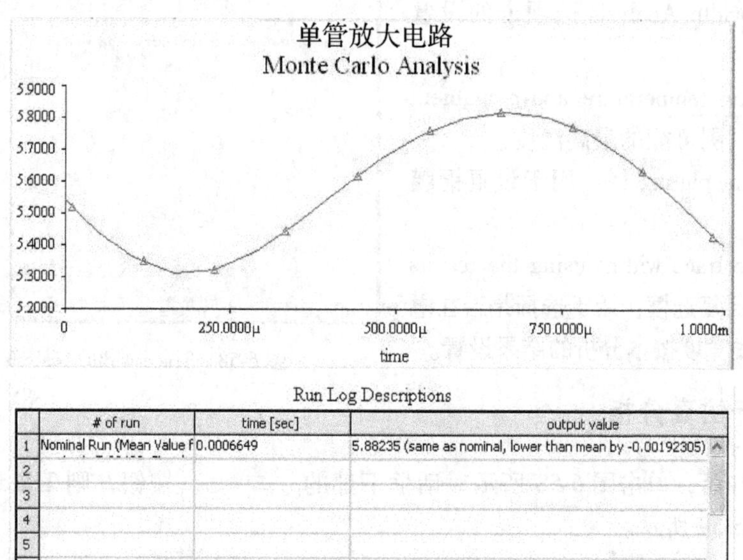

图 6-57　Monte Carlo Analysis 仿真结果

6.17　布线宽度分析

布线宽度分析是在制作印制电路板时，对导线有效的传输电流所允许的最小线宽的分析。导线所消耗的功率不仅与电流有关，还与导线的电阻有关，而导线的电阻又与导线的横截面积有关。在制作印制电路板时，导线的厚度受板材的限制，因此导线的电阻就主要取决于导线宽度。

6.17.1　建立要分析的电路

分析电路仍用图 6-49 所示的单管放大电路。

6.17.2　分析设置

当要进行布线宽度分析时，执行 Simulate \ Analysis \ Trace width Analysis 命令，打开图 6-58 所示的 Trace width Analysis 对话框，进行分析设置。

该对话框中包括 4 个选项卡，除了 Trace width Analysis 和 Analysis Parameters 选项卡外，

其余各选项卡皆与直流工作点分析的设置相同。

1）Analysis Parameters 选项卡的设置与瞬态分析设置一样，一般保持默认设置即可。

2）Trace width Analysis 选项卡的设置说明如下：

① Maximum temperature above ambient 栏：用于设置周围可能的最高温度。

② Weight of plating 栏：用于设置铜膜的厚度。

③ Set node trace widths using the results from this analysis 复选框：用于选择是否在电路板布线时布线宽度按本分析的结果设置。

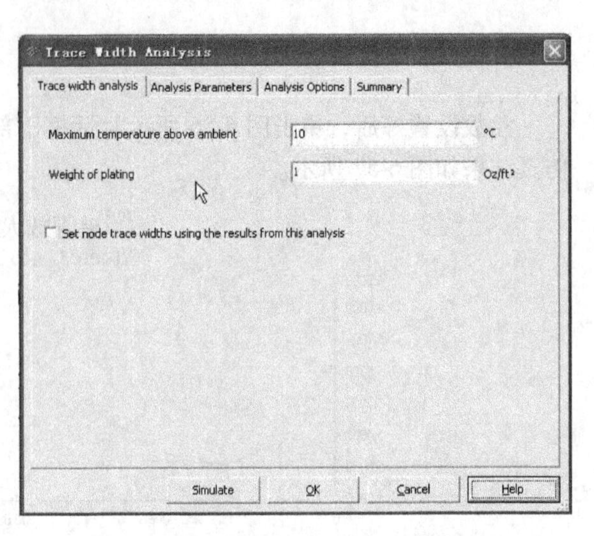

图 6-58　Trace width Analysis 对话框

6.17.3　运行仿真分析

参数设置好后，单击图 6-58 所示对话框下部的 Simulate 按钮，则 Trace width Analysis 仿真结果如图 6-59 所示。

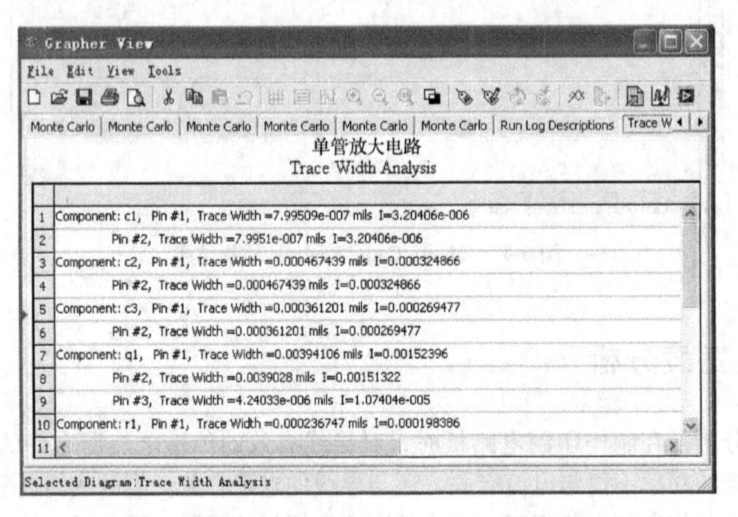

图 6-59　Trace width Analysis 仿真结果

6.18　批处理分析

批处理分析（Batched Analyses）是将不同的分析或者同一分析的不同实例放在一起依次执行。

6.18.1　建立分析电路

在实际电路分析中，通常需要对同一个电路进行多种分析，例如对一个如图 6-49 所示的单管放大电路，为了确定静态工作点，需要进行直流工作点分析；为了了解其频率特性，需要进行交流分析；为了观察输出波形，可进行瞬态分析。这时使用 Multisim 10 的批处理分析将会更快捷方便。下面以该电路为例来简要说明批处理分析的运用。

6.18.2　分析设置

当要进行批处理分析时，执行 Simulate \ Analyses \ Batched Analyses 命令，即可打开图 6-60 所示的对话框。

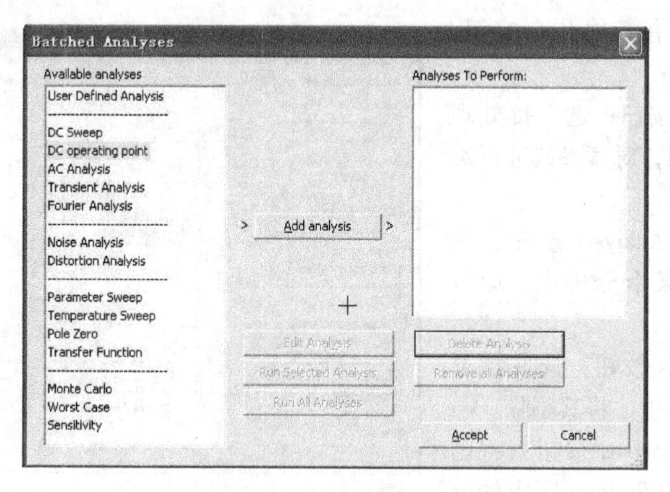

图 6-60　Batched Analyses 对话框

此时，在 Available analyses 区中选取所要执行的分析，若本分析电路选择 DC Operating Point，再单击 --> Add analysis 按钮，即可打开图 6-61 所示对话框。

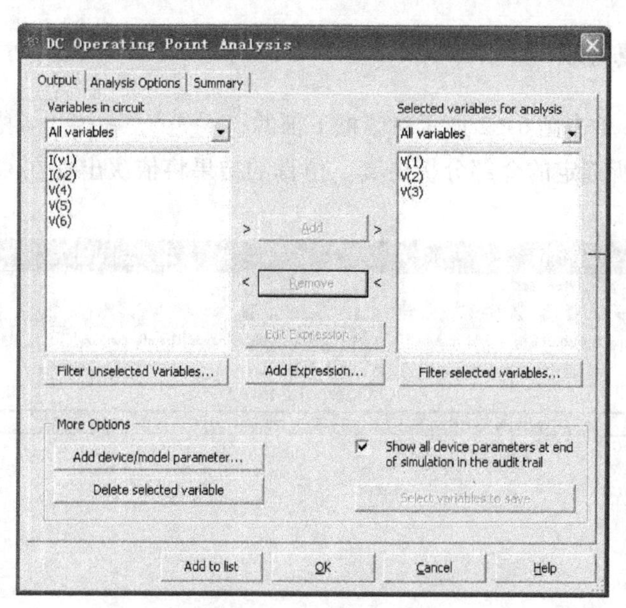

图 6-61　DC Operating Point Analysis 对话框

该对话框与直流工作点分析的参数设置对话框基本相同，所不同的是 Simulate 按钮换成了 Add to list 按钮。在设置对话框中各种参数之后，单击 Add to list 按钮，即可回到 Batched Analyses 对话框，这时在 Analyses To Perform 区中出现将要分析的 DC operating point 项。单击分析项左侧的 + 号，则显示出该分析项的综合信息。

继续添加所希望的分析，这里假设还需对节点 2 进行瞬态分析和传递函数分析，同样对各项分析进行设置和选择。全部设定完成后，在 Batched Analyses 对话框的 Analyses To Perform 区中将出现 3 个分析项，如图 6-62 所示。

图 6-62 中还有其他几个按钮，介绍如下：

Edit Analysis 按钮：选取批处理分析中某个分析项，对其参数进行编辑处理。

Run Selected Analysis 按钮：选取批处理分析中某个分析项，运行仿真。

Delete Analysis 按钮：选取批处理分析中某个分析项，将其删除。

Remove all Analyses 按钮：将已选中的 Analyses To Perform 区内的分析项删除。

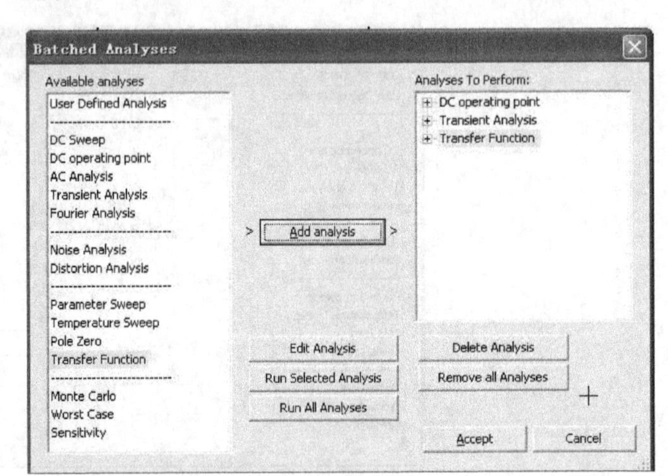

图 6-62　Analyses To Perform 区的 3 个分析项

Run All Analyses 按钮：将选定在 Analyses To Perform 区中的全部分析项，运行仿真。

Accept 按钮：保留 Batched Analyses 对话框中的所有选择设置，待以后使用。

6.18.3　运行仿真分析

参数设置好后，单击图 6-62 所示对话框下部的 Run All Analyses 按钮即执行在 Analyses To Perform 区中所选定的全部分析仿真。仿真的结果将依次出现在 Grapher View 中，如图 6-63 所示。

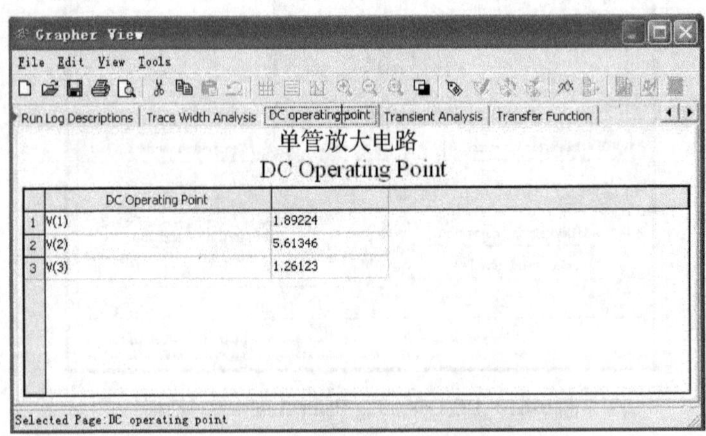

图 6-63　批处理分析仿真结果

单击图6-63上部的各分析项标签，即可浏览其分析结果图形。

6.19　用户自定义分析

用户自定义分析（User Defined Analysis）是Multisim 10提供给用户扩充仿真分析功能的一个途径。执行Simulate \ Analysis \ User Defined Analysis命令，即可打开图6-64所示的User Defined Analysis对话框。

该对话框中共有3个选项卡，除了Commands选项卡外，另外2个选项卡与直流工作点分析的设置相同。用户可在Commands选项卡中，为了实现某种分析功能，输入可执行的SPICE命令。最后，单击Simulate按钮即可执行相应的分析。

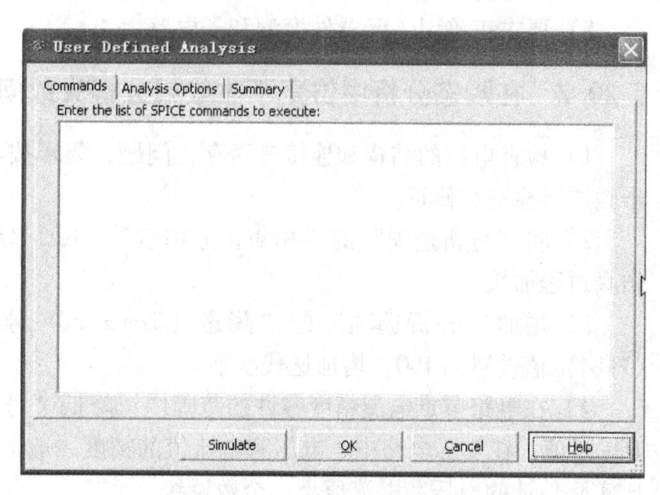

图6-64　User Defined Analysis对话框

6.20　仿真过程的收敛和分析失效问题

Multisim 10在进行仿真分析过程中，会遇见“仿真失败”或“程序不收敛”等问题，常见的有“奇异矩阵”（Singular Matrix）、“Gmin算法失效”（Gmin stepping failed）、“Source算法失效”（Source stepping failed）和“达到迭代极限”（Iteration Limit reached）等问题。

如果在进行瞬态分析时，仿真程序不能在给定的初始时间步长条件下达到收敛，该时间步长会自动减小，再次循环迭代。但当时间步长减至太小时，会显示出错信息“时间步长太小”（Time step too small），仿真停止。

直流工作点分析也会由于各种原因导致不收敛的情况产生。假定的节点电压的初始值与实际情况相差太大，电路就会显得不稳定（电路仿真方程有多个解），或者产生电路模式的跃变或出现不现实的阻抗。

在解决仿真不收敛或分析方法失效问题时，首先要求分清是采用哪种分析方法所引起的，通常直流工作点分析是所有分析方法中的首选分析方法，其次是瞬态分析。

6.20.1　直流工作点分析显示出错时的解决办法

检查电路的结构和连接是否存在问题，要求做到以下几点：

1）电路连接正确，没有悬空节点或多余的不用元器件。

2）不要将数值“0”和字母“O”在电路中混淆。

3）电路必须要有接地点，在电路中的每一个节点对地要有直流通路，确保电路不被变压器或电容等元器件对地完全隔绝。

4）电容器和电流源不能以串联形式连接。

5）电感器和电压源不能以并联形式连接。

6）电路中所有的元器件和信号源设置参数值必须恰当、合适。

7）所有受控源（相关源）的增益设置必须正确。

8）要求正确引入元器件模型和子电路。

6.20.2　在瞬态分析中仿真不收敛或分析失效问题的检查步骤

1）检查电路的结构和连接是否存在问题，要求按与“直流工作点分析出错”时相同的步骤进行检查和修正。

2）将“分析选项”的“相对误差精度”（RELTOL）值，设置为0.01，减少迭代量使仿真过程加快。

3）增加“分析选项”的“瞬态（Transient）分析栏”中“瞬态时间点迭代次数”（ITL4）值设置为100，增加迭代次数。

4）在电路节点电流精度容许的范围内，降低“分析选项”的“绝对误差精度”（VNTOL）值。在实际电路中，电压和电流值的精度一般不会低于1μV和1pV，可以将它设定在比实际估计的电压和电流值小一个数量级。

5）电路仿真时，尽量模拟实际情况。譬如考虑结电容的影响，用子电路来替代有些元器件模型，如高频元器件和功率元器件。

6）若在电路中使用受控单脉冲信号源，应增加其上升和下降时间。

7）将“分析选项”的“瞬态（Transient）分析栏”中的积分方法设为Gear（变阶积分法），虽然Gear积分方法需要时间较长一些，但通常比Trapezoid（梯形法）更稳定一些。

思　考　题

6-1　说明电路仿真的基本原理。

6-2　电路仿真的基本方法步骤是什么？

6-3　直流工作点分析中如何看待交流电源、电容、电感？

6-4　交流分析是对电路中的什么进行仿真分析？

6-5　如何对电路进行瞬态分析？参数怎样设置？

6-6　傅里叶分析是对电路中的什么量进行评价？其仿真分析的步骤是什么？

6-7　说明进行直流扫描分析的意义。

6-8　说明进行参数扫描分析的意义。

6-9　说明进行温度扫描的意义。

6-10　简述传递函数分析仿真方法步骤。

6-11　简述极点-零点分析仿真方法步骤。

6-12　在仿真过程中出现收敛和分析失效问题时应如何解决？

第7章　仿真分析结果显示与后处理

7.1　仿真分析结果显示

由前面介绍的各种分析可以看出：无论何种分析，其分析的最终结果都要以图形形式或图表形式呈现在一个名为Grapher View的窗口中。这是一个多用途的显示仿真结果的活动窗口，主要用来显示Multisim 10的各种分析所产生的图形或图表以及示波器或扫频仪所示的图形轨迹，另外还可以调整、保存和输出仿真曲线或图表。

7.1.1　仿真分析结果显示窗口

当一个电路选择并设置完仿真分析方法后，单击Simulate按钮，仿真结果与Grapher View窗口将一起出现在屏幕上。单击电路窗口的View菜单中的Grapher也可打开该窗口。

图7-1所示为分压式放大电路进行瞬态分析的仿真结果，显示在Grapher View窗口（仿真分析结果显示窗口）中。下面以此为例来说明Grapher View窗口的功能与操作。

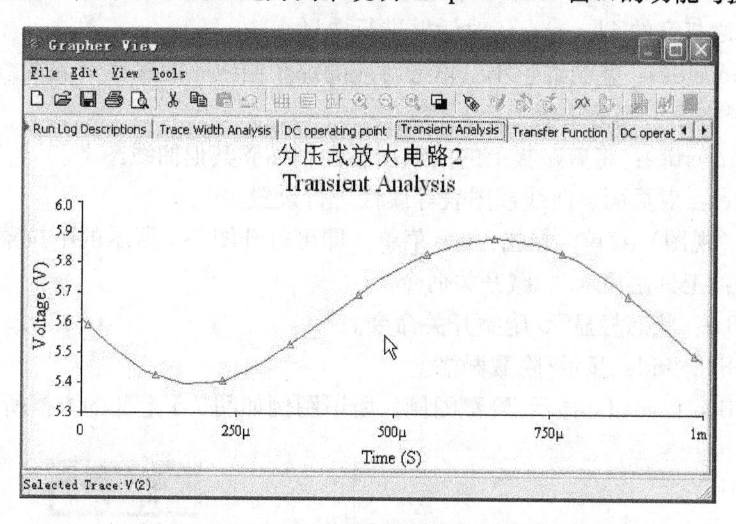

图7-1　分压式放大电路瞬态分析的仿真结果

由图7-1可以看出，Grapher View窗口与一般Windows程序界面相似，从上至下分别为标题栏、菜单栏、工具栏、显示窗口和状态栏。

1. 菜单栏

菜单栏中共有4个菜单命令，各菜单命令及其下拉菜单如下：

（1）File（文件）菜单　单击File菜单，即可打开图7-2所示的下拉菜单。其中：

1）New：建立新页。启动该命令，将出现一个Tab Name对话框，在其栏内输入页名即可。

2）Open：打开已保存的＊.gra、＊.dat、＊.scp及＊.bod格式文件。

3）Save：保存仿真结果。

其余各个命令功能与一般 Windows 应用程序的基本功能相同，在此不再赘述。

（2）Edit（编辑）菜单　单击 Edit 菜单，即可打开图 7-3 所示的下拉菜单。其中：

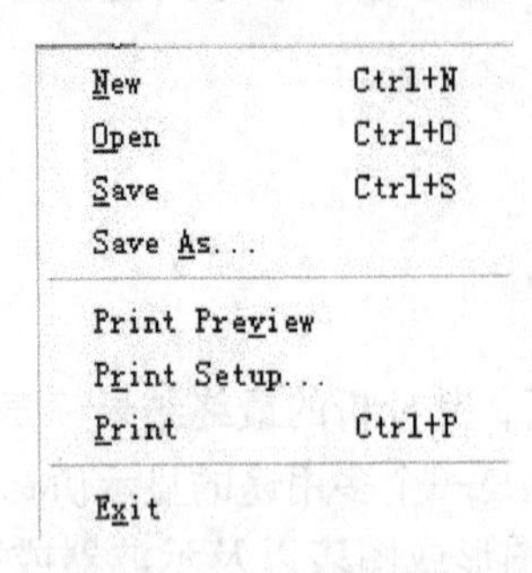

图 7-2　File 的下拉菜单

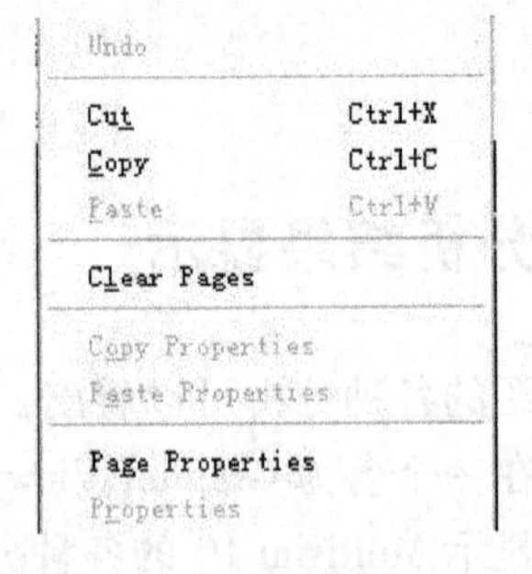

图 7-3　Edit 的下拉菜单

1）Cut：剪切当前所选中的整页或单个图表/曲线图（红色小三角形位于显示窗口左上角时表示选中的是整页，位于某个图表/曲线图的左边时表示选中的是该图表/曲线图），则整个页或单个图表/曲线图被剪切到剪贴板上，而原窗口中的相应部分消失。

2）Copy：与 Cut 相似，所不同的是复制完成后，原窗口中的相应部分不会消失。

3）Paste：将剪贴板上的图形粘贴到指定页上。

4）Clear Pages：清除窗口中某一个电路的所有相关页（和 Cut 不同，不是仅仅清除某一页）。通过随之打开的 Clear pages 对话框进行选择。

5）Copy Properties：复制红色小三角形对应的那个曲线图的属性（除曲线本身之外的部分，如坐标、栅格等）到剪贴板上。

6）Paste Properties：将剪贴板上的曲线图属性粘贴到其他曲线图上。

7）Properties：对页面、曲线或图表等属性进行设置。

（3）View（视图）菜单　单击 View 菜单，即可打开图 7-4 所示的下拉菜单。其中：

1）Toolbar：工具栏显示/隐藏开关命令。

2）Status Bar：状态栏显示/隐藏开关命令。

3）Show/Hide Grid：显示/隐藏栅格。

4）Show/Hide Legend：显示/隐藏图例，所谓图例如图 7-5 上部的方框所示。

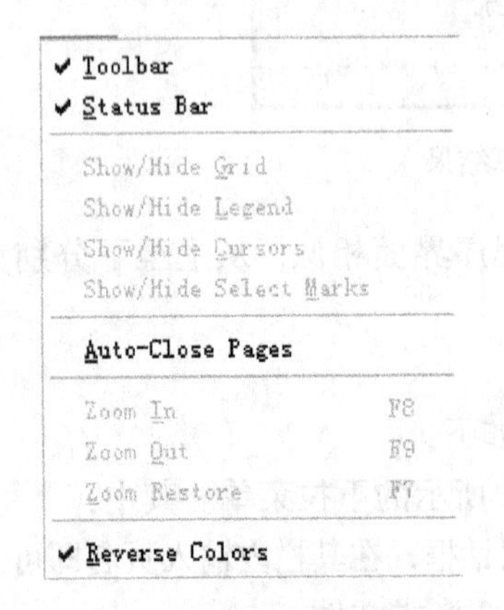

图 7-4　View 的下拉菜单

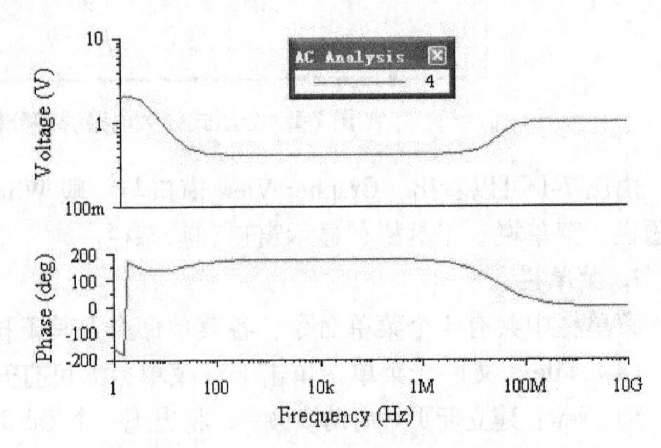

图 7-5　Grapher View 窗口中的图例

5）Show/Hide Cursors：显示/隐蔽指针。该指针与示波器显示屏上的读数指针相同，如图7-6所示。

6）Reverse Colors：将窗口的背景与坐标的颜色黑白转换。

（4）Tools（工具）菜单　单击Tools菜单，即可打开图7-7所示的下拉菜单。其中：

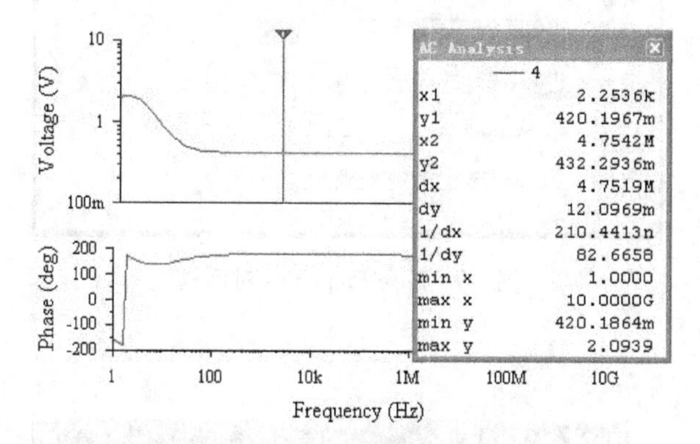

图7-6　Grapher View窗口中的指针

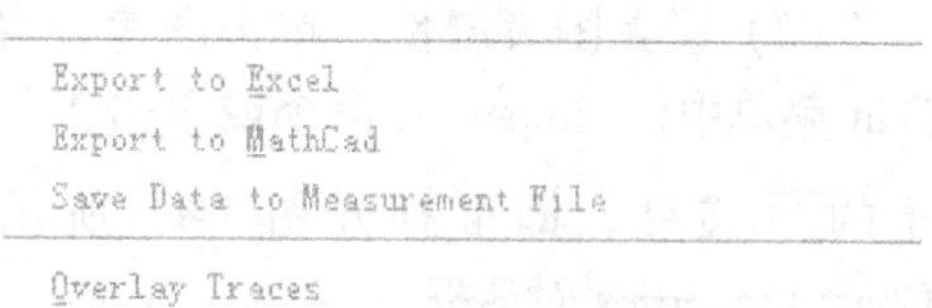

图7-7　Tools的下拉菜单

1）Export Excel：将曲线图中的曲线数据（曲线上每个点的垂直和水平坐标值）输出到Excel电子表格里，如图7-8所示。

2）Export to MathCad：将曲线图中的曲线数据输出到Mathcad。

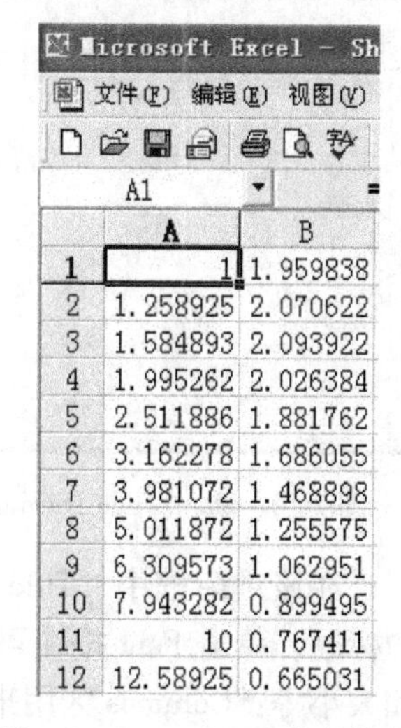

	A	B
1	1	1.959838
2	1.258925	2.070622
3	1.584893	2.093922
4	1.995262	2.026384
5	2.511886	1.881762
6	3.162278	1.686055
7	3.981072	1.468898
8	5.011872	1.255575
9	6.309573	1.062951
10	7.943282	0.899495
11	10	0.767411
12	12.58925	0.665031

图7-8　Export Excel执行结果

2. 工具栏

工具栏中各按钮的功能与菜单栏中对应的命令相同，不再赘述。

3. 显示窗口

该窗口由若干个选项卡组成，每个选项卡的上侧是选项卡名（Tab Name），选项卡名下方是图表/曲线图的名称（Title）和分析方法（如Transient Analysis），最下面是曲线图/图表。

如果要检测某一选项卡，只需单击该选项卡名。若选项卡太多，无法在窗口上侧的空间全部出现，可利用左右滚动条来选择。

每个选项卡都有两个可激活区，即整页或单个图表/曲线图，由左侧的红色箭头来指示。当用鼠标单击选项卡名时，红色箭头指向选项卡名，表示选取了整个选项卡；而当用鼠标单击某个图表/曲线图时，红色箭头指向这个图表/曲线图，表示选中的是该图表/曲线图。某些功能操作（如Cut、Copy、Paste及Properties等）仅对当前激活区有效。

7.1.2　窗口属性设置

下面介绍窗口属性的设置。

（1）设置选项卡属性　单击选项卡名激活整个选项卡。启动Edit菜单中的Page Properties命令或单击工具栏上的按钮，打开图7-9所示的Page Properties对话框。

在该对话框中，Tab Name栏用来设置选项卡名；Title栏用来设置图表/曲线图的标题，单击 Font 按钮可设置文本的字体和大小等；Background Color 栏用来选择窗口的背景颜色；单击 Show/Hide Diagrams on Page 按钮可打开图 7-10 所示的对话框。通过设置该对话框可决定是否在该选项卡显示某些图表/曲线图。如要显示，应选择 VISIBLE；如不显示，单击 VISIBLE 使其转变为 HIDDEN，再单击 Apply 按钮即可。

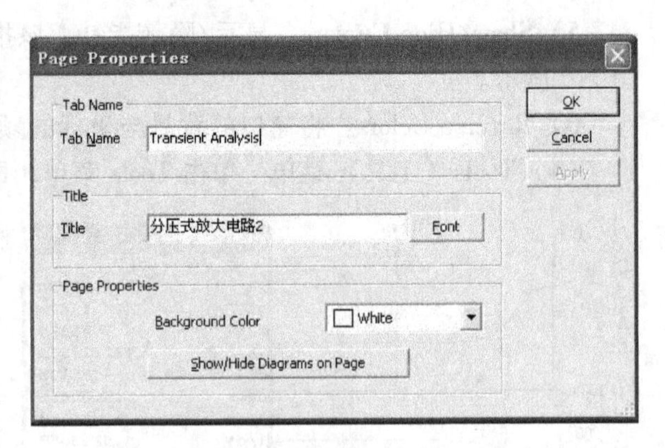

图 7-9　Page Properties 对话框

（2）设置图表属性　单击图表，启动 Edit 菜单中的 Properties 命令或单击工具栏上的按钮，即可打开图 7-11 所示的 Chart Properties 对话框。

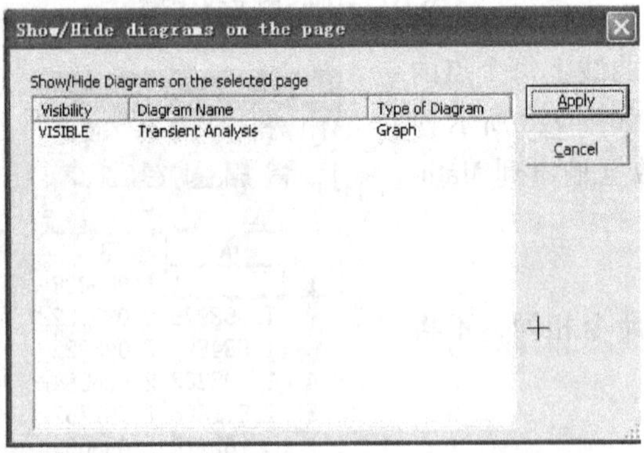

图 7-10　Show/Hide Diagrams on Page 对话框

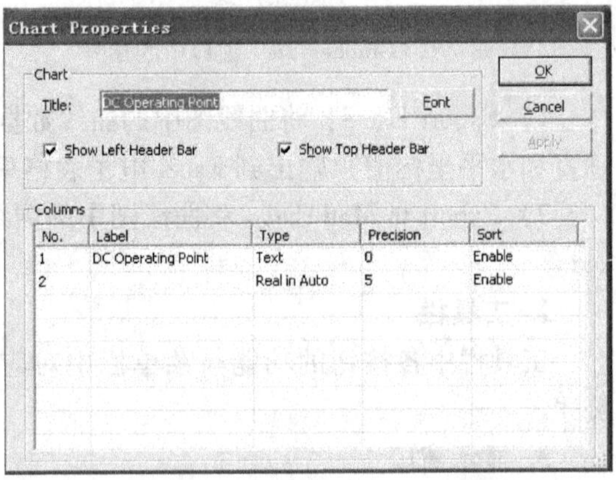

图 7-11　Chart Properties 对话框

在该对话框中，Title 栏用来设置图表的标题，单击 Font 按钮可设置文本的字体和大小等：Columns 区用来显示图表的列数和精度。

（3）设置曲线图属性　单击曲线图，启动 Edit 菜单中的 Properties 命令或单击工具栏上的按钮，即可打开图 7-12 所示的 Graph Properties 对话框。

该对话框共有 6 个选项卡：

1）图 7-12 所示为 General 选项卡。其中，Title 栏用来设置曲线图的标题名称，单击 Font 可设置文本的字体、大小及颜色等；在 Grid 区可设置是否显示网格线及显示网格线的颜色；在 Traces 区可设置是否显示图例；在 Cursors 区可设置是否使用读

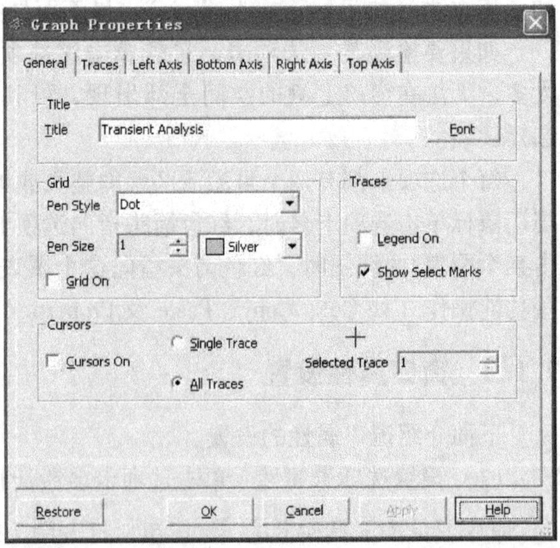

图 7-12　Graph Properties 对话框

数指针、以及所使用的根数。

2）Traces 选项卡，如图 7-13 所示。

该选项卡为曲线设置选项卡。其中，Trace 栏用来选择对第几号曲线进行设置；Label 栏对应该条曲线的名称；Pen Size 栏设置曲线的粗细；Color 栏选择曲线的颜色；右侧的 Sample 栏给出该曲线经设置后的样式。若同时有多条曲线显示在同一个坐标上，需分开进行设置。X-Horizontal Axis 区选择横坐标的放置位置：顶部或底部。同样，Y-Vertical Axis 区选择纵坐标的放置位置：左侧或右侧。Offsets 区设置 X、Y 轴的偏移，若单击 Auto-Separate 按钮，则由程序自动确定。

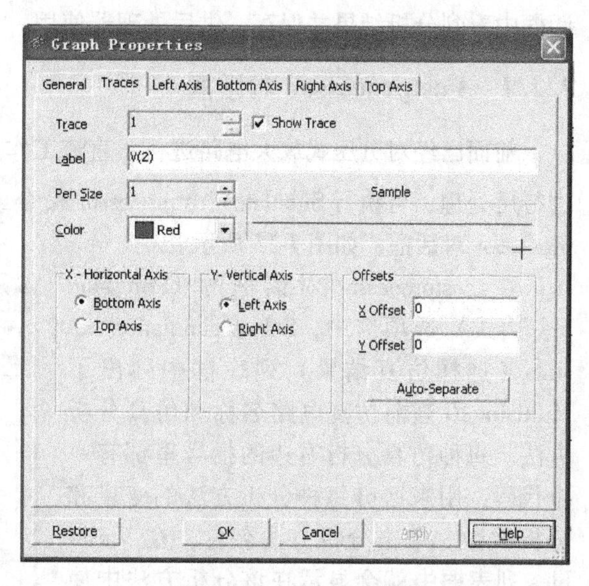

图 7-13　Traces 选项卡

3）Left Axis 选项卡如图 7-14 所示。

该选项卡用来对曲线左边的坐标纵轴进行设置。其中，Label 区用来设置纵轴名称（可用中文），单击 Font 按钮可设置文本的字体、大小及颜色等；Axis 区设置要不要显示轴线以及轴线的颜色；Scale 区设置纵轴的刻度；Range 区设置刻度范围（Min 栏输入最低刻度、Max 栏输入最高刻度）；Divisions 区决定将已设定的刻度范围分成多少格，以及最小标注。

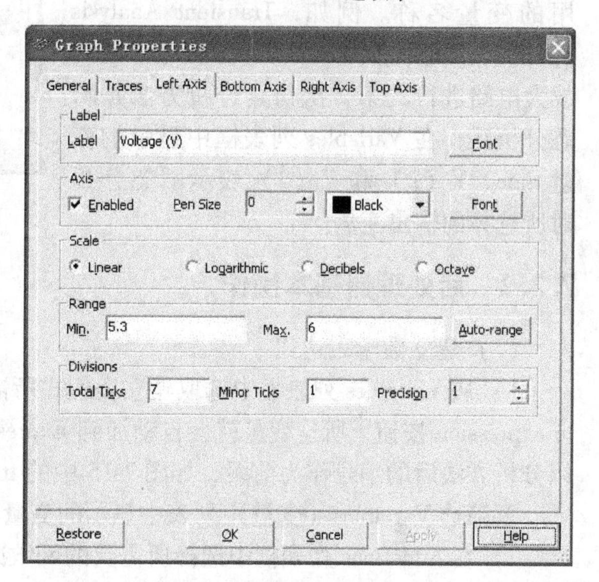

图 7-14　Left Axis 选项卡

4）Bottom Axis、Right Axis 及 Top Axis 等 3 个选项卡，分别是关于下边、右边及上边轴线的设置，与左边的轴线（Left Axis）设置类似，这里不再赘述。

7.2　后处理操作

Multisim 10 提供的后处理操作（Postprocessor）是专门用来对仿真结果进行进一步的数学处理。它不仅能对仿真所得的曲线和数据单个进行处理（如取绝对值、开平方等），还可对多个曲线或数据彼此之间进行运算处理（如将一个电压波形曲线与一个电流波形曲线相乘）。处理的结果仍可以按曲线或数据表的形式显示出来。

后处理操作对仿真数据的分析是通过建立表达式、计算结果和用图形、图表、曲线表示处理结果这 3 个过程来完成的。通过对仿真电路分析结果变量和数学函数的组合，建立要分析处理的数学表达式，进而使用后处理器。因此可以看出，要使用后处理器，就必须对仿真电路进行至少一种分析过程。只要对仿真电路进行了一种分析，那么就会在 Grdpher View 对话框中看到分析结果并保存，供后处理器使用。

7.2.1　Postprocessor 对话框

前面已经对分压式放大电路进行了直流工作点分析和瞬态分析，为了对仿真的分析结果进行后处理，可执行 Simulate\Postprocessor 命令或单击设计工具栏上的按钮，打开 Postprocessor 对话框，如图 7-15 所示。

在 Postprocessor 对话框的 Expression（表达式）选项卡中，Select simulation results（选择仿真结果）列表框中列出了 Multisim 10 当前仿真电路名称和仿真分析方法。每种仿真分析右边的括号里都有一个代码，用来区分每种分析方法的变量和分析次数。单击分析方法名称，在 Variables 列表框中就会显示在该分析方法中使用的变量名称。例如，Transient Analysis（tran02），其中，“tran02”表示对分压式放大电路进行的第 2 次仿真分析方法是瞬态分析法；在 Variables 列表框中显示的变量 time、V（2）和 V（3）表示瞬态分析时所选择的输出变量。

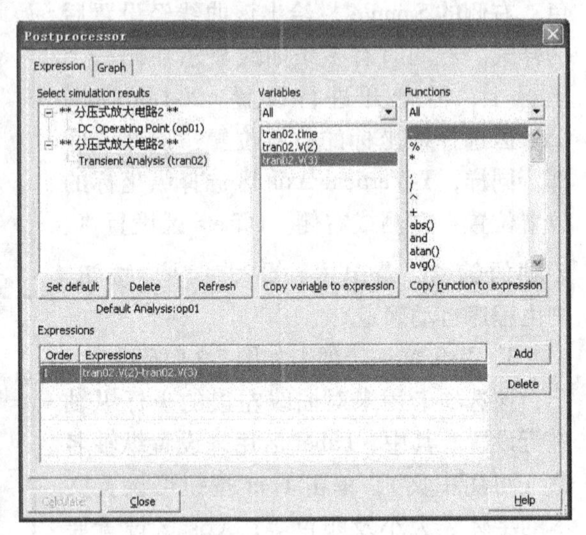

图 7-15　Postprocessor 对话框

7.2.2　后处理器基本操作

（1）建立数学表达式

1）从 Variables 列表框中选取建立表达式所需要的变量 V（2），然后单击 Copy variable to expression 按钮，所选变量就会自动加到 Expressions 列表框中的 Expressions 列中，且变量以分析方法后的编号作为前缀，如图 7-15 中的 tran02 V（2）的 tran02。

要筛选 Variables（变量）列表中显示的变量，只要选取其中一种即可。

2）在 Functions 列表框中选择所需要的函数减法运算，然后单击 Copy function to expression 按钮，所选函数就会自动加到 Expressions 列表框中的 Expressions 列中。

3）重复选择仿真分析方法、变量和函数，直至完成表达式的建立。选择变量 V（3），然后单击 Copy variable to expression 按钮，所选变量就会自动加到 Expressions 列表框的 Expressions 中。

4）建成表达式 tran02. V（2） - tran02. V（3）之后，单击 Add 按钮或按 Enter 键，将新建表达式保存在 Expressions 列中，并开始准备建立第 2 个表达式。重复以上步骤以建立更多的表达式。

（2）表达式结果查看

1）在图 7-15 所示的 Postprocessor 窗口中，单击 Graph 选项卡，所显示的 Graph 选项卡如图 7-16 所示。

2）单击 Pages 列表框右侧的 Add 按钮，在 Pages 列表框中的 Name 列添加一个默认的名称（Post_Process_Page_1），此名称是用于在图形窗口显示结果的选项卡名称，此名称也可以修改；单击 Display 列则可打开一个下拉列表，可以选择是否显示后处理器计算结果的图形。

3）单击 Diagrams 列表框右侧的 Add 按钮，在该列表框中的 Name 列添加一个默认的名称（Post_Process_Diagrams_1），此名称用于显示曲线的坐标系名称。

4）单击 Diagrams 列表框中的 Type 列，打开一个下拉列表，用于选择表达式运算结果的输出方式（Graph 或 Chart）。

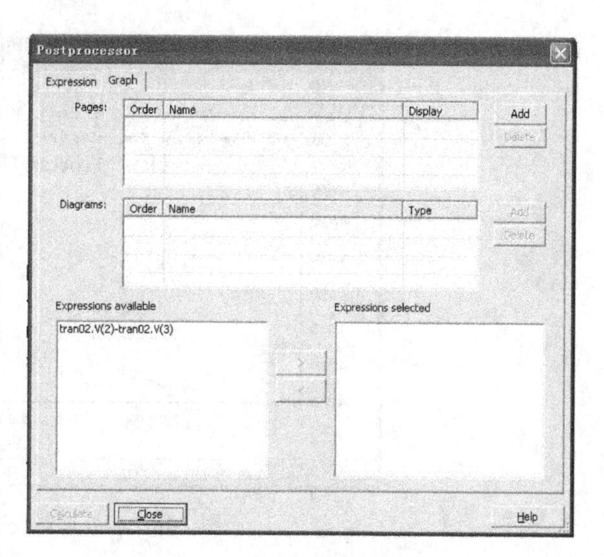

图 7-16　Postprocessor 的 Graph 选项卡

5）在 Expressions available 列表框中显示了在 Expression 选项卡中所建立的表达式 tran02. V（2） - tran02. V（3），选择此表达式，然后单击 > 按钮，则所选表达式移入 Expressions Selected 列表框中，如图 7-17 所示。

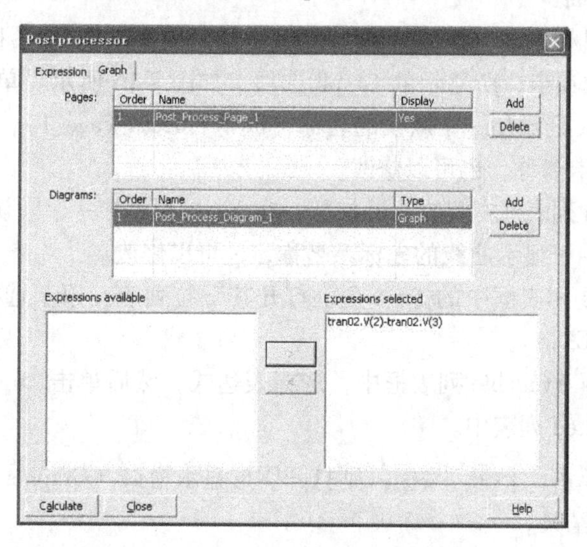

图 7-17　Postprocessor 图形设置完成对话框

6）设置完毕，单击 Calculate 按钮，则打开图形显示窗口 Grapher View 并图形化显示后处理器表达式的运算结果，如图 7-18 所示。

（3）利用默认分析方法　通过上面的分析可知，后处理器表达式中的变量前缀为分析方法代码。为了简化表达式和图形坐标显示，可以设置一种仿真分析方法为默认的分析法。这样在后处理器表达式中的变量如果没有前缀，那么此变量认为是默认分析法的输出变量。在图 7-15 中，DC Operating Point（op01）为默认分析法。

默认分析法的设置方法是在 Select Simulation Results 列表框中选中要设置的分析方法，然后单击 Set default 按钮，默认分析方法即设置完成。

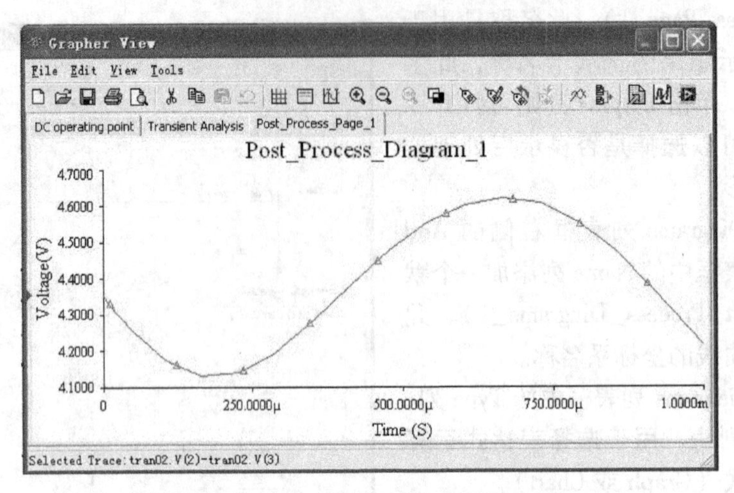

图 7-18 后处理器表达式的运算结果

7.2.3 后处理器的页面、曲线、图形和图表

(1) 添加图表页面

1) 单击标准工具栏中的“后处理器”按钮弹出 Postprocessor 对话框，如图 7-15 所示。

2) 单击 Graph 选项卡，所显示的 Graph 选项卡如图 7-16 所示。单击 Pages 列表框右侧的 Add 按钮，在 Name 列添加一个默认的名称（Post_Process_Page_1），此名称是用于在图形窗口显示结果的选项卡名称，也可以修改。

3) 单击 Diagrams 列表框右侧的 Add 按钮，在 Name 列添加一个默认的名称 Post_Process_Diagrams_1，此名称用于显示曲线的坐标系名称，也可以修改。

4) 单击 Diagrams 列表框中的 Type 列，打开其下拉列表，用于选择表达式运算结果的输出方式（Graph 或 Chart）。

5) 在 Expressions Available 列表框中，选择表达式，然后单击 > 按钮，则所选表达式移入 Expressions Selected 列表中。

6) 选择完毕，单击 Calculate 按钮，则打开图形显示窗口（Grapher View）并图形化显示后处理器表达式运算结果。

(2) 改变图形显示方式

1) 在 Postprocessor 对话框中单击 Graph 选项卡。

2) 单击 Diagrams 列表框中的 Type 列，打开其下拉列表，用于选择表达式运算结果的输出方式（Graph 或 Chart）。

(3) 移去图表页面

1) 在 Postprocessor 对话框中单击 Graph 选项卡，在 Expressions Selected 列表框中选中要移去的表达式。

2) 单击 < 按钮，则所选表达式移入 Expressions Available 列表框中。

(4) 删除图表页面　在 Postprocessor 对话框中，单击 Graph 选项卡，在 Pages 列表框中选中要删除的图形，然后单击 Pages 列表框右侧的 Delete 按钮即可。

7.2.4　后处理器变量

后处理器变量是在后处理器中构成表达式的变量，其主要数学运算函数的功能见表 7-1。

表 7-1　Multisim 主要数学运算函数的功能

符　号	类　型	运算功能
+	代数运算	加
-	代数运算	减
*	代数运算	乘
\	代数运算	除
^	代数运算	幂
%	代数运算	百分比
,	代数运算	复数　例如 3，4 = 3 + j4
abs ()	代数运算	绝对值
sqrt ()	代数运算	平方根
sin ()	三角函数	正弦
cos ()	三角函数	余弦
tan ()	三角函数	正切
atan ()	三角函数	余切
gt	比较函数	大于
lt	比较函数	小于
ge	比较函数	大于等于
le	比较函数	小于等于
ne	比较函数	不等于
eq	比较函数	等于
and	逻辑运算	与
or	逻辑运算	或
not	逻辑运算	非
db ()	指数运算	取 dB 值，即 $20\log_{10}$（Valuue）
log ()	指数运算	以 10 为底的对数
ln ()	指数运算	以 e 为底的对数
exp ()	指数运算	e 的幂
j ()	复数运算	$j=\sqrt{-1}$，例如 j3
real ()	复数运算	取向量的实数部分
image ()	复数运算	取向量的虚数部分
vi ()	复数运算	vi（x）= image（v（x））
vr ()	复数运算	vr（x）= real（v（x））
mag ()	向量运算	取其幅值

（续）

符　号	类　型	运算功能
ph ()	向量运算	取其相位角
norm ()	向量运算	归一化
md ()	向量运算	取随机数
mean ()	向量运算	取平均数
vector (number)	向量运算	Number 个元素的向量
length ()	向量运算	取向量的长度
deriv ()	向量运算	微分
max ()	向量运算	取最大值
min ()	向量运算	取最小值
vm ()	向量运算	vm (x) = mag (v (x))
vp ()	向量运算	vp (x) = ph (v (x))
yes	常数	是
true	常数	真
no	常数	否
false	常数	假
pi	常数	π
e	常数	自然对数的底
c	常数	光速
i	常数	$i=\sqrt{-1}$
kelvin	常数	摄氏温度
echarge	常数	基本电荷量（-1.609×10^{-19}C）
boltz	常数	玻耳兹曼常数
planck	常数	普朗克常数

7.3 产生元器件报表

Multisim 10 提供对设计的电路产生元器件报表的功能，具体操作方法是：打开 Report 菜单的下拉菜单，如图 7-19 所示。

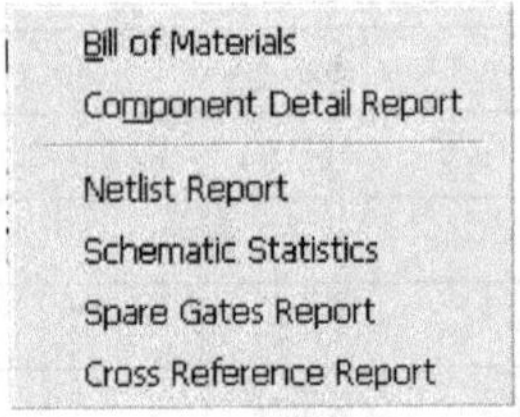

从该菜单命令中可以看出 Report 能够把仿真电路上所使用器材分门别类地列出，而且还可以查找出这些元器件的相关资料。下面以图 6-9 所示的分压式单管放大电路为例来说明这些命令的使用。

Bill of Materials
Component Detail Report
Netlist Report
Schematic Statistics
Spare Gates Report
Cross Reference Report

图 7-19　Report 菜单的下拉菜单

7.3.1 产生元器件明细表

执行图 7-19 所示菜单中的 Bill of Materials 命令后，即可打开一个元器件明细表对话框，如图 7-20 所示。

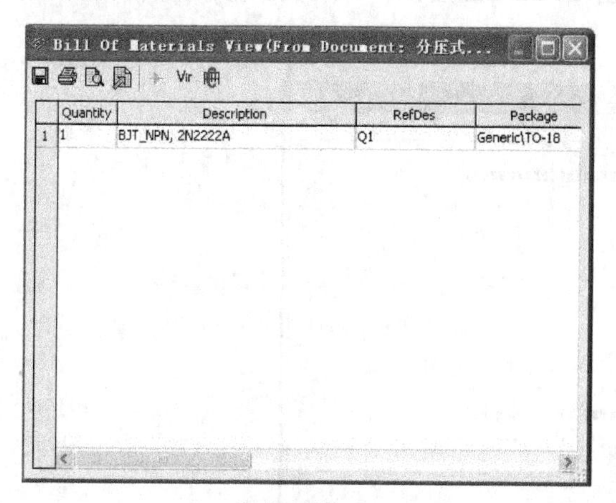

a)现实元器件

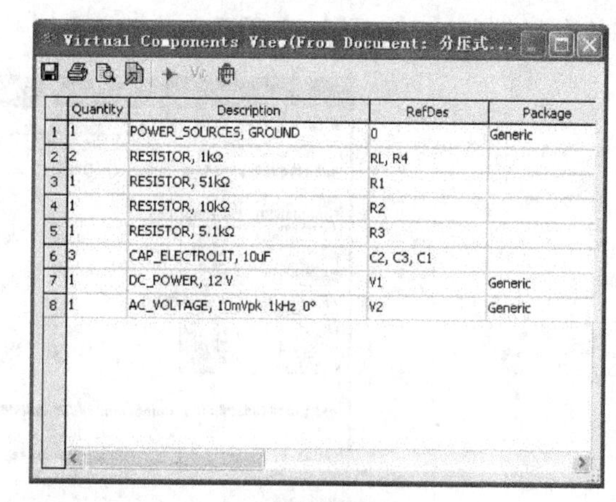

b)虚拟元器件

图 7-20　元器件明细表对话框

单击该对话框上方的 按钮，就可列出电路图中的现实元器件（见图 7-20a）；单击对话框上方的 Vir 按钮，就可列出电路图中的虚拟元器件（见图 7-20b）。在对话框上方有 7 个按钮，其功能从左至右依次为：存盘、打印、打印预览、传送到 MS Excel、现实元器件、虚拟元器件和选择列信息。

7.3.2　产生元器件详细信息报告

执行图 7-19 所示菜单中的 Component Detail Report 命令，即可打开图 7-21 所示的 Select a Component to Print（选择打印元器件）对话框。

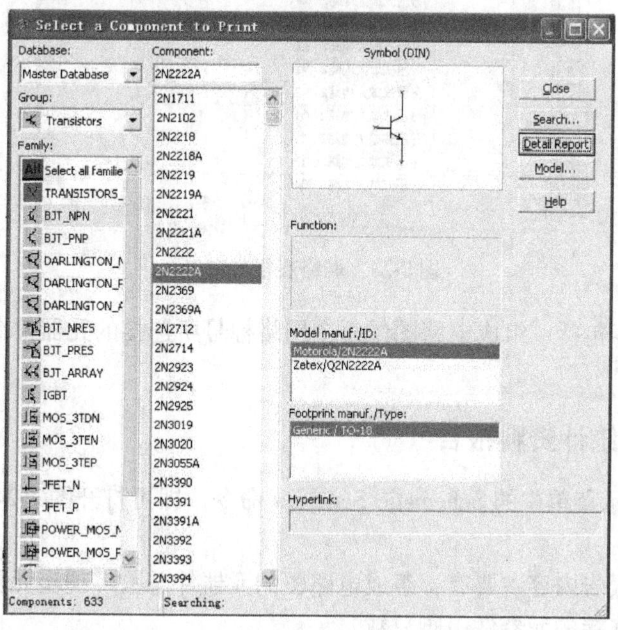

图 7-21　Select a Component to Print 对话框

在对话框中选择要打印的元器件，然后单击 Detail Report 按钮，即可打开该元器件的详细信息报告窗口，如图 7-22 所示。

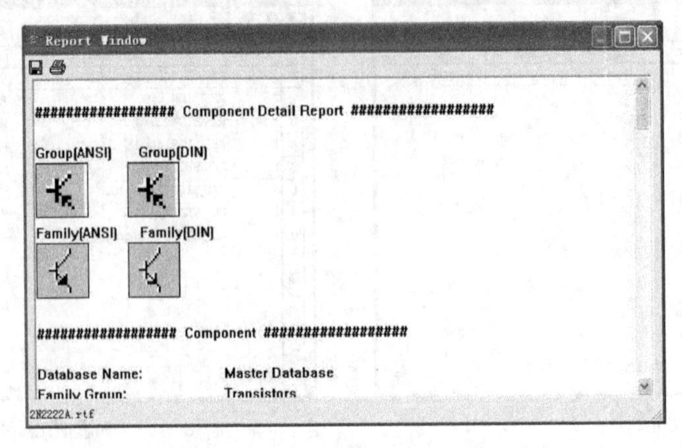

图 7-22　元器件详细信息报告窗口

7.3.3　产生网络表报告

执行图 7-19 所示菜单中的 Netlist Report 命令后，即可打开图 7-23 所示的网络表报告窗口。

Netlist Report (From Document: 分压式放大电路2)

	Net	Page	Component	Pin
1	0	分压式放大电路2	GND	1
2	0	分压式放大电路2	V2	2
3	0	分压式放大电路2	RL	2
4	0	分压式放大电路2	V1	2
5	0	分压式放大电路2	R4	2
6	0	分压式放大电路2	C2	2
7	0	分压式放大电路2	R2	2
8	1	分压式放大电路2	R1	2
9	1	分压式放大电路2	R2	1
10	1	分压式放大电路2	Q1	B
11	1	分压式放大电路2	C1	1
12	2	分压式放大电路2	R3	2
13	2	分压式放大电路2	Q1	C
14				

图 7-23　网络表报告窗口

网络表报告内容包括：组成电路图的每个网络标号所连接的元器件名称标号及引脚号等信息。

7.3.4　产生图表统计资料报告

执行图 7-19 所示菜单中的 Schematic Statistics 命令，即可打开图 7-24 所示的图表统计资料报告窗口。

图表统计资料报告内容主要有：组成电路图的元器件总数、现实元器件数、虚拟元器件数、连接网络数和连接的元器件引脚总数。

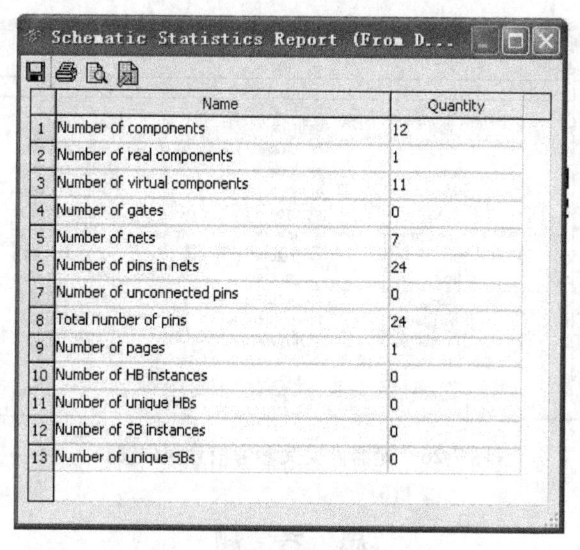

	Name	Quantity
1	Number of components	12
2	Number of real components	1
3	Number of virtual components	11
4	Number of gates	0
5	Number of nets	7
6	Number of pins in nets	24
7	Number of unconnected pins	0
8	Total number of pins	24
9	Number of pages	1
10	Number of HB instances	0
11	Number of unique HBs	0
12	Number of SB instances	0
13	Number of unique SBs	0

图7-24　图表统计资料报告窗口

7.3.5　产生备用门类元器件报告

执行图7-19所示菜单中的Spare Gates Report命令，即可打开图7-25所示的备用门类元器件报告窗口。

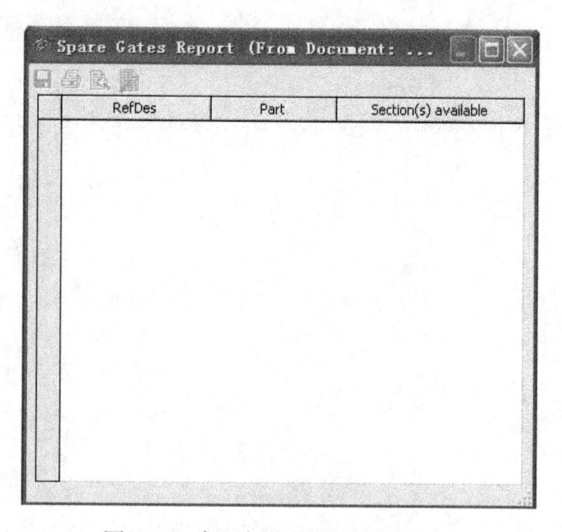

RefDes	Part	Section(s) available

图7-25　备用门类元器件报告窗口

7.3.6　产生元器件交叉参考信息报告

执行图7-19所示菜单中的Cross Reference Report命令，即可打开图7-26所示的元器件交叉参考信息报告窗口。

元器件交叉参考信息报告主要内容包括：组成电路图的各个元器件的标号、标称参数、所属系列和封装等信息。

Cross Reference Report (From Document: 分压式放大电路2)

	Refdes	Description	Family	Package	Page
1	0	GROUND	POWER_SOURCES	-	
2	RL	1kΩ	RESISTOR	-	分压式放大电路2
3	R4	1kΩ	RESISTOR	-	分压式放大电路2
4	R1	51kΩ	RESISTOR	-	分压式放大电路2
5	R2	10kΩ	RESISTOR	-	分压式放大电路2
6	R3	5.1kΩ	RESISTOR	-	分压式放大电路2
7	Q1	2N2222A	BJT_NPN	TO-18	分压式放大电路2
8	C2	10uF	CAP_ELECTROLIT	-	分压式放大电路2
9	C3	10uF	CAP_ELECTROLIT	-	分压式放大电路2
10	C1	10uF	CAP_ELECTROLIT	-	分压式放大电路2
11	V1	DC_POWER	POWER_SOURCES	-	分压式放大电路2
12	V2	AC_VOLTAGE	SIGNAL_VOLTAGE_SOURC	-	分压式放大电路2

图 7-26　元器件交叉参考信息报告窗口

思　考　题

7-1　如何从分析图表中读出测试数据？

7-2　Multisim 10 提供的后处理操作有什么意义？

7-3　后处理操作可以提供哪些报表？在实际中有什么意义？

7-4　Multisim 10 提供了哪些仿真信息输出方式？

第8章　电工基础仿真实验

8.1　欧姆定律仿真实验

1. 仿真实验目的

1）学习使用万用表测量电阻。

2）验证欧姆定律。

2. 元器件选取

1）电源：Place Source→POWER_SOURCES→DC_POWER，选取直流电源，设置电源电压为12V。

2）接地：Place Source→POWER_SOURCES→GROUND，选取电路中的接地。

3）电阻：Place Basic→RESISTOR，选取 $R1=10\Omega$，$R2=20\Omega$。

4）数字万用表：从虚拟仪器工具栏调取XMM1。

5）电流表：Place Indicators→AMMETER，选取电流表并设置为直流档。

3. 仿真实验电路

图8-1a、b所示为用数字万用表测量电阻阻值的仿真实验电路及数字万用表面板。该电路虽然没有电源，但也须接地，否则会出现数字万用表读数错误。

图8-2a、b所示为欧姆定律仿真电路及数字万用表面板。

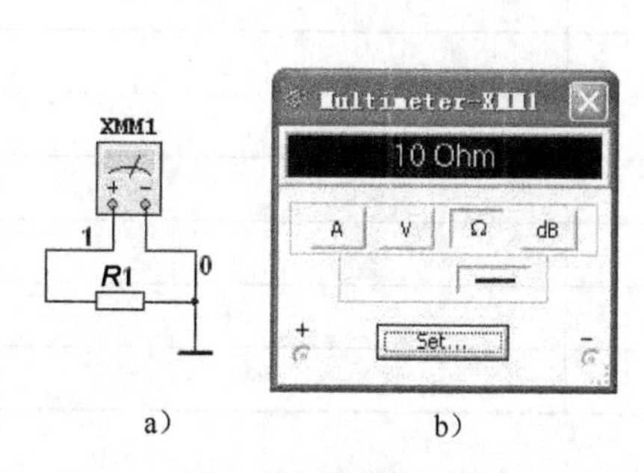

a)　　b)

图8-1　数字万用表测量电阻阻值的仿真实验电路及数字万用表面板

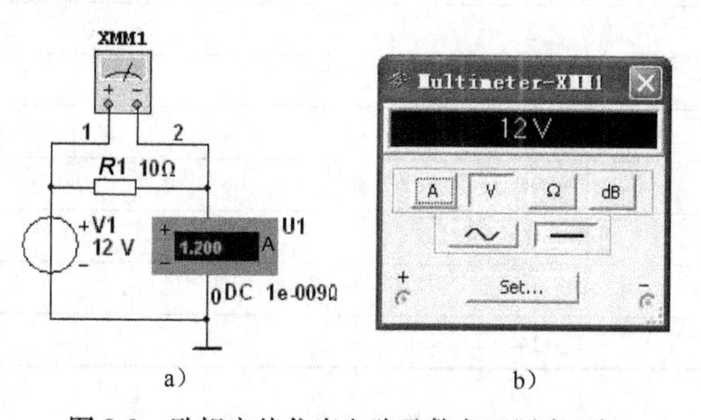

a)　　b)

图8-2　欧姆定律仿真电路及数字万用表面板

4. 电路原理简述

欧姆定律叙述为：线性电阻两端的电压与流过的电流成正比，比例常数就是这个电阻元件的电阻值。欧姆定律确定了线性电阻两端的电压与流过电阻的电流之间的关系。欧姆定律的数学表达式为

$$U=RI$$

式中，R 为电阻的阻值（单位为Ω）；I 为流过电阻的电流（单位为A）；U 为电阻两端的电压（单位为V）。

欧姆定律也可表示为 $I=U/R$，这个关系式说明当电压一定时电流与电阻的阻值成反比，因此电阻阻值越大则流过的电流就越小。

如果把流过电阻的电流当成电阻两端电压的函数，画出 $U(I)$ 特性曲线，便可确定电阻是线性的还是非线性的。如果画出的特性曲线是一条直线，则电阻是线性的；否则就是非线性的。

5. 仿真分析

（1）测量电阻阻值的仿真分析

1）搭建图 8-1a 所示的用数字万用表测量电阻阻值的仿真实验电路，数字万用表按图设置。**注意：**万用表的负端一定要接地，万用表设置为直流电阻档。

2）单击仿真开关，激活电路，记录数字万用表显示的读数。然后用 $R2$ 置换 $R1$，再测量一次，再次记录读数。

3）将两次测量的读数与所选电阻的标称值进行比较，验证仿真结果。

（2）欧姆定律电路的仿真分析

1）搭建图 8-2a 所示的欧姆定律仿真电路。

2）单击仿真开关，激活电路，数字万用表和电流表均出现读数，记录电阻 $R1$ 两端的电压值 U 和流过 $R1$ 的电流值 I。

3）根据电压测量值 U、电流测量值 I 及电阻测量值 R 验证欧姆定律。

4）改变电源 V1 的电压数值分别为 2V、4V、6V、8V、10V、14V，读取 U 和 I 的数值，填入表 8-1，根据记录数值验证欧姆定律，画出 $U(I)$ 特性曲线。

表 8-1　记录 U 和 I 的数值

V1/V	U/V	I/A
2		
4		
6		
8		
10		
12		
14		

6. 思考题

1）当电压一定时，如果电阻阻值增加，流过电阻的电流将如何变化？

2）根据所作的 $U(I)$ 特性曲线，说明相应的电阻是非线性电阻还是线性电阻？

8.2 基尔霍夫电压定律仿真实验

1. 仿真实验目的

1）验证基尔霍夫电压定律。

2）根据电路的电流和电压确定串联电阻电路的等效电阻。

2. 元器件选取

1）电源：Place Source→POWER_SOURCES→DC_POWER，选取直流电源，设置电源电压为12V。

2）接地：Place Source→POWER_SOURCES→GROUND，选取电路中的接地。

3）电阻：Place Basic→RESISTOR，选取阻值为1kΩ、3kΩ和6kΩ的电阻。

4）数字万用表：从虚拟仪器工具栏调取XMM1。

5）电流表：Place Indicators→AMMETER，选取电流表并设置为直流档。

6）电压表：Place Indicators→VOLTMETER，选取电压表并设置为直流档。

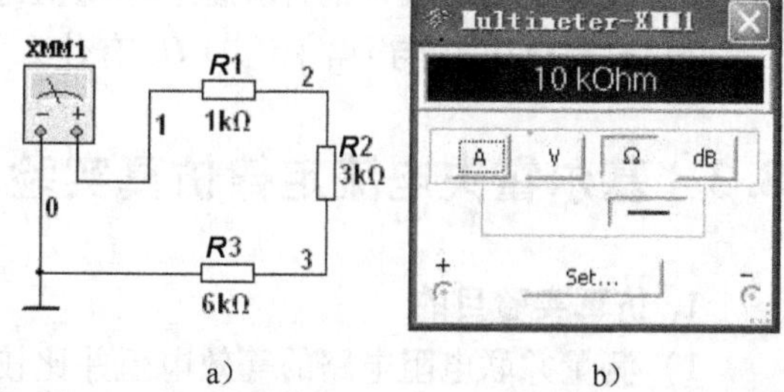

图8-3　串联等效电阻仿真电路及数字万用表面板

3. 仿真实验电路

图8-3a、b所示为测量串联等效电阻仿真电路及数字万用表面板。

图8-4所示为基尔霍夫电压定律仿真电路。

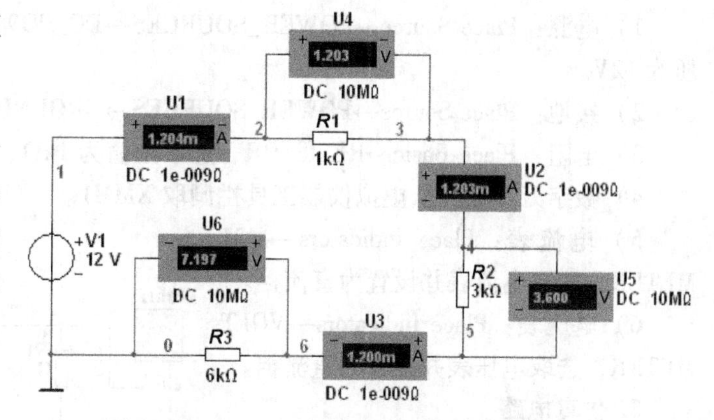

图8-4　基尔霍夫电压定律仿真电路

4. 电路原理简述

1）两个或两个以上的元件首尾依次连接在一起称为串联，串联电路中流过每个元件的电流相等。若串联的元件是电阻，则总电阻等于各个电阻之和。因此，在图8-3所示的电阻串联电路中，总电阻为

$$R = R1 + R2 + R3$$

串联电路的等效电阻确定以后，由欧姆定律，用串联电阻两端的电压U除以等效电阻R，便可求出电路电流I，即

$$I = U/R$$

2）基尔霍夫电压定律指出，在电路中环绕任意闭合路径一周，所有电压降的代数和必须等于所有电压升的代数和。这就是说，在图8-4所示电路中，串联电阻两端电压降之和必须等于电源电压升。因此，由基尔霍夫电压定律可得：

$$U_1 = U_{23} + U_{45} + U_{60}$$

式中，U_1为电源V1的电压，$U_{23} = IR1$，$U_{45} = IR2$，$U_{60} = IR3$。

5. 仿真分析

（1）电阻串联仿真电路

1）搭建图8-3a所示的串联等效电阻仿真电路。

2）单击仿真开关，激活电路，数字万用表会显示测量到的电阻串联的等效电阻值，记录测量值，并与计算值比较。

（2）基尔霍夫电压定律仿真电路

1）搭建图 8-4 所示的基尔霍夫电压定律仿真电路。

2）单击仿真开关，激活电路，记录电流表显示数据 I_{12}、I_{34}、I_{56}和电压表显示数据 U_{23}、U_{45}、U_{60}。

3）利用测量的数据，验证基尔霍夫电压定律。

6. 思考题

1）试将等效电阻 R 的计算值和测量值进行比较，情况如何？

2）电源电压 U_1与 $U_{23}+U_{45}+U_{60}$有什么关系？哪些是电压降，哪些是电压升？

8.3　基尔霍夫电流定律仿真实验

1. 仿真实验目的

1）测量并联电阻电路的等效电阻并比较测量值和计算值。

2）测量并联电阻支路电流，验证基尔霍夫电流定律。

2. 元器件选取

1）电源：Place Source→POWER_SOURCES→DC_POWER，选取直流电源并设置电源电压为 12V。

2）接地：Place Source→POWER_SOURCES→GROUND，选取电路中的接地。

3）电阻：Place Basic→RESISTOR，选取阻值为 1kΩ、2kΩ 和 4kΩ 的电阻。

4）数字万用表：从虚拟仪器工具栏调取 XMM1。

5）电流表：Place Indicators→AMMETER，选取电流表并设置为直流档。

6）电压表：Place Indicators→VOLTMETER，选取电压表并设置为直流档。

3. 仿真电路

图 8-5a、b 所示为测量并联等效电阻仿真电路及数字万用表面板。

图 8-6 所示为基尔霍夫电流定律仿真电路。

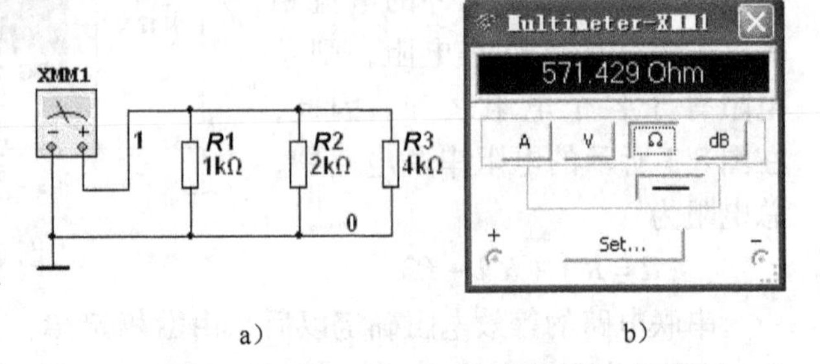

图 8-5　并联等效电阻仿真电路及数字万用表面板

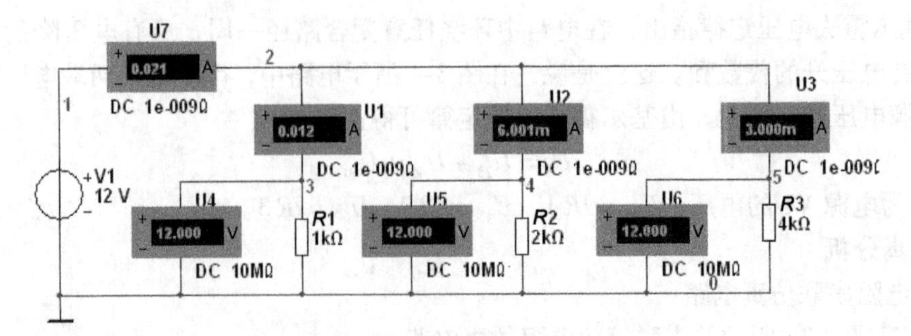

图 8-6　基尔霍夫电流定律仿真电路

4. 电路原理简述

两个或两个以上的元件首首相接和尾尾相接称为并联，并联电路的每个元件两端的电压都相同。若并联元件是电阻，则并联电阻的等效电阻 R 的倒数等于各个电阻的倒数之和。因此，在图 8-5a 电阻并联电路中，有

$$\frac{1}{R}=\frac{1}{R1}+\frac{1}{R2}+\frac{1}{R3}$$

在图 8-6 所示的电路中，由欧姆定律可知，用并联电阻两端的电压 U_1 除以流过并联电阻的总电流 I，便可求出等效电阻 R，即

$$R=U_1/I$$

基尔霍夫电流定律指出，在电路的任何一个节点上，流入节点的所有电流的代数和必须等于流出节点的所有电流的代数和。这就是说，在图 8-6 所示电路中，流入各个电阻支路的电流之和必须等于流出电阻并联电路的总电流。所以

$$I=I_{30}+I_{40}+I_{50}$$

式中，$I_{30}=U_1/R1$，$I_{40}=U_1/R2$，$I_{50}=U_1/R3$。

5. 仿真分析

（1）电阻并联仿真电路

1）搭建图 8-5a 所示的并联等效电阻仿真电路。

2）单击仿真开关，激活电路，用数字万用表欧姆档测量并联电路的等效电阻 R。

3）将测得的等效电阻值与公式计算得到的等效电阻值相比较。

（2）基尔霍夫电流定律仿真电路

1）搭建图 8-6 所示的基尔霍夫电流定律仿真电路。

2）单击仿真开关，激活电路，记录电流表显示数据 I_{12}、I_{30}、I_{40}、I_{50}。

3）利用测量的数据，验证基尔霍夫电流定律。

6. 思考题

1）并联电阻的测量值与计算值比较情况如何?

2）比较电压测量值 U_{30}、U_{40} 和 U_{50}，情况如何？由此可得到什么结论?

3）电流 I_{12} 与电流 I_{30}、I_{40}、I_{50} 之和有什么关系？应用这个结果能证实基尔霍夫电流定律的正确性吗?

8.4　直流电路的电功率仿真实验

1. 仿真实验目的

1）研究功率与电压电流之间的关系。

2）根据电流和电压计算灯泡的损耗功率。

3）研究负载电阻的大小与获得最大输出功率的关系。

2. 元器件选取

1）电源：Place Source→POWER_SOURCES→DC_POWER，选取直流电源并设置电压为 12V。

2）接地：Place Source→POWER_SOURCES→GROUND，选取电路中的接地。

3）电阻：Place Basic→RESISTOR，选取阻值为 1Ω 和 1kΩ 的电阻。

4）功率表：从虚拟仪器工具栏调取 XWM1 和 XWM2。

5）电流表：Place Indicators→AMMETER，选取电流表并设置为直流档。

6）电压表：Place Indicators→VOLTMETER，选取电压表并设置为直流档。

7）灯泡：Place Indicators→LAMP，选取 12V、25W 的灯泡。

3. 仿真电路

图 8-7a、b 所示为测量灯泡损耗功率的仿真电路及所用功率表面板图。

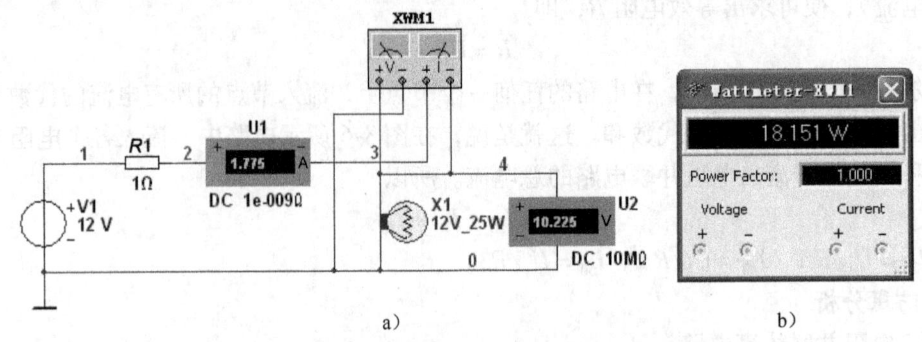

图 8-7　测量灯泡损耗功率的仿真电路及功率表面板图

图 8-8a、b、c 所示为负载电阻获得最大传输功率仿真电路及功率表面板图。

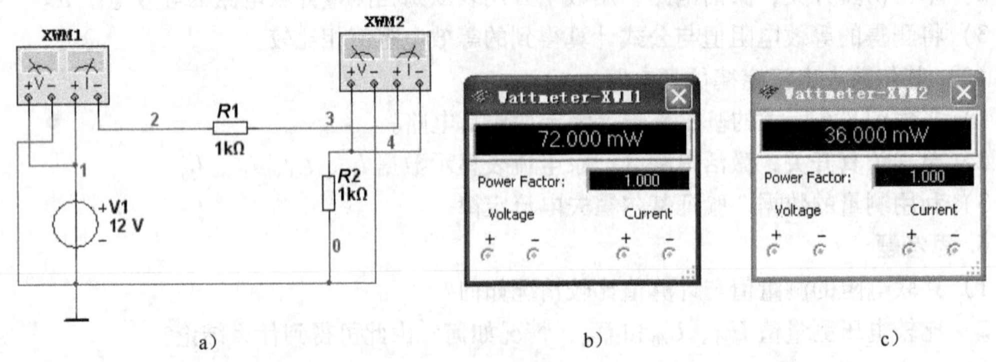

图 8-8　负载电阻获得最大传输功率仿真电路及功率表面板图

4. 电路原理简述

电功率指的是每秒消耗或产生了多少焦耳的电能。如果在 1s 内消耗或产生了 1J 的电能，则电功率 P 就是 1W。电功率为

$$P = W/t$$

使 1C 电荷（Q）通过 1V 电位差（U）所需要的电能（W）为 1J。电能为

$$W = UQ$$

由此可得

$$P = W/t = UQ/t$$

由于电流

$$I = Q/t$$

当流过电阻 R 的电流为 I 时，电阻消耗的电功率为

$$P = UI = RII = I^2R$$

当电阻 R 两端的电压为 U 时，其消耗的电功率为

$$P = UI = U(U/R) = U^2/R$$

功率传输效率 η 是输出功率 P_O 与电源输入总功率 P_I 之比，所以

$$\eta = (P_O/P_I) \times 100\%$$

若电源内阻为R_S，负载电阻为R_L。当$R_S=R_L$时，负载R_L可获得最大输出功率。值得注意的是，当负载获得最大输出功率时，效率η并不是最高的，因为这时负载电阻与电源内阻相等，电源内阻消耗的功率与负载得到的功率是相同的。因此，如果高效率和最大输出电压相比高效率更加重要的情况，则应该选择$R_L>R_S$。图8-7所示电路用来测量灯泡的损耗功率。图8-8a所示电路用来验证负载电阻获得最大传输功率的条件。

5. 仿真分析

（1）测量灯泡的损耗功率仿真电路

1）搭建图8-7a所示的测量灯泡损耗功率的仿真电路。

2）单击仿真开关，激活电路，测量并记录灯泡两端的电压U和流过的电流I。

3）将光标移动到功率表图标上双击鼠标左键，打开功率表面板，读取并记录功率表的读数。

4）根据步骤2）测量的电压U和电流I，计算灯泡的损耗功率P_0，并与步骤3）读取的功率表读数进行比较。

（2）负载电阻获得最大传输功率仿真电路

1）搭建图8-8a所示的负载电阻获得最大传输功率仿真电路。

2）单击仿真开关，激活电路，观察记录XWM1和XWM2显示的读数。在表8-2中记录不同负载电阻$R2$对应的功率P_I和P_0，计算效率η。

表8-2　不同负载实验记录

$R2/\Omega$	P_I/W	P_0/W	$\eta/\%$	$R2/\Omega$	P_I/W	P_0/W	$\eta/\%$
100				1500			
400				3000			
800				5000			
1000							

3）以负载电阻$R2$为横坐标、负载功率P_0为纵坐标画出负载功率曲线图，并在曲线上标出最大功率点和相应的$R2$值。

4）以负载电阻$R2$为横坐标、效率η为纵坐标画出效率变化曲线图，并在曲线上标出最高效率点和相应的$R2$值。

6. 思考题

1）灯泡损耗功率的计算值等于灯泡功率的额定值吗？

2）当负载电阻$R2$增大时，负载电压U和负载电流I发生什么变化？

3）为了获得从电源到负载的最大传输功率，需要多大的负载电阻$R2$？负载电阻$R2$与电源内阻$R1$之间有什么关系？

4）需要多大的负载电阻$R2$才能得到最高功率传输效率？与获得最大输出功率的电阻值相同吗？

8.5　节点电压分析法仿真分析

1. 仿真实验目的

1）掌握求解三节点电路的节点电压方法。

2）将节点电压分析法列方程求解结果与仿真测量结果进行比较。

2. 元器件选取

1）电流源：Place Source→SIGNAL_CURRUNT→DC_CURRUN，选取电流源并根据电路设置电流值。

2）接地：Place Source→POWER_SOURCES→GROUND，选取电路中的接地。

3）电阻：Place Basic→RESISTOR，选取电阻并根据电路设置电阻值。

4）电流表：Place Indicators→AMMETER，选取电流表并设置为直流档。

5）电压表：Place Indicators→VOLTMETER，选取电压表并设置为直流档。

3. 仿真电路

图 8-9 所示为节点电压分析法仿真电路。

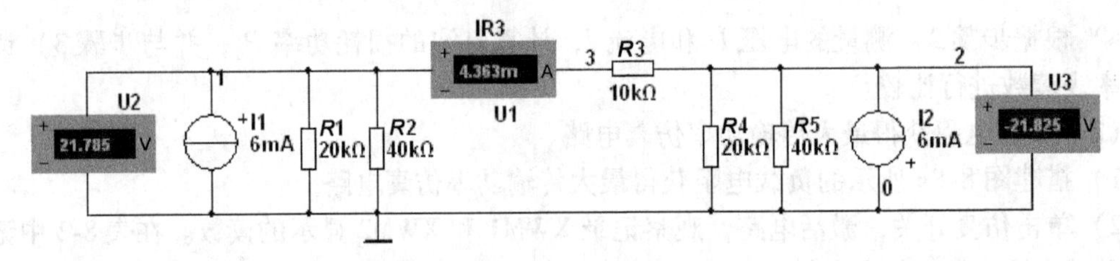

图 8-9　节点电压分析法仿真电路

4. 电路计算

由节点电压分析法，可列 KCL 方程：

$$0.175U_{10}-0.1U_{20}=6$$

$$-0.1U_{10}+0.175U_{20}=-6$$

联立上述方程，解得：

$$U_{10}=21.815\text{V}$$

$$U_{20}=-21.815\text{V}$$

流经电阻 $R3$ 的电流 I_3 为 4.363mA。

5. 仿真分析

1）搭建图 8-9 所示的节点电压分析法仿真电路。

2）单击仿真开关，激活电路，读取电压表和电流表的显示数值，记录在表 8-3 中，并比较计算值与测量值，验证节点电压分析法。

表 8-3　节点电压分析法仿真数据

	U_{10} / V	U_{20} / V	I_3 / A
理论计算值			
仿真测量值			

6. 思考题

1）比较节点电压 U_{10} 的仿真测量值与计算值，情况如何？

2）比较节点电压 U_{20} 的仿真测量值与计算值，情况如何？

8.6　网孔电流分析法仿真实验

1. 仿真实验目的

1）学会用网孔电流分析法求解支路电流。

2）掌握网孔电流仿真实验方法，并比较测量值与计算值。

2. 元器件选取

1）电源：Place Source→POWER_SOURCES→DC_POWER，选取电压源并根据电路设置电压。

2）接地：Place Source→POWER_SOURCES→GROUND，选取电路中的接地。

3）电阻：Place Basic→RESISTOR，选取电阻并根据电路设置电阻值。

4）电流表：Place Indicators→AMMETER，选取电流表并设置为直流档。

3. 仿真电路

图 8-10 所示为网孔电流分析法仿真电路。

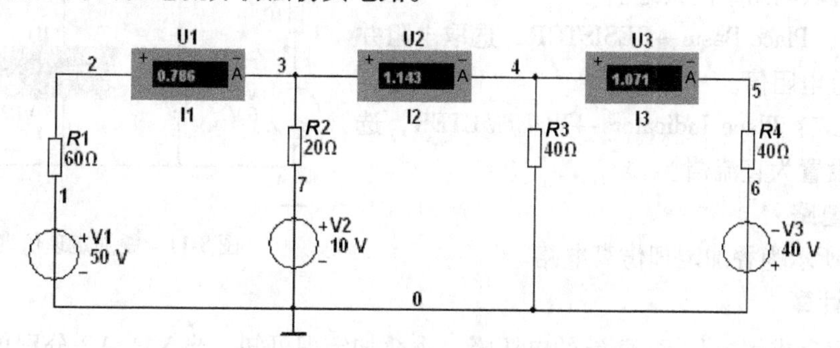

图 8-10　网孔电流分析法仿真电路

4. 电路计算

由网孔电流分析法，可列 KVL 方程：

$$80I_1-20I_2=40$$

$$-20I_1+60I_2-40I_3=10$$

$$-40I_2+80I_3=40$$

联立上述方程，解得：

$$I_1=0.786\text{A},I_2=1.143\text{A},I_3=1.071\text{A}$$

5. 仿真分析

1）搭建图 8-10 所示的网孔电流分析法仿真电路。

2）单击仿真开关，激活电路，将电流表显示数值记录在表 8-4 中，并比较计算值与测量值，验证网孔电流分析法。

表 8-4　网孔电流分析法仿真数据

	I_1 / A	I_2 / A	I_3 / A
理论计算值			
仿真测量值			

6. 思考题

1）比较支路电流值 I_1、I_2和 I_3的测量值与计算值，情况如何？

2）说明网孔电流与支路电流的区别。

8.7　叠加定理仿真实验

1. 仿真实验目的

1）学会用叠加定理求解电路中某电阻两端的电压。

2）掌握叠加定理仿真实验方法，并比较测量值与计算值。

2. 元器件选取

1）电源：Place Source→POWER_SOURCES→DC_POWER，选取电源并根据电路设置电压。

2）接地：Place Source→POWER_SOURCES→GROUND，选取电路中的接地。

3）电阻：Place Basic→RESISTOR，选取电阻并根据电路设置电阻值。

4）电压表：Place Indicators→VOLTMETER，选取电压表并设置为直流档。

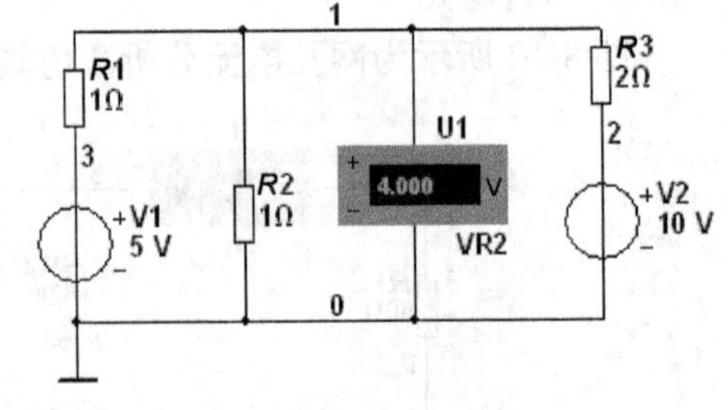

图 8-11　叠加定理仿真电路

3. 仿真电路

图 8-11 所示为叠加定理仿真电路。

4. 电路计算

用叠加定理求解电阻 R2 两端的电压降。由叠加定理可知，当 V1、V2 分别单独作用时，电阻 R2 两端的电压降分别为

$$U'_{R2} = 2V, U''_{R2} = 2V$$

则两电压源共同作用时电阻 R2 两端的电压降为

$$U_{R2} = U'_{R2} + U''_{R2} = 4V$$

5. 仿真分析

1）搭建图 8-11 所示的叠加定理仿真电路。

2）单击仿真开关，激活电路，将电压表显示数值记录在表 8-5 中，并比较计算值与测量值，验证叠加定理。

表 8-5　叠加定理仿真数据

	U'_{R2} / V	U''_{R2} / V	U_{R2} / V
理论计算值			
仿真测量值			

6. 思考题

1）比较电阻 R2 两端的电压降 U_{R2}计算值与仿真值，情况如何？

2）说明叠加定理的应用。

8.8　戴维南定理仿真实验

1. 仿真实验目的

1）学会用戴维南定理求解电路。

2）掌握戴维南定理仿真实验方法，并比较测量值与计算值。

2. 元器件选取

1）电压源：Place Source→POWER_SOURCES→DC_POWER，选取电压源并根据电路设置电压。

2）电流源 V1：Place Source→SIGNAL_CURRUNT→DC_CURRUN，选取电流源并根据电路设置电流值。

3）接地：Place Source→POWER_SOURCES→GROUND，选取电路中的接地。

4）电阻：Place Basic→RESISTOR，选取电阻并根据电路设置电阻值。

5）数字万用表：从虚拟仪器工具栏调取 XMM1。

3. 仿真电路

图 8-12 所示为戴维南定理仿真电路。

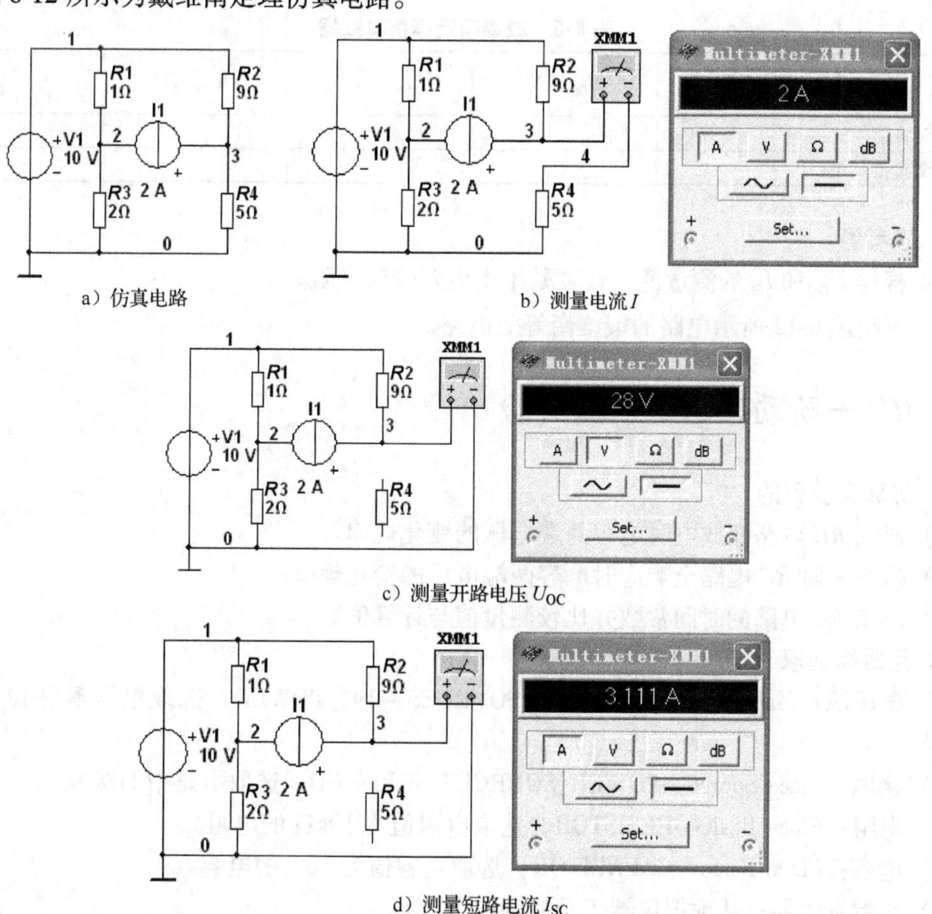

图 8-12　戴维南定理仿真电路

4. 戴维南定理与电路计算

任何一个有源线性二端网络，都可以用一个串联电阻的等效电压源来代替。这个等效电压源的电压等于原网络开路时的端电压 U_{OC}，串联电阻 R_0 等于该有源线性二端网络内部所有独立电源为零值时在端口的等效电阻。

求解图 8-12 所示戴维南定理仿真电路的 $R4$ 中流过的电流 I。由戴维南定理可得：

$$R_0 = R2 = 9\Omega$$

$$U_{OC} = I_1R2 + U_1 = (2\times9+10)\text{V} = 28\text{V}$$

$$I = \frac{U_{OC}}{R_0 + R4} = \frac{28}{9+5}\text{A} = 2\text{A}$$

5. 仿真分析

1）搭建图 8-12b 所示的测量电流的仿真电路，单击仿真开关，激活电路，测量流过 $R4$ 上的电流，并将测量数据填入表 8-6。

2）搭建图 8-12c 所示的测量开路电压的仿真电路，$R4$ 两端开路。单击仿真开关，激活电路，测量 $R4$ 两端开路后的电压 U_{OC}，填入表 8-6。

3）搭建图 8-12d 所示的测量短路电流仿真电路，单击仿真开关，激活电路，测量短路电流 I_{SC}，填入表 8-6。

表 8-6　戴维南定理仿真数据

	I / A	U_{OC} / V	I_{SC} / A	R_0 / Ω	$I = \frac{U_{OC}}{R_0 + R4}$ / A
理论计算值					
仿真测量值					

6. 思考题

1）根据 U_{OC} 和 I_{SC} 的测量值，计算戴维南电路等效电阻。

2）画出图 8-12 所示电路的戴维南等效电路。

8.9　*RC* 一阶动态电路仿真实验

1. 仿真实验目的

1）研究 *RC* 电路充放电时电容两端电压的变化规律。

2）研究一阶 *RC* 电路全响应时电容两端电压的变化规律。

3）测量 *RC* 电路的时间常数并比较测量值与计算值。

2. 元器件选取

1）电压源：Place Source→POWER_SOURCES→DC_POWER，选取电压源并设置电压为 10V。

2）接地：Place Source→POWER_SOURCES→GROUND，选取电路中的接地。

3）电阻：Place Basic→RESISTOR，选取电阻值为 10kΩ 的电阻。

4）电容：Place Basic→CAPACITOR，选取电容值为 1μF 的电容。

5）函数发生器：从虚拟仪器工具栏调取 XFG1。

6）示波器：从虚拟仪器工具栏调取 XSC1。

3. 仿真电路

图 8-13 所示为 *RC* 电路的电容充电仿真电路。

图 8-14a、b 所示为一阶 *RC* 全响应仿真电路及函数发生器面板图。

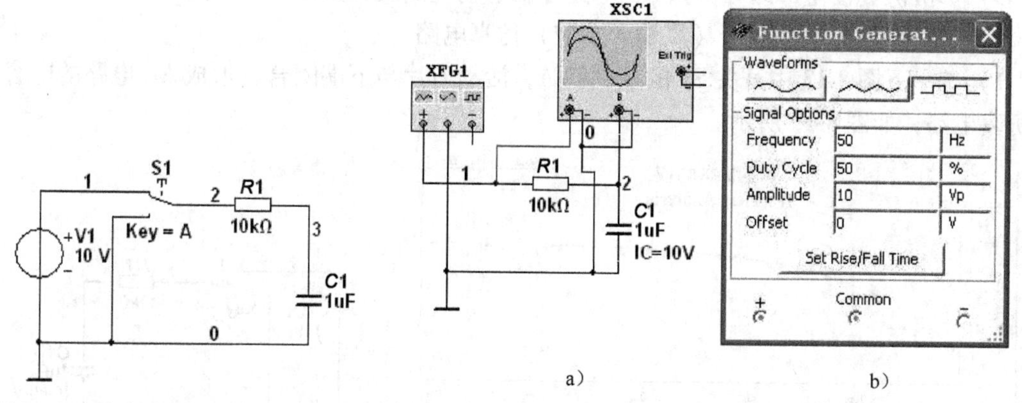

图 8-13 *RC* 电路的电容充电仿真电路　　图 8-14 一阶 *RC* 全响应仿真电路

4. 仿真分析

（1）*RC* 电路的电容充电（零状态响应）仿真电路

1）搭建图 8-13 所示的 *RC* 电路的电容充电仿真电路。

2）执行 Simulate \ Analysis \ Transient Analysis 命令，即可打开图 8-15 所示的 Transient Analysis 对话框。

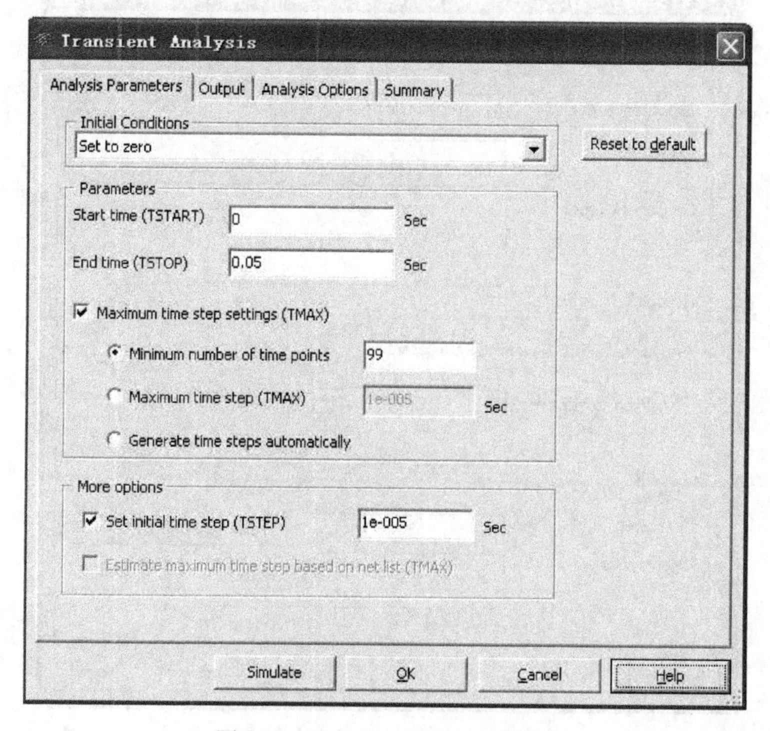

图 8-15 Transient Analysis 对话框

在 Analysis Parameters 选项卡的 Initial conditions 区中，设置仿真开始时的初始条件为 Set to zero（初始值设置为零）；Parameters 区中，设置起始时间（Start time）为 0 Sec（即 s），设置终止时间（End time）为 0. 05Sec。在 Output 选项卡里，设置待分析的节点为 V（3）。

3）单击仿真按钮，即可得到 *RC* 电路零状态响应曲线，如图 8-16 所示。

（2）*RC* 电路的电容放电（零输入响应）仿真电路

1）按一下图 8-13 中开关 S1 的控制键 A，活动刀片与下端闭合，形成 *RC* 电路的电容放电仿真电路，如图 8-17 所示。

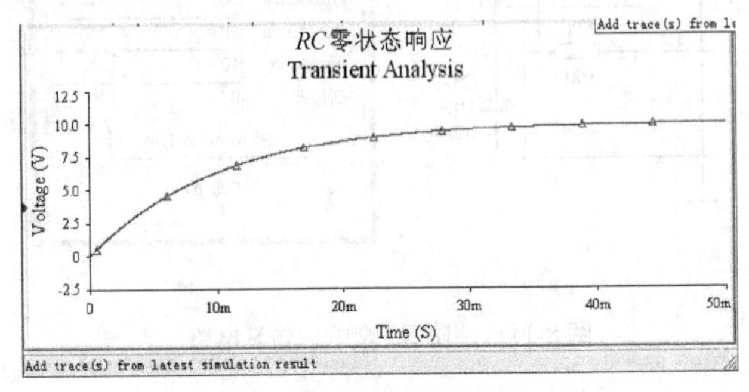

图 8-16　零状态响应曲线

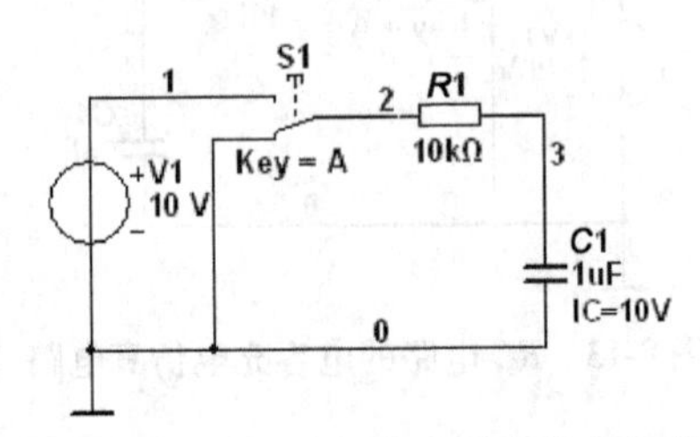

图 8-17　*RC* 电路的电容放电仿真电路

2）双击图 8-17 中电容符号，可打开图 8-18 所示的电容参数设置对话框，单击 Value 选项卡，勾选 Initial conditions（初始条件）复选框，设置电容的初始电压为 10V。执行 Simulate \ Analysis \ Transient Analysis 命令，打开 Transient Analysis 对话框。

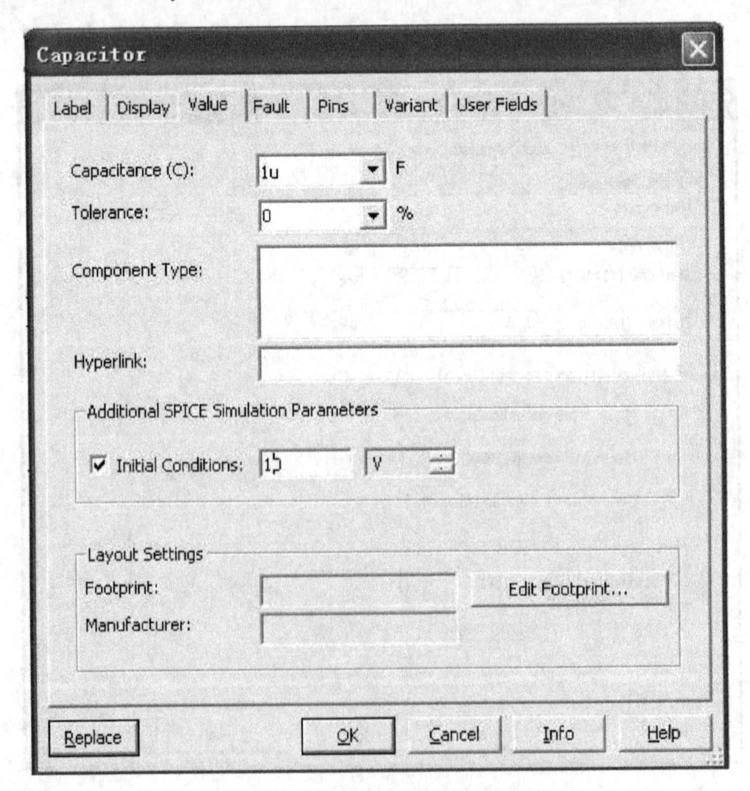

图 8-18　电容器参数设置对话框

在 Analysis Parameters 选项卡的 Initial conditions 区中，设置仿真开始时的初始条件为 User defined（由用户自定义）；在 Parameters 区中，设置起始时间（Start time）为 0 Sec，设置终止时间（End time）为 0.05Sec；在 Output 选项卡里，设置待分析的节点为 V (3)。

3）单击仿真按钮，即可得到 *RC* 电路零输入响应曲线，如图 8-19 所示。

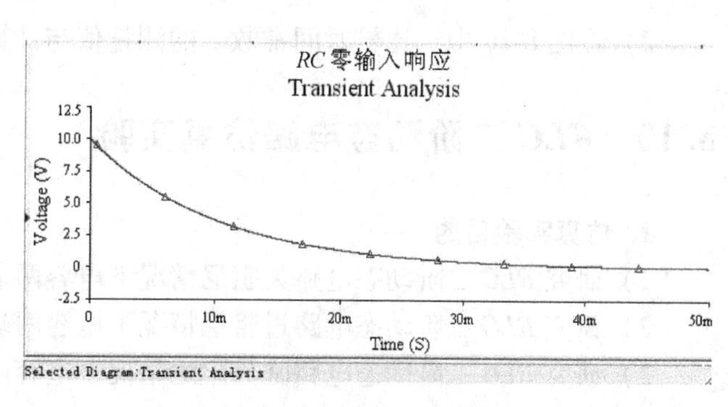

图 8-19　零输入响应曲线

（3）一阶 *RC* 全响应仿真电路

1）搭建图 8-14a 所示的一阶 *RC* 全响应仿真电路。

2）双击图 8-14a 中函数发生器 XFG1 的图标，在打开的函数发生器面板参数设置中，选择方波信号，设置频率为 50Hz，占空比为 50%，幅值为 10V。

3）打开仿真开关，双击示波器 XSC1 图标，打开其面板，即可看到输入的方波信号和一阶 *RC* 电路的全响应波形，如图 8-20 所示。

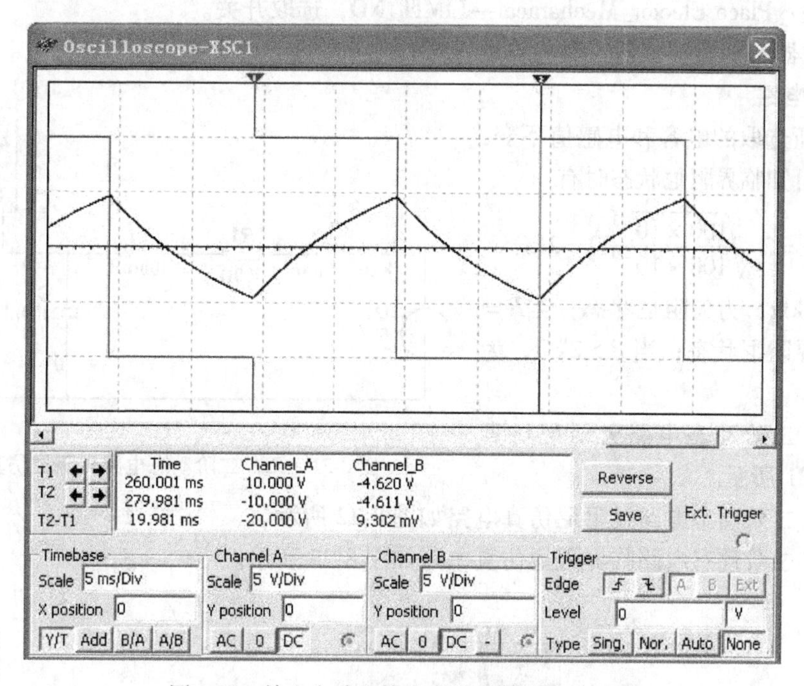

图 8-20　输入方波和输出电容电压全响应波形

在图 8-13 所示的 *RC* 电路中，时间常数 τ 可以用电阻 *R* 和电容 *C* 的乘积来计算。即

$$\tau = RC = 10\text{ms}$$

在电容充电、放电过程中电压和电流都会发生变化，利用图 8-20 中电容充电或放电曲线图上确定产生总量变化 63% 所需要的时间，就能测出时间常数。

5. 思考题

1）在图 8-13 中，当充满电后电容两端的电压 *U* 有多大？与电源电压比较，情况如何？

2）在图 8-16 中，比较时间常数 τ 的测量值与计算值，情况如何？

8.10 *RLC* 二阶动态电路仿真实验

1. 仿真实验目的

1）研究 *RLC* 二阶动态电路欠阻尼情况下电容两端电压的变化规律。

2）研究 *RLC* 二阶动态电路过阻尼情况下电容两端电压的变化规律。

3）研究 *RLC* 二阶动态电路临界阻尼情况下电容两端电压的变化规律。

2. 元器件选取

1）电压源：Place Source→POWER_SOURCES→DC_POWER，选取电压源并设置电压为 6V。

2）接地：Place Source→POWER_SOURCES→GROUND，选取电路中的接地。

3）电阻：Place Basic→RESISTOR，选取电阻值为 100Ω、10kΩ、2kΩ 的电阻。

4）电容：Place Basic→CAPACITOR，选取电容值为 100nF 的电容。

5）电感：Place Basic→INDUCTOR，选取电感值为 100mH 的电感。

6）开关：Place Elector_Mechanical→LIMIT_NO，选取开关。

7）示波器：从虚拟仪器工具栏调取 XSC1。

3. 仿真电路

本实验所选取的电容和电感值不变，由电路理论可知临界阻尼状态时有：

$$R = 2\sqrt{\frac{L}{C}} = 2\sqrt{\frac{100\times10^{-3}}{100\times10^{-9}}}\Omega = 2\text{k}\Omega$$

当 $R<2\text{k}\Omega$，为欠阻尼状态；当 $R=2\text{k}\Omega$，为临界阻尼状态；当 $R>2\text{k}\Omega$，为过阻尼状态。

1）*RLC* 二阶动态电路欠阻尼仿真电路如图 8-21 所示。

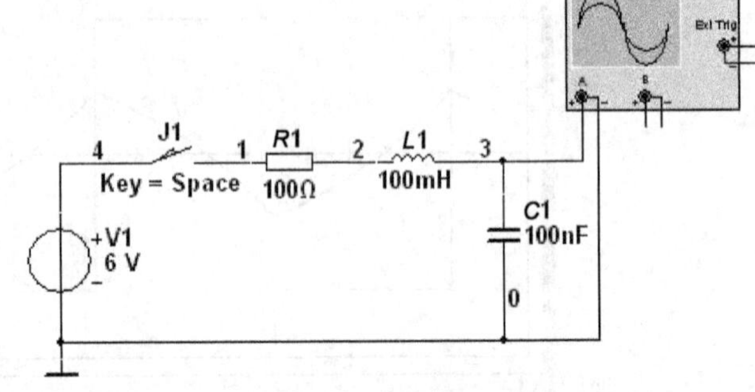

图 8-21　*RLC* 二阶动态电路欠阻尼仿真电路

2）*RLC* 二阶动态电路过阻尼仿真电路如图 8-22 所示。

3）*RLC* 二阶动态电路临界阻尼仿真电路如图 8-23 所示。

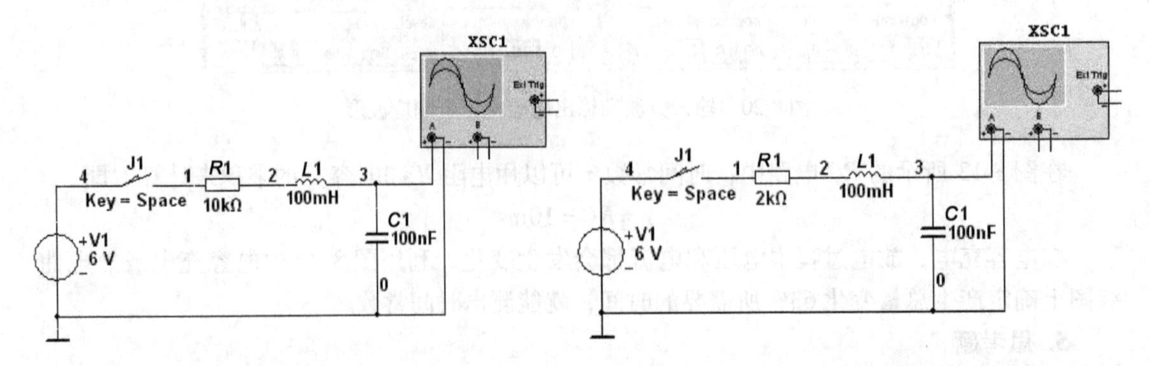

图 8-22　*RLC* 二阶动态电路过阻尼仿真电路

图 8-23　*RLC* 二阶动态电路临界阻尼仿真电路

4. 仿真分析

（1）*RLC* 二阶动态电路欠阻尼仿真电路

1）搭建图 8-21 所示的 *RLC* 二阶动态电路欠阻尼仿真电路。

2）打开仿真开关，双击示波器 XSC1 图标，打开其面板。

3）单击开关 J1，即可看到 *RLC* 二阶动态电路欠阻尼仿真电路电容两端的电压波形，如图 8-24 所示。

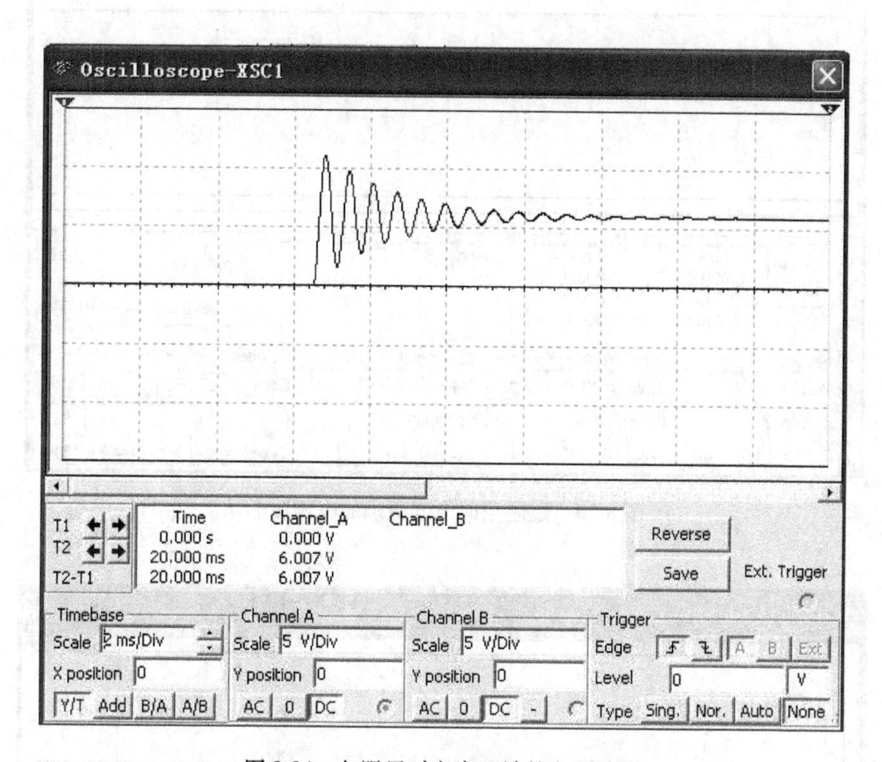

图 8-24　欠阻尼时电容两端的电压波形

（2）*RLC* 二阶动态电路过阻尼仿真电路

1）搭建图 8-22 所示的 *RLC* 二阶动态电路过阻尼仿真电路。

2）打开仿真开关，双击示波器 XSC1 图标，打开其面板。

3）单击开关 J1，即可看到 *RLC* 二阶动态电路过阻尼仿真电路电容两端的电压波形，如图 8-25 所示。

（3）*RLC* 二阶动态电路临界阻尼仿真电路

1）搭建图 8-23 所示的 *RLC* 二阶动态电路临界阻尼仿真电路。

2）打开仿真开关，双击示波器 XSC1 图标，打开其面板。

3）单击开关 J1，即可看到 *RLC* 二阶动态电路临界阻尼仿真电路电容两端的电压波形，如图 8-26 所示。

5. 思考题

1）*RLC* 二阶动态电路能实现等幅振荡吗？

2）如何计算 *RLC* 二阶动态电路的阻尼电阻？

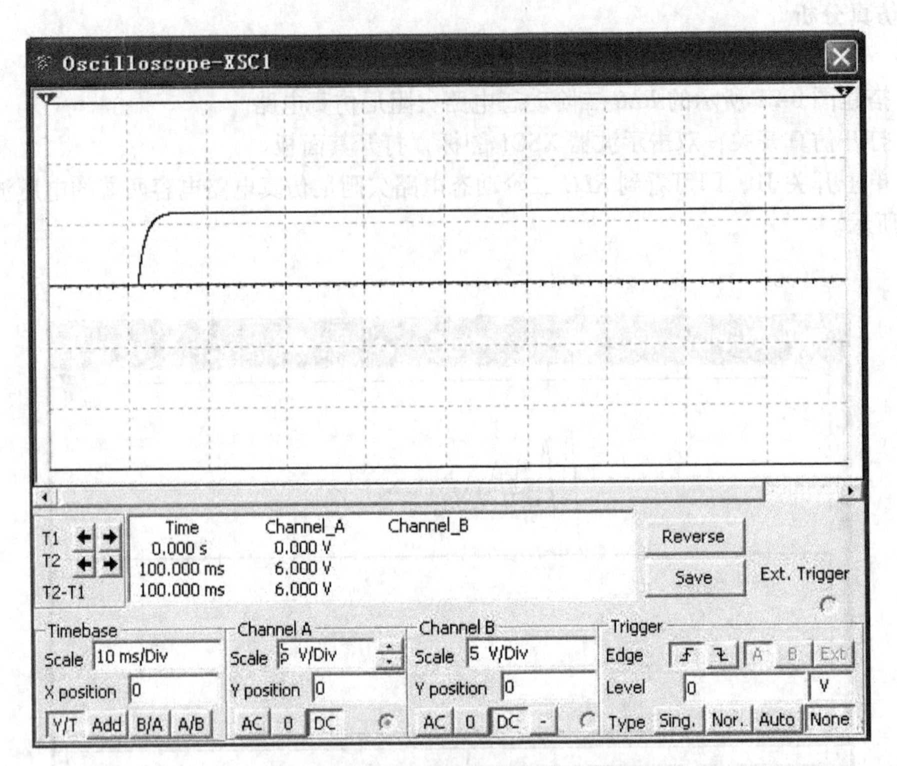

图 8-25 过阻尼时电容两端的电压波形

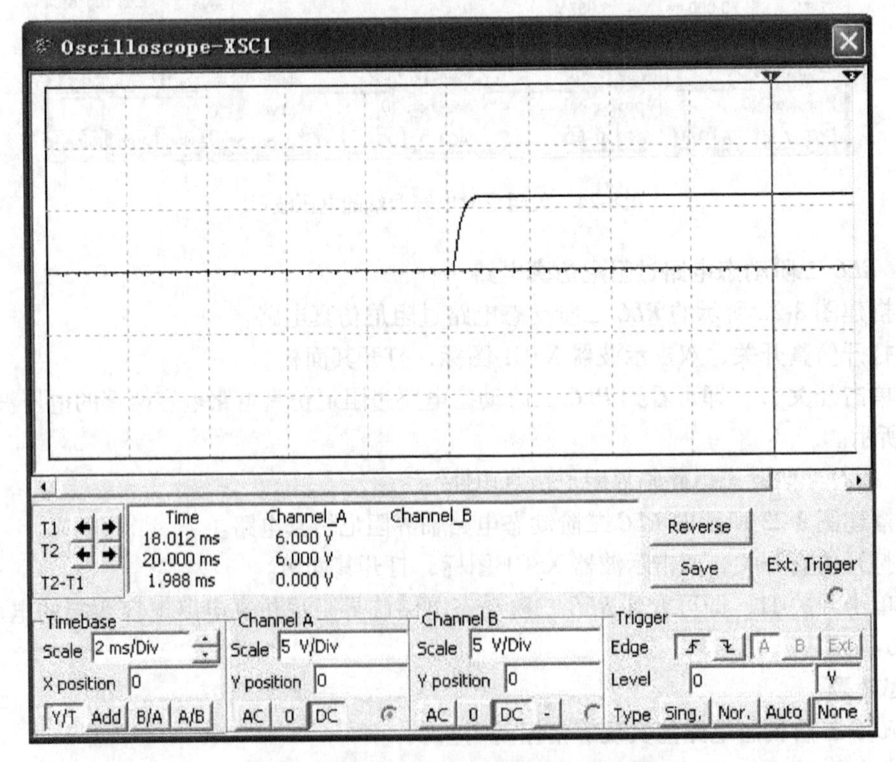

图 8-26 临界阻尼时电容两端的电压波形

8.11　感抗仿真实验

1. 仿真实验目的

1）测定交流电压和电流在电感中的相位关系。

2）通过测出的电感交流电压和电流有效值确定电感的感抗，并比较测量值与计算值。

3）测定电感的感抗和电感值之间的关系。

4）测定电感的感抗和正弦交流电频率之间的关系。

2. 元器件选取

1）交流电压源：Place Source→POWER_SOURCES→AC_POWER，选取交流电压源并设置电压有效值为12V、频率为1000Hz。

2）接地：Place Source→POWER_SOURCES→GROUND，选取电路中的接地。

3）电阻：Place Basic→RESISTOR，选取阻值为1Ω的电阻。

4）电感：Place Basic→INDUCTOR，选取电感值为100mH的电感。

5）示波器：从虚拟仪器工具栏调取XSC1。

6）电流表：Place Indicators→AMMETER，选取电流表并设置为交流档。

7）电压表：Place Indicators→VOLTMETER，选取电压表并设置为交流档。

3. 仿真电路

感抗仿真电路及示波器面板如图8-27a、b所示。

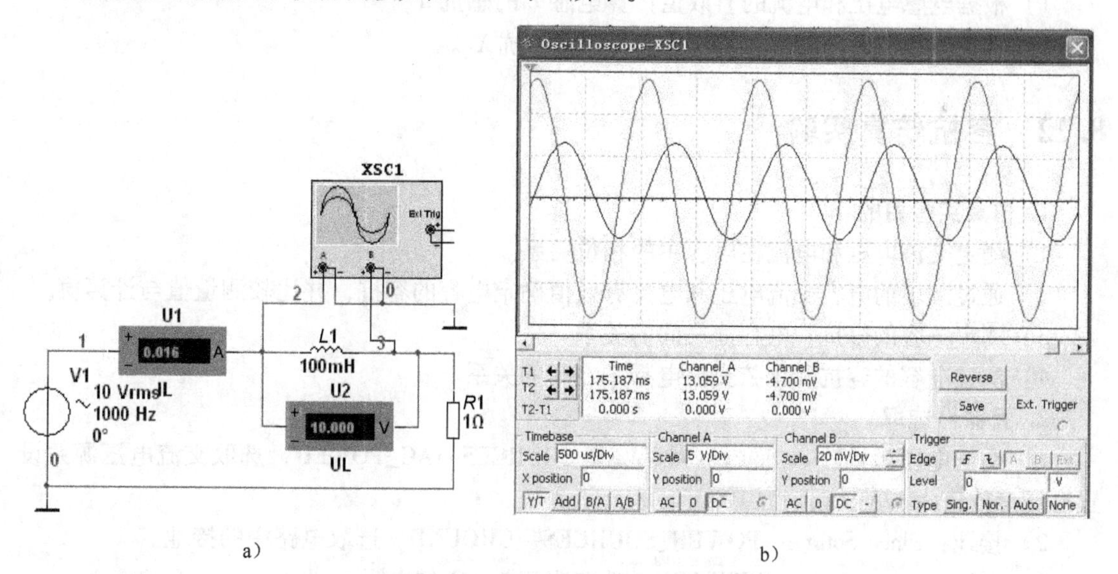

a)　　　　　　　　　　b)

图8-27　感抗仿真电路及示波器面板

4. 电路原理简述

在电感中交流电流i_L落后电压u_L 90°，感抗仿真电路可证实这个结论的正确性。欧姆定律确定了电感交流电压有效值和电流有效值之间的关系。在交流电路中，可用电感的感抗X_L（单位：Ω）代替欧姆定律公式中的电阻，所以有

$$X_L = U_L/I_L$$

式中，U_L和I_L为有效值。

因为电压和电流的有效值都等于峰值的 0.707，所以欧姆定律也可用于峰值电感电压U_{Lp}和电流I_{Lp}，即

$$X_L = 0.707U_{Lp}/0.707I_{Lp} = U_{Lp}/I_{Lp}$$

感抗也可用正弦波的频率f和电感L来计算：

$$X_L = \omega L = 2\pi fL$$

5. 仿真分析

1）建立图 8-27a 所示的感抗仿真电路。

2）单击仿真开关，激活电路。由于 1Ω 电阻两端的电压与电感中的电流成正比，所以 1Ω 电阻两端的电压波形即为电感中的电流波形；又因为感抗远远大于 1Ω 电阻，所以电感和 1Ω 电阻两端的电压实际上就近似等于电感两端的电压。

用示波器观察 1Ω 电阻两端的电压波形和电感两端的电压波形并记录于表 8-7 中。

3）记录电压表和电流表的读数于表 8-7 中。

表 8-7 感抗仿真数据

	U / V	I / A	电感电压波形与电流波形相位差
理论计算值			
仿真测量值			

6. 思考题

1）根据电感电压和电流的有效值计算电感L的感抗X_L。

2）用正弦交流电的频率f和电感值L计算感抗X_L。

8.12 容抗仿真实验

1. 仿真实验目的

1）测定交流电压和电流在电容中的相位关系。

2）通过测出的电容交流电压和电流有效值确定电容的容抗，并比较测量值与计算值。

3）测定电容的容抗和电容值之间的关系。

4）测定电容的容抗和正弦交流电频率之间的关系。

2. 元器件选取

1）交流电压源：Place Source→POWER_SOURCES→AC_POWER，选取交流电压源并设置电压有效值为 12V、频率为 1000Hz。

2）接地：Place Source→POWER_SOURCES→GROUND，选取电路中的接地。

3）电阻：Place Basic→RESISTOR，选取阻值为 1Ω 的电阻。

4）电容：Place Basic→CAPACITOR，选取电容值为 50nF 的电容。

5）示波器：从虚拟仪器工具栏调取 XSC1。

6）电流表：Place Indicators→AMMETER，选取电流表并设置为交流档。

7）电压表：Place Indicators→VOLTMETER，选取电压表并设置为交流档。

3. 仿真电路

容抗仿真电路及示波器面板图如图 8-28a、b 所示。

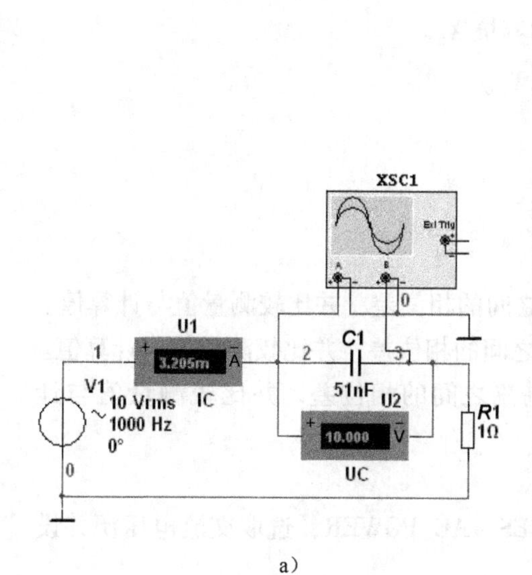

a）

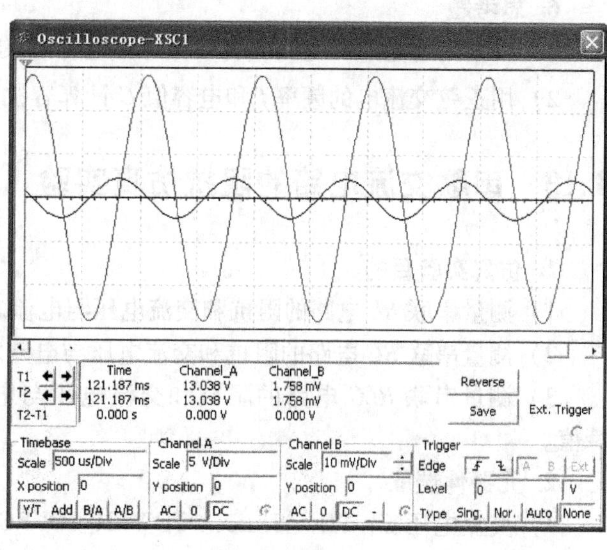

b）

图8-28　容抗仿真电路及示波器面板图

4. 电路原理简述

电容中的交流电流 i_C 超前电压 u_C 90°，可用图8-28所示仿真电路来验证。欧姆定律确定了电容交流电压有效值与电流有效值之间的关系。在交流电路中，可用电容的容抗 X_C（单位：Ω）代替欧姆定律里的电阻，因此有

$$X_C = U_C / I_C$$

式中，U_C 和 I_C 为有效值。

因为电压和电流的有效值都等于峰值的0.707倍，所以欧姆定律也可用于峰值电感电压 U_{CP} 和电流 I_{CP}，即

$$X_C = 0.707 U_{CP} / 0.707 I_{CP} = U_{CP} / I_{CP}$$

容抗也可用正弦波的频率 f 和电容量 C 来计算：

$$X_C = 1/(\omega C) = 1/(2\pi f C)$$

5. 仿真分析

1）建立图8-28a所示的容抗仿真电路。

2）单击仿真开关，激活电路。由于1Ω电阻两端的电压与电容中的电流成正比，所以1Ω电阻两端的电压波形即为电容中的电流波形；又因为容抗远远大于1Ω电阻，所以电容和1Ω电阻两端的电压实际上就近似等于电容两端的电压。用示波器观察1Ω电阻两端的电压波形和电容两端的电压波形并记录于表8-8中。

3）记录电压表和电流表的读数于表8-8中。

表8-8　容抗仿真数据

	U / V	I / A	电容电压波形与电流波形相位差
理论计算值			
仿真测量值			

6. 思考题

1）根据电容电压和电流的有效值计算电容 C 的容抗 X_C。

2）用正弦交流电的频率 f 和电容值 C 计算容抗 X_C。

8.13 串联交流电路的阻抗仿真实验

1. 仿真实验目的

1）测量串联 *RL* 电路的阻抗和交流电压与电流之间的相位差，并比较测量值与计算值。

2）测量串联 *RC* 电路的阻抗和交流电压与电流之间的相位差，并比较测量值与计算值。

3）测量串联 *RLC* 电路的阻抗和交流电压与电流之间的相位差，并比较测量值与计算值。

2. 元器件选取

1）交流电压源：Place Source→POWER_SOURCES→AC_POWER，选取交流电压源并设置电压有效值为 12V、频率为 1000Hz。

2）接地：Place Source→POWER_SOURCES→GROUND，选取电路中的接地。

3）电阻：Place Basic→RESISTOR，选取阻值为 1kΩ 的电阻。

4）电容：Place Basic→CAPACITOR，选取电容值为 1μF 的电容。

5）电感：Place Basic→INDUCTOR，选取电感值为 100mH 的电感。

6）电流表：Place Indicators→AMMETER，选取电流表并设置为交流档。

7）电压表：Place Indicators→VOLTMETER，选取电压表并设置为交流档。

8）示波器：从虚拟仪器工具栏调取 XSC1。

3. 仿真电路

图 8-29a、b 所示为 *RL* 串联阻抗实验电路及示波器面板图。

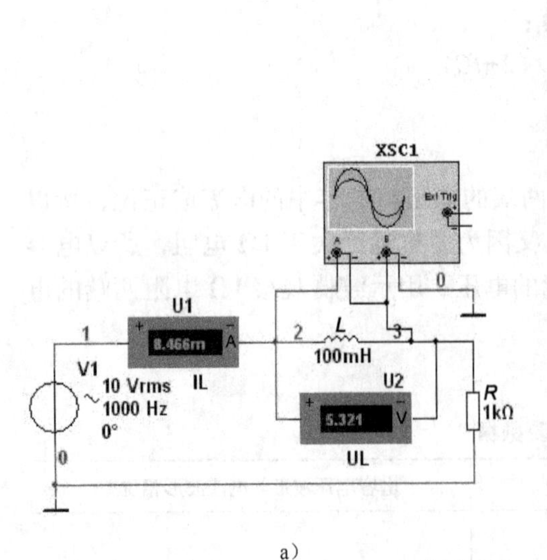

a）

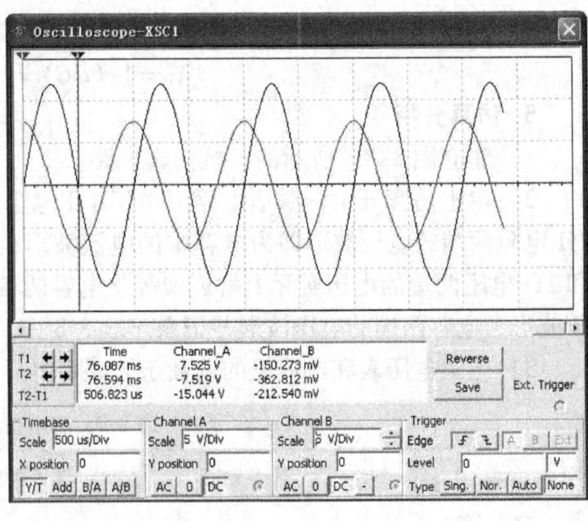

b）

图 8-29 *RL* 串联阻抗实验电路及示波器面板图

图 8-30a、b 所示为 *RC* 串联阻抗实验电路及示波器面板图。

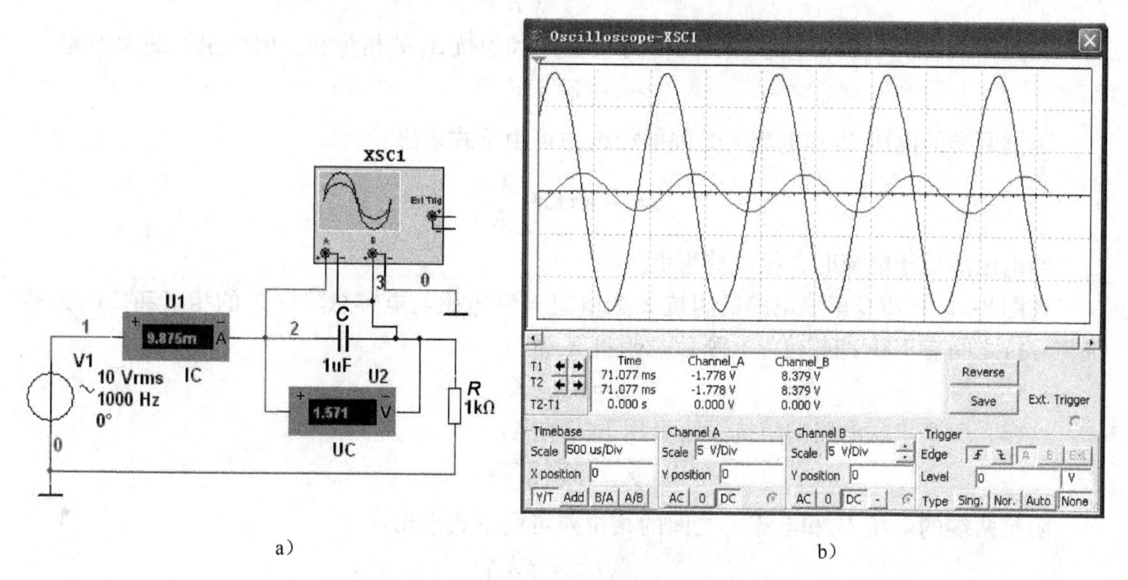

a）　　　　　　　　　　　　b）

图 8-30　*RC* 串联阻抗实验电路及示波器面板图

图 8-31a、b 所示为 *RLC* 串联阻抗实验电路及示波器面板。

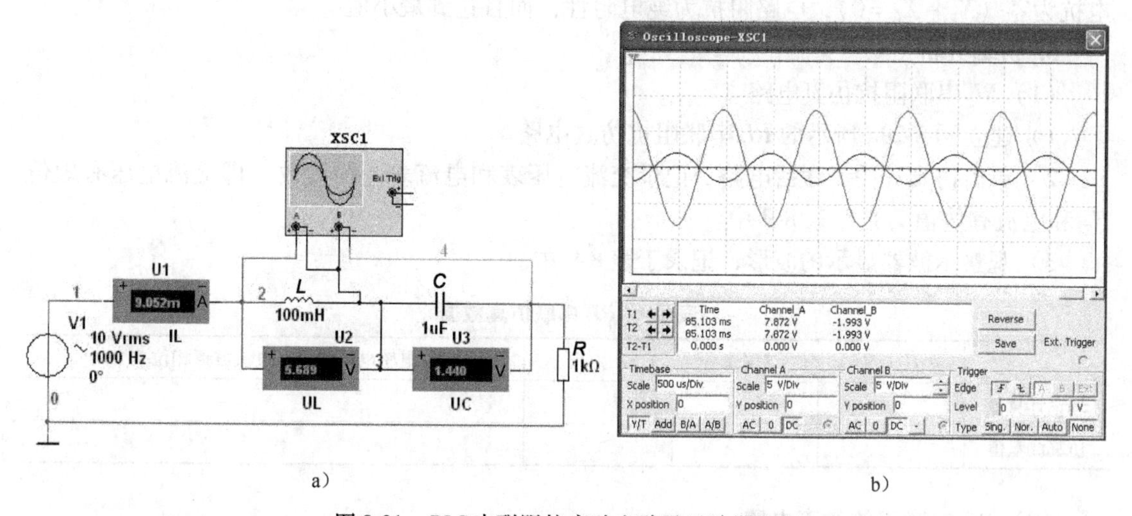

a）　　　　　　　　　　　　b）

图 8-31　*RLC* 串联阻抗实验电路及示波器面板

4. 电路原理简述

交流电路的阻抗 Z 满足欧姆定律。所以用阻抗两端的交流电压有效值 U_Z 除以交流电流有效值 I_Z 可算出阻抗（单位：Ω）：

$$Z = U_Z / I_Z$$

在图 8-29 中 *RL* 串联电路的阻抗 Z 为电阻 R 和感抗 X_L 的相量和。因此阻抗的大小为

$$Z = \sqrt{R^2 + X_L^{\ 2}}$$

阻抗两端的电压 U_Z 和电流 I_Z 之间的相位差可由下式求出：

$$\theta = \arctan\left(\frac{X_L}{R}\right)$$

在图 8-30 中 *RC* 串联电路的阻抗 Z 为电阻 R 和容抗 X_C 的相量和。因此阻抗的大小为

$$Z = \sqrt{R^2 + {X_C}^2}$$

阻抗两端的电压 U_Z 和电流 I_Z 之间的相位差可由下式求出：

$$\theta = -\arctan\left(\frac{X_C}{R}\right)$$

当电压落后于电流时，相位差为负。

在图 8-31 中 *RLC* 串联电路的阻抗 Z 为电阻 R 和电感与电容总阻抗 X 的相量和。因为感抗与容抗之间有 180°的相位差，所以总阻抗 X 为

$$X = X_L - X_C$$

这样，*RLC* 串联电路的阻抗大小可用下式求出：

$$Z = \sqrt{R^2 + X^2}$$

阻抗两端的电压 U_Z 和电流 I_Z 之间的相位差可由下式求出：

$$\theta = \arctan\left(\frac{X}{R}\right)$$

在 *RLC* 串联交流电路中，只有一个信号频率可以使得 X_L 与 X_C 相等。在这个频率上，总电抗为零（$X_L - X_C = 0$），电路阻抗为纯电阻性，而且达到最小值。

5. 仿真分析

（1）*RL* 串联阻抗仿真电路

1）建立图 8-29a 所示的 *RL* 串联阻抗仿真电路。

2）单击仿真开关，激活电路。记录交流电压表和电流表上的读数（即交流电压有效值 U_Z 和电流有效值 I_Z）于表 8-9 中。

3）观察示波器显示的波形，记录于表 8-9 中。

表 8-9　*RL* 串联仿真数据

	U / V	I / A	Z / Ω	电感电压波形与电流波形相位差
理论计算值				
仿真测量值				

（2）*RC* 串联阻抗仿真电路

1）建立图 8-30a 所示的 *RC* 串联阻抗仿真电路。

2）单击仿真开关，激活电路。记录交流电压表和电流表上的读数（即交流电压有效值 U_Z 和电流有效值 I_Z）于表 8-10 中。

3）观察示波器显示的波形，记录于表 8-10 中。

表 8-10　*RC* 串联仿真数据

	U / V	I / A	Z / Ω	电容电压波形与电流波形相位差
理论计算值				
仿真测量值				

（3）*RLC* 串联阻抗仿真电路

1）建立图 8-31a 所示的 *RLC* 串联阻抗仿真电路。

2）单击仿真开关，激活电路。记录交流电压表和电流表上的读数（即交流电压有效值 U_Z 和电流有效值 I_Z）于表 8-11 中。

3）观察示波器显示的波形，记录于表 8-11 中。

表 8-11　*RLC* 串联仿真数据

	U / V	I / A	Z / Ω	电容与电感电压波形相位差
理论计算值				
仿真测量值				

6. 思考题

1）用交流电压有效值 U_Z 和电流有效值 I_Z 计算 *RL* 串联电路的阻抗大小。

2）用电感值 L 和正弦交流电的频率 f 计算电感的感抗 X_L。

3）用电阻值 R 和电感 L 的感抗 X_L 计算 *RL* 串联电路阻抗 Z 的大小。

4）用交流电压有效值 U_Z 和电流有效值 I_Z 计算 *RC* 串联电路的阻抗大小。

5）用电容值 C 和正弦交流电频率 f 计算电容的容抗 X_C。

6）用电阻值 R 和电容 C 的容抗 X_C 计算 *RC* 串联电路阻抗 Z 的大小。

7）用交流电压有效值 U_Z 和电流有效值 I_Z 计算 *RLC* 串联电路的阻抗大小。

8）用电阻值 R 和电容 C 的容抗 X_C、电感 L 的感抗 X_L，计算 *RLC* 串联电路阻抗 Z 的大小。

8.14　交流电路的功率和功率因数仿真实验

1. 仿真实验目的

1）测定 *RL* 串联电路的有功功率和功率因数。

2）测定 *RC* 串联电路的有功功率和功率因数。

3）确定 *RL* 串联电路提高功率因数所需要的电容。

2. 元器件选取

1）交流电压源：Place Source→POWER_SOURCES→AC_POWER，选取交流电压源并设置电压有效值为 120V、频率为 60Hz。

2）接地：Place Source→POWER_SOURCES→GROUND，选取电路中的接地。

3）电阻：Place Basic→RESISTOR，选取阻值为 1kΩ 的电阻。

4）电感：Place Basic→INDUCTOR，选取电感值为 1H 的电感。

5）电容：Place Basic→CAPACITOR，选取电容值为 1μF、8μF 的电容。

6）功率表：从虚拟仪器工具栏调取 XWM1。

7）电流表：Place Indicators→AMMETER，选取电流表并设置为交流档。

8）电压表：Place Indicators→VOLTMETER，选取电压表并设置为交流档。

3. 仿真电路

图 8-32a、b 所示为测量 *RL* 串联电路功率的仿真电路及功率表面板图。

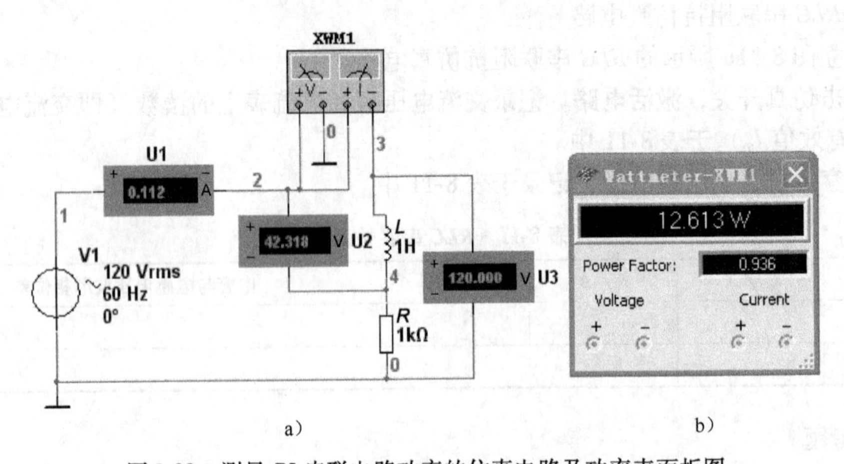

图 8-32　测量 *RL* 串联电路功率的仿真电路及功率表面板图

图 8-33a、b 所示为测量 *RC* 串联电路功率的仿真电路及功率表面板图。

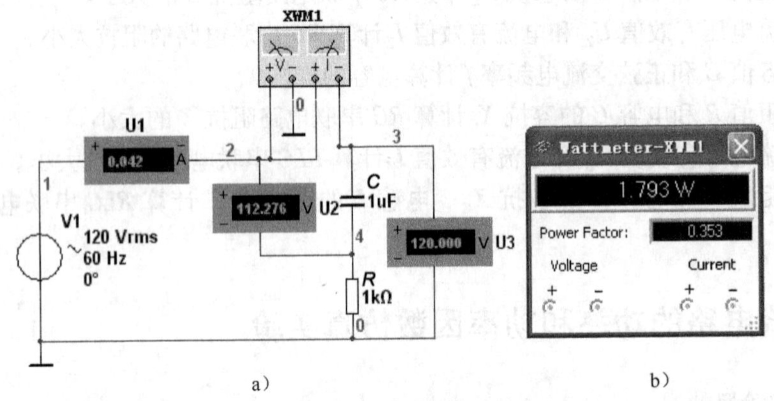

图 8-33　测量 *RC* 串联电路功率的仿真电路及功率表面板图

图 8-34a、b 所示为测量 *RLC* 串联电路功率的仿真电路及功率表面板图。

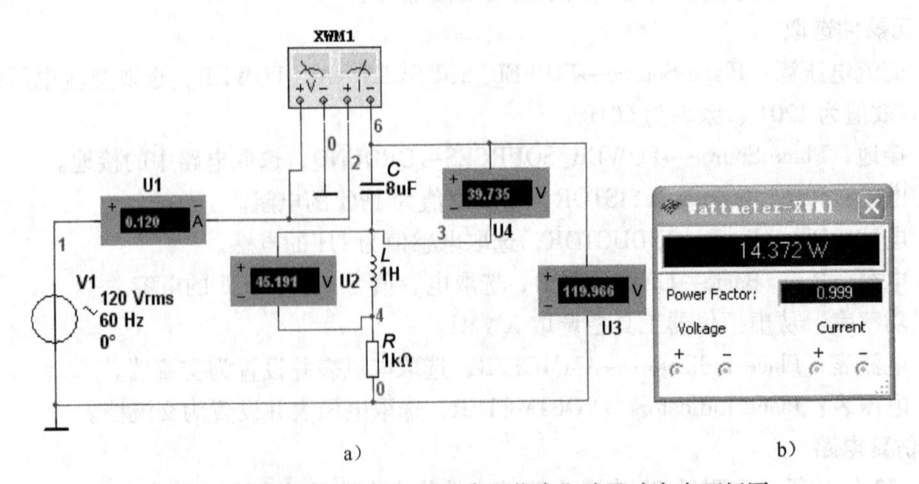

图 8-34　测量 *RLC* 串联电路功率的仿真电路及功率表面板图

图8-35a、b所示为功率因数校正仿真电路及功率表面板图。

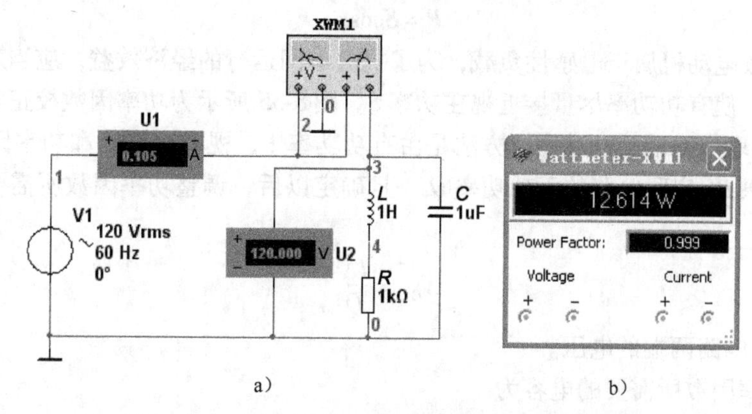

图8-35　功率因数校正仿真电路及功率表面板图

4. 电路原理简述

工程上对于交流电路常用电压表、电流表和功率表（或功率因数表）相配合测量电压U、电流I和有功功率P（或功率因数$\cos\varphi$）值，Multisim软件提供的功率表既可以测量有功功率，也可以测量功率因数。

在RL、RC或RLC串联交流电路中只有电阻才消耗功率，即有功功率P，电感或电容是不消耗功率的。电感和电容中的功率为无功功率Q。

RL或RC串联电路的无功功率（单位：Var）等于动态元件两端的电压有效值U_C或U_L乘以动态元件的电流有效值I。

电容的无功功率Q为

$$Q=U_CI$$

电感的无功功率Q为

$$Q=U_LI$$

RLC串联电路的无功功率Q等于总阻抗两端的电压有效值U_X乘以总阻抗的电流有效值I。总阻抗电压有效值等于电容电压U_C与电感电压U_L之差，这是因为这两个电压之间有180°的相位差。因此，RLC串联电路的无功功率为

$$Q=U_XI$$

其中

$$U_X=U_C-U_L$$

电路的视在功率S等于总电路两端的电压有效值U乘以电路电流有效值I。因此，视在功率（单位：VA）为

$$S=UI$$

功率因数$\cos\varphi$为有功功率P与视在功率S之比，即：

$$\cos\varphi=\frac{P}{S}=\frac{P}{UI}$$

式中，φ为U与I之间的相位差。

当功率因数为0～1之间的小数时，表示负载为电感性，电路中电流落后于电压；功率因数为-1～0之间的小数时，表示负载为电容性，电流超前于电压；功率因数为1时，表示负载为纯电阻性，电流与电压同相。交流电路的有功功率等于视在功率与功率因数的乘

积，即：

$$P = S\cos\varphi$$

因为大多数电动机属于电感性负载，为了提高电网运行的经济效益，应当对电路的功率因数进行调整，使有功功率尽量接近视在功率 S。图 8-35 所示为功率因数校正实验电路，首先确定原 RL 串联电路的无功功率，方法是由有功功率 P、视在功率 S 和功率因数角 φ 求出无功功率 Q。原 RL 串联电路的无功功率 Q 一旦确定以后，调整功率因数所需要的容抗便可由下式求出

$$X_C = \frac{U^2}{Q}$$

式中，U 为 RL 电路两端的电压。

则调整功率因数所需要的电容为

$$C = \frac{1}{2\pi f X_C}$$

校正电容 C 选定后，可将其并联在 RL 负载的两端，这时功率因数接近于 1（电压 U 与电流 I 同相）。这样，便可以使有功功率接近于视在功率。

5. 仿真分析

（1）测量 RL 串联电路功率的仿真电路

1）建立图 8-32a 所示测量 RL 串联电路功率的仿真电路。

2）单击仿真开关，激活电路，记录 RL 电路两端的总电压有效值 U、电流有效值 I、电感两端的电压有效值 U_L、有功功率 P 及功率因数 $\cos\varphi$ 于表 8-12 中。

表 8-12　测量 RL 串联电路功率的仿真数据

	U/V	I/A	U_L/V	P/W	$\cos\varphi$
理论计算值					
仿真测量值					

（2）测量 RC 串联电路功率的仿真电路

1）建立图 8-33a 所示测量 RC 串联电路功率的仿真电路。

2）单击仿真开关，激活电路，记录 RC 电路两端的总电压有效值 U、电流有效值 I、电容两端的电压有效值 U_C、有功功率 P 及功率因数 $\cos\varphi$ 于表 8-13 中。

表 8-13　测量 RC 串联电路功率的仿真数据

	U/V	I/A	U_C/V	P/W	$\cos\varphi$
理论计算值					
仿真测量值					

（3）测量 RLC 串联电路功率的仿真电路

1）建立图 8-34a 所示测量 RLC 串联电路功率的仿真电路。

2）单击仿真开关，激活电路，记录 RLC 电路两端的总电压有效值 U、电流有效值 I、电容两端的电压有效值 U_C、电感两端的电压有效值 U_L、有功功率 P 及功率因数 $\cos\varphi$ 于表 8-14 中。

表8-14 测量*RLC*串联电路功率的仿真数据

	U/V	I/A	U_C/V	U_L/V	P/W	$\cos\varphi$
理论计算值						
仿真测量值						

（4）功率因数校正仿真电路

1）图8-35a所示为功率因数校正仿真电路。

2）单击仿真开关，激活电路，记录*RLC*电路两端的总电压有效值U、电流有效值I、有功功率P及功率因数$\cos\varphi$于表8-15中。

表8-15 功率因数校正电路的仿真数据

	U/V	I/A	P/W	$\cos\varphi$
理论计算值				
仿真测量值				

6. 思考题

1）根据*RL*串联电路功率的仿真数据，计算*RL*串联电路的有功功率P、无功功率Q和视在功率S，并作出功率三角形。

2）根据*RC*串联电路功率的仿真数据，计算*RC*串联电路的有功功率P、无功功率Q和视在功率S，并作出功率三角形。

3）根据*RLC*串联电路功率的仿真数据，计算*RLC*串联电路的有功功率P、无功功率Q和视在功率S。

4）根据功率因数校正电路的仿真数据，计算使功率因数接近于1所需要的电容C。

8.15 交流电路基尔霍夫电压定律仿真实验

1. 仿真实验目的

1）测定*RLC*串联电路中每个元件两端的交流电压有效值，并比较测量值与计算值。

2）研究在*RLC*串联电路中频率变化对交流电流和电压有效值的影响。

2. 元器件选取

1）交流电压源：Place Source→POWER_SOURCES→AC_POWER，选取交流电压源并设置电压为120V、频率为60Hz。

2）接地：Place Source→POWER_SOURCES→GROUND，选取电路中的接地。

3）电阻：Place Basic→RESISTOR，选取电阻值为100Ω的电阻。

4）电感：Place Basic→INDUCTOR，选取电感值为100mH的电感。

5）电容：Place Basic→CAPACITOR，选取电容值为10μF的电容。

6）电压表：Place Indicators→VOLTMETER，选取电压表并设置为交流档。

7）电流表：Place Indicators→AMMETER，选取电流表并设置为交流档。

3. 仿真电路

交流电路基尔霍夫电压定律仿真电路如图 8-36 所示。

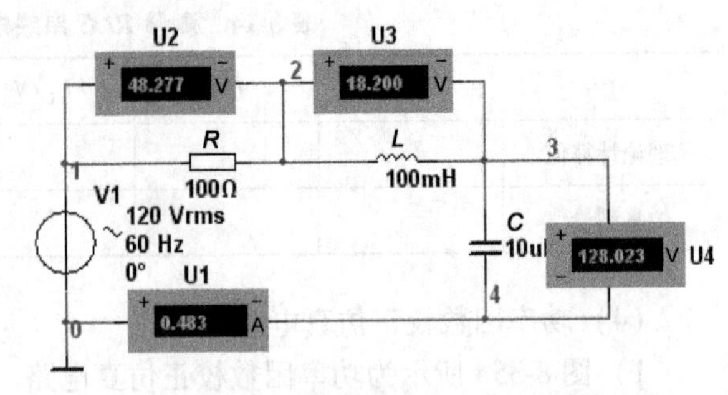

图 8-36 交流电路基尔霍夫电压定律仿真电路

4. 电路原理简述

在交流电路中应用基尔霍夫电压定律时，各个电压相加必须使用相量加法，这是因为各种元件电压的相位不一样，电压的大小和相位都要考虑。在图 8-36 所示的 *RLC* 串联电路中，电阻两端的电压有效值 U_R与电流 I 同相，电感两端的电压有效值 U_L超前电流 I 90°，电容两端的电压有效值 U_C落后电流 I 90°。

因为相量 U_L与 U_C有 180°相位差，所以总电抗两端的电压 U_X等于 U_L与 U_C之差：

$$U_X = U_L - U_C$$

U_R与 U_X的相量和等于 U，因此

$$U = \sqrt{U_R{}^2 + U_X^2}$$

5. 仿真分析

1）建立图 8-36 所示交流电路基尔霍夫电压定律仿真电路。

2）单击仿真开关，激活电路，记录交流电流表和电压表测量的电路电流有效值 I、电感两端的电压有效值 U_L、电容两端的电压有效值 U_C、电阻两端的电压有效值 U_R 于表 8-16中。

表 8-16 交流电路基尔霍夫电压定律仿真数据

	I/A	U_L/V	U_C/V	U_R/V
理论计算值				
仿真测量值				

6. 思考题

1）根据交流电路基尔霍夫电压定律仿真数据，计算是否满足基尔霍夫电压定律。

2）电感与电容两端电压的相量和大概是多少？电阻 R 两端的电压有效值与加在总阻抗两端的电压有效值之间有什么关系？

8.16 交流电路基尔霍夫电流定律仿真实验

1. 仿真实验目的

1）测量 *RLC* 并联电路中每条支路的电流有效值。

2）研究基尔霍夫电流定律在交流电路中的应用。

2. 元器件选取

1）交流电压源：Place Source→POWER_SOURCES→AC_POWER，选取电压源并设置电压为 120V、频率为 60Hz。

2）接地：Place Source→POWER_SOURCES→GROUND，选取电路中的接地。

3）电阻：Place Basic→RESISTOR，选取电阻值为100Ω的电阻。

4）电感：Place Basic→INDUCTOR，选取电感值为100mH的电感。

5）电容：Place Basic→CAPACITOR，选取电容值为10μF的电容。

6）电流表：Place Indicators→AMMETER，选取电流表并设置为交流档。

3. 仿真电路

交流电路基尔霍夫电流定律仿真电路如图8-37所示。

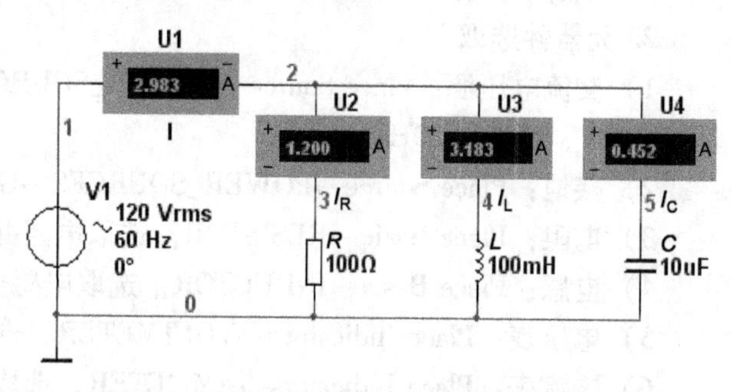

图8-37　交流电路基尔霍夫电流定律仿真电路

4. 电路原理简述

在并联导纳中应用基尔霍夫电流定律时，电流必须使用相量加法，这是因为各个电流之间有相位差，电流的大小和相位都要加以考虑。在图8-37所示的*RLC*并联电路中，电阻电流有效值I_R与并联电路两端的电压有效值U同相，电感电流I_L落后电压U90°，电容电流I_C超前电压U90°。

因为相量I_L与I_C有180°相位差，所以电感和电容总电流I_B等于I_C与I_L之差：

$$I_B = I_C - I_L$$

I_R与I_B的相量和等于：

$$I = \sqrt{I_R^2 + I_B^2}$$

5. 仿真分析

1）建立图8-37所示交流电路基尔霍夫电流定律仿真电路。

2）单击仿真开关，激活电路。记录流入并联电路的总电流I，以及电感电流I_L、电容电流I_C和电阻电流I_R于表8-17中。

表8-17　交流电路基尔霍夫电流定律仿真数据

	I/A	I_C/A	I_L/A	I_R/A
理论计算值				
仿真测量值				

6. 思考题

1）根据交流电路基尔霍夫电流定律仿真数据，计算是否满足基尔霍夫电流定律。

2）电感与电容电流的相量和大概是多少？电阻R的电流有效值与加在并联电路的总电流有效值之间有什么关系？

8.17　三相交流电路仿真实验

1. 仿真实验目的

1）学会三相对称负载Y联结时线电压和相电压的测量方法。

2）学会三相对称负载△联结时线电流和相电流的测量方法。

3）了解不对称负载Y联结时中性线的作用。

2. 元器件选取

1）交流电压源：Place Source→POWER_SOURCES→AC_POWER，选取电压源并设置电压为220V、频率为50Hz。

2）接地：Place Source→POWER_SOURCES→GROUND，选取电路中的接地。

3）电阻：Place Basic→RESISTOR，选取电阻并依据仿真图要求设置阻值。

4）电感：Place Basic→INDUCTOR，选取电感值为1H的电感。

5）电压表：Place Indicators→VOLTMETER，选取电压表并设置为交流档。

6）电流表：Place Indicators→AMMETER，选取电流表并设置为交流档。

3. 仿真电路

1）图8-38为三相负载Y联结线电压与相电压仿真电路。

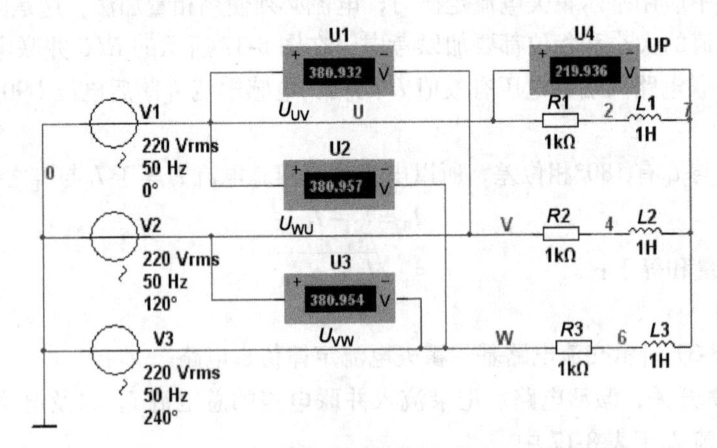

图8-38　三相负载Y联结线电压与相电压仿真电路

2）图8-39所示为三相负载△联结线电流与相电流仿真电路。

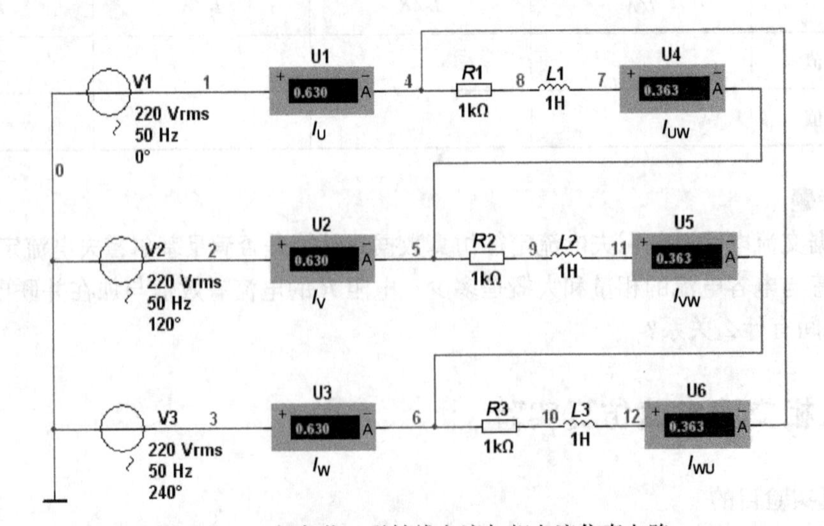

图8-39　三相负载△联结线电流与相电流仿真电路

3）图 8-40 所示为三相负载不对称时电流仿真电路。

4. 电路原理简述

（1）三相三线制

1）当负载为Y联结且负载对称时，线电流 I_1 与相电流 I_p 相等，即 $I_1=I_p$；线电压 U_1 与相电压 U_p 的关系式为 $U_1=\sqrt{3}U_p$，可采用三相三线供电方式。在实际中，通常三相电源的电压值是指线电压的有效值，例如三相 380V 电源指的是线电压，相电压则为 220V。当负载不对称时，负载中性点的电位将与电源中性线的电位不同，各相负载的端电压不再保持对称关系。

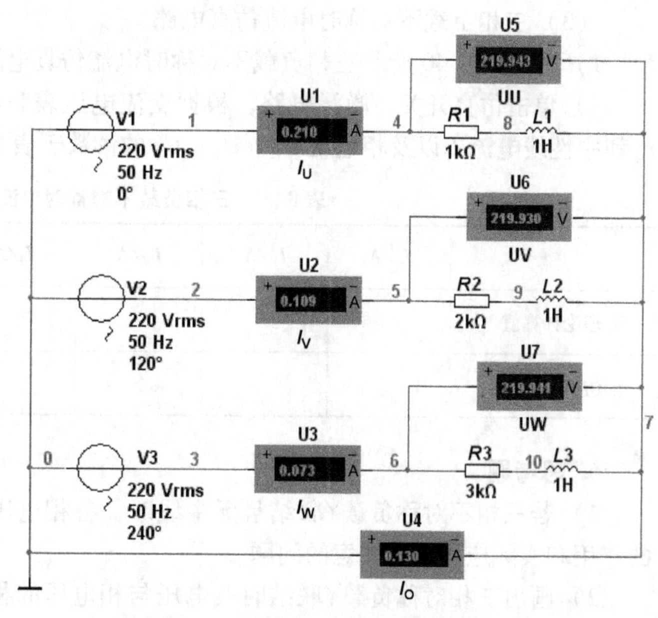

图 8-40　三相负载不对称时电流仿真电路

2）当负载为△联结时，采用三相三线制，线电压 U_1 与相电压 U_p 相等，即 $U_1=U_p$；线电流 I_1 与相电流 I_p 的关系式为 $I_1=\sqrt{3}I_p$。

（2）三相四线制　不论负载对称与否，均可以采用Y联结，并有：$U_1=\sqrt{3}U_p$，$I_1=I_p$。对称时中性线无电流；不对称时中性线上有电流。

5. 仿真分析

（1）三相负载Y联结线电压与相电压仿真电路

1）搭建图 8-38 所示三相负载Y联结线电压与相电压仿真电路。

2）单击仿真开关，激活电路，根据交流电压表的读数，记录线电压 U_{UV}、U_{VW}、U_{WU} 和相电压 U_p 的读数于表 8-18 中。

表 8-18　三相负载Y联结线电压与相电压仿真数据

	U_{UV}/V	U_{VW}/V	U_{WU}/V	U_p/V
理论计算值				
仿真测量值				

（2）三相负载△联结线电流与相电流仿真电路

1）搭建图 8-39 所示三相负载△联结线电流与相电流仿真电路。

2）单击仿真开关，激活电路，根据各交流电流表的读数，记录线电流 I_U、I_V、I_W 和相电流 I_{UV}、I_{VW}、I_{WU} 的读数于表 8-19 中。

表 8-19　三相负载△联结线电流与相电流仿真数据

	I_U/A	I_V/A	I_W/A	I_{UV}/A	I_{VW}/A	I_{WU}/A
理论计算值						
仿真测量值						

（3）三相负载不对称时电流仿真电路

1）搭建图 8-40 所示三相负载不对称时电流仿真电路。

2）单击仿真开关，激活电路，根据交流电压表和电流表的读数，记录线电流 I_U、I_V、I_W和中性线电流 I_0以及相电压 U_U、U_V、U_W的读数于表 8-20 中。

表 8-20　三相负载不对称时电流仿真数据

	I_U/A	I_V/A	I_W/A	I_0/A	U_U/V	U_V/V	U_W/V
理论计算值							
仿真测量值							

6. 思考题

1）若三相不对称负载Y联结且无中线时，各相电压的分配关系将会如何？说明中性线的作用和实际应用中需注意的问题。

2）画出三相对称负载Y联结时线电压与相电压的相量图，并进行计算，验证仿真数据正确与否。

3）画出三相对称负载△联结时线电流与相电流的相量图，并进行计算，验证仿真数据正确与否。

8.18　三相电路功率测量仿真实验

1. 仿真实验目的

1）学会用三功率表法测量三相电路的有功功率。

2）学会用二功率表法测量三相电路的有功功率。

2. 元器件选取

1）交流电压源：Place Source→POWER_SOURCES→AC_POWER，选取电压源并依据仿真图要求设置其参数。

2）接地：Place Source→POWER_SOURCES→GROUND，选取电路中的接地。

3）电阻：Place Basic→RESISTOR，选取电阻并依据仿真图要求设置电阻值。

4）功率表：从虚拟仪器工具栏调取 XWM1。

3. 仿真电路

图 8-41 所示为三相负载不对称三功率表仿真电路及各功率表的面板示数。

图 8-42 所示为三相负载不对称二功率表仿真电路及各功率表的面板示数。

4. 电路原理简述

对称的三相负载，不论是Y联结还是△联结，三相总功率为

$$P = 3P_p = 3U_pI_p\cos\varphi = \sqrt{3}U_lI_l\cos\varphi$$

在三相四线制中，三相负载对称时，可用一个功率表测量出任一相功率 P_p，总功率为 $P = 3P_p$。当三相负载不对称时，可分别测出各相功率 P_A、P_B、P_C，总功率为 $P = P_A + P_B + P_C$。

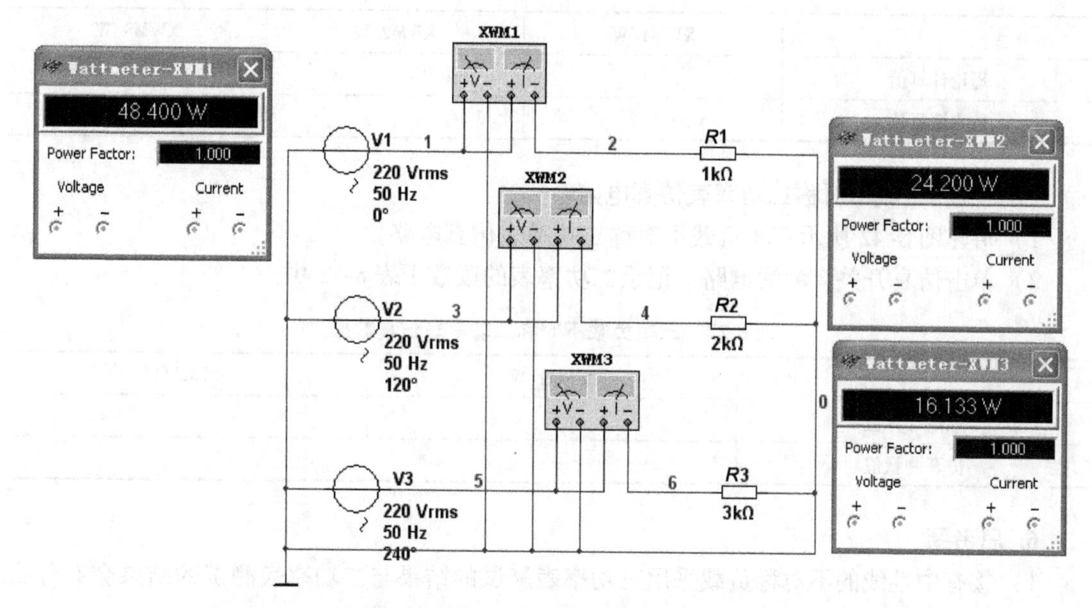

图 8-41　三相负载不对称三功率表仿真电路及各功率表的面板示数

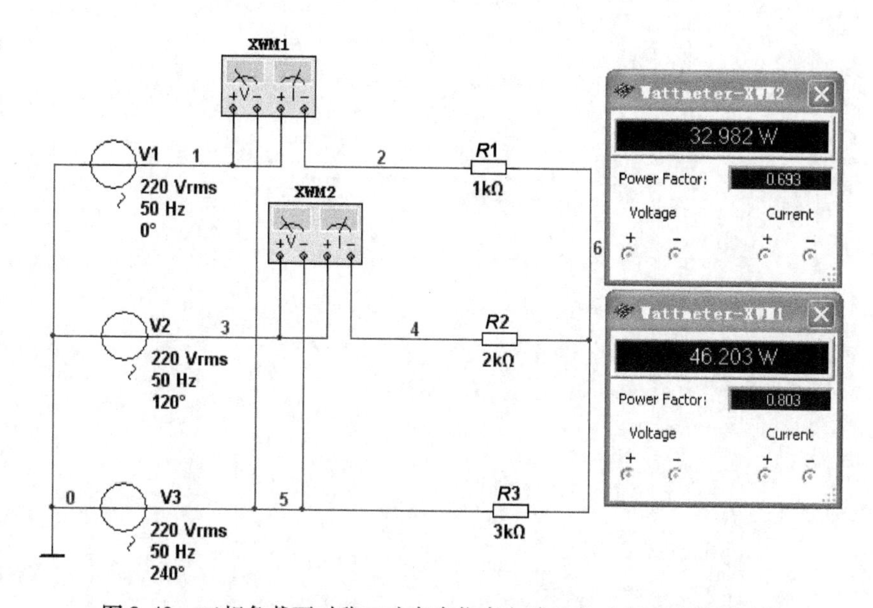

图 8-42　三相负载不对称二功率表仿真电路及各功率表的面板示数

在三相三线制中，不论负载对称与否，也不论负载是何种联结，均可采用两只功率表测量三相总有功功率，但二表法一般不能用于三相四线制总有功率的测量。

5. 仿真分析

（1）三相负载不对称三功率表仿真电路

1）搭建图 8-41 所示三相负载不对称三功率表仿真电路。

2）单击仿真开关，激活电路，记录三功率表的读数于表 8-21 中。

表 8-21　三相负载不对称三功率表仿真数据

	XWM1/W	XWM2/W	XWM3/W
理论计算值			
仿真测量值			

（2）三相负载不对称二功率表仿真电路

1）搭建图 8-42 所示三相负载不对称二功率表仿真电路。

2）单击仿真开关，激活电路，记录二功率表的读数于表 8-22 中。

表 8-22　三相负载不对称二功率表仿真数据

	XWM1/W	XWM2/W
理论计算值		
仿真测量值		

6. 思考题

1）接有中性线的不对称负载采用三功率表测试的结果与二功率表测试的结果会有什么不同？为什么？

2）根据各个电路所给的数值，计算各电路的有功功率，并与仿真数值进行比较。

第9章 模拟电子技术仿真实验

9.1 半波整流电路仿真实验

1. 仿真实验目的

1）学会半波整流电路输出电压数值的测量。

2）学会半波整流电路输入/输出电压波形的测试。

2. 元器件选取

1）交流电压源：Place Source→POWER_SOURCES→AC_POWER，选取电压源并依据仿真图要求设置参数。

2）接地：Place Source→POWER_SOURCES→GROUND，选取电路中的接地。

3）电阻：Place Basic→RESISTOR，选取阻值为 1kΩ 的电阻。

4）二极管：Place Diodes→DIODE，选取 IN4001 型二极管。

5）电压表：Place Indicators→VOLTMETER，选取电压表并设置为直流档。

6）示波器：从虚拟仪器工具栏调取 XSC1。

3. 仿真电路

图 9-1a、b 所示为半波整流仿真电路及示波器面板图。

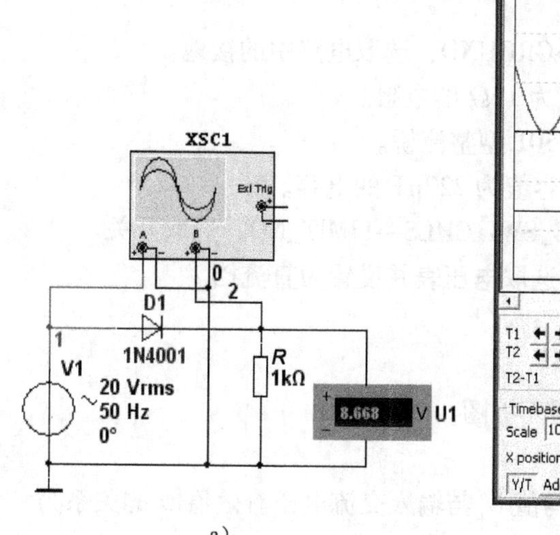

a）

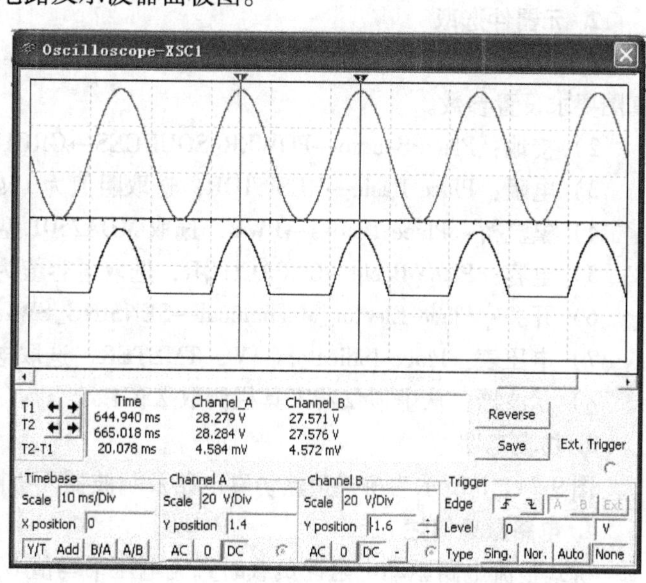

b）

图 9-1 半波整流仿真电路及示波器面板图

4. 电路原理简述

将正负变化的交流电变换为单一方向的直流电的过程称为整流。

半波整流电路电阻性负载输出电压平均值 U_L 与交流电压有效值 U 的关系为

$$U_L = 0.45U$$

5. 仿真分析

1）搭建图 9-1a 所示的半波整流仿真电路。

2）单击仿真开关，并双击示波器图标打开其面板，观察示波器的屏幕上的波形及电压表的显示，记录于表 9-1 中。

表 9-1　半波整流仿真数据

	U_i/V（输入交流电压）	U_d/V（输出直流电压）	U_M/V（输入电压波形峰值）
理论计算值			
仿真测量值			

6. 思考题

1）利用半波整流电路输入电压与输出电压计算公式，计算输出直流电压。

2）比较半波整流平均输出电压的计算值与仿真测量值，情况如何？

9.2　桥式整流滤波仿真实验

1. 仿真实验目的

1）学会桥式整流电路输出电压值和输入交流电压值的仿真测试。

2）测试滤波电容接与不接对输出电压波形的影响，了解滤波电容的作用。

2. 元器件选取

1）交流电压源：Place Source→POWER_SOURCES→AC_POWER，选取电压源并依据仿真图要求设置参数。

2）接地：Place Source→POWER_SOURCES→GROUND，选取电路中的接地。

3）电阻：Place Basic→RESISTOR，选取阻值为 1kΩ 的电阻。

4）整流桥：Place Diodes→FWB，选取 MDA2501 型整流桥。

5）电容：Place Basic→CAPACITOR，选取电容值为 220μF 的电容。

6）开关：Place Elector_Mechanical→SENSING_SWITCHES→LIMIT_NO，选取开关。

7）电压表：Place Indicators→VOLTMETER，选取电压表并设置为直流档。

8）示波器：从虚拟仪器工具栏调取 XSC1。

3. 仿真电路

图 9-2a、b 所示为桥式整流仿真电路及示波器面板图。

4. 电路原理简述

桥式整流电路驱动电阻性负载时直流电压平均值 U_L 与输入交流电压有效值 U 的关系为

$$U_L = 0.9U$$

在小电流输出的情况下，全波整流电容滤波电路（包括桥式整流电容滤波电路）的直流输出电压可估算为交流电压有效值的 1.2 倍，即

$$U_{CL} \approx 1.2U$$

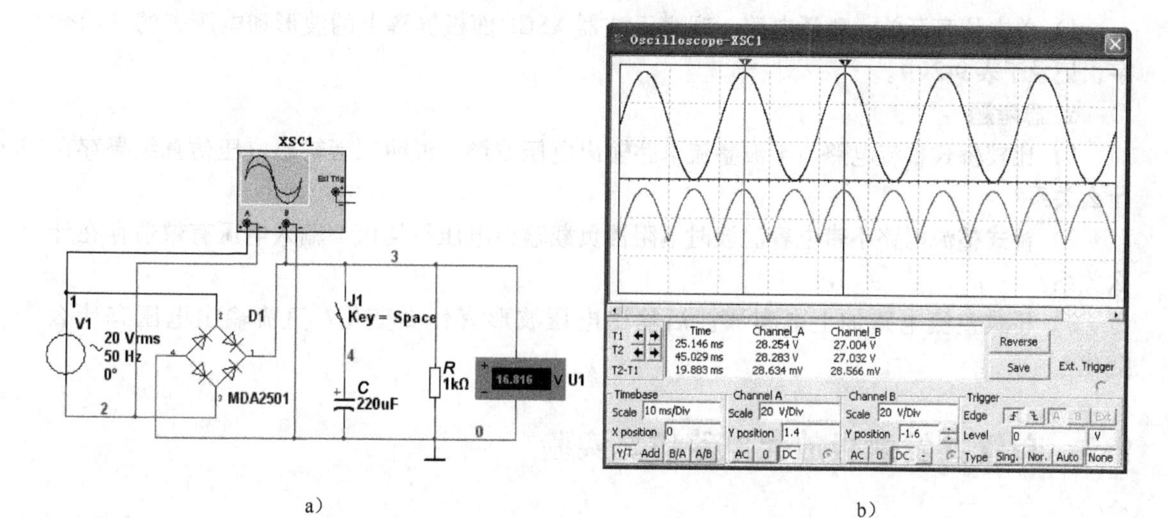

a)　　　　b)

图 9-2　桥式整流仿真电路及示波器面板图

5. 仿真分析

1）搭建图 9-2a 所示的桥式整流仿真电路。

2）单击仿真开关，激活电路，观察示波器 XSC1 面板屏幕上的波形和电压表的显示数字，记录于表 9-2 中。

表 9-2　桥式整流仿真数据

	U_{O1}/V （未接电容时的输出电压）	U_{O2}/V （接电容后的输出电压）	未接电容时 输出电压波形	接电容后 输出电压波形
理论计算值				
仿真测量值				

3）单击仿真暂停按钮，停止仿真。单击电路中的 J1 开关，J1 闭合，组成桥式整流滤波仿真电路，如图 9-3a 所示，示波器面板图如图 9-3b 所示。

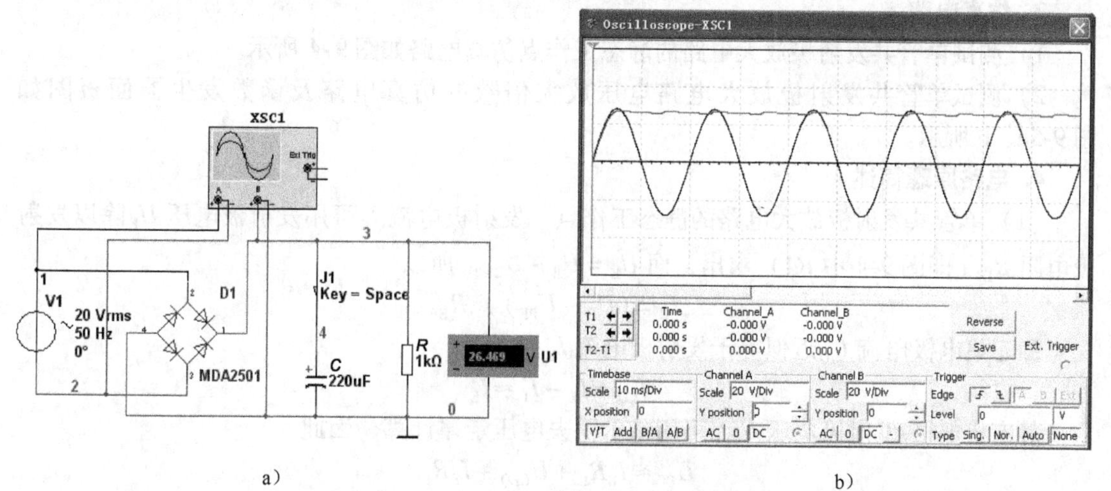

a)　　　　b)

图 9-3　桥式整流滤波仿真电路及示波器面板图

4）单击仿真开关，激活电路，观察示波器 XSC1 面板屏幕上的波形和电压表的显示数字，记录于表 9-2 中。

6. 思考题

1）比较桥式整流电路与半波整流电路输出电压波形，说明二者输出电压仿真结果存在什么关系？

2）桥式整流电路不带电容滤波时电阻性负载输出电压平均值与输入电压有效值存在什么关系？

3）桥式整流电路加上电容滤波后输出电压波形有什么变化？直流输出电压有什么变化？

9.3 单管共发射极放大电路仿真实验

1. 仿真实验目的

1）学会测试单管共发射极放大电路的静态工作点。

2）学会测试单管共发射极放大电路的输入电压和输出电压的波形及二者的相位关系。

2. 元器件选取

1）电压源：Place Source→POWER_SOURCES→DC_POWER，选取直流电压源并设置电压为 12V。

2）接地：Place Source→POWER_SOURCES→GROUND，选取电路中的接地。

3）电阻：Place Basic→RESISTOR，选取电阻并根据仿真电路设置电阻值。

4）电解电容：Place Basic→CAP_ELECTROLIT，选取电容值为 10μF 的电容。

5）晶体管：Place Transistors→BJT_NPN，选取 2N2222A 型晶体管。

6）电压表：Place Indicators→VOLTMETER，选取电压表并设置为直流档。

7）电流表：Place Indicators→AMMETER，选取电流表并设置为直流档。

8）函数发生器：从虚拟仪器工具栏调取 XFG1。

9）示波器：从虚拟仪器工具栏调取 XSC1。

3. 仿真电路

1）测试单管共发射极放大电路的静态工作点仿真电路如图 9-4 所示。

2）测试单管共发射极放大电路电压放大倍数的仿真电路及函数发生器面板图如图 9-5a、b 所示。

4. 电路原理简述

（1）单管共发射极放大电路的静态工作点　发射极电流 I_E 可用发射极电压 U_E 除以发射极电阻 R_E（即图 9-4 中 $R4$）求出，而 $U_E = U_B - U_{BE}$，所以

$$I_E = (U_B - U_{BE}) / R_E$$

静态集电极电流 I_{CQ} 近似等于发射极电流 I_E：

$$I_{CQ} = I_E - I_B \approx I_E$$

静态集电极-发射极电压 U_{CEQ} 可用基尔霍夫电压定律计算，因此

$$U_{CC} \approx I_E R_C + U_{CEQ} + I_E R_E$$

式中，U_{CC} 为电压源 V1 的电压。

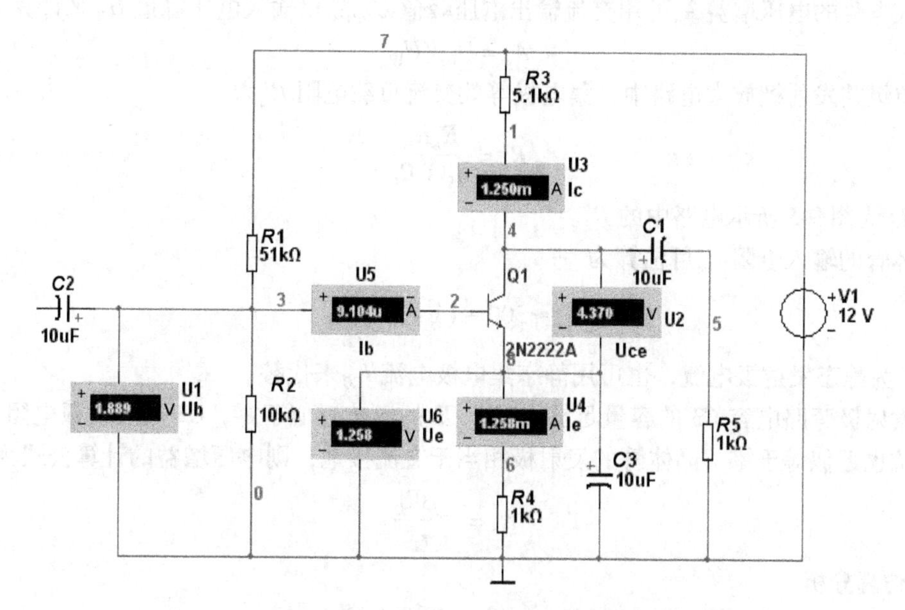

图 9-4　单管共发射极放大电路的静态工作点仿真电路

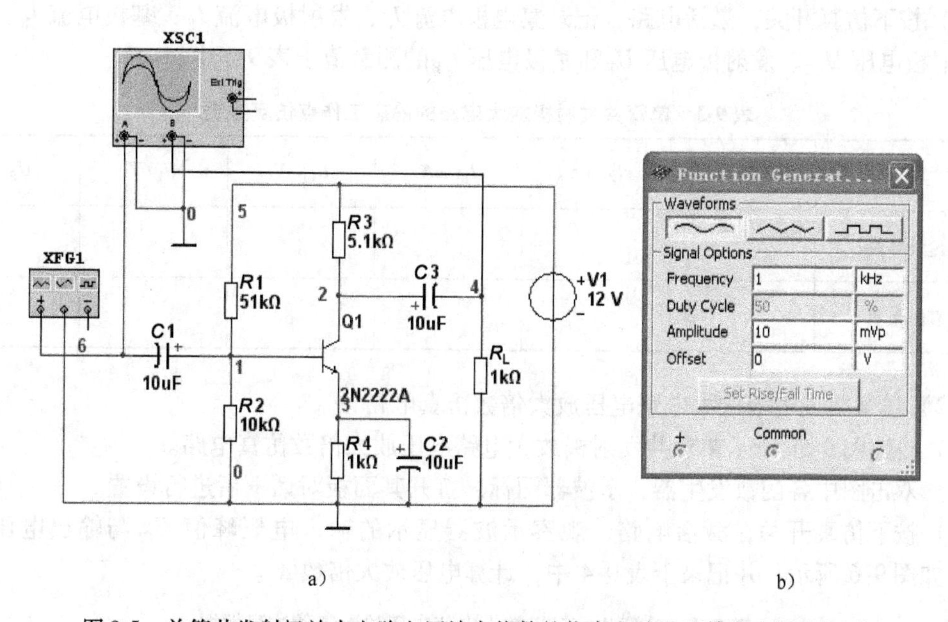

图 9-5　单管共发射极放大电路电压放大倍数的仿真电路及函数发生器面板图

因为 $I_{CQ} \approx I_E$，所以

$$U_{CEQ} \approx U_{CC} - I_{CQ}(R_C + R_E)$$

（2）单管共发射极放大电路的电流放大系数和电压放大倍数　晶体管的直流电流放大系数 β 可用静态集电极电流与基极电流之比来计算：

$$\beta = I_{CQ} / I_{BQ}$$

放大电路的电压增益 A_u 可用交流输出电压峰值 U_{OP} 除以输入电压峰值 U_{IP} 来计算：

$$A_u = U_{OP}/U_{IP}$$

在单级共发射极放大电路中，集电极等效交流负载电阻 R'_L 为

$$R'_L = \frac{R_L R_C}{R_L + R_C}$$

式中，R_C 为图 9-5 所示电路中的 R_3。

晶体管的输入电阻 r_{be} 可估算为

$$r_{be} \approx 300 + (1+\beta)\frac{26}{I_E}$$

式中，I_E 为静态发射极电流，也可用静态集电极电流 I_{CQ} 来代替。

当发射极旁路电容 C3 的容量足够大时，C3 的容抗近似于零，C3 与发射极电阻 R_E 的并联总阻抗也近似等于零，晶体管的发射极相当于交流接地，则电压增益的计算公式为

$$A_u = -\frac{\beta R'_L}{r_{be}}$$

5. 仿真分析

（1）单管共发射极放大电路的静态工作点仿真电路

1）搭建图 9-4 所示单管共发射极放大电路的静态工作点仿真电路。

2）双击图中各电压表、电流表图标，打开其属性对话框后进行设置。

3）按下仿真开关，激活电路，记录集电极电流 I_C、发射极电流 I_E、基极电流 I_B、集电极-发射极电压 U_{CE}、发射极电压 U_E 和基极电压 U_B 的测量值于表 9-3 中。

表 9-3　单管共发射极放大电路的静态工作点仿真数据

	I_C/mA	I_E/mA	I_B/mA	U_{CE}/V	U_E/V	U_B/V
理论计算值						
仿真测量值						

（2）单管共发射极放大电路电压放大倍数仿真电路

1）搭建图 9-5a 所示单管共发射极放大电路电压放大倍数仿真电路。

2）双击图中各函数发生器、示波器图标，打开其面板对话框后进行设置。

3）按下仿真开关，激活电路，观察示波器显示的输入电压峰值 U_{IM} 与输出电压峰值 U_{OM}，如图 9-6 所示，并记录于表 9-4 中，计算电压放大倍数 A_u。

表 9-4　单管共发射极放大电路电压放大倍数仿真数据

	U_{IM}/V	U_{OM}/V	电压放大倍数 A_u
理论计算值			
仿真测量值			

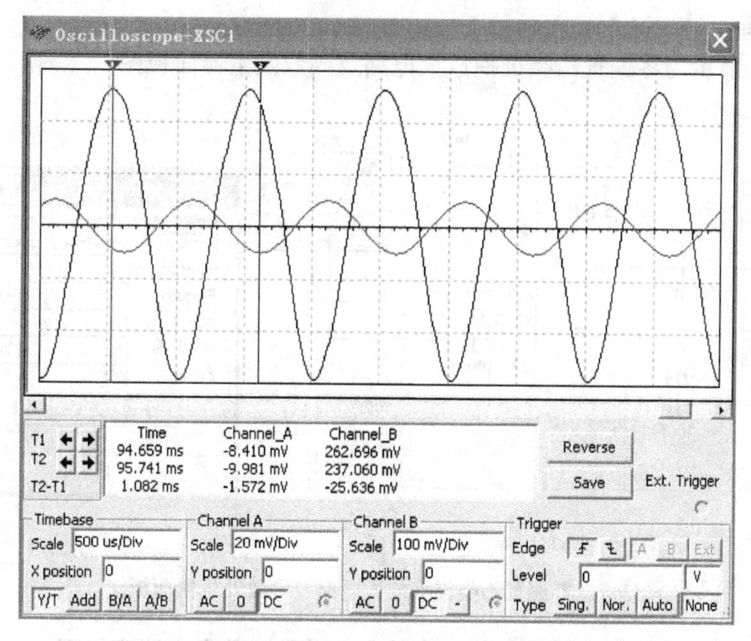

图 9-6　单管共发射极放大电路输入输出电压波形

6. 思考题

1）根据仿真数据，确定图 9-4 所示单管共发射极放大电路的静态工作点。

2）估算单管共发射极放大电路的电流放大系数 β。

3）计算单管共发射极放大电路的电压放大倍数 A_u。

4）放大器的输出波形与输入波形之间的相位关系如何？

9.4　乙类推挽功率放大器仿真实验

1. 仿真实验目的

1）分析乙类推挽放大器输出波形产生交越失真的原因及消除交越失真的方法。

2）依据乙类推挽放大器输入/输出波形测试值，计算电压增益和最大平均输出功率。

2. 元器件选取

1）直流电源：Place Source→POWER_SOURCES→VCC，选取直流电源并根据电路设置电压。

2）接地：Place Source→POWER_SOURCES→GROUND，选取电路中的接地。

3）电阻：Place Basic→RESISTOR，选取电阻并根据电路设置电阻值。

4）电容：Place Basic→CAPACITOR，选取电容并根据电路设置电容值。

5）晶体管：Place Transistors→BJT_NPN，选取 2N3904 和 2N3906 型晶体管。

6）二极管：Place Diodes→DIODE，选取 1N4001 和 1BH62 型二极管。

7）函数发生器：从虚拟仪器工具栏调取 XFG1。

8）示波器：从虚拟仪器工具栏调取 XSC1。

3. 仿真电路

图 9-7a、b 所示为零偏置乙类推挽放大电路及函数发生器面板图。

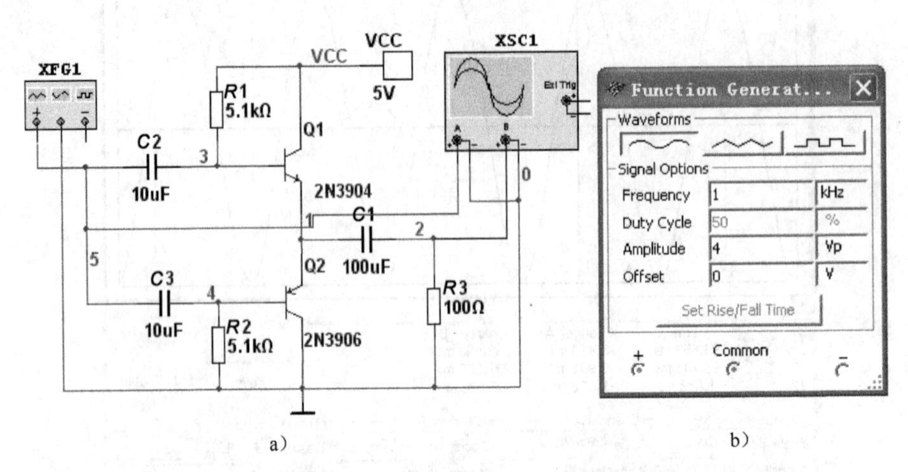

a)　　　　b)

图 9-7　零偏置乙类推挽放大电路及函数发生器面板图

图 9-8a、b 所示为完整的乙类推挽功率放大电路及函数发生器面板图。

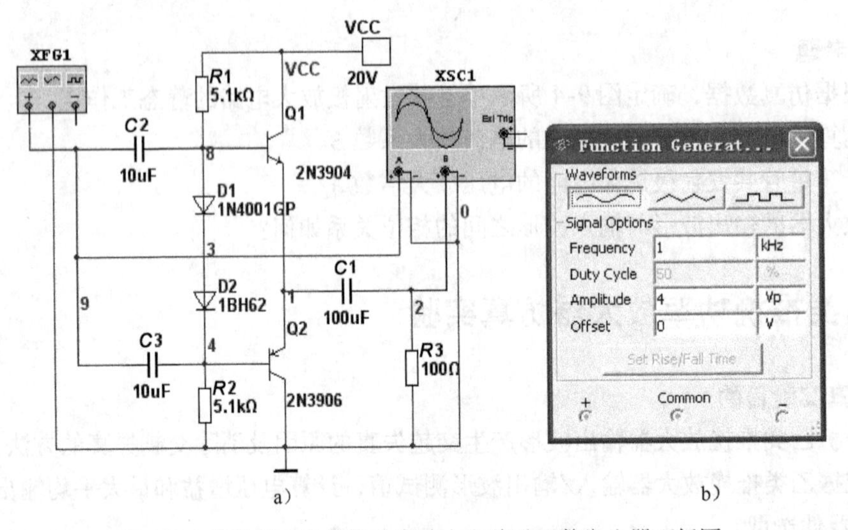

a)　　　　b)

图 9-8　完整的乙类推挽功率放大电路及函数发生器面板图

4. 电路原理简述

在零偏置的乙类推挽放大电路中，由于晶体管输入特性存在死区电压，输出信号就会出现交越失真。如果把静态工作点设置得比截止点稍高一些，使放大器工作在甲乙类放大状态，就可有效地消除交越失真。

用示波器测量输出电压峰值 U_{OP} 和输入电压峰值 U_{IP}，便可求出放大器的电压增益为

$$A_u = \frac{U_{OP}}{U_{IP}}$$

电压有效值 U_O 为峰值 U_{OP} 的 $1/\sqrt{2}$ 倍，因此放大器的最大平均输出功率 P_O 为

$$P_O = \frac{U_O^2}{R_L} = \frac{U_{OP}^2}{2R_L}$$

乙类放大器的效率 η 为最大平均输出功率 P_O 除以电源供给功率 P_E，再乘以 100%，即：

$$\eta = \frac{P_O}{P_E} \times 100\%$$

5. 仿真分析

（1）零偏置乙类推挽放大电路仿真分析

1）搭建图 9-7a 所示零偏置乙类推挽放大电路，函数发生器按图 9-7b 所示进行设置。

2）单击仿真开关，激活电路。注意观察示波器面板屏幕显示的输出波形有交越失真，如图 9-9 所示。记录交越失真的波形图。

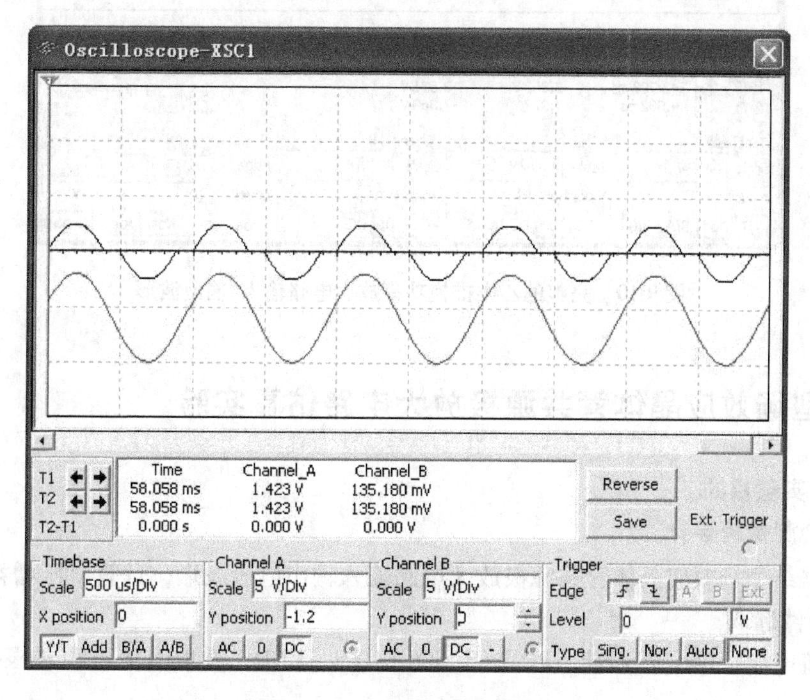

图 9-9　甲乙类推挽功率放大器

（2）完整的乙类推挽功率放大电路仿真分析

1）搭建图 9-8a 所示完整的乙类推挽功率放大电路，函数发生器按图 9-8b 所示进行设置。

2）单击仿真开关，激活电路。示波器面板屏幕显示输入/输出波形如图 9-10 所示，注意观察并记录该波形。

6. 思考题

1）图 9-7 所示的电路产生交越失真的原因是什么？在电路中加进两个二极管起什么作用？

2）根据示波器显示的输出电压峰值 U_{OP} 和输入电压峰值 U_{IP}，求放大器的电压增益 A_u 和放大器的最大平均输出功率 P_O。

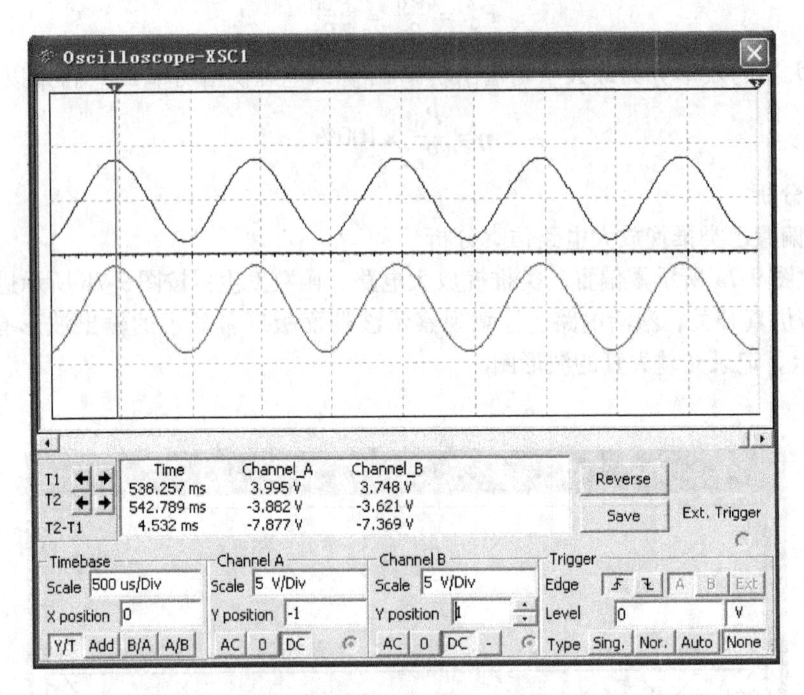

图 9-10　完整的乙类推挽功率放大电路输入/输出波形

9.5　结型场效应晶体管共源极放大电路仿真实验

1. 仿真实验目的

1）学会测量跨导 g_m。

2）依据结型场效应晶体管共源极放大电路输入输出电压波形，计算电压增益。

2. 元器件选取

1）直流电源：Place Source→POWER_SOURCES→VDD，选取直流电源并根据电路设置电压。

2）接地：Place Source→POWER_SOURCES→GROUND，选取电路中的接地。

3）电阻：Place Basic→RESISTOR，选取电阻并根据电路设置电阻值。

4）电容：Place Basic→CAPACITOR，选取电容并根据电路设置电容值。

5）场效应晶体管：Place Transistors→JFET_N，选取 2SK117 型场效应晶体管。

6）电压表：Place Indicators→VOLTMETER，选取电压表并设置为直流档。

7）电流表：Place Indicators→AMMETER，选取电流表并设置为直流档。

8）函数发生器：从虚拟仪器工具栏调取 XFG1。

9）示波器：从虚拟仪器工具栏调取 XSC1。

3. 仿真电路

图 9-11 所示为测量跨导 g_m 仿真电路。

图 9-12a、b 所示为场效应晶体管共源极放大电路及函数发生器面板图。

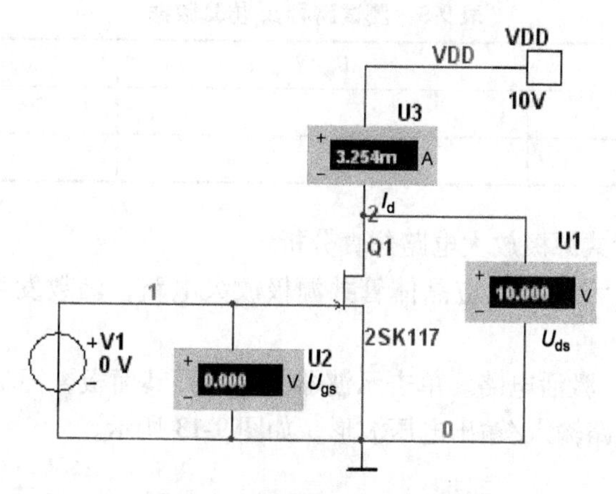

图 9-11　测量跨导 g_m 仿真电路

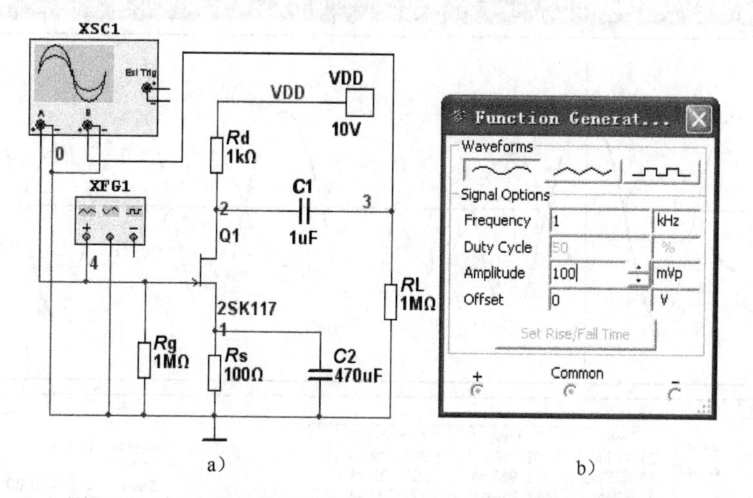

a）　　　　　　　　　　　　　　　　　　　　b）

图 9-12　场效应晶体管共源极放大电路及函数发生器面板图

4. 电路原理简述

结型场效应晶体管的跨导 g_m 为漏极电流变化量与栅源电压变化量之比：

$$g_m = \frac{\Delta I_d}{\Delta U_{gs}}$$

放大电路的电压增益 A_u 为输出峰值电压 U_{OP} 与输入峰值电压 U_{IP} 之比：

$$A_u = \frac{U_{OP}}{U_{IP}}$$

5. 仿真分析

（1）测量跨导 g_m 仿真分析

1）搭建图 9-11 所示的测试跨导 g_m 仿真电路。

2）单击仿真开关，激活电路，记录栅源电压 U_{gs} 为 0 时的漏极电流 I_d 于表 9-5 中。将栅极电源电压改为 2V，再单击仿真开关，记录栅源电压 U_{gs} 为 2V 时的漏电流 I_d 于表 9-5 中。则漏极电流的变化量 $\Delta I_d = I_{d1} - I_{d2}$，栅源电压变化量 $\Delta U_{gs} = U_{gs1} - U_{gs2}$。根据 ΔI_d 和 ΔU_{gs}，计算结型场效应晶体管的跨导 g_m。

表 9-5　测试跨导 g_m 仿真数据

	U_{gs}/V	I_d/mA
第 1 次测试		
第 2 次测试		

（2）场效应晶体管共源极放大电路仿真分析

1）搭建图 9-12a 所示的场效应晶体管共源极放大电路，函数发生器可按图 9-12b 所示设置。

2）单击仿真开关，激活电路。单击示波器图标打开其面板，面板显示屏上将出现场效应晶体管共源极放大电路输入/输出电压波形，如图 9-13 所示。

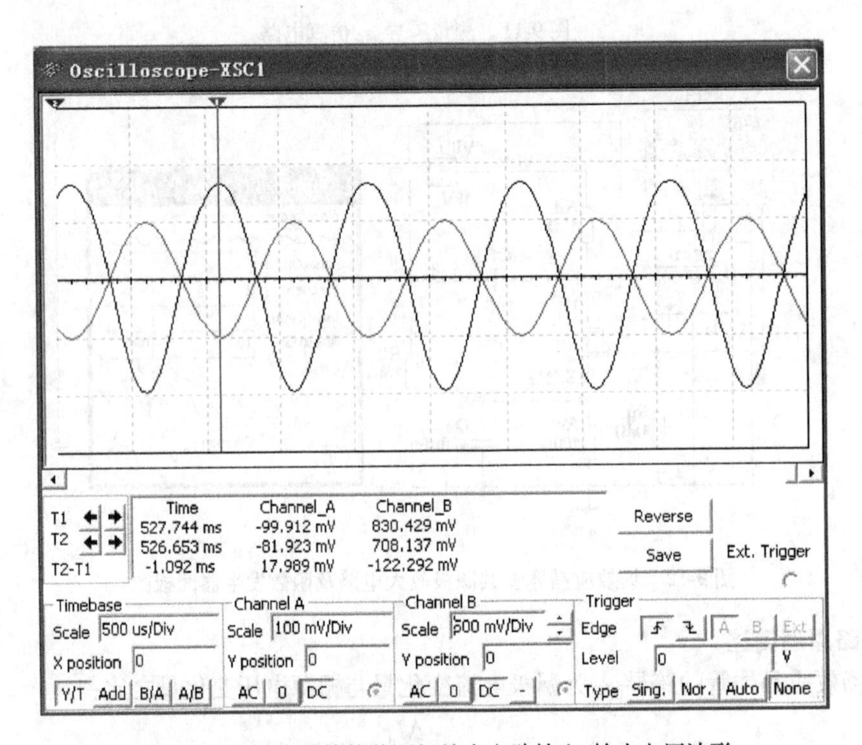

图 9-13　场效应晶体管共源极放大电路输入/输出电压波形

3）记录输入峰值电压 U_{IP} 和输出峰值电压 U_{OP} 于表 9-6 中。并记录输出与输入波形之间的相位差。

表 9-6　场效应晶体管共源极放大电路仿真数据

	U_{IP}/V	U_{OP}/V	输出与输入波形相位差	电压增益 A_u
仿真测量值				

6. 思考题

1）根据仿真的数据 U_{IP} 和 U_{OP}，计算放大电路的电压增益 A_u。

2）放大电路输出与输入波形之间的相位差怎么样？

9.6 串联电压负反馈放大器仿真实验

1. 仿真实验目的

1）学会测量串联电压负反馈放大器的输入和输出电压，计算闭环电压增益。

2）学会测量负反馈放大器输入与输出电压波形之间的相位差。

2. 元器件选取

1）接地：Place Source→POWER_SOURCES→GROUND，选取电路中的接地。

2）电阻：Place Basic→RESISTOR，选取电阻并根据电路设置电阻值。

3）集成运算放大器：Place Analog→ANALOG_VIRTUAL，选取 OPAMP_3T_VIRTUAL 型集成运算放大器。

4）函数发生器：从虚拟仪器工具栏调取 XFG1。

5）示波器：从虚拟仪器工具栏调取 XSC1。

3. 仿真电路

图 9-14a、b 所示为电压串联负反馈仿真电路及函数发生器面板图。

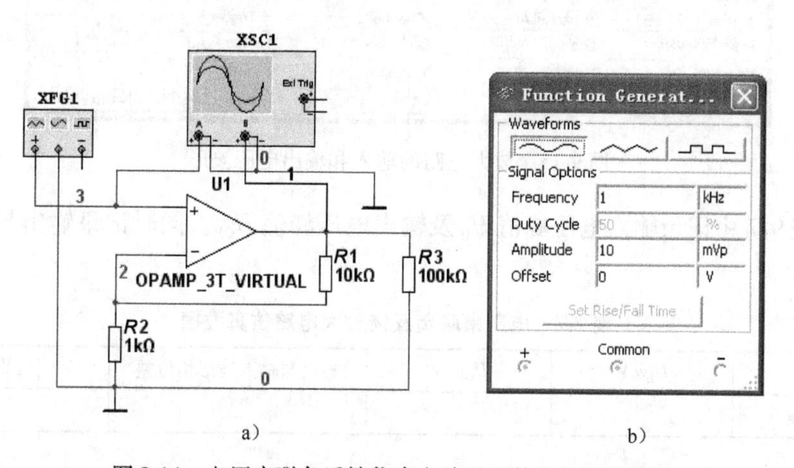

a） b）

图 9-14 电压串联负反馈仿真电路及函数发生器面板图

4. 电路原理简述

在图 9-14a 所示电路中，集成运算放大器的输出端通过 $R1$ 和 $R2$ 将输出量引回至放大器的反向输入端，构成电压串联负反馈。根据峰值输入电压 U_{IP} 和峰值输出电压 U_{OP} 的测量值，可求出负反馈放大器的闭环电压增益：

$$A_u = \frac{U_{OP}}{U_{IP}}$$

闭环电压增益还可用下式计算：

$$A_u = 1 + \frac{R1}{R2}$$

5. 仿真分析

1）搭建图 9-14a 所示的电压串联负反馈仿真电路，函数发生器面板按图 9-14b 设置。

2）单击仿真开关，激活电路，双击示波器图标打开其面板，面板显示屏上将出现放大电路的输入和输出电压波形，如图 9-15 所示。

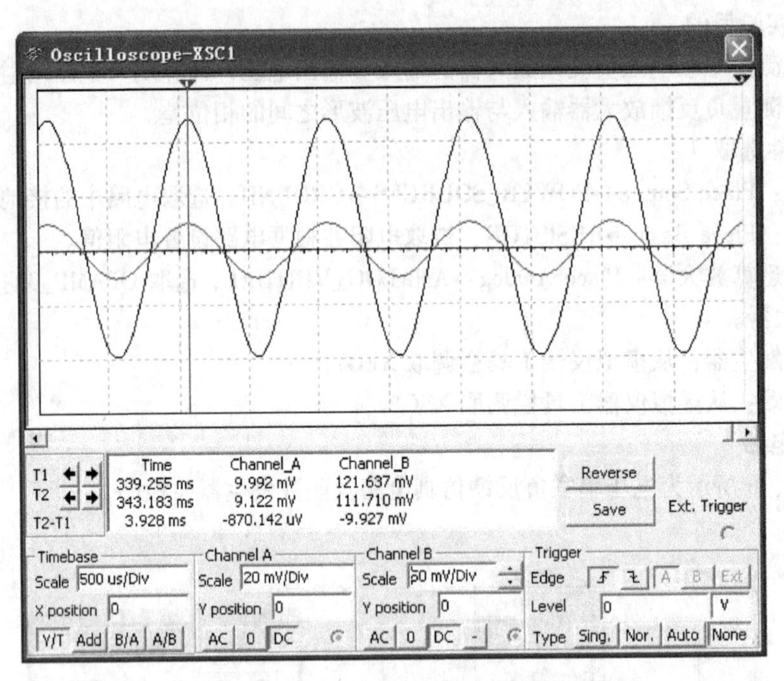

图 9-15　放大电路的输入和输出电压波形

3）在表 9-7 中记录输入电压峰值 U_{IP}及输出电压峰值 U_{OP}。同时记录输出与输入电压之间的相位差。

表 9-7　电压串联负反馈放大电路仿真数据

	U_{IP}/V	U_{OP}/V	输出与输入波形相位差	电压增益 A_u
仿真测量值				

4）将 $R1$ 的阻值由 10kΩ 改为 20kΩ，函数发生器的正弦波电压幅值改为 100mV，单击仿真开关，激活电路，记录输入电压峰值 U_{IP}、输出电压峰值 U_{OP}。重新计算放大器的闭环电压增益 A_u。

6. 思考题

1）根据仿真测量数据，计算放大器的闭环电压增益 A_u。

2）输出电压波形与输入电压波形之间存在什么相位关系？

9.7　反相比例运算放大器仿真实验

1. 仿真实验目的

1）学会测量反相比例运算放大器的输出与输入电压波形，计算电压增益。

2）学会测定反相比例放大器输出与输入电压波形之间的相位差。

2. 元器件选取

1）接地：Place Source→POWER_SOURCES→GROUND，选取电路中的接地。

2）电阻：Place Basic→RESISTOR，选取电阻并根据电路设置电阻值。

3）集成运算放大器：Place Analog→ANALOG_VIRTUAL，选取 OPAMP_3T_VIRTUAL 型集成运算放大器。

4）函数发生器：从虚拟仪器工具栏调取 XFG1。

5）示波器：从虚拟仪器工具栏调取 XSC1。

3. 仿真电路

图 9-16a、b 所示为反相比例运算放大器仿真电路及函数发生器面板图。

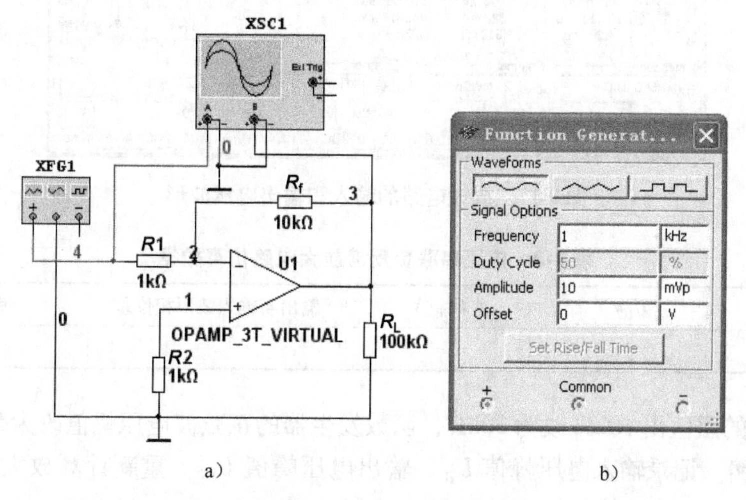

a）　　　　b）

图 9-16　反相比例运算放大器仿真电路及函数发生器面板图

4. 电路原理简述

在图 9-16a 所示的反相比例运算放大器中，其输出电压峰值 U_{OP} 和输入电压 U_{IP} 峰值之比，可求出闭环电压增益 A_u：

$$A_u = \frac{U_{OP}}{U_{IP}}$$

闭环增益还可通过电阻值求出：

$$A_u = -\frac{R_f}{R1}$$

式中，R_f 为反馈电阻，$R1$ 为反相输入端电阻。

5. 仿真分析

1）搭建图 9-16a 所示的反相比例运算放大器仿真电路，函数发生器按图 9-16b 所示设置。

2）单击仿真开关，激活电路，双击示波器图标打开其面板，面板显示屏上将出现放大电路的输入和输出电压波形，如图 9-17 所示。

3）在表 9-8 中记录输入电压峰值 U_{IP} 及输出电压峰值 U_{OP}，并计算电压增益。同时记录输出与输入正弦电压之间的相位差。

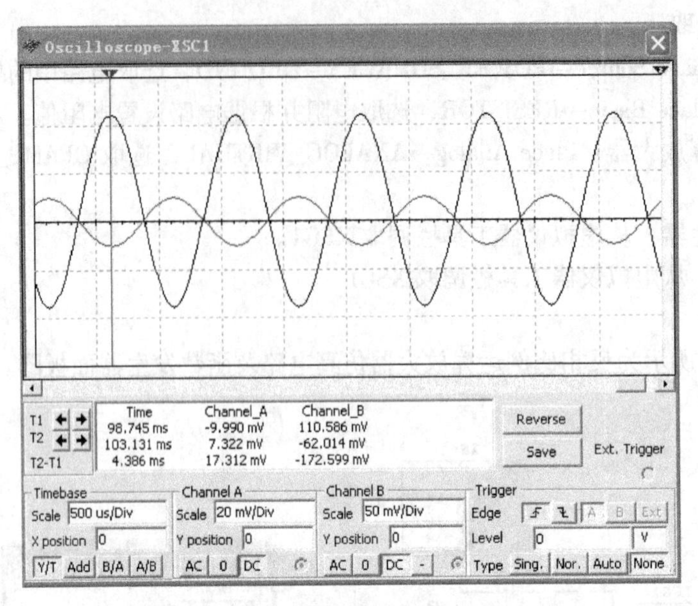

图 9-17　放大电路的输入和输出电压波形

表 9-8　电压串联负反馈放大电路仿真数据

	U_{IP}/V	U_{OP}/V	输出与输入波形相位差	电压增益 A_u
仿真测量值				

4）将 $R1$ 的阻值由 10kΩ 改为 30kΩ，函数发生器的正弦波电压幅值改为 50mV，单击仿真开关激活电路，记录输入电压峰值 U_{IP}、输出电压峰值 U_{OP}。重新计算放大器的闭环电压增益 A_u。

6. 思考题

1）根据仿真测量数据，计算放大器的闭环电压增益 A_u。

2）输出电压波形与输入正弦电压波形之间存在什么相位关系？

9.8　加法电路仿真实验

1. 仿真实验目的

1）学会直流输入加法电路和交流输入加法电路的仿真方法，理解加法器的工作原理。

2）了解加法电路的应用。

2. 元器件选取

1）接地：Place Source→POWER_SOURCES→GROUND，选取电路中的接地。

2）电阻：Place Basic→RESISTOR，选取电阻并根据电路设置电阻值。

3）集成运算放大器：Place Analog→ANALOG_VIRTUAL，选取 OPAMP_3T_VIRTUAL 型集成运算放大器。

4）电压表：Place Indicators→VOLTMETER，选取电压表并设置为直流档。

5）电流表：Place Indicators→AMMETER，选取电流表并设置为直流档。

6）函数发生器：从虚拟仪器工具栏调取 XFG1。

7）示波器：从虚拟仪器工具栏调取 XSC1。

3. 仿真电路

图 9-18 所示为直流电压输入加法电路。

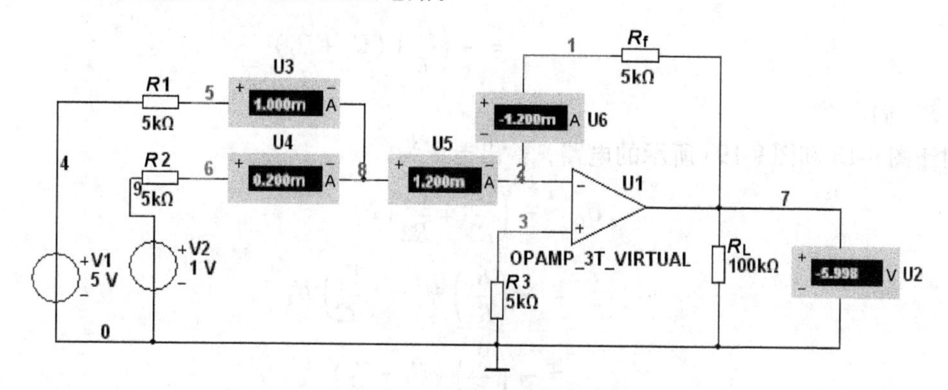

图 9-18　直流电压输入加法电路

图 9-19a、b 所示为交流电压输入加法电路及函数发生器面板图。

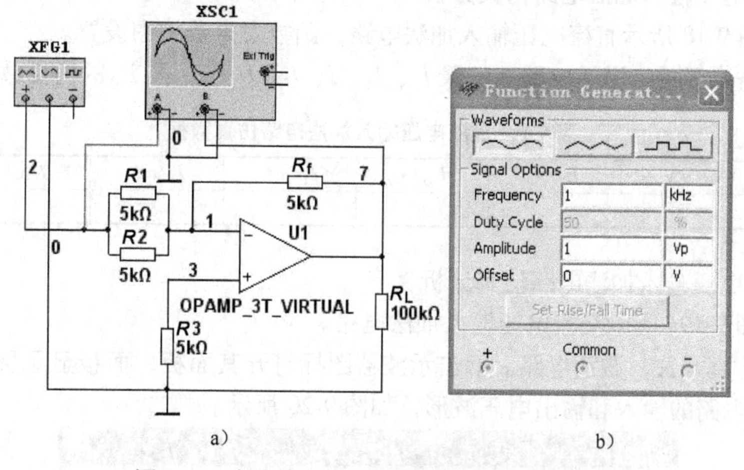

a）　　　　b）

图 9-19　交流输入加法器及函数发生器面板图

4. 电路原理简述

在图 9-18 所示的加法电路中，运放的反相输入端为虚地。因此，输入电流

$$I_1=\frac{U_1}{R1},\qquad I_2=\frac{U_2}{R2}$$

式中，U_1 为电压源 V1 电压；U_2 为电压源 V2 电压。

由基尔霍夫定律可得，总电流为

$$I=I_1+I_2$$

因为集成运算放大器的输入电阻很大，所以反馈电流为

$$I_f\approx I=I_1+I_2$$

由于集成运算放大器反相输入端虚地，因此加法器的输出电压 U_0 为反馈电阻 R_f 两端电压的负值，即

$$\begin{aligned}U_{O} &= -I_{f}R_{f} \\ &= -(I_{1}+I_{2})R_{f} \\ &= -\left(\frac{U_{1}}{R1}+\frac{U_{2}}{R2}\right)R_{f} \\ &= -\left(\frac{R_{f}}{R}\right)(U_{1}+U_{2})\end{aligned}$$

式中，$R=R1=R2$。

对于图 9-18 和图 9-19a 所示的电路，输出电压为

$$\begin{aligned}U_{O} &= -\left(\frac{U_{1}}{R1}+\frac{U_{2}}{R2}\right)R_{f} \\ &= -\left(\frac{R_{f}}{R1}\right)U_{1}-\left(\frac{R_{f}}{R2}\right)U_{2} \\ &= -\left(\frac{R_{f}}{R}\right)(U_{1}+U_{2})\end{aligned}$$

5. 仿真分析

（1）直流电压输入加法电路仿真分析

1）搭建图 9-18 所示直流电压输入加法电路，函数发生器按图设置。

2）单击仿真开关，激活电路。记录 I_1、I_2、I、I_f、U_1、U_2及 U_O的仿真数据于表 9-9 中。

表 9-9　直流电压输入加法电路仿真数据

	U_1/V	U_2/V	U_O/V	I_1/mA	I_2/mA	I/mA	I_f/mA
仿真测量值							

（2）交流电压输入加法电路仿真分析

1）搭建图 9-19a 所示交流电压输入加法电路。

2）单击仿真开关，激活电路。双击示波器图标打开其面板，面板显示屏上将出现交流电压输入加法电路的输入和输出电压波形，如图 9-20 所示。

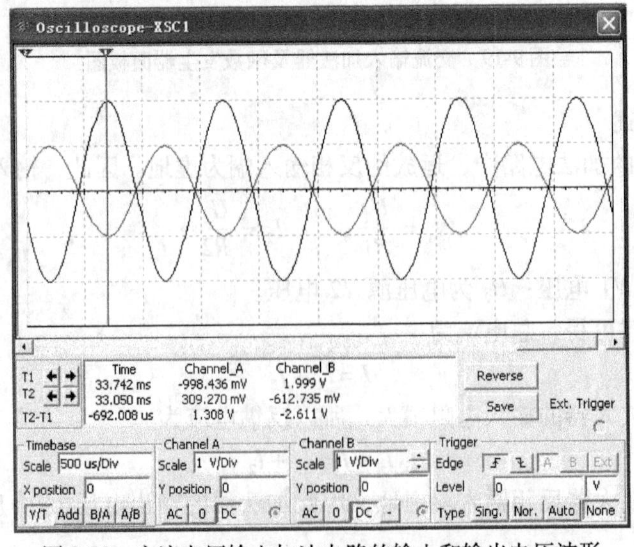

图 9-20　交流电压输入加法电路的输入和输出电压波形

3）在表 9-10 中记录输入电压峰值 U_{IP}及输出电压峰值 U_{OP}。同时记录输出与输入正弦电压之间的相位差。

表 9-10　交流电压输入加法电路仿真数据

	U_{IP}/V	U_{OP}/V	输出与输入波形相位差	输出与输入电压关系
仿真测量值				

6. 思考题

1）根据电路元件值，计算 I_1、I_2、I 及 I_f。

2）将输出电压 U_0的测量值与计算值比较，情况如何？为什么 U_0的值为负值？

3）说明在加法电路中，输出电压与输入电压之间有何关系？

9.9　文氏电桥振荡器仿真实验

1. 仿真实验目的

1）通过仿真学会测量文氏电桥振荡器的振荡频率。

2）了解文氏电桥振荡器的组成。

3）掌握文氏电桥振荡器的振荡频率与选频元件的关系。

2. 元器件选取

1）接地：Place Source→POWER_SOURCES→GROUND，选取电路中的接地。

2）电阻：Place Basic→RESISTOR，选取电阻并根据电路设置电阻值。

3）集成运算放大器：Place Analog→ANALOG_VIRTUAL，选择 OPAMP_3T_VIRTUAL 型集成运算放大器。

4）电容：Place Basic→CAPACITOR，选取电容并根据电路设置电容值。

5）二极管：Place Diodes→DIODE，选取 1N914 型二极管。

6）示波器：从虚拟仪器工具栏调取 XSC1。

3. 仿真电路

图 9-21 所示为文氏电桥振荡器仿真电路。

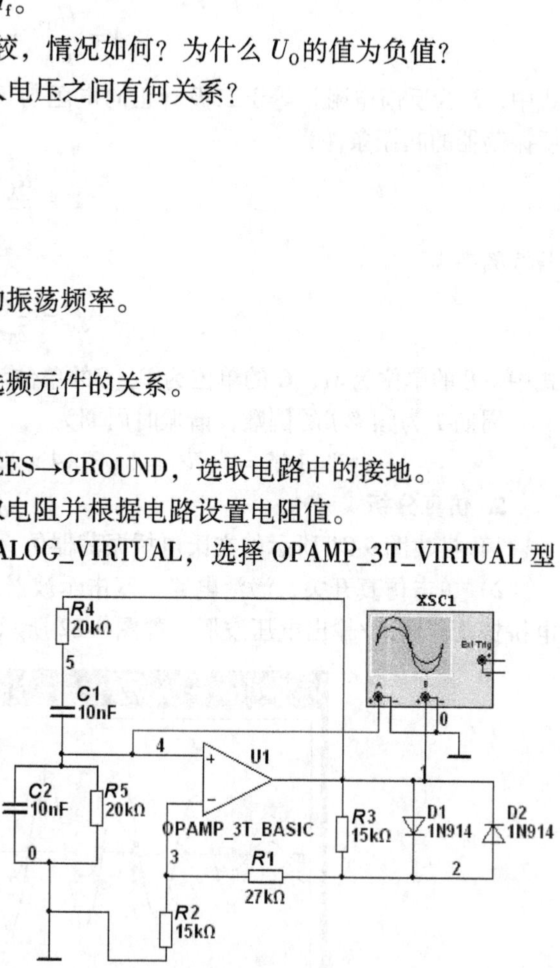

图 9-21　文氏电桥振荡器仿真电路

4. 电路原理简述

振荡器是一种具有正反馈网络的选频放大器。谐振时振荡器从输出端反馈回输入端的信号与原输入信号的相位相同。谐振频率由正反馈网络的有关参数决定。为了维持振荡，在谐振频率上环路增益必需等于 1，即

$$AF = 1$$

式中，F 为反馈系数，A 为放大器的电压增益。开始振荡时，为了容易起振，环路增益 AF 应该略大于 1。

对于图 9-21 所示的文氏电桥振荡电路，放大器为同相比例运算放大器，正反馈选频网

络为 RC 串联网络。正常工作时，放大器的闭环电压增益 A 等于 3，正反馈系数为 1/3，环路增益 $AF=3\times(1/3)=1$。开始仿真时没有电流通过二极管，二极管的正向电阻很大，使放大器的电压增益大于 3。随着输出电压的增加，流过二极管的电流将逐步增大，二极管的正向电阻将逐渐减小，放大器的电压增益也随之降低，直至降到 3 为止。达到稳定状态后，文氏电桥振荡器将输出幅度一定的正弦波。如果放大器的电压增益过高，集成运算放大器就可能进入饱和状态，这时输出的不再是正弦波，而是方波。

构成图 9-21 所示的文氏桥振荡器的基本放大电路为同相比例放大器。其电压增益为

$$A=\frac{U_{\mathrm{OP}}}{U_{\mathrm{IP}}}=1+\frac{R_{\mathrm{f}}}{R2}$$

式中，R_{f}为反馈电阻，等于二极管正向电阻与 $R3$ 的并联值加上 $R1$ 的阻值。因此，文氏电桥振荡器的起振条件为

$$1+\frac{R_{\mathrm{f}}}{R2}\geqslant 3$$

谐振频率为

$$f_0=\frac{1}{2\pi RC}$$

式中，R 的单位为 Ω，C 的单位为 F，f_0的单位为 Hz。

周期 T 为频率 f 的倒数，谐振时周期为

$$T=1/f_0=2\pi RC=2\times3.14\times20\times10^3\times10\times10^{-9}\mathrm{s}\approx1.3\mathrm{ms}$$

5. 仿真分析

1）搭建图 9-21 所示的文氏电桥振荡器仿真电路。

2）单击仿真开关，激活电路，双击示波器图标打开其面板，面板显示屏上将出现文氏电桥振荡器输入/输出电压波形，如图 9-22 所示。

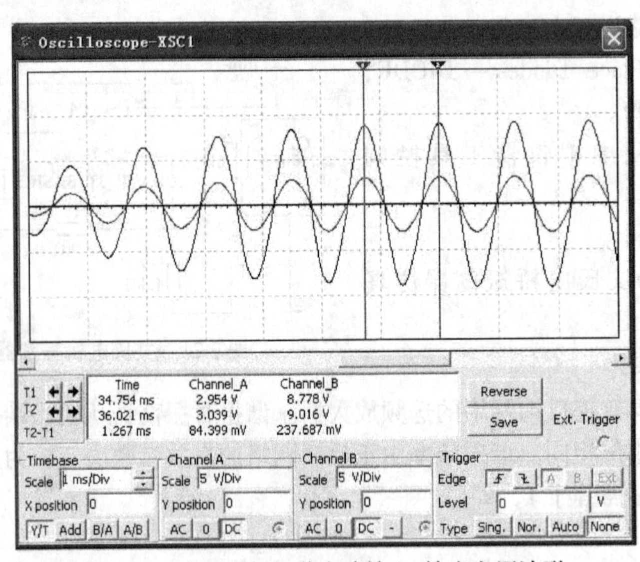

图 9-22　文氏电桥振荡电路输入/输出电压波形

3）测量正弦波的周期 T、频率 f、集成运算放大器的输出峰值电压 U_{OP}及输入峰值电压 U_{IP}，并记录在表 9-11 中。

表 9-11　文氏电桥振荡电路仿真数据

	U_{IP}/V	U_{OP}/V	T/V	f/Hz
仿真测量值				

6. 思考题

1）根据周期 T 的测量值，计算谐振频率 f_0。

2）根据文氏电桥振荡器的元件值，计算周期 T，并与仿真测量值比较。

3）根据峰值输出电压 U_{OP} 和峰值输入电压 U_{IP} 的仿真测量值，估算电压增益。

9.10　三端可调输出集成稳压器仿真实验

1. 仿真实验目的

1）掌握三端可调输出集成稳压器的使用方法及外部元件参数的选择方法。

2）学会测试稳压器的性能。

2. 元器件选取

1）电压源：Place Source→POWER_SOURCES→DC_POWER，选取直流电压源并设置电压 12V。

2）接地：Place Source→POWER_SOURCES→GROUND，选取电路中的接地。

3）三端可调输出集成稳压器：Place Power→VOLTAGE_REGULATOR，选取 LM317LZ 型三端可调输出集成稳压器。

4）电阻：Place Basic→RESISTOR，选取电阻值为 1kΩ、2kΩ、10kΩ 的电阻。

5）电容：Place Basic→CAPACITOR，选取电容值为 100nF、1μF 的电容。

6）电解电容：Place Basic→CAP_ELECTROLIT，选取电容值为 680μF、10μF 的电解电容。

7）二极管：Place Diodes→DIODE，选取 1N4148 型二极管。

8）电压表：Place Indicators→VOLTMETER，选取电压表并设置为直流档。

3. 仿真电路

图 9-23 所示为三端可调输出集成稳压器仿真电路。

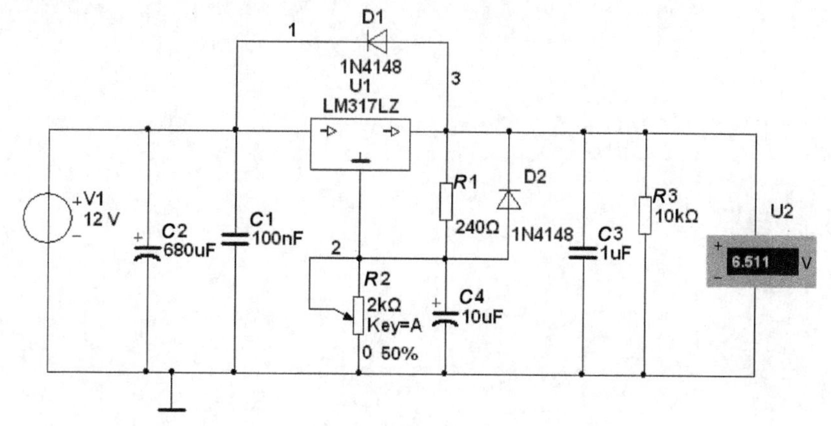

图 9-23　三端可调输出集成稳压器仿真电路

4. 电路原理简述

三端可调输出集成稳压器是在三端固定输出集成稳压器的基础之上发展起来的，用少量外部元器件就可构成可调稳压电路，应用灵活简单。

常用的三端可调输出集成稳压器有：LM117、LM217、LM317 等，图 9-23 所示是一个应用实例。三端可调输出集成稳压器的引脚分为输入端、输出端和调整端。由于在三端可调输出集成稳压器内部的输出端和调整端之间是 1.25V（用 U_{REF} 表示）的基准电压，所以 $R1$ 上的电流值基本恒定。而调整端流出的电流（I_a）很小，在计算时可忽略，因此，输出电压为

$$U_O = U_{REF} + \frac{U_{REF}}{R1}R2 + I_a R2 \approx 1.25\text{V} \times (1 + \frac{R2}{R1})\text{V}$$

式中，$R2$ 为电位器，调整 $R2$ 电位器为不同电阻值就可以实现输出电压的可调。

5. 仿真分析

1）搭建图 9-23 所示的三端可调输出集成稳压器仿真电路。

2）单击仿真开关，激活电路，调整 $R2$ 至 50% 位置，即 1kΩ 时，观察电压表显示数据，记录在表 9-12 中。

3）接着调整 $R2$ 至 100% 位置，即 2kΩ 时，观察电压表显示数据，记录在表 9-12 中。

表 9-12　三端可调输出集成稳压器仿真数据

	$R2$ = 1kΩ 时	$R2$ = 2kΩ 时
电压表读数/V		

6. 思考题

1）用 $U_O \approx 1.25\text{V} \times \left(1 + \frac{R2}{R1}\right)\text{V}$ 公式分别计算 $R2$ = 1kΩ 和 $R2$ = 2kΩ 时三端可调输出集成稳压器的输出电压，并与仿真测量电压进行比较。

2）三端可调输出集成稳压器与分立元器件组成的串联型稳压器相比，有什么优点？

第 10 章　数字电子技术仿真实验

10.1　数字电子技术仿真概述

Multisim 10 进行数字电路仿真时，与模拟电路相比，在编辑电路原理图和设置仿真参数方面都有一些特殊的要求，使用时要加以注意。

Multisim 10 的 TTL 和 CMOS 器件库中存放着大量的与实际器件相对应且按照型号放置的数字器件。在电路仿真过程中，使用现实模型，可使电路得到精确的仿真结果。如要加快仿真速度，可使用理想化器件，Misc Digital 器件库中的 TIL 器件箱中放着一些常用的按照功能命名的数字器件，就是理想化的器件，用户可以方便地调用。

对建立的数字电路运行仿真时，为防止出现一些错误的结果，可采取以下措施：

1）进行数字电路仿真设置，即执行 Simulate \ Digital Simulation Settings... 命令，打开 Digital Simulation Settings 对话框，如图 10-1 所示。

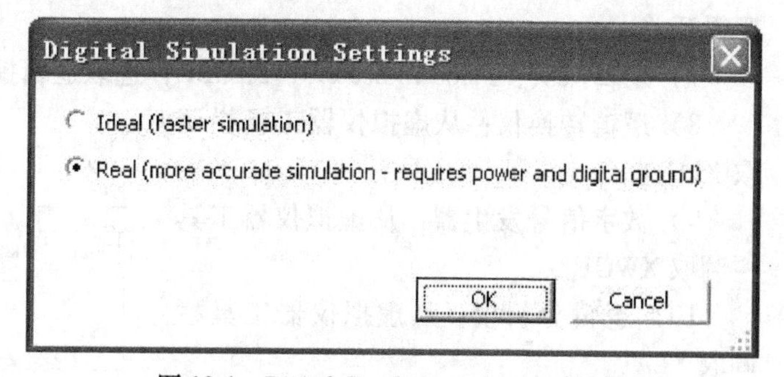

图 10-1　Digital Simulation Settings 对话框

在对话框中有 Ideal 和 Real 两种选择，选择 Ideal 一般能够快速地得到仿真结果，而选择 Real，则需要为数字电路添加电源和数字地。

2）在运行仿真时，如果数字电路中没有电源和数字地，选择 Real 往往会出现错误，这是因为 Multisim 10 中的现实器件模型与实际器件相对应，在使用时需要为器件本身提供电能。处理方法是在仿真电路窗口内放置数字电源和数字接地端，如图 10-2 所示。

3）在进行 Ideal 数字器件仿真时，VCC、VDD 和直流电压源以及接地端和数字接地端可任意调用，彼此对数字电路仿真结果没有影响。

4）在进行 Real 数字器件仿真时，VCC、VDD 和直流电压源以及接地端和数字接地端不能相互替换。含有 CMOS 的电路中，只能用 VDD，它与数字接地端常示意性地放置在电路窗口内，不与电路的任何部分相连接，给 CMOS 器件提供电能。

5）TTL 和 TIL 中的器件常用 VCC 提供电能。其数值一般为 5V。

6）提供电能给 CMOS 器件的正常工作电压 VDD 由各个器件箱所需电压来决定。

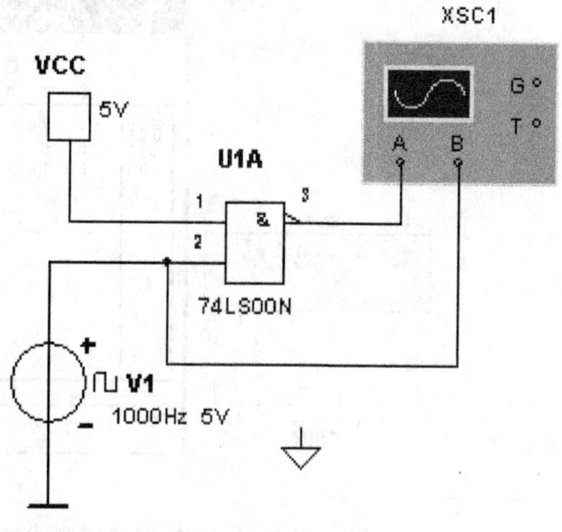

图 10-2　放置数字接地端的电路

10.2 与门和与非门

1. 仿真实验目的

1）通过逻辑电路测试与门、与非门的功能，得到其真值表。

2）学会用逻辑分析仪测试与非门的时序波形图。

2. 元器件选取

1）电源：Place Source→POWER_SOURCES→DC_POWER，选取电源并设置电源电压为5V。

2）接地：Place Source→POWER_SOURCES→GROUND，选取电路中的接地。

3）电阻：Place Basic→RESISTOR，选取阻值为1kΩ、10kΩ 的电阻。

4）与门：Place Misc Digital→TIL，选取 AND2 与门。

5）与非门：Place Misc Digital→TIL，选取 NAND2 与非门。

6）逻辑开关：Place Elector_Mechanical→SUPPLEMENTARY_CONTACTS，选取 SPDT_SB 逻辑开关。

7）逻辑探头：Place Indicators→PROBE，选取逻辑探头。

8）逻辑转换仪：从虚拟仪器工具栏调取 XLC1。

9）数字信号发生器：从虚拟仪器工具栏调取 XWG1。

10）逻辑分析仪：从虚拟仪器工具栏调取 XLA1。

3. 仿真电路

图 10-3 所示为逻辑电路测试与门功能仿真电路。

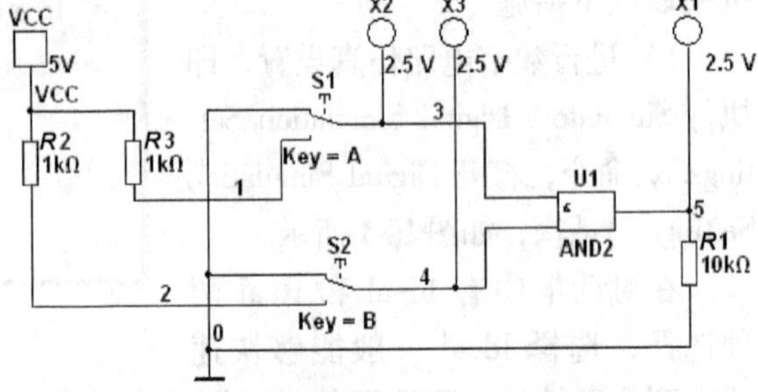

图 10-3 逻辑电路测试与门功能仿真电路

图 10-4a、b 所示为逻辑转换仪测试与门功能仿真电路及逻辑转换仪面板图。

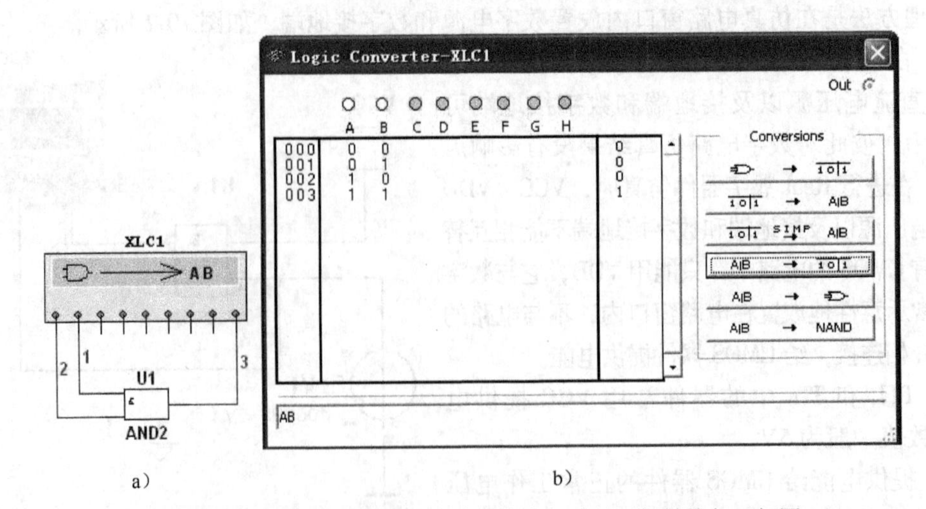

a） b）

图 10-4 逻辑转换仪测试与门功能仿真电路及逻辑转换仪面板图

图 10-5 所示为逻辑电路测试与非门功能仿真电路。

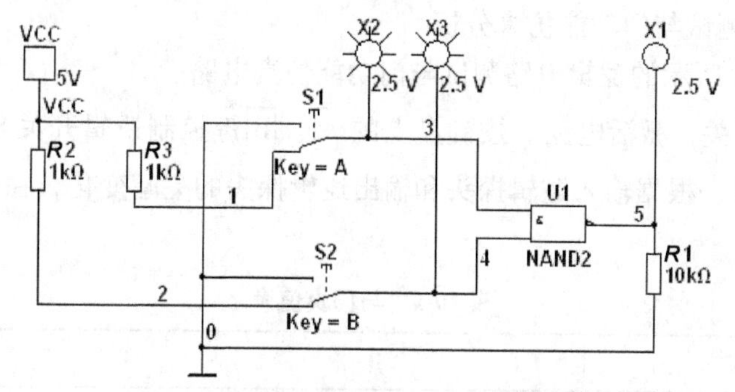

图 10-5　逻辑电路测试与非门功能仿真电路

图 10-6a、b 所示为逻辑转换仪测试与非门功能仿真电路及逻辑转换仪面板图。

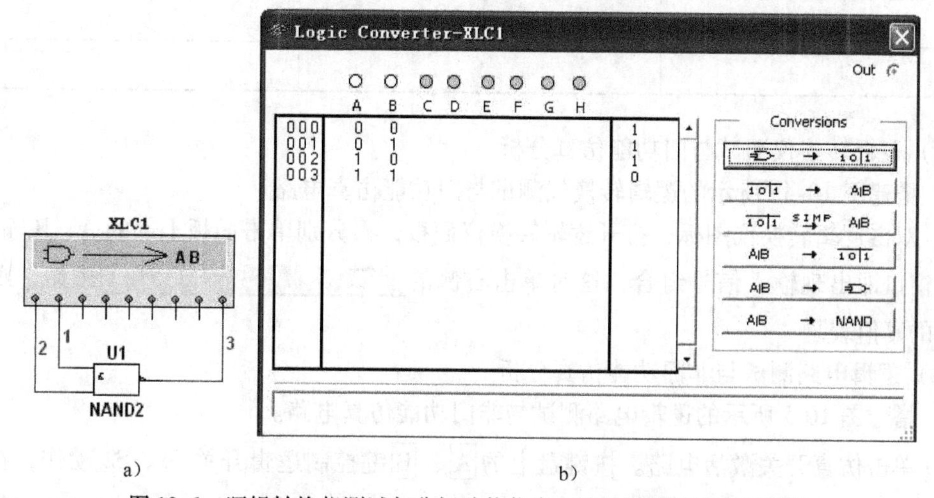

图 10-6　逻辑转换仪测试与非门功能仿真电路及逻辑转换仪面板图

图 10-7a、b 所示为虚拟仪器测试与非门输入/输出信号波形仿真电路及数字信号发生器面板图。

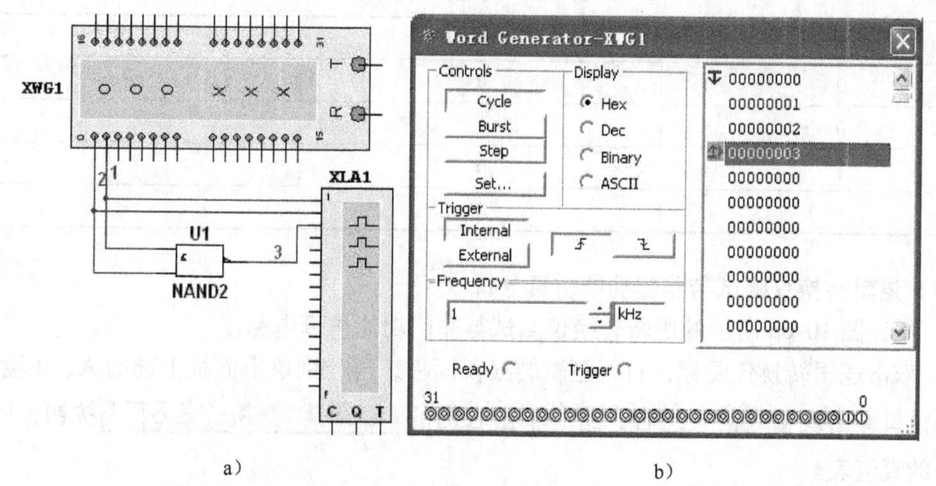

图 10-7　虚拟仪器测试与非门输入/输出信号波形仿真电路及数字信号发生器面板图

4. 仿真分析

（1）逻辑电路测试与门功能仿真分析

1）搭建图 10-3 所示的逻辑电路测试与门功能仿真电路。

2）单击仿真开关，激活电路。按键盘上的A、B键控制逻辑开关 S1、S2 动作，在与门电路中输入 0 或 1，根据输入逻辑探头和输出逻辑探头的亮暗变化，在表 10-1 中记录完成与门的真值表。

表 10-1　与门真值表

A	B	Y
0	0	
0	1	
1	0	
1	1	

（2）逻辑转换仪测试与门功能仿真分析

1）搭建图 10-4a 所示的逻辑转换仪测试与门功能仿真电路。

2）双击逻辑转换仪图标，打开逻辑转换仪面板，再分别单击面板上部的 A、B 输入端，在下面窗口即出现输入信号组合，这时单击右侧的 → 1 0 1 按钮，则可出现完整的真值表。

（3）逻辑电路测试与非门功能仿真分析

1）搭建图 10-5 所示的逻辑电路测试与非门功能仿真电路。

2）单击仿真开关激活电路。按键盘上的A、B键控制逻辑开关 S1、S2 动作，在与非门电路中输入 0 或 1，根据输入逻辑探头和输出逻辑探头的亮暗变化，在表 10-2 中记录完成与非门的真值表。

表 10-2　与非门真值表

A	B	Y
0	0	
0	1	
1	0	
1	1	

（4）逻辑转换仪测试与非门功能仿真分析

1）搭建图 10-6a 所示的逻辑转换仪测试与非门功能仿真电路。

2）双击逻辑转换仪图标，打开逻辑转换仪面板，再分别单击面板上部的 A、B 输入端，在下面窗口即出现输入信号组合，这时单击右侧的 → 1 0 1 按钮，则可出现完整的真值表。

（5）虚拟仪器测试与非门输入/输出信号波形仿真分析

1）搭建图 10-7a 所示的虚拟仪器测试与非门输入/输出信号波形仿真电路，数字信号发生器面板按图 10-7b 设置。

2）单击仿真开关，激活电路。双击逻辑分析仪图标，打开逻辑分析仪面板，与非门的时间波形图显示在逻辑分析仪面板的屏幕上，上面有 3 条方波曲线，第 1 条和第 2 条为输入波形，第 3 条为输出波形，如图 10-8 所示。

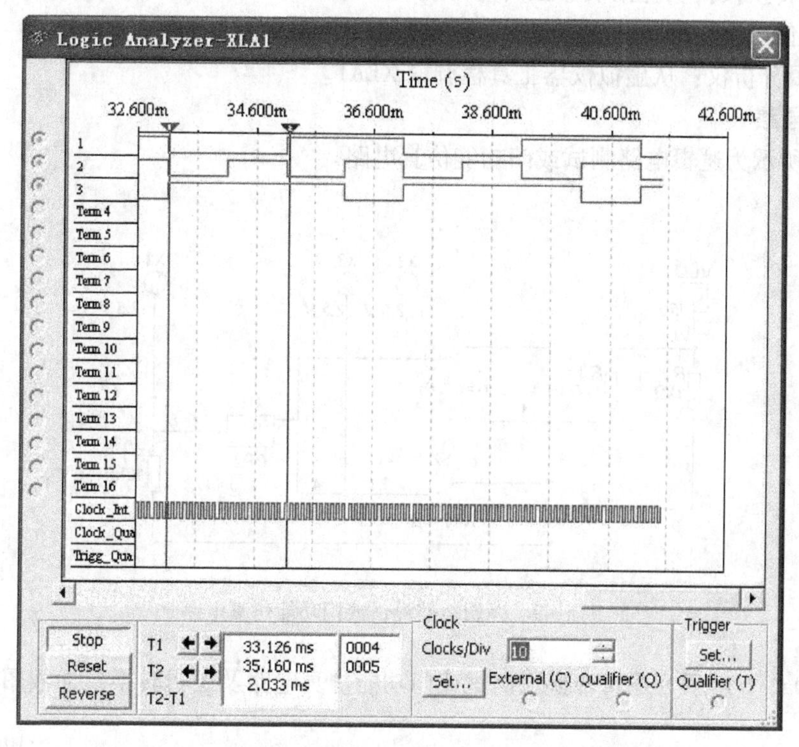

图 10-8　逻辑分析仪面板屏幕显示的与非门时序波形

5. 思考题

1）与门真值表和与非门真值表有什么差别？

2）与非门输出低电平的条件是什么？

3）与非门的时序波形图与真值表有什么关系？

10.3　或门和或非门

1. 仿真实验目的

1）通过逻辑电路测试或门、或非门的功能，得到其真值表。

2）学会用逻辑分析仪测试或非门的时序波形图。

2. 元器件选取

1）电源：Place Source→POWER_SOURCES→DC_POWER，选取电源并设置电压为 5V。

2）接地：Place Source→POWER_SOURCES→GROUND，选取电路中的接地。

3）电阻：Place Basic→RESISTOR，选取阻值为 1kΩ、10kΩ 的电阻。

4）或门：Place Misc Digital→TIL，选取 OR2 或门。

5）或非门：Place Misc Digital→TIL，选取 NOR2 或非门。

6）逻辑开关：Place Elector_Mechanical→SUPPLEMENTARY_CONTACTS，选取 SPDT_SB 开关。

7）逻辑探头：Place Indicators→PROBE，选取逻辑探头。

8）逻辑转换仪：从虚拟仪器工具栏调取 XLC1。

9）数字信号发生器：从虚拟仪器工具栏调取 XWG1。

10）逻辑分析仪：从虚拟仪器工具栏调取 XLA1。

3. 仿真电路

图 10-9 所示为逻辑电路测试或门功能仿真电路。

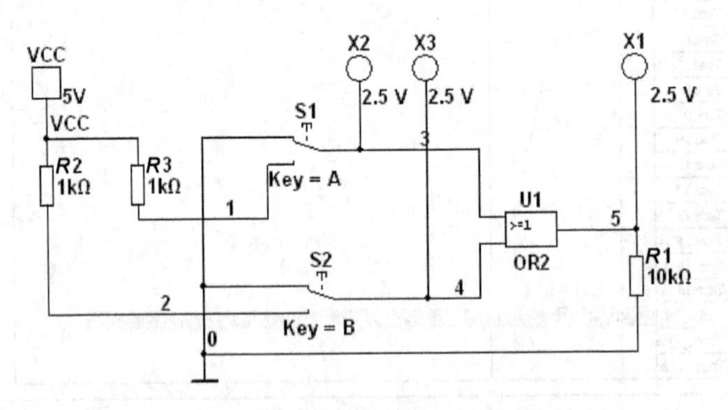

图 10-9　逻辑电路测试或门功能仿真电路

图 10-10a、b 所示为逻辑转换仪测试或门功能仿真电路及逻辑转换仪面板图。

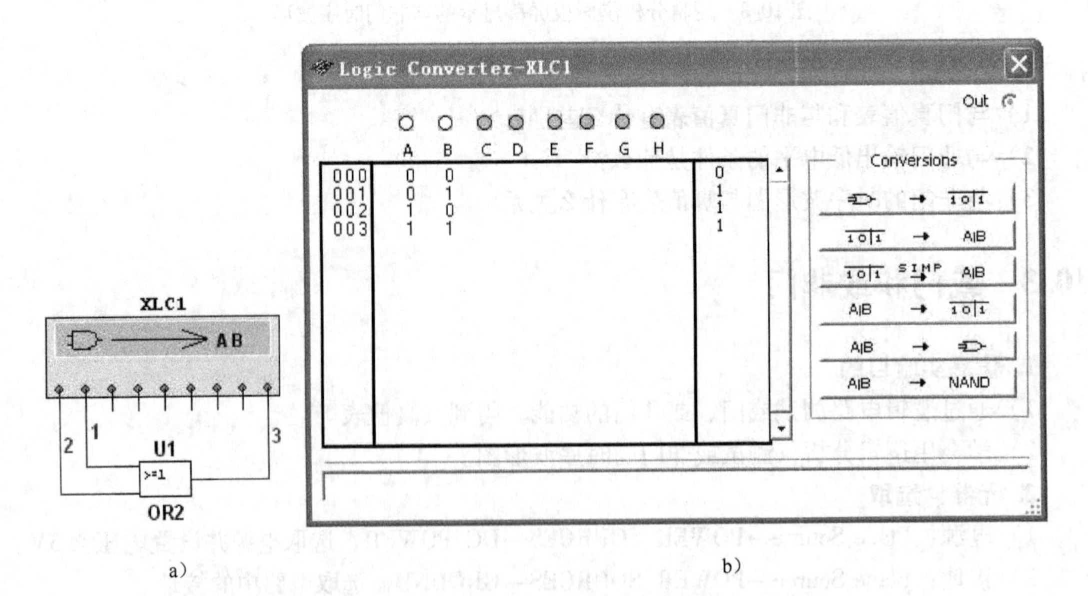

a)　　b)

图 10-10　逻辑转换仪测试或门功能仿真电路及逻辑转换仪面板图

图 10-11 所示为逻辑电路测试或非门功能仿真电路。

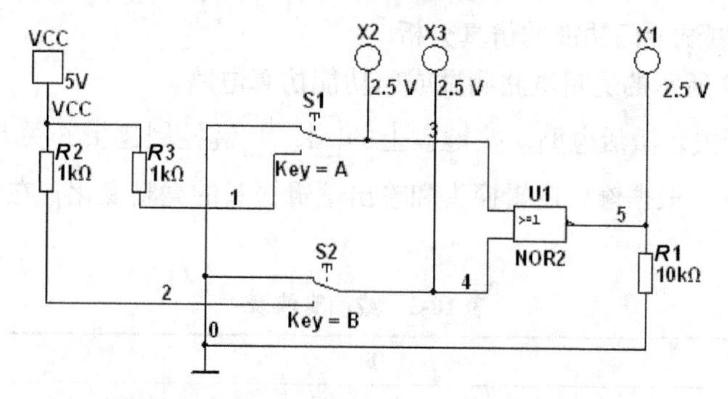

图 10-11　逻辑电路测试或非门功能仿真电路

图 10-12a、b 所示为逻辑转换仪测试或非门功能仿真电路及逻辑转换仪面板图。

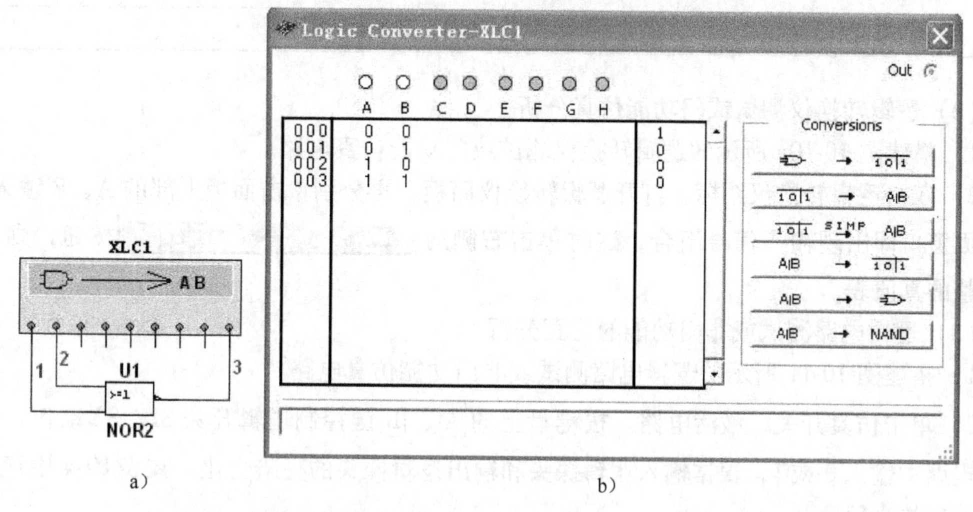

a)　b)

图 10-12　逻辑转换仪测试或非门功能仿真电路及逻辑转换仪面板图

图 10-13a、b 所示为虚拟仪器测试或非门输入/输出信号波形仿真电路及数字信号发生器面板图。

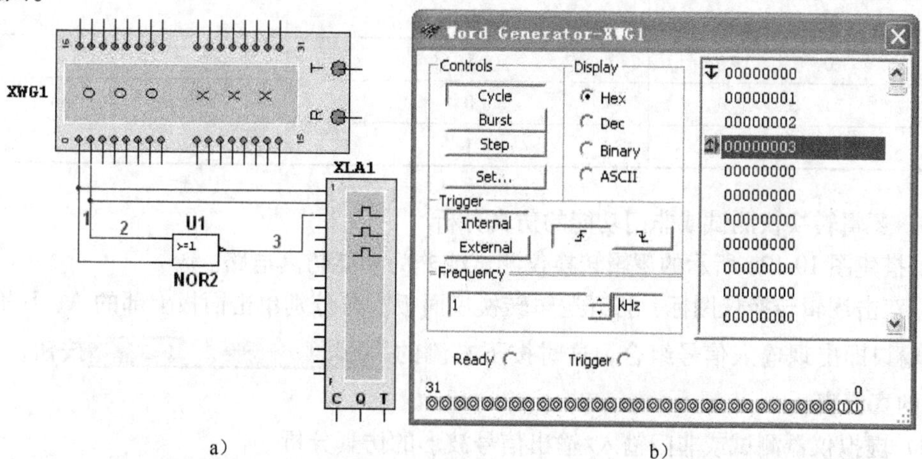

a)　b)

图 10-13　虚拟仪器测试或非门输入/输出信号波形仿真电路及数字信号发生器面板图

4. 仿真分析

(1) 逻辑电路测试或门功能的仿真分析

1) 搭建图 10-9 所示的逻辑电路测试或门功能仿真电路。

2) 单击仿真开关，激活电路。按键盘上的[A]、[B]键控制逻辑开关 S1、S2 动作，在或门电路中输入 0 或 1，根据输入逻辑探头和输出逻辑探头的亮暗变化，在表 10-3 中记录完成或门的真值表。

表 10-3 或门真值表

A	B	Y
0	0	
0	1	
1	0	
1	1	

(2) 逻辑转换仪测试或门功能仿真分析

1) 搭建图 10-10a 所示的逻辑转换仪测试或门功能仿真电路。

2) 双击逻辑转换仪图标，打开逻辑转换仪面板，再分别单击面板上部的 A、B 输入端，在下面窗口即出现输入信号组合，这时单击右侧的 [→ 1 0 | 1] 按钮，则可出现完整的真值表。

(3) 逻辑电路测试或非门功能的仿真分析

1) 搭建图 10-11 所示的逻辑电路测试或非门功能仿真电路。

2) 单击仿真开关，激活电路。按键盘上的[A]、[B]键控制逻辑开关 S1、S2 动作，在或非门电路中输入 0 或 1，根据输入逻辑探头和输出逻辑探头的亮暗变化，在表 10-4 中记录完成或非门的真值表。

表 10-4 或非门真值表

A	B	Y
0	0	
0	1	
1	0	
1	1	

(4) 逻辑转换仪测试或非门功能的仿真分析

1) 搭建图 10-12a 所示的逻辑转换仪测试或非门功能仿真电路。

2) 双击逻辑转换仪图标，打开逻辑转换仪面板，再分别单击面板上部的 A、B 输入端，在下面窗口即出现输入信号组合，这时按下右侧的 [→ 1 0 | 1] 按钮，则可出现完整的真值表。

(5) 虚拟仪器测试或非门输入/输出信号波形的仿真分析

1) 搭建图 10-13a 所示的虚拟仪器测试或非门输入/输出信号波形仿真电路，数字信号发生器按图 10-13b 设置。

2）单击仿真开关，激活电路。双击逻辑分析仪图标，打开逻辑分析仪面板，或非门的时间波形图显示在逻辑分析仪的屏幕上，上面有 3 条方波曲线，第 1 条和第 2 条为输入波形，第 3 条为输出波形，如图 10-14 所示。

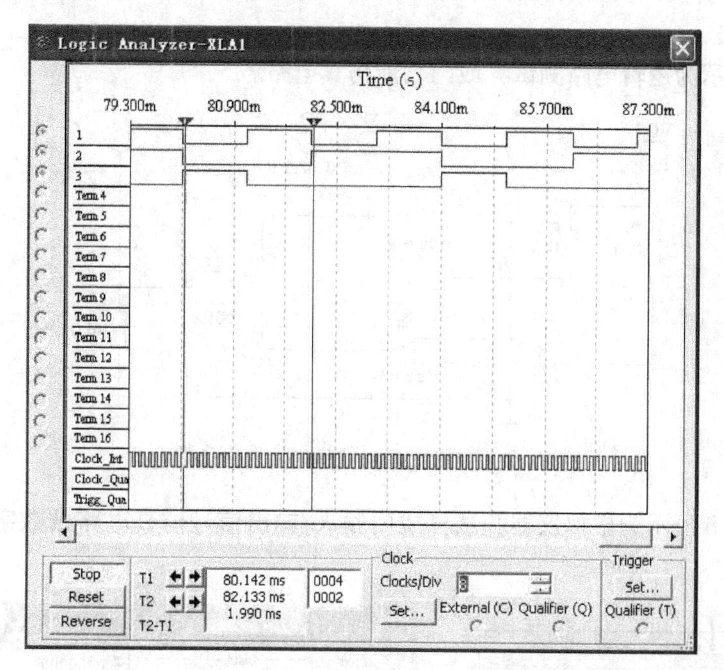

图 10-14　逻辑分析仪面板屏幕显示的或非门时序波形

5. 思考题

1）或门真值表和或非门真值表有什么差别？

2）或非门输出低电平的条件是什么？

3）或非门的时序波形图与真值表有什么关系？

10.4　异或门与同或门

1. 仿真实验目的

1）通过逻辑电路测试异或门、同或门的功能，得到其真值表。

2）学会用逻辑分析仪测试异或门、同或门的时序波形图。

2. 元器件选取

1）电源：Place Source→POWER_SOURCES→DC_POWER，选取电源并设置电压为 5V。

2）接地：Place Source→POWER_SOURCES→GROUND，选取电路中的接地。

3）电阻：Place Basic→RESISTOR，选取阻值为 1kΩ、10kΩ 的电阻。

4）异或门：Place Misc Digital→TIL，选取 EOR2 异或门。

5）同或门：Place Misc Digital→TIL，选取 ENOR2 同或门。

6）逻辑开关：Place Elector_Mechanical→SUPPLEMENTARY_CONTACTS，选取 SPDT_SB。

7）逻辑探头：Place Indicators→PROBE，选取逻辑探头。

8）逻辑转换仪：从虚拟仪器工具栏调取 XLC1。

9）数字信号发生器：从虚拟仪器工具栏调取 XWG1。

10）逻辑分析仪：从虚拟仪器工具栏调取 XLA1。

3. 仿真电路

图 10-15 所示为逻辑电路测试异或门功能仿真电路。

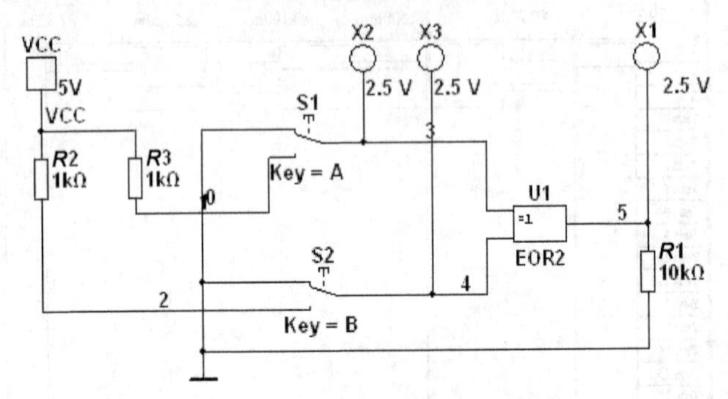

图 10-15　逻辑电路测试异或门功能仿真电路

图 10-16a、b 所示为虚拟仪器测试异或门输入/输出信号仿真电路及数字信号发生器面板图。

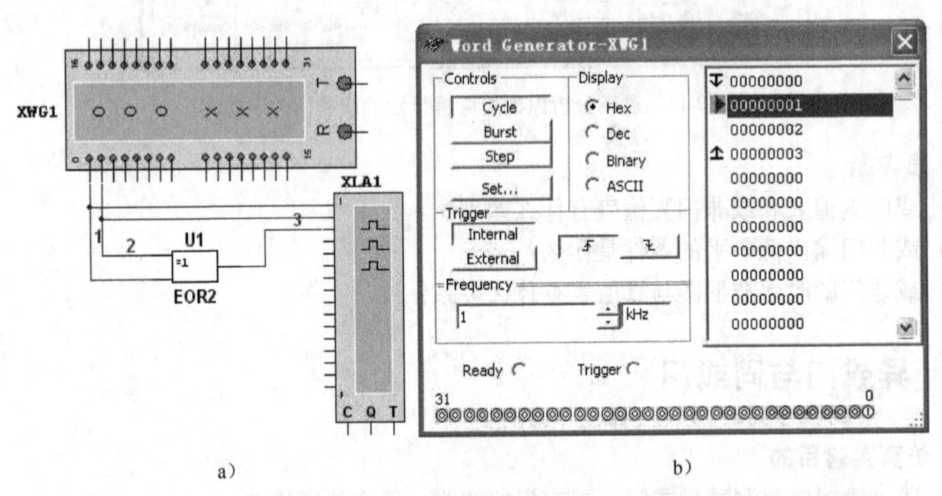

a）　　　　b）

图 10-16　虚拟仪器测试异或门输入/输出信号仿真电路及数字信号发生器面板图

图 10-17 所示为逻辑电路测试同或门功能仿真电路。

图 10-18a、b 所示为虚拟仪器测试同或门输入/输出信号仿真电路及数字信号发生器面板图。

4. 仿真分析

（1）逻辑电路测试异或门功能的仿真分析

1）搭建图 10-15 所示的逻辑电路测试异或门功能仿真电路。

2）单击仿真开关，激活电路。按键盘上的A、B键控制逻辑开关 S1、S2 动作，在异或门电路中输入 0 或 1，根据输入逻辑探头和输出逻辑探头的亮暗变化，在表 10-5 中记录完

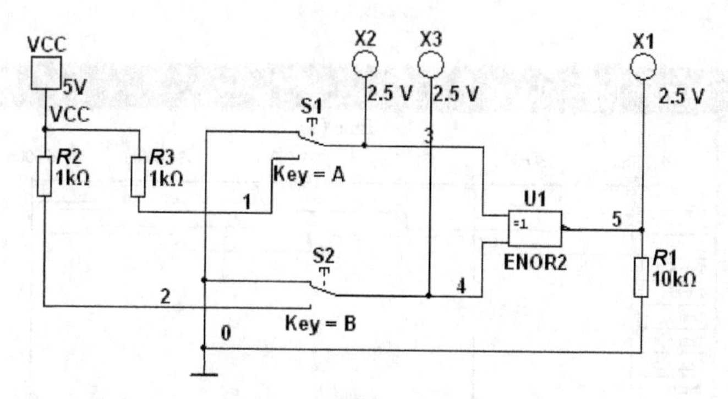

图 10-17　逻辑电路测试同或门功能仿真电路

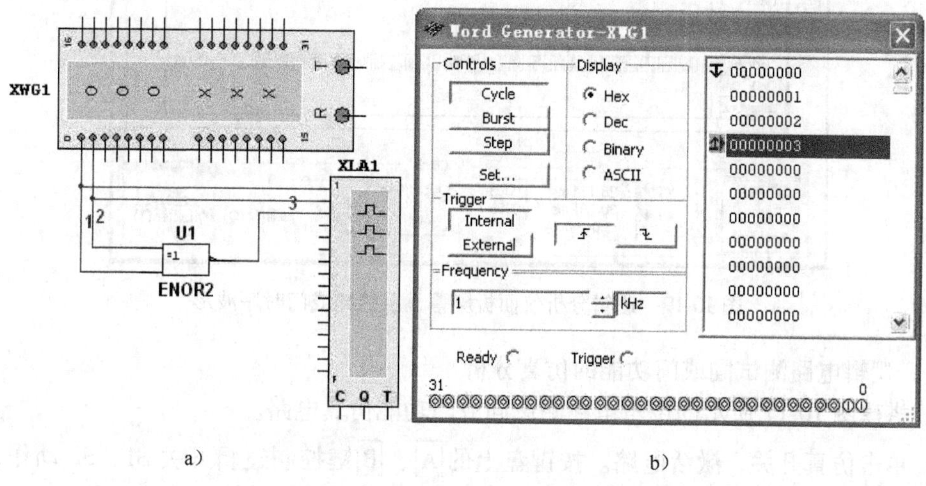

图 10-18　虚拟仪器测试同或门输入/输出信号仿真电路及数字信号发生器面板图

成异或门的真值表。

表 10-5　异或门真值表

A	B	Y
0	0	
0	1	
1	0	
1	1	

（2）虚拟仪器测试异或门输入/输出信号的仿真分析

1）搭建图 10-16a 所示的虚拟仪器测试异或门输入/输出信号仿真电路，数字信号发生器按图 10-16b 设置。

2）单击仿真开关，激活电路。双击逻辑分析仪图标，打开逻辑分析仪面板，异或门的时间波形图显示在逻辑分析仪面板的屏幕上，上面有 3 条方波曲线，第 1 条和第 2 条为输入波形，第 3 条为输出波形，如图 10-19 所示。

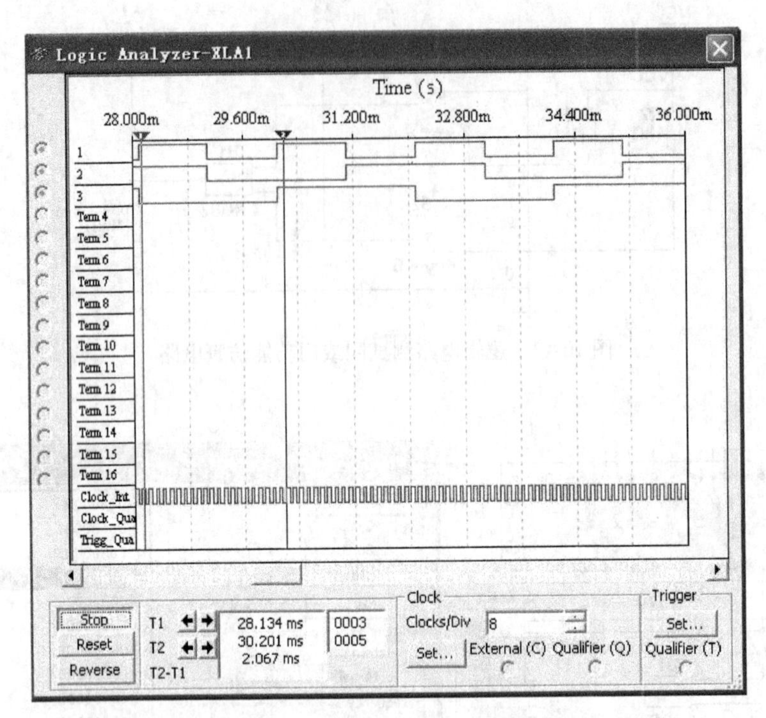

图 10-19　逻辑分析仪面板屏幕显示的异或门时序波形

（3）逻辑电路测试同或门功能的仿真分析

1）搭建图 10-17 所示的逻辑电路测试同或门功能仿真电路。

2）单击仿真开关，激活电路。按键盘上的A、B键控制逻辑开关 S1、S2 动作，在同或门电路中输入 0 或 1，根据输入逻辑探头和输出逻辑探头的亮暗变化，在表 10-6 中记录完成同或门的真值表。

表 10-6　同或门真值表

A	B	Y
0	0	
0	1	
1	0	
1	1	

（4）虚拟仪器测试同或门输入/输出信号的仿真分析

1）搭建图 10-18a 所示的虚拟仪器测试同或门输入/输出信号仿真电路，数字信号发生器按图 10-18b 设置。

2）单击仿真开关，激活电路。双击逻辑分析仪图标，打开逻辑分析仪面板，同或门的时间波形图显示在逻辑分析仪面板的屏幕上，上面有 3 条方波曲线，第 1 条和第 2 条为输入波形，第 3 条为输出波形，如图 10-20 所示。

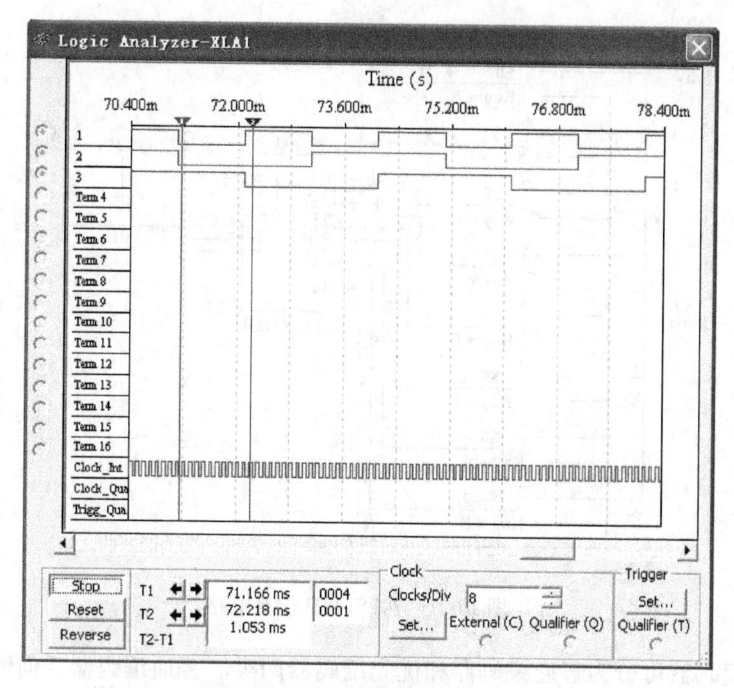

图 10-20　逻辑分析仪面板屏幕显示的同或门时序波形

5. 思考题

1）异或门真值表和同或门真值表有什么差别?

2）异或门输出高电平的条件是什么?

3）同或门的时序波形图与真值表有什么关系?

10.5　编码器功能仿真实验

1. 仿真实验目的

1）通过仿真实验，熟悉编码器 74LS148D 的逻辑功能。

2）了解编码器 74LS148D 的应用。

2. 元器件选取

1）电源：Place Source→POWER_SOURCES→DC_POWER，选取电源并设置电压为 5V。

2）接地：Place Source→POWER_SOURCES→GROUND，选取电路中的接地。

3）逻辑开关：Place Elector_Mechanical→SUPPLEMENTARY_CONTACTS，选取 SPDT_SB 开关。

4）编码器：Place TTL→74LS，选取 74LS148D。

5）逻辑探头：Place Indicators→PROBE，选取逻辑探头。

3. 仿真电路

图 10-21 所示为 74LS148D 仿真电路。

4. 电路原理简述

将具有特定意义的信息编写为二进制代码的过程称为编码。实现编码功能的电路称为编

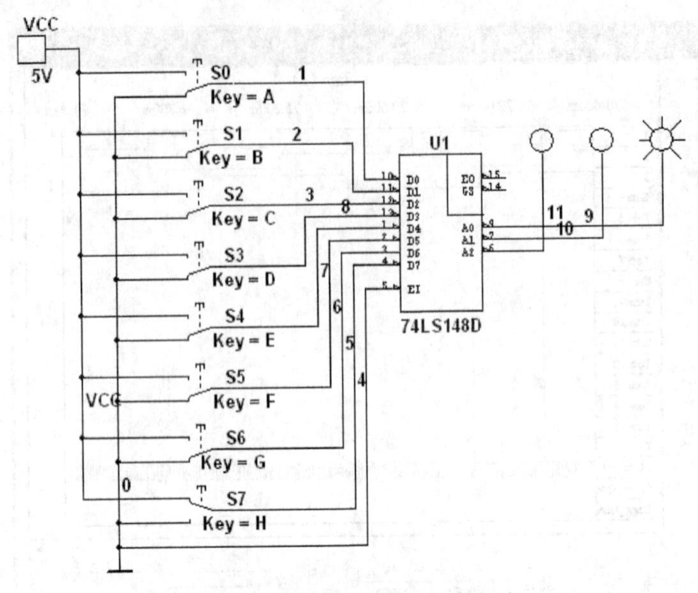

图 10-21　74LS148D 仿真电路

码器。常用的编码器可分为普通编码器和优先编码器两类。普通编码器任何时刻只允许输入一个编码信号，否则输出将会出现逻辑混乱，因此输入信号间是相互排斥的。优先编码器则不同，允许多个信号同时输入，电路会依照优先级对其中优先级最高的信号进行编码，无视优先级别低的信号，至于优先级别的高低则完全由设计人员根据实际情况来决定。

74LS148D 是常用的集成 8 线-3 线优先编码器。图 10-22 是 74LS148D 的逻辑功能表，该功能表可通过双击放置在电路中的 74LS148D 图形符号，在打开的属性对话框中单击右下角的 info（帮助信息）按钮得到。

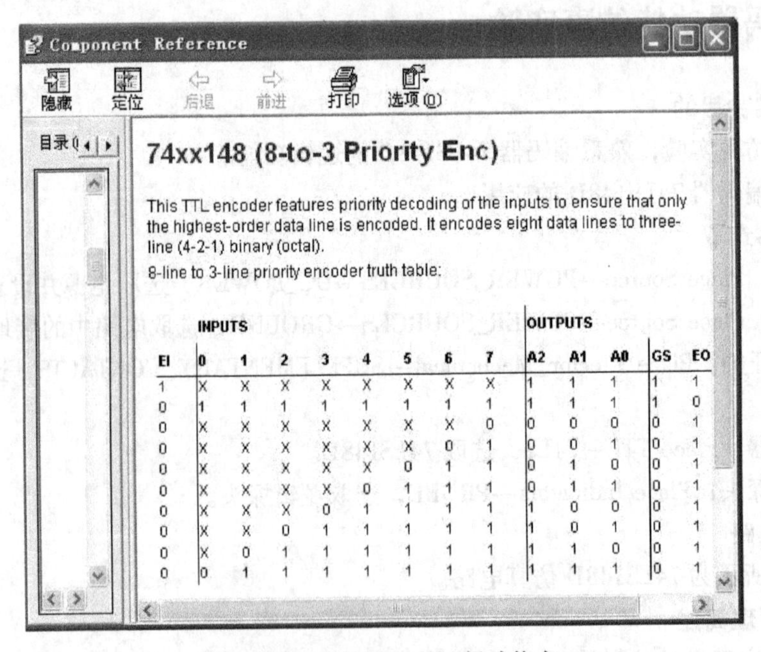
Component Reference

隐藏　定位　后退　前进　打印　选项(O)

目录

74xx148 (8-to-3 Priority Enc)

This TTL encoder features priority decoding of the inputs to ensure that only the highest-order data line is encoded. It encodes eight data lines to three-line (4-2-1) binary (octal).

8-line to 3-line priority encoder truth table:

INPUTS									OUTPUTS				
EI	0	1	2	3	4	5	6	7	A2	A1	A0	GS	EO
1	X	X	X	X	X	X	X	X	1	1	1	1	1
0	1	1	1	1	1	1	1	1	1	1	1	1	0
0	X	X	X	X	X	X	X	0	0	0	0	0	1
0	X	X	X	X	X	X	0	1	0	0	1	0	1
0	X	X	X	X	X	0	1	1	0	1	0	0	1
0	X	X	X	X	0	1	1	1	0	1	1	0	1
0	X	X	X	0	1	1	1	1	1	0	0	0	1
0	X	X	0	1	1	1	1	1	1	0	1	0	1
0	X	0	1	1	1	1	1	1	1	1	0	0	1
0	0	1	1	1	1	1	1	1	1	1	1	0	1

图 10-22　74LS148D 的逻辑功能表

5. 仿真分析

1）搭建图 10-21 所示的 74LS148D 仿真电路。

2）单击仿真开关，激活电路。按下键盘上的[A]、[B]、…、[H]键可以设置 S0～S7 的连接位置。由图 10-21 可以看出，S6（连接到 D6）的优先级最高，若 S7 接高电平 1，S6 接低电平 0，其余任意，则输出为 001（110 的反码），所以接 A0 的逻辑探头亮，接 A1、A2 的逻辑探头不亮。依此方法可以设置其他连接状态，验证图 10-22 所示的 74LS148D 功能表。

6. 思考题

1）由 74LS148D 功能表说明它具有什么用途？

2）优先编码器具有什么特点？

10.6　译码器功能仿真实验

1. 仿真实验目的

1）通过仿真实验，熟悉译码器 74LS138N 的逻辑功能。

2）了解编码器 74LS138N 的应用。

2. 元器件选取

1）电源：Place Source→POWER_SOURCES→DC_POWER，选取电源并设置电压为 5V。

2）接地：Place Source→POWER_SOURCES→GROUND，选取电路中的接地。

3）逻辑开关：Place Elector_Mechanical→SUPPLEMENTARY_CONTACTS，选取 SPDT_SB 开关。

4）译码器：Place TTL→74LS，选取 74LS138N。

5）逻辑探头：Place Indicators→PROBE，选取逻辑探头。

6）数字信号发生器：从虚拟仪器工具栏调取 XWG1。

7）逻辑分析仪：从虚拟仪器工具栏调取 XLA1。

3. 仿真电路

图 10-23 所示是 74LS138N 的仿真电路。数字信号发生器的设置如图 10-24 所示。

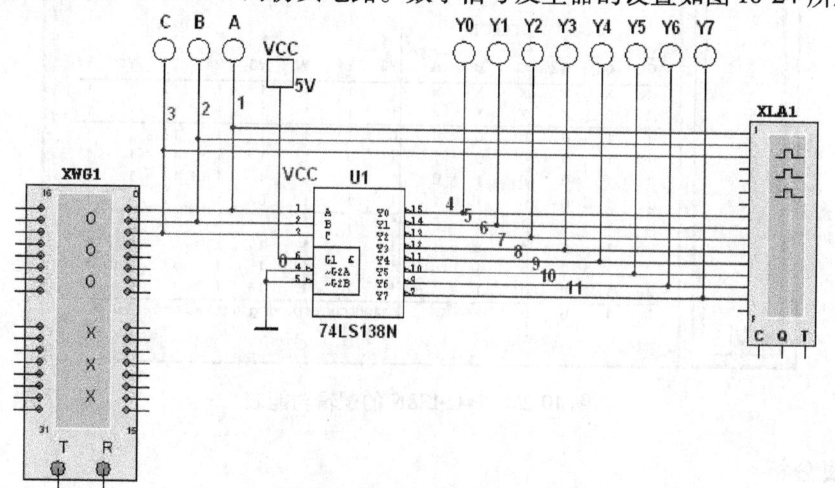

图 10-23　74LS138N 的仿真电路

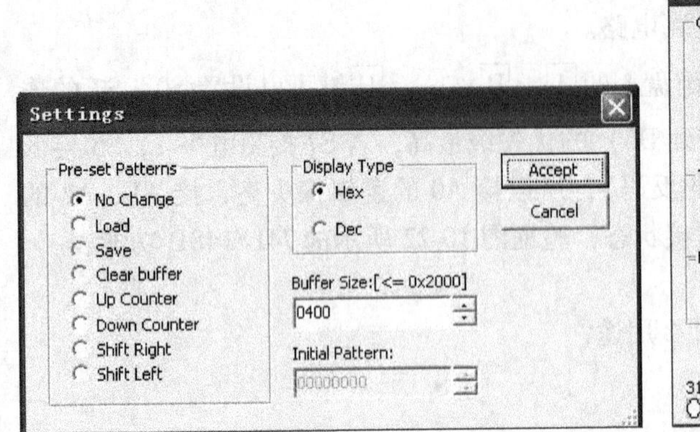

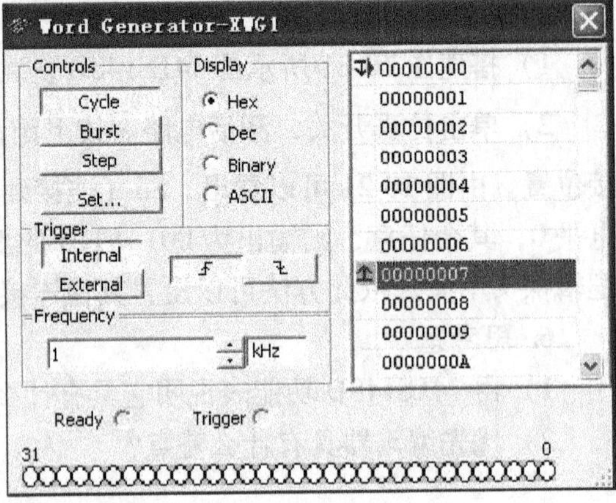

图 10-24 数字信号发生器的设置

4. 电路原理简述

译码是编码的逆过程。译码器将输入的二进制代码转换成与代码对应的信号。

若译码器输入的是 n 位二进制代码，则其输出端子数 $N \leqslant 2^n$。$N = 2^n$ 称为完全译码，$N < 2^n$ 称为部分译码。

74LS138N 是常用的集成 3 线-8 线译码器。图 10-25 是 74LS138N 的逻辑功能表，该功能表可通过双击放置在电路中的 74LS138N 图形符号，在打开的属性对话框中单击右下角的 info（帮助信息）按钮得到。

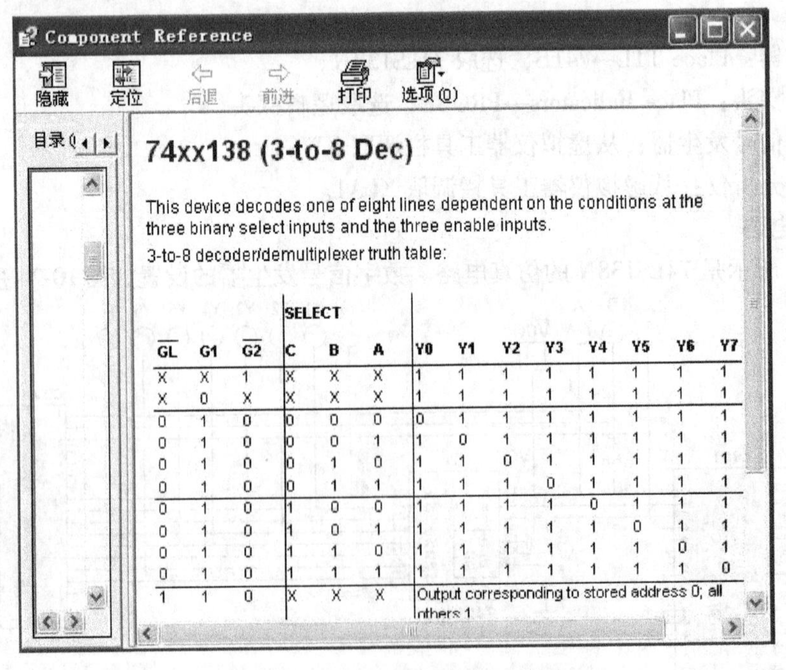

74xx138 (3-to-8 Dec)

This device decodes one of eight lines dependent on the conditions at the three binary select inputs and the three enable inputs.

3-to-8 decoder/demultiplexer truth table:

$\overline{GL}$	G1	$\overline{G2}$	C (SELECT)	B	A	Y0	Y1	Y2	Y3	Y4	Y5	Y6	Y7
X	X	1	X	X	X	1	1	1	1	1	1	1	1
X	0	X	X	X	X	1	1	1	1	1	1	1	1
0	1	0	0	0	0	0	1	1	1	1	1	1	1
0	1	0	0	0	1	1	0	1	1	1	1	1	1
0	1	0	0	1	0	1	1	0	1	1	1	1	1
0	1	0	0	1	1	1	1	1	0	1	1	1	1
0	1	0	1	0	0	1	1	1	1	0	1	1	1
0	1	0	1	0	1	1	1	1	1	1	0	1	1
0	1	0	1	1	0	1	1	1	1	1	1	0	1
0	1	0	1	1	1	1	1	1	1	1	1	1	0
1	1	0	X	X	X	Output corresponding to stored address 0; all others 1							

图 10-25 74LS138N 的逻辑功能表

5. 仿真分析

1）搭建图 10-23 所示的 74LS138N 仿真电路，数字信号发生器按图 10-24 所示进行设置。

2）单击仿真开关，激活电路。双击逻辑分析仪图标，打开其面板，即可显示 74LS138N 的时序波形，如图 10-26 所示。其中的 1、2、3 显示的是 74LS138N 输入信号，4 ~ 11 显示的是输出信号。

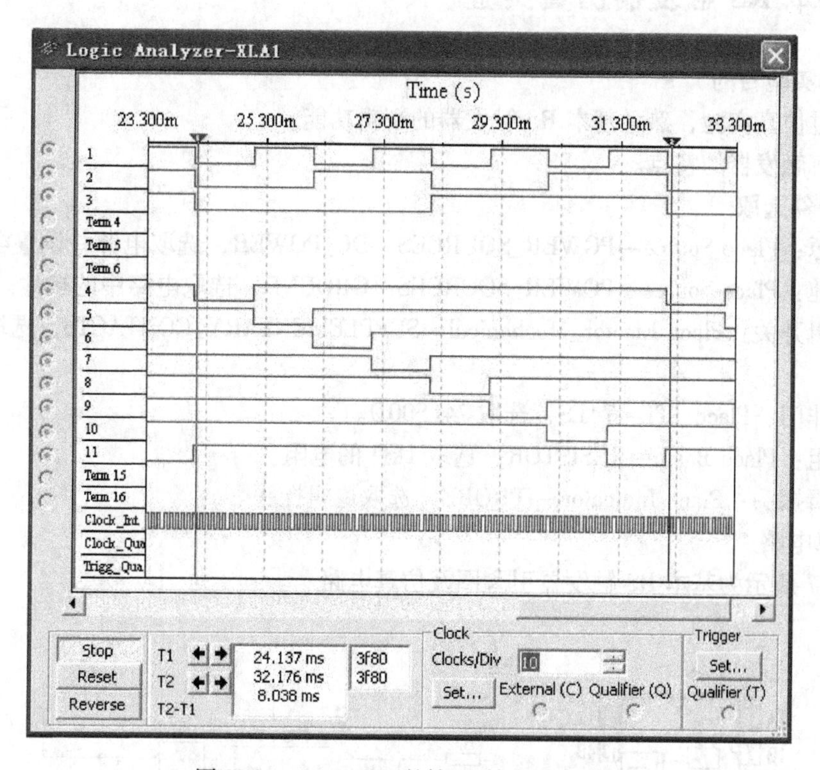

图 10-26　74LS138N 的输入/输出时序波形

3）观察逻辑分析仪显示的输入/输出的波形，并在表 10-7 中填写 74LS138N 的真值表。

表 10-7　74LS138N 译码器真值表

A	B	C	Y0	Y1	Y2	Y3	Y4	Y5	Y6	Y7
0	0	0								
0	0	1								
0	1	0								
0	1	1								
1	0	0								
1	0	1								
1	1	0								
1	1	1								

6. 思考题

1）将 74LS138N 功能表与仿真的时序波形进行比较，二者有什么关系？

2）举例说明译码器的应用。

10.7　基本 RS 触发器仿真实验

1. 仿真实验目的

1）通过仿真实验，熟悉基本 RS 触发器的逻辑功能。

2）了解触发器的特点。

2. 元器件选取

1）电源：Place Source→POWER_SOURCES→DC_POWER，选取电源并设置电压为 5V。

2）接地：Place Source→POWER_SOURCES→GROUND，选取电路中的接地。

3）逻辑开关：Place Elector_Mechanical→SUPPLEMENTARY_CONTACTS，选取 SPDT_SB 开关。

4）与非门：Place TTL→74LS，选取 74LS00D。

5）电阻：Place Basic→RESISTOR，选取 1kΩ 的电阻。

6）逻辑探头：Place Indicators→PROBE，选取逻辑探头。

3. 仿真电路

图 10-27 所示为基本 RS 触发器引脚图及仿真电路。

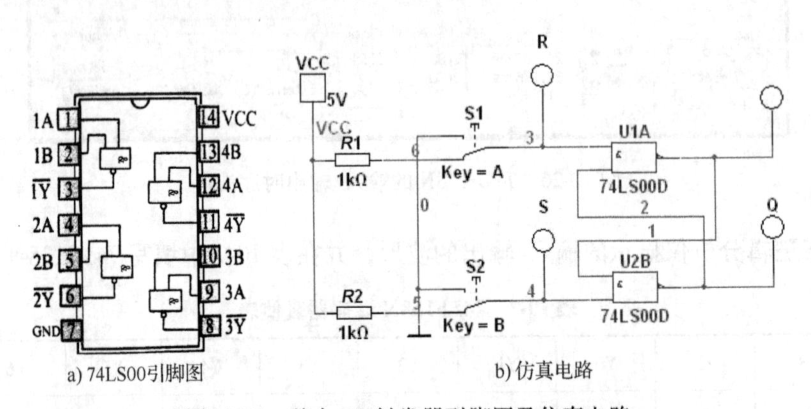

图 10-27　基本 RS 触发器引脚图及仿真电路

4. 电路原理简述

触发器是一种能够存储 1 位二进制数字信号的基本单元电路。触发器具有两个稳定状态，用来表示逻辑 0 和 1，在输入信号作用下，两个稳定状态可以相互转换，输入信号消失后，建立起来的状态能长期保存下来。

基本 RS 触发器由两个与非门的输入、输出端交叉连接而成。

5. 仿真分析

1）搭建图 10-27b 所示的基本 RS 触发器仿真电路。

2）单击仿真开关，激活电路，改变两个逻辑开关可以改变 R 和 S 接地或接高电平。观察逻辑探头的明暗变化，如图 10-28 所示。

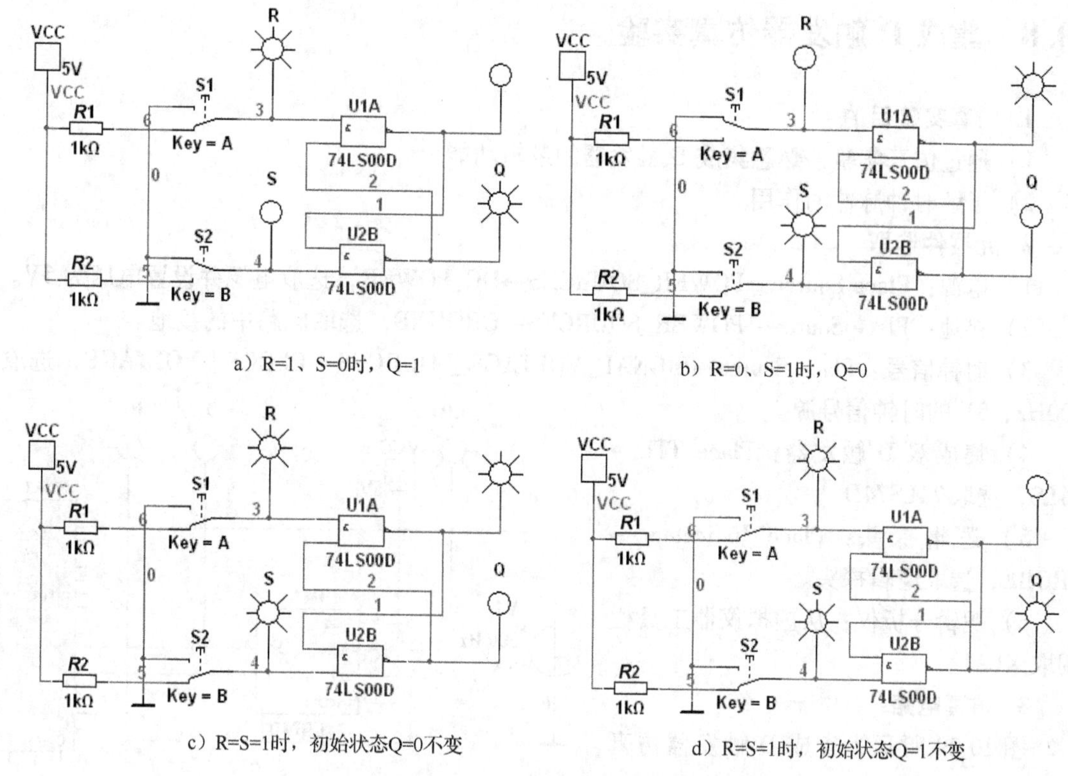

a）R=1、S=0时，Q=1　　b）R=0、S=1时，Q=0

c）R=S=1时，初始状态Q=0不变　　d）R=S=1时，初始状态Q=1不变

图 10-28　R、S 取不同电平时输出端状态

3）将仿真测试结果填写在表 10-8 中。

表 10-8　基本 RS 触发器仿真数据（状态真值表）

测试条件			测试记录	
R	S	Q^n	Q^{n+1}	$\overline{Q}^{n+1}$
0	0	0		
0	0	1		
0	1	0		
0	1	1		
1	0	0		
1	0	1		
1	1	0		
1	1	1		

6. 思考题

1）依据基本 RS 触发器的仿真测试，可以得到什么结论？

2）为什么说基本 RS 触发器具有记忆功能？

10.8　集成 D 触发器仿真实验

1. 仿真实验目的

1）通过仿真实验，熟悉集成 D 触发器的逻辑功能。

2）了解时钟脉冲的作用。

2. 元器件选取

1）电源：Place Source→POWER_SOURCES→DC_POWER，选取电源并设置电压为 5V。

2）接地：Place Source→POWER_SOURCES→GROUND，选取电路中的接地。

3）时钟信号：Place Source→SIGNAL_VOLTAGE_SOURCES→CLOCK_ VOLTAGE，选取 200Hz、5V 的时钟信号源。

4）集成双 D 触发器：Place TTL→74LS，选取 74LS74D。

5）逻辑探头：Place Indicators→PROBE，选取逻辑探头。

6）逻辑分析仪：从虚拟仪器工具栏调取 XLA1。

3. 仿真电路

图 10-29 所示为集成 D 触发器仿真电路。

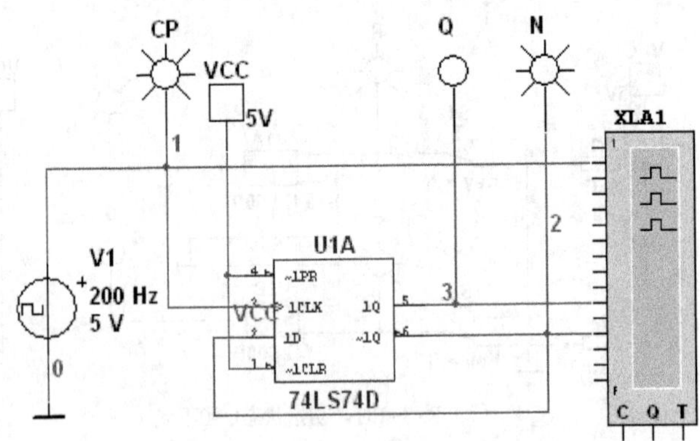

图 10-29　集成 D 触发器仿真电路

4. 电路原理简述

D 触发器是一种常用的边沿触发器，74LS74D 内部集成了两个独立的 D 触发器单元。双击放置在电路中的 74LS74D 图形符号，在打开的属性对话框中单击右下角的 info（帮助信息）按钮，就可得到图 10-30 所示的 74LS74D 功能表。

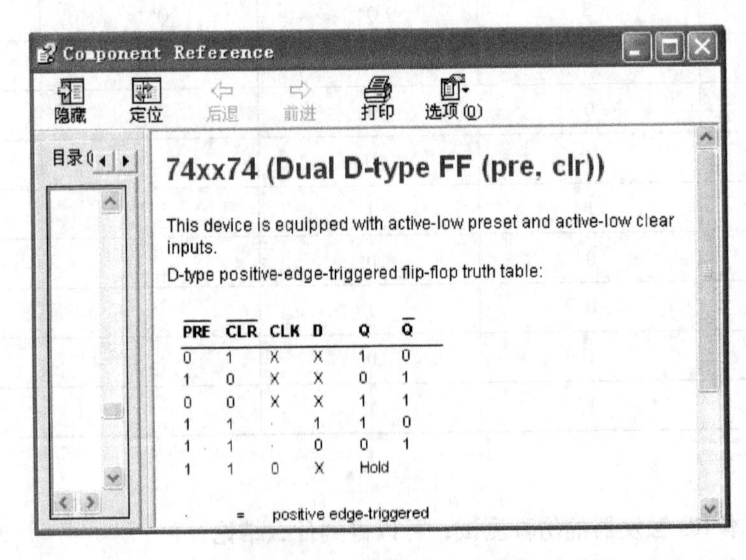

Component Reference

隐藏　定位　后退　前进　打印　选项(O)

目录

74xx74 (Dual D-type FF (pre, clr))

This device is equipped with active-low preset and active-low clear inputs.

D-type positive-edge-triggered flip-flop truth table:

$\overline{PRE}$	$\overline{CLR}$	CLK	D	Q	$\overline{Q}$
0	1	X	X	1	0
1	0	X	X	0	1
0	0	X	X	1	1
1	1		1	1	0
1	1		0	0	1
1	1	0	X	Hold	

= positive edge-triggered

图 10-30　74LS74D 功能表

5. 仿真分析

1）搭建图 10-29 所示的集成 D 触发器仿真电路。

2）单击仿真开关，激活电路，观察 3 个逻辑探头的明暗变化，验证 D 触发器的逻辑功能。由于该电路 $\overline{Q}$ 端与 D 端相连接，所以具有计数功能。

3）双击逻辑分析仪图标，打开逻辑分析仪的面板，设置合适的内部时钟信号，即可显示 D 触发器的工作波形，如图 10-31 所示。

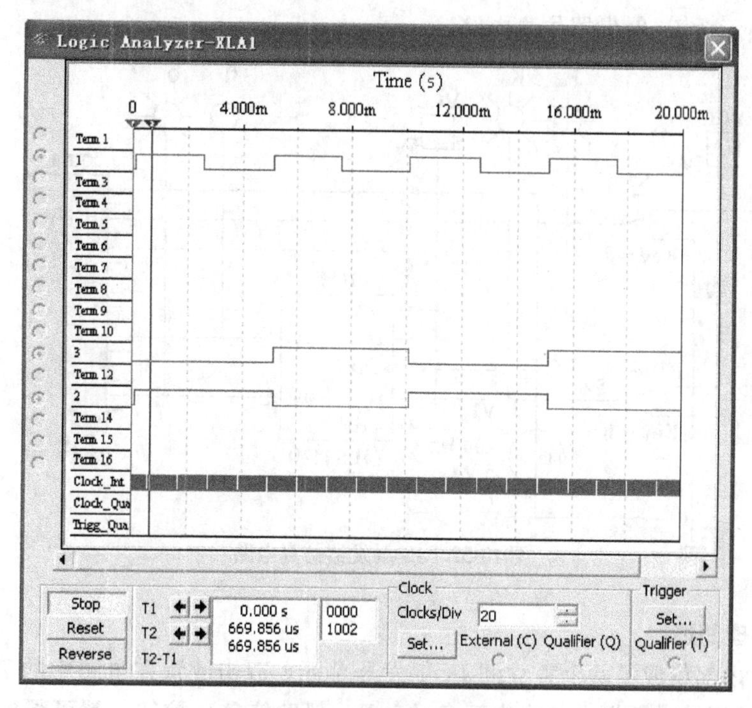

图 10-31　D 触发器的工作波形

4）观察 D 触发器的工作波形，记录时钟脉冲上升沿与 Q 和 $\overline{Q}$ 翻转的对应关系。

6. 思考题

1）D 触发器 Q 端输出信号与时钟脉冲信号之间存在什么关系？

2）D 触发器 Q 端输出信号与 D 端存在什么关系？

10.9　JK 触发器仿真实验

1. 仿真实验目的

1）通过仿真实验，熟悉 JK 触发器的逻辑功能。

2）了解 JK 触发器的应用。

2. 元器件选取

1）电源：Place Source→POWER_SOURCES→DC_POWER，选取电源并设置电压为 5V。

2）接地：Place Source→POWER_SOURCES→GROUND，选取电路中的接地。

3）时钟信号：Place Source→SIGNAL_VOLTAGE_SOURCES→CLOCK_ VOLTAGE，选取 200Hz、5V 的时钟信号源。

4）JK 触发器：Place TTL→74LS，选取 74LS112D。

5）逻辑探头：Place Indicators→PROBE，选取逻辑探头。

6）逻辑分析仪：从虚拟仪器工具栏调取 XLA1。

7）逻辑开关：Place Elector_Mechanical→SUPPLEMENTARY_CONTACTS，选取 SPDT_SB 开关。

3. 仿真电路

图 10-32 所示为 JK 触发器仿真电路。

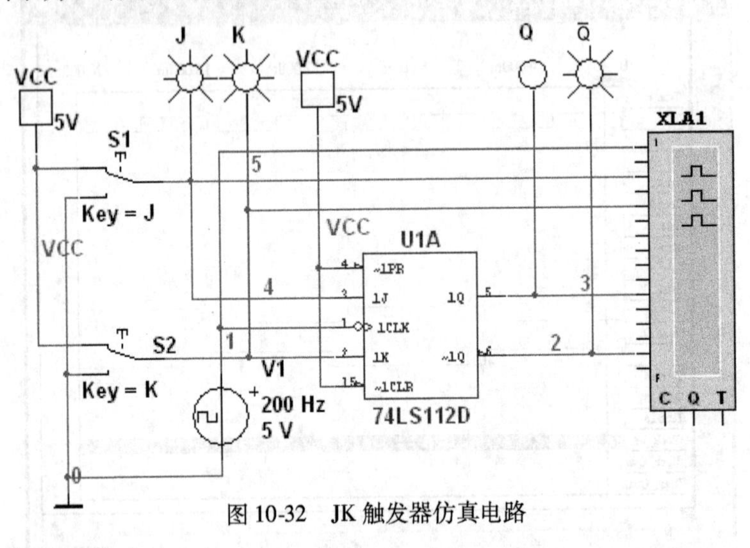

图 10-32　JK 触发器仿真电路

4. 电路原理简述

74LS112D 内部集成了两个独立的 JK 触发器单元。双击放置在电路中的 74LS112D 图形符号，在打开的属性对话框中单击右下角的 info（帮助信息）按钮，就可得到图 10-33 所示的 74LS112D 功能表。

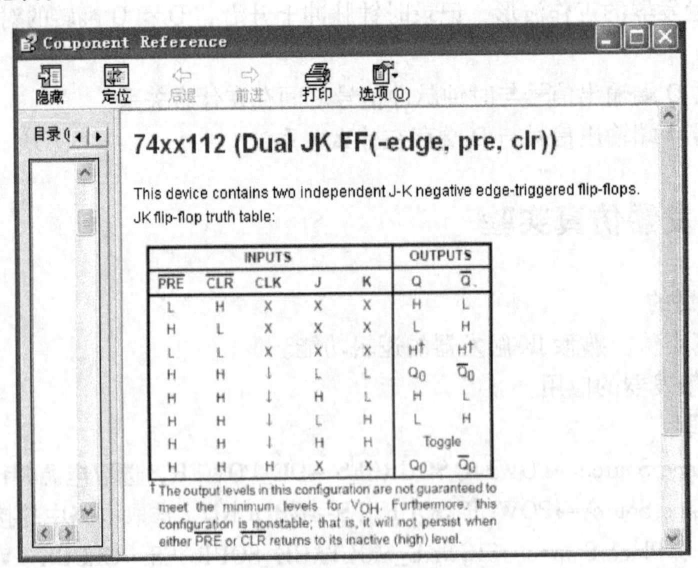

Component Reference

隐藏　定位　后退　前进　打印　选项(O)

目录

74xx112 (Dual JK FF(-edge, pre, clr))

This device contains two independent J-K negative edge-triggered flip-flops.

JK flip-flop truth table:

INPUTS					OUTPUTS	
$\overline{PRE}$	$\overline{CLR}$	CLK	J	K	Q	$\overline{Q}$
L	H	X	X	X	H	L
H	L	X	X	X	L	H
L	L	X	X	X	H†	H†
H	H	↓	L	L	Q_0	$\overline{Q}_0$
H	H	↓	H	L	H	L
H	H	↓	L	H	L	H
H	H	↓	H	H	Toggle	
H	H	H	X	X	Q_0	$\overline{Q}_0$

† The output levels in this configuration are not guaranteed to meet the minimum levels for V_{OH}. Furthermore, this configuration is nonstable; that is, it will not persist when either $\overline{PRE}$ or $\overline{CLR}$ returns to its inactive (high) level.

图 10-33　74LS112D 功能表

5. 仿真分析

1）搭建图 10-32 所示的 JK 触发器仿真电路。

2）单击仿真开关，激活电路，改变 S1、S2 两个逻辑开关的连接，观察 4 个逻辑探头的明暗变化，记录在表 10-9 中。

表 10-9　JK 触发器逻辑功能测试

J	K	Q^n	CP	Q^{n+1}	J	K	Q^n	CP	Q^{n+1}
0	0	0	↑		1	0	0	↑	
			↓					↓	
		1	↑				1	↑	
			↓					↓	
0	1	0	↑		1	1	0	↑	
			↓					↓	
		1	↑				1	↑	
			↓					↓	

3）双击逻辑分析仪图标，打开逻辑分析仪的面板，设置合适的内部时钟信号，即可显示 JK 触发器的工作波形，如图 10-34 所示。

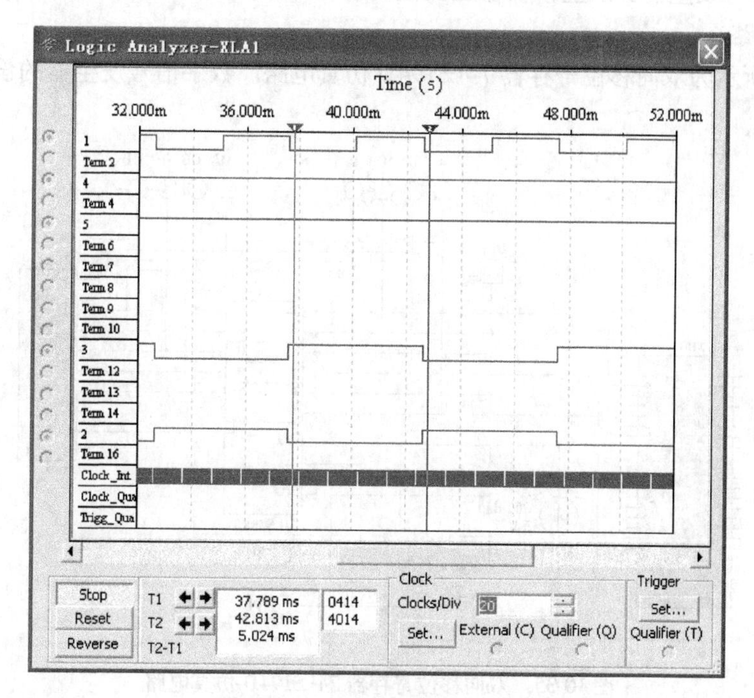

图 10-34　JK 触发器的工作波形

4）观察 JK 触发器的工作波形，记录时钟脉冲下降沿与 Q 和 $\overline{Q}$ 翻转的对应关系。

6. 思考题

1）当 J = K = 1 时，JK 触发器 Q 端输出信号与时钟脉冲信号之间存在什么关系？

2）当 J = K = 0 时，JK 触发器 Q 端输出信号如何变化？

10.10　移位寄存器仿真实验

1. 仿真实验目的

1）通过仿真实验，熟悉双向移位寄存器 74LS194D 的逻辑功能。

2）了解移位寄存器的应用。

2. 元器件选取

1）电源：Place Source→POWER_SOURCES→DC_POWER，选取电源并设置电压为 5V。

2）接地：Place Source→POWER_SOURCES→GROUND，选取电路中的接地。

3）时钟信号：Place Source→SIGNAL_VOLTAGE_SOURCES→CLOCK_ VOLTAGE，选取 300Hz、5V 的时钟信号源。

4）双向移位寄存器：Place TTL→74LS，选取 74LS194D。

5）逻辑探头：Place Indicators→PROBE，选取逻辑探头。

6）逻辑开关：Place Elector_Mechanical→SUPPLEMENTARY_CONTACTS，选取 SPDT_SB 开关。

7）逻辑分析仪：从虚拟仪器工具栏调取 XLA1。

8）数字信号发生器：从虚拟仪器工具栏调取 XWG1。

3. 仿真电路

图 10-35 所示为双向移位寄存器 74LS194D 仿真电路。数字信号发生器的设置如图 10-36 所示。

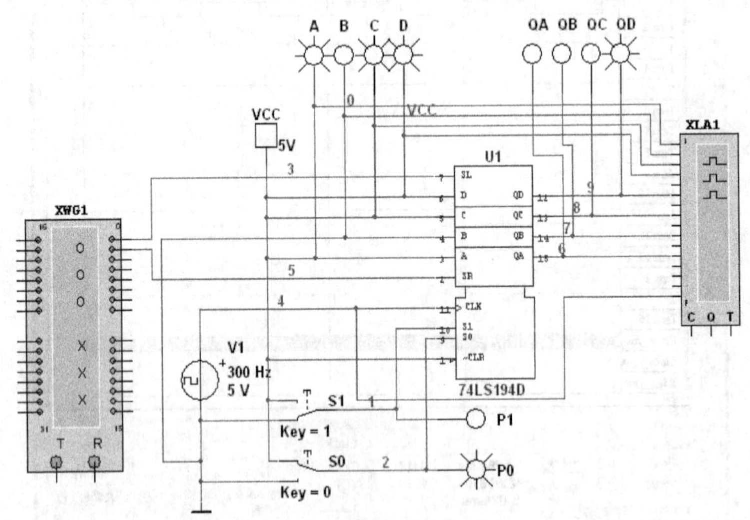

图 10-35　双向移位寄存器 74LS194D 仿真电路

4. 电路原理简述

74LS194D 是 4 位双向移位寄存器，双击放置在电路中的 74LS194D 图形符号，在打开的属性对话框中单击右下角的 info（帮助信息）按钮，就可得到图 10-37 所示的 74LS194D 功能表。

由图 10-37 可以看出：

1）$\overline{CLR}$（CLEAR的缩写）为清零端，低电平有效；$\overline{CLR}=1$ 时，允许工作。

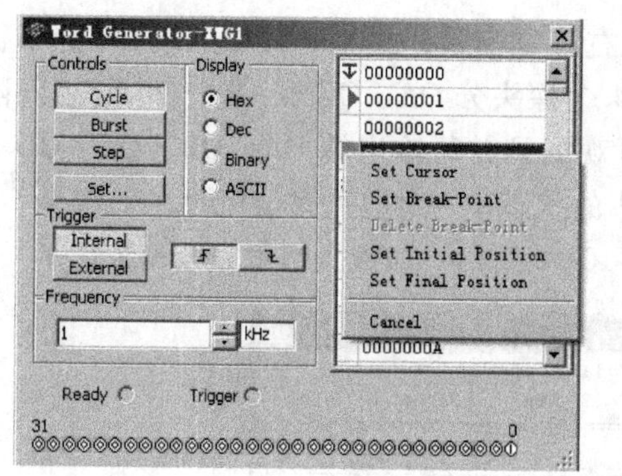

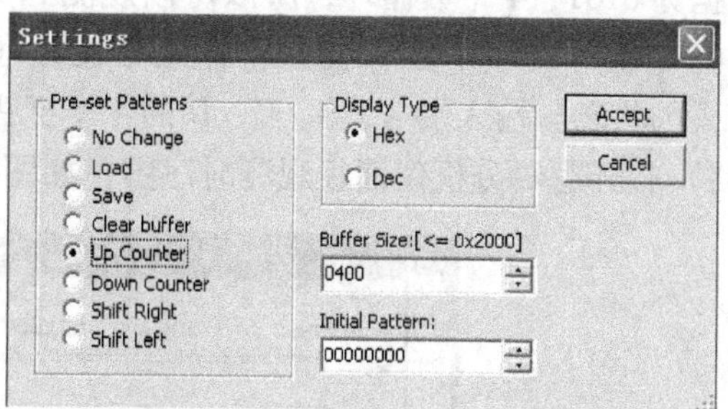

图 10-36　数字信号发生器的设置

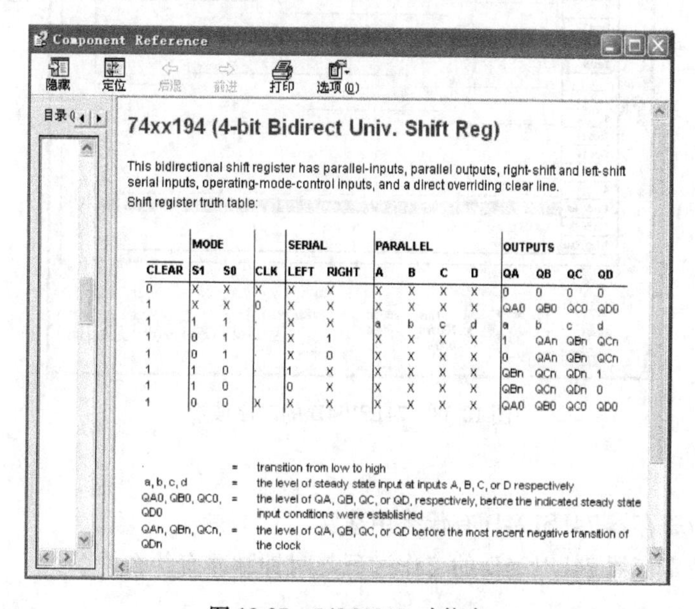

Component Reference

74xx194 (4-bit Bidirect Univ. Shift Reg)

This bidirectional shift register has parallel-inputs, parallel outputs, right-shift and left-shift serial inputs, operating-mode-control inputs, and a direct overriding clear line.

Shift register truth table:

	MODE			SERIAL		PARALLEL				OUTPUTS			
$\overline{CLEAR}$	S1	S0	CLK	LEFT	RIGHT	A	B	C	D	QA	QB	QC	QD
0	X	X	X	X	X	X	X	X	X	0	0	0	0
1	X	X	0	X	X	X	X	X	X	QA0	QB0	QC0	QD0
1	1	1	.	X	X	a	b	c	d	a	b	c	d
1	0	1	.	X	1	X	X	X	X	1	QAn	QBn	QCn
1	0	1	.	X	0	X	X	X	X	0	QAn	QBn	QCn
1	1	0	.	1	X	X	X	X	X	QBn	QCn	QDn	1
1	1	0	.	0	X	X	X	X	X	QBn	QCn	QDn	0
1	0	0	X	X	X	X	X	X	X	QA0	QB0	QC0	QD0

. = transition from low to high

a, b, c, d = the level of steady state input at inputs A, B, C, or D respectively

QA0, QB0, QC0, QD0 = the level of QA, QB, QC, or QD, respectively, before the indicated steady state input conditions were established

QAn, QBn, QCn, QDn = the level of QA, QB, QC, or QD before the most recent negative transition of the clock

图 10-37　74LS194D 功能表

2）S1、S0 为工作方式选择端。当 S1S0 = 00 时，寄存器保持原态；当 S1S0 = 01 时，寄存器工作在向右移位方式，在时钟脉冲 CLK 上升沿到来时，右移输入端 SR 串行输入数据，依次右移；当 S1S0 = 10 时，寄存器工作在向左移位方式，在时钟脉冲 CLK 上升沿到来时，左移输入端 SL 串行输入数据，依次左移；当 S1S0 = 11 时，工作在并行输入方式，在时钟脉冲 CLK 上升沿到来时，将 A、B、C、D 输入端输入的数据，经寄存器直接从并行输出端 QA、QB、QC、QD 输出。

5. 仿真分析

1）搭建图 10-35 所示的双向移位寄存器 74LS194D 仿真电路。双击数字信号发生器图标，打开数字信号发生器面板，设置对应串行输入信号 SR 和 SL 代码的 4 位十六进制数码；设置输出数据的起始地址（Initial）和终止地址（Final）；设置循环（Cycle）和单帧（Burse）输出速率的输出频率（Frequency）；设置循环（Cycle）输出方式，如图 10-36 所示。

2）单击仿真开关，激活电路，分别按下键盘上的[1]或[0]键，设置 S1S0 参数，决定双向移位寄存器的工作方式。通过观测逻辑探头的亮暗状态可以发现，当 S1S0 = 00 时，寄存器保持原态；当 S1S0 =01 时，寄存器工作在向右移位方式，此时右移输入端 SR 的串行输入数据为 0101，4 个数循环，所以可以观测到 4 个探头分 QA、QC 和 QB、QD 两组间隔点亮；当 S1S0 =11 时，工作在并行输入方式，可观测到并行输出端 QA、QB、QC、QD 的 4 个探头的状态与输入端 A、B、C、D 的 4 个探头的状态一一对应且完全相同。

3）打开逻辑分析仪面板观测时序图，如图 10-38 所示。与探头指示完全一致。

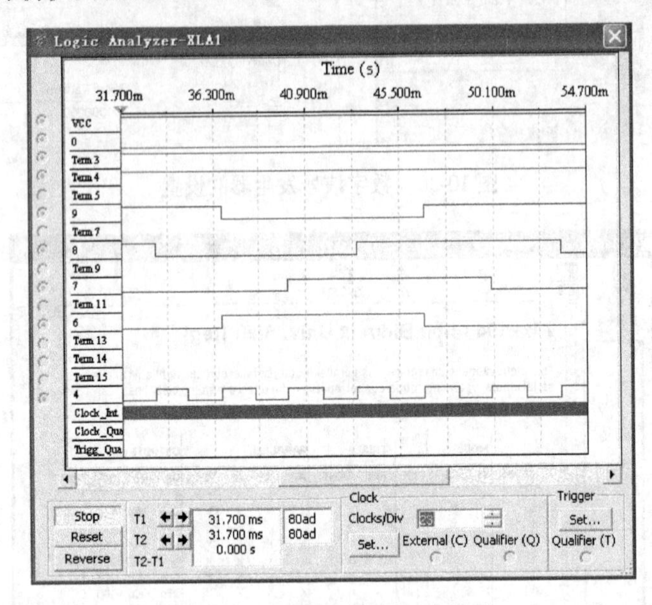

图 10-38　74LS194D 的时序波形

6. 思考题

1）双向移位寄存器 74LS194D 有什么用途？

2）双向移位寄存器 74LS194D 的工作过程与时钟脉冲有什么关系？

10.11　计数器仿真实验

1. 仿真实验目的

1）通过仿真实验，熟悉 74LS192D 的逻辑功能。

2）了解 74LS192D 的应用。

2. 元器件选取

1）电源：Place Source→POWER_SOURCES→DC_POWER，选取电源并设置电压为 5V。

2）接地：Place Source→POWER_SOURCES→GROUND，选取电路中的接地。

3）时钟信号：Place Source→SIGNAL_VOLTAGE_SOURCES→CLOCK_ VOLTAGE，选取 1kHz、5V 的时钟信号源。

4）集成计数器：Place TTL→74LS，选取 74LS192D。

5）反相器：Place TTL→74LS，选取 74LS04D。

6）逻辑探头：Place Indicators→PROBE，选取逻辑探头。

7）逻辑开关：Place Elector_Mechanical→SUPPLEMENTARY_CONTACTS，选取 SPDT_SB

开关。

8）数码显示管：Place Indicators → HEX _ DISPLAY，选取 DCD_HEX 数码显示管。

3. 仿真电路

图 10-39 所示为集成计数器 74LS192D 仿真电路。

4. 电路原理简述

74LS192D 是同步十进制可逆计数器，它具有双时钟输入，并具有异步清零和置数等功能。图 10-39 中 74LS192D 的“~LOAD”为置数端；“UP”为加计数端；“DOWN”为减计数端；“~CO”为非同步进位输出端；“~BO”为非同步借位输出端；“A”、“B”、“C”、“D”为计数器输入端；“CLR”为清除端；“QA”、“QB”、“QC”、“QD”为数据输出端。

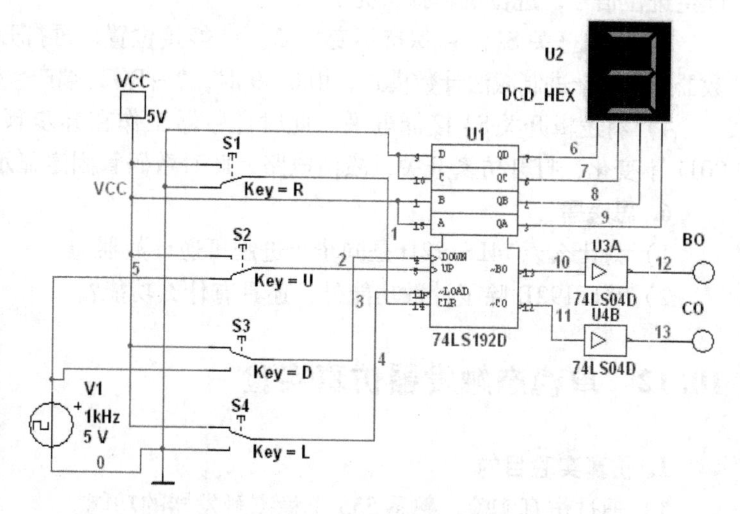

图 10-39　集成计数器 74LS192D 仿真电路

双击图 10-39 电路中的 74LS192D 图形符号，在打开的属性对话框中单击右下角的 info（帮助信息）按钮，就可得到图 10-40 所示的 74LS192D 功能表。

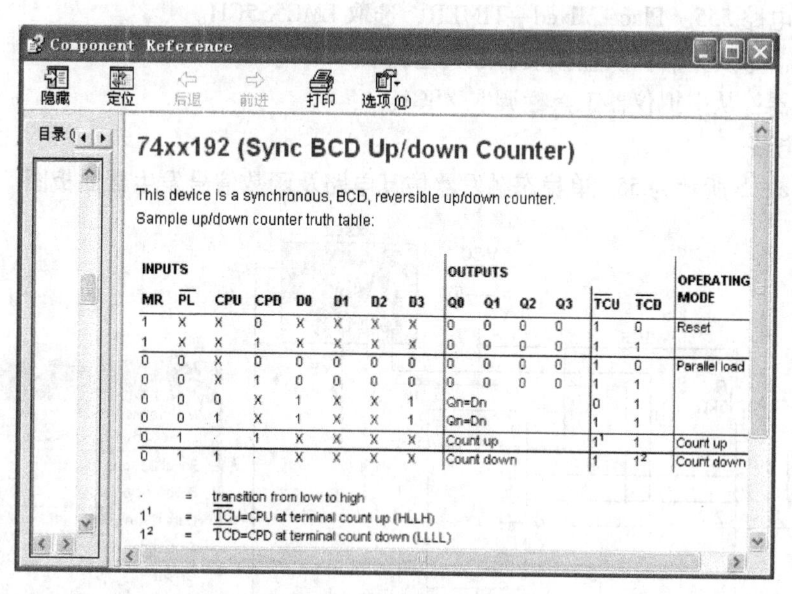

Component Reference

74xx192 (Sync BCD Up/down Counter)

This device is a synchronous, BCD, reversible up/down counter.

Sample up/down counter truth table:

INPUTS								OUTPUTS						OPERATING MODE
MR	$\overline{PL}$	CPU	CPD	D0	D1	D2	D3	Q0	Q1	Q2	Q3	$\overline{TCU}$	$\overline{TCD}$	
1	X	X	0	X	X	X	X	0	0	0	0	1	0	Reset
1	X	X	1	X	X	X	X	0	0	0	0	1	1	
0	0	X	0	0	0	0	0	0	0	0	0	1	0	Parallel load
0	0	X	1	0	0	0	0	0	0	0	0	1	1	
0	0	0	X	1	X	X	1	Qn=Dn				0	1	
0	0	1	X	1	X	X	1	Qn=Dn				1	1	
0	1	·	1	X	X	X	X	Count up				1[1]	1	Count up
0	1	1	·	X	X	X	X	Count down				1	1[2]	Count down

· = transition from low to high

1[1] = $\overline{TCU}$=CPU at terminal count up (HLLH)

1[2] = $\overline{TCD}$=CPD at terminal count down (LLLL)

图 10-40　74LS192D 功能表

5. 仿真分析

1）搭建图 10-39 所示的集成计数器 74LS192D 仿真电路。

2）调整各逻辑开关，使 S1 接低电平，S2 接时钟脉冲，S3 接高电平，S4 接高电平，打开仿真开关，激活电路，此时计数器工作在十进制加法计数模式，由 9→0 时，“~CO”端产生进位信号，进位逻辑探头亮。

3）逻辑开关 S1、S4 保持不变，S2、S3 换接位置，再打开仿真开关，激活电路，此时计数器工作在十进制减法计数模式，由 0→9 时，“～BO”端产生借位信号，借位逻辑探头亮。

4）将逻辑开关 S4 接低电平，此时计数器工作在异步预置数模式，若输入端 DCBA = 0011 不变化，打开仿真开关，激活电路，此时数码管固定显示 3。

6. 思考题

1）为什么说 74LS192D 是同步十进制可逆计数器？

2）74LS192D 除了计数功能外，还具有什么功能？

10.12　单稳态触发器仿真实验

1. 仿真实验目的

1）通过仿真实验，熟悉 555 单稳态触发器的功能。

2）了解单稳态触发器的应用。

2. 元器件选取

1）电源：Place Source→POWER_SOURCES→DC_POWER，选取电源并设置电压为 5V。

2）接地：Place Source→POWER_SOURCES→GROUND，选取电路中的接地。

3）电容：Place Basic→CAPACITOR，选取电容值为 10nF、100nF 的电容。

4）电阻：Place Basic→RESISTOR，选取电阻值为 5kΩ 的电阻。

5）时基电路 555：Place Mixed→TIMER，选取 LMC555CH。

6）函数信号发生器：从虚拟仪器工具栏调取 XFG1。

7）示波器：从虚拟仪器工具栏调取 XSC1。

3. 仿真电路

图 10-41a、b 所示为 555 单稳态触发器仿真电路及函数信号发生器面板图。

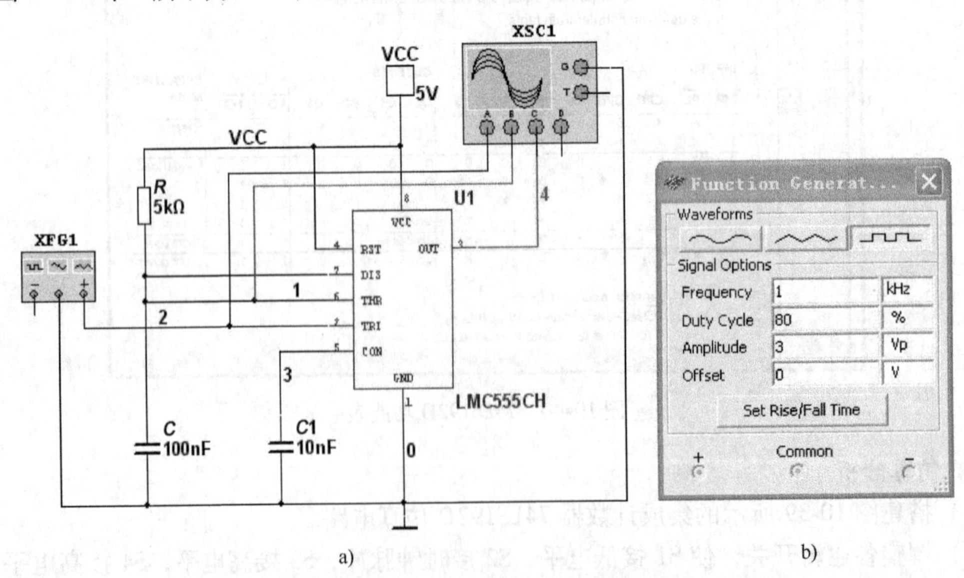

图 10-41　555 单稳态触发器仿真电路及函数信号发生器面板图

4. 电路原理简述

用 555 构成的单稳态电路。图 10-41a 中，R、C 为外接定时元件，复位端 RST 接电源 VCC，THR 端与放电端 DIS 短接后接 R、C 间连线，CON 端接旁路电容 $C1$，输入触发信号 u_i 接在低触发 TRI 端，输出信号 u_o 取自 OUT 端。

输出脉冲宽度按下式计算：

$$t_w \approx RC\ln 3 \approx 1.1RC$$

输出脉冲宽度 t_w 与定时元件 R、C 大小有关，而与电源电压、输入脉冲宽度无关，改变定时元件 R 和 C 可改变输出脉宽 t_w。

5. 仿真分析

1）搭建图 10-41a 所示的 555 单稳态触发器仿真电路，函数信号发生器按图 10-41b 所示进行设置。

2）单击仿真开关，激活电路，双击示波器图标，打开示波器面板，即可观测图 10-42 所示的 555 单稳态触发器的工作波形。最上面的方波为输入脉冲，中间为电容 C 充电波形（即暂态），下面是输出波形。

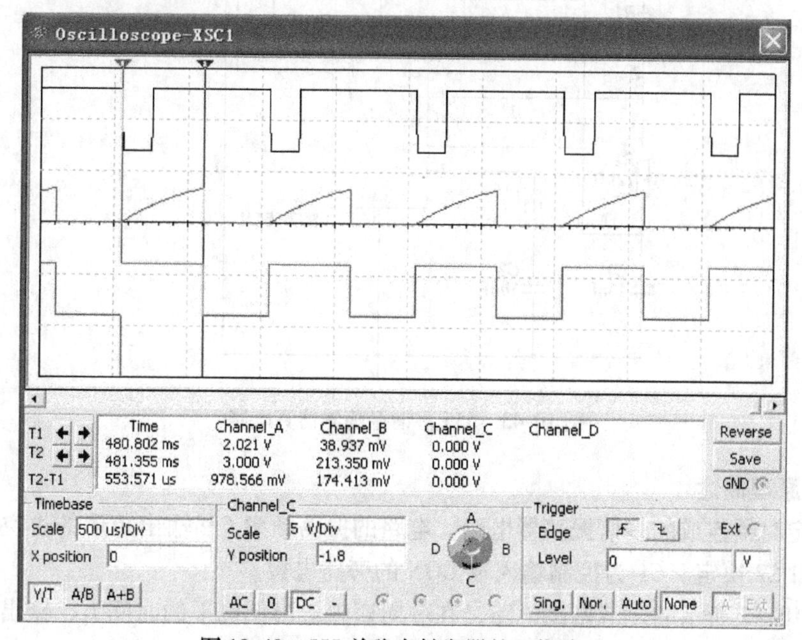

图 10-42　555 单稳态触发器的工作波形

3）利用示波器提供的游标测量线，测量示波器显示的输出波形宽度。

6. 思考题

1）利用公式 $t_w \approx RC\ln 3 \approx 1.1RC$，计算输出波形宽度。

2）将测量的输出波形宽度与公式计算的输出波形宽度进行比较，情况怎样？

10.13　555 多谐振荡器仿真实验

1. 仿真实验目的

1）通过仿真实验，熟悉 555 多谐振荡器的功能。

2）了解 555 多谐振荡器的应用。

2. 元器件选取

1）电源：Place Source→POWER_SOURCES→DC_POWER，选取电源并设置电压为 5V。

2）接地：Place Source→POWER_SOURCES→GROUND，选取电路中的接地。

3）电容：Place Basic→CAPACITOR，选取电容值为 10nF 的电容。

4）电阻：Place Basic→RESISTOR，选取电阻值为 1kΩ、72 kΩ 的电阻。

5）时基电路 555：Place Mixed→TIMER，选取 LMC555CH。

6）示波器：从虚拟仪器工具栏调取 XSC1。

3. 仿真电路

图 10-43 所示为 555 多谐振荡器仿真电路。

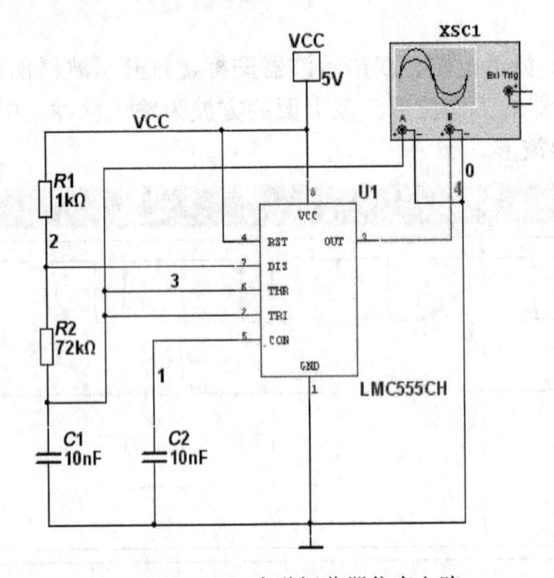

图 10-43　555 多谐振荡器仿真电路

4. 电路原理简述

用 555 定时器连成的多谐振荡器电路。电路的振荡频率 f 和输出矩形的占空比由外接元件 $R1$、$R2$ 和 $C2$ 决定。$C1$ 为控制输入端 CON 的旁路电容。

对于图 10-42 所示的多谐振荡电路，在一周期内输出低电平的时间 t_1、输出高电平的时间 t_2、振荡周期 T、振荡频率 f 及占空比 q 的近似值可由下列公式求出：

$$t_1 = 0.7R1C2$$

$$t_2 = 0.7(R1 + R2)C2$$

$$T = t_1 + t_2 = 0.7(R1 + 2R2)C2$$

$$f = \frac{1}{T}$$

$$q = \frac{t_2}{t_1 + t_2} = \frac{R1 + R2}{R1 + 2R2}$$

5. 仿真分析

1）搭建图 10-43 所示的 555 多谐振荡器仿真电路。

2）单击仿真开关，激活电路，双击示波器图标，打开示波器面板，即可观测图10-44所示的555多谐振荡器的工作波形。上面的波形为电容充电波形，下面的是输出波形。

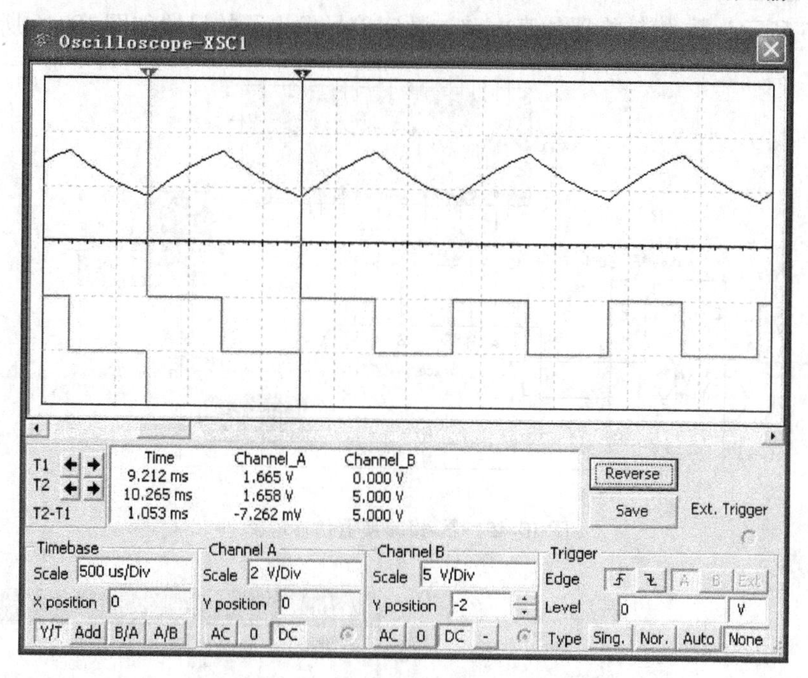

图10-44　555多谐振荡器的工作波形

3）利用示波器提供的游标测量线，测量示波器显示的输出波形低电平时间和高电平时间。

6. 思考题

1）利用公式计算555多谐振荡器输出波形的低电平时间、高电平时间和周期。

2）将测量的输出波形宽度与公式计算的输出波形宽度进行比较，情况怎样？

10.14　数-模转换器仿真实验

1. 仿真实验目的

1）通过仿真实验，熟悉数-模转换器的数字输入与模拟输出之间的关系。

2）了解数-模转换器的应用。

2. 元器件选取

1）电源：Place Source→POWER_SOURCES→DC_POWER，选取电源并设置电压为10V。

2）接地：Place Source→POWER_SOURCES→GROUND，选取电路中的接地。

3）电位器：Place Basic→POTENTIOMETER，选取电阻值为1kΩ的电位器。

4）电压表：Place Indicators→VOLTMETER，选取电压表并设置为直流档。

5）数字信号发生器：从虚拟仪器工具栏调取XWG1。

6）DAC转换器：Place Mixed→ADC_DAC，选取VDAC8。

7）示波器：从虚拟仪器工具栏调取 XSC1。

3. 仿真电路

图 10-45 所示为数-模转换器仿真电路。数字信号发生器的设置如图 10-46 所示。

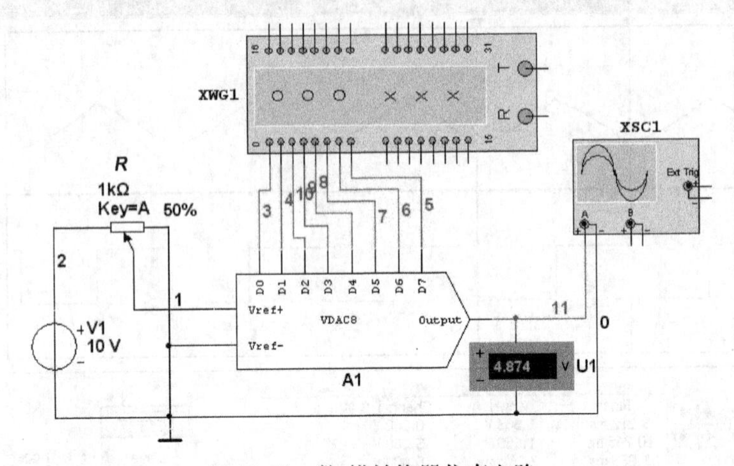

图 10-45　数-模转换器仿真电路

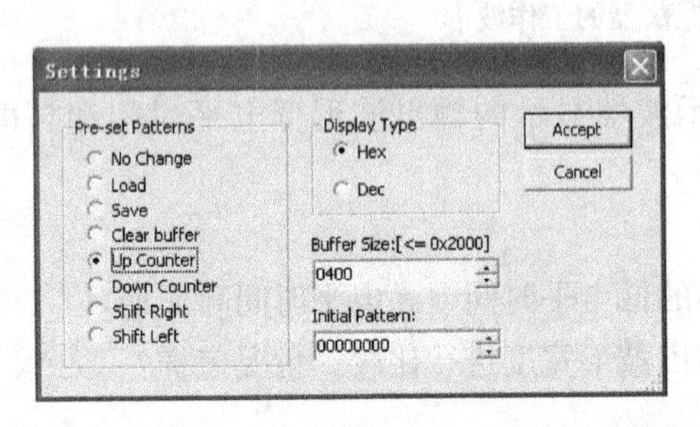

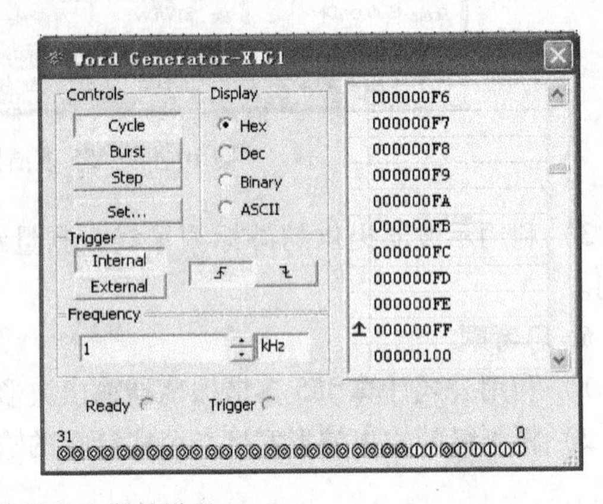

图 10-46　数字信号发生器的设置

4. 电路原理简述

把数字信号转换为模拟信号称为数-模转换或 DAC。把实现数-模转换的电路称为数-模转换器，简称 DAC。

在图 10-45 所示电路中，数字信号发生器产生的数字信号输入 DAC，设置数字信号发生器能够连续地输出 0～255 的数字。这种连接方式使 8 位 DAC 能够覆盖 0～5V 整个输出范围，并完成 255 级 8 位计数。从示波器上观察到的 255 级计数的输出电压特性曲线更像条直线。在任何指定的电压范围内，计数级数越多，则 DAC 的输出越接近真实的模拟信号，数-模转换的分辨率也越高。

5. 仿真分析

1）搭建图 10-45 所示的仿真电路，数字信号发生器的设置按图 10-46 设置。

2）单击仿真开关，激活电路。调整 1kΩ 电位器，使 DAC 输出电压尽量接近 5V，这时 DAC 的满度输出电压设置为 5V。

3）双击示波器图标，打开示波器面板，观察示波器显示的电压波形（见图 10-47）和电压表指示值的变化。

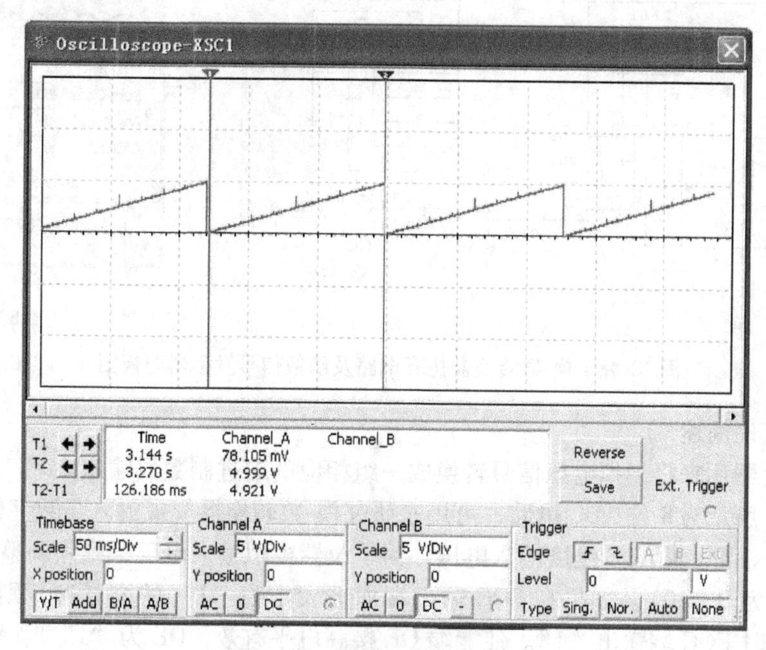

图 10-47　示波器显示的电压波形

6. 思考题

1）根据 DAC 的满度输出电压和 8 位输入的级数，计算图 10-44 所示的 DAC 电路的分辨率。

2）若图 10-45 所示电路的硬件不变，如何实现输出的锯齿波最大幅值为 4V？

10.15 模-数转换器仿真实验

1. 仿真实验目的

1）通过仿真实验，熟悉模-数转换器的模拟输入与数字输出之间的关系。

2）了解模-数转换器的应用。

2. 元器件选取

1）电源：Place Source→POWER_SOURCES→DC_POWER，选取电源并设置电压为 10V。

2）接地：Place Source→POWER_SOURCES→GROUND，选取电路中的接地。

3）电位器：Place Basic→POTENTIOMETER，选取电阻值为 1kΩ 的电位器。

4）逻辑探头：Place Indicators→PROBE，选取逻辑探头。

5）ADC 转换器：Place Mixed→ADC_DAC，选取 ADC。

6）逻辑分析仪：从虚拟仪器工具栏调取 XLA1。

7）函数信号发生器：从虚拟仪器工具栏调取 XFG1。

3. 仿真电路

图 10-48a、b 所示为模-数转换器仿真电路及函数信号发生器面板图。

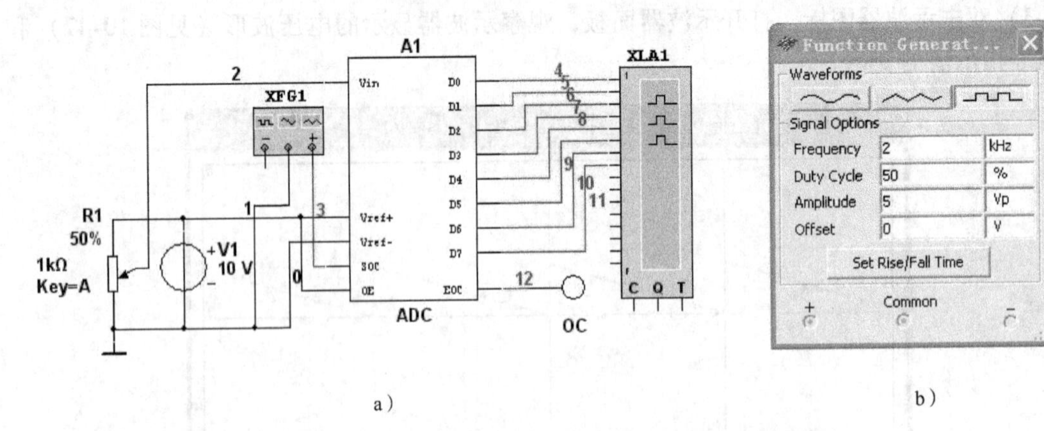

a） b）

图 10-48 模-数转换器仿真电路及函数信号发生器面板图

4. 电路原理简述

模-数转换器用来将模拟电压信号转换成一组相应的二进制数码输出。

图 10-48a 所示为 8 位 ADC 电路，可用来研究模-数转换器模拟输入与数字输出之间的关系。调整 Vref + 可设置 ADC 满度输入电压。为了设置模拟输入电压，则须调整 1kΩ 电位器，电压变化范围为 0 ~ 10V。如果在 SOC 输入端加上大小为“1”的窄脉冲，则 ADC 开始转换，转换结束时 EOC 端输出“1”。使能端 OE 接高电平有效，OE 为“1”时 ADC 有数字信号输出。在图中，OE 直接 5V 电源，使 ADC 能够连续输出。

5. 仿真分析

1）搭建图 10-48a 所示的仿真实验电路，函数信号发生器按图 10-48b 设置。

2）单击仿真开关，进行动态分析。调整 1kΩ 电位器使模拟输入电压尽可能接近 10.0V，观察记录逻辑分析仪上输出 8 位数字的波形，然后再输入其他的模拟电压，并在表 10-10 中记录相应的数字输出。

表 10-10 模-数转换器仿真数据

U_{IN} / V	10.0	5.0	3.0	1.0
输出 8 位数字（二进制）				
对应十进制数				

6. 思考题

1）根据表 10-10 中的仿真实验数据，说明 ADC 电路的满度输入电压等于多少？ADC 数字输出的大小与模拟输入电压的大小成比例吗？

2）举例说明模-数转换器的应用。

附　　录

附录 A　常用逻辑符号新旧对照表

名　称	国标符号	曾用符号	国外流行符号	名　称	国标符号	曾用符号	国外流行符号
与　门	&			传输门	TG	TG	
或　门	≥1	+		双向模拟开关	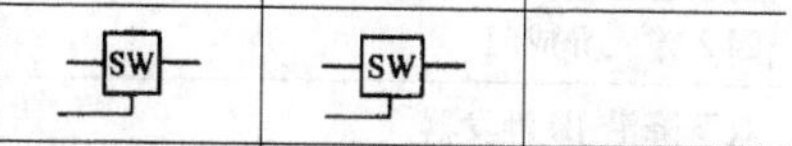 SW	SW	
非　门	1			半加器	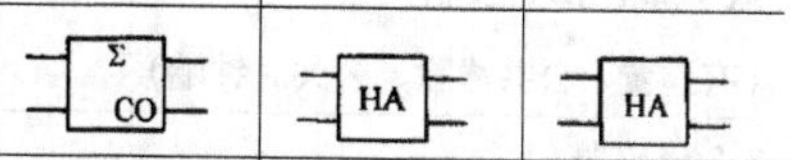 Σ CO	HA	HA
与非门	&			全加器	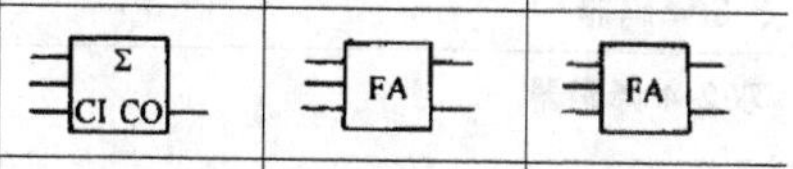 Σ CI CO	FA	FA
或非门	≥1	+		基本 RS 触发器	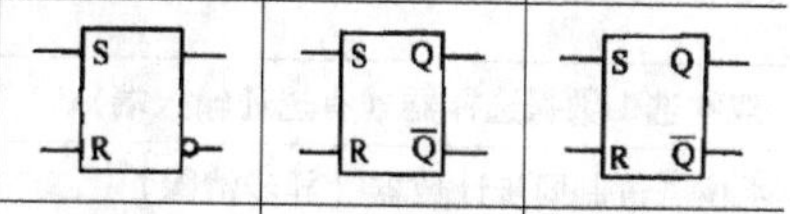 S R	S Q R $\overline{Q}$	S Q R $\overline{Q}$
与或非门	& ≥1	+		同步 RS 触发器	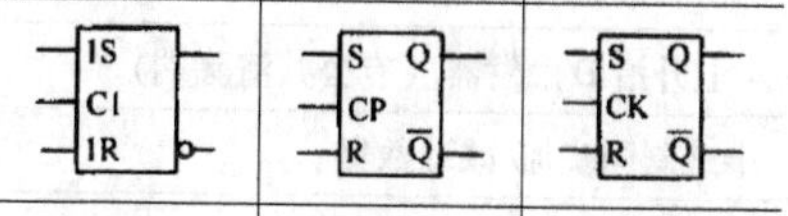 1S C1 1R	S Q CP R $\overline{Q}$	S Q CK R $\overline{Q}$
异或门	=1	⊕		边沿（上升沿）D 触发器	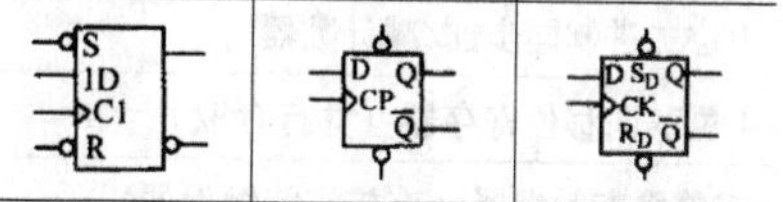 S 1D C1 R	D Q CP $\overline{Q}$	D S_D Q CK R_D $\overline{Q}$
同或门	=	⊙		边沿（下降沿）JK 触发器	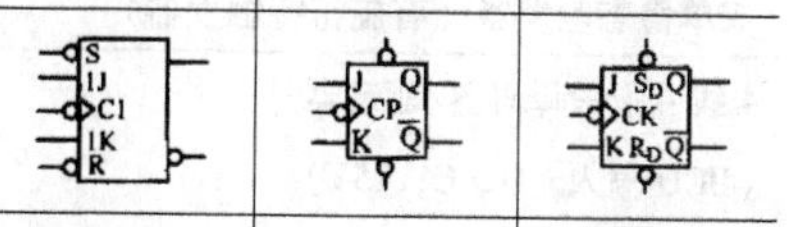 S 1J C1 1K R	J Q CP K $\overline{Q}$	J S_D Q CK K R_D $\overline{Q}$
触电极开路的与非门	& ◇			脉冲触发（主从）JK 触发器	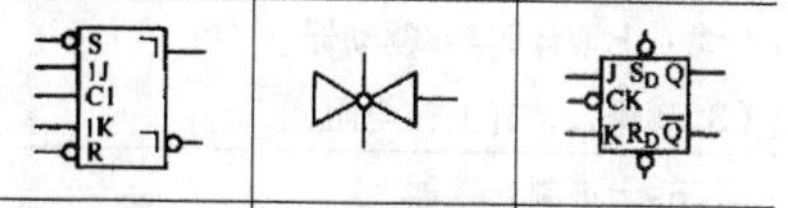 S 1J C1 1K R		J S_D Q CK K R_D $\overline{Q}$
三态输出的非门	1 ▽ EN			带施密特触发特性的与门	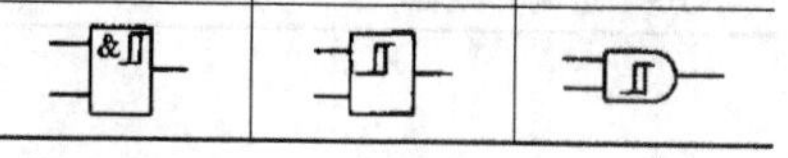 & ⎍	⎍	⎍

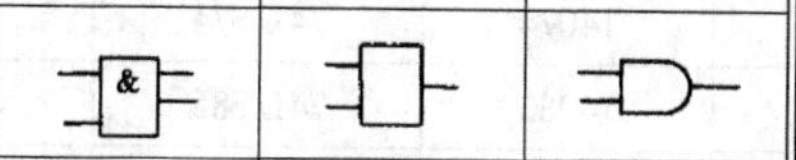

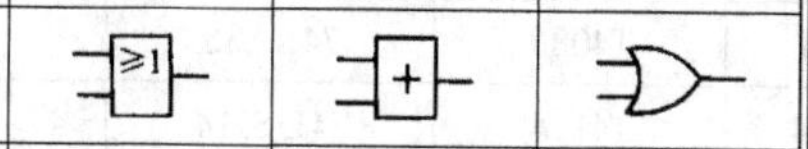

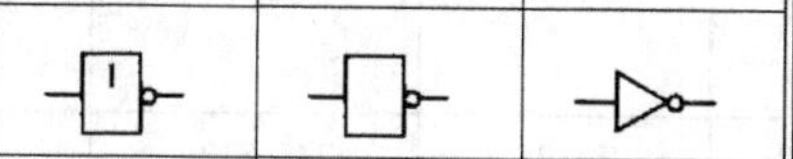

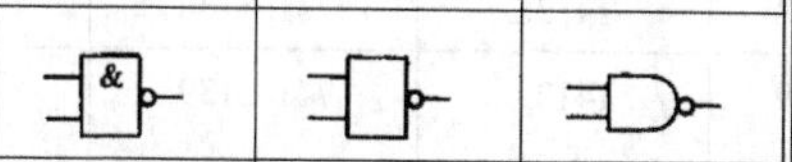

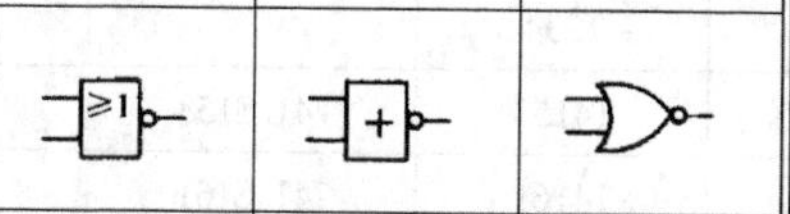

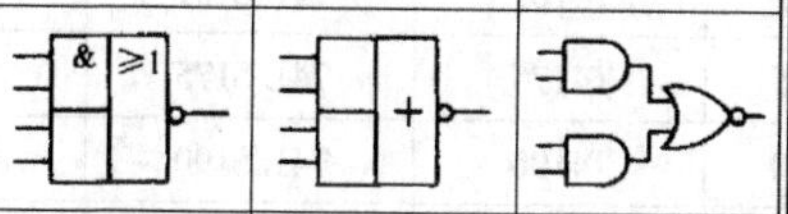

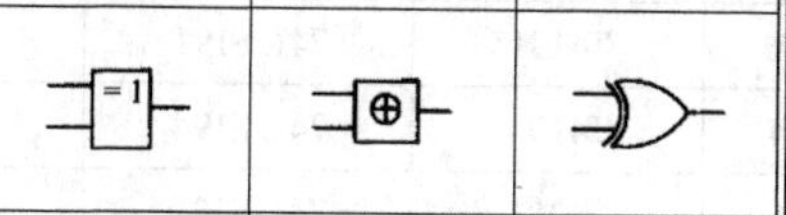

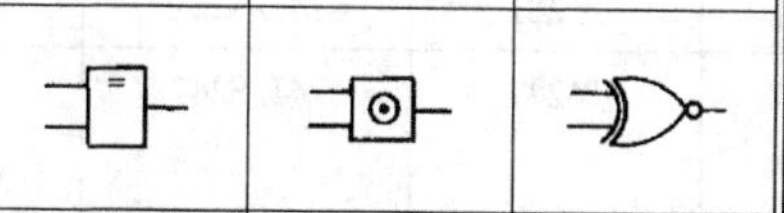

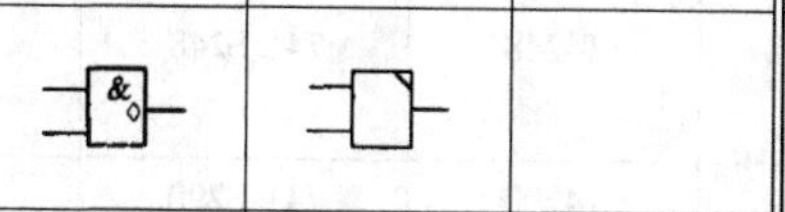

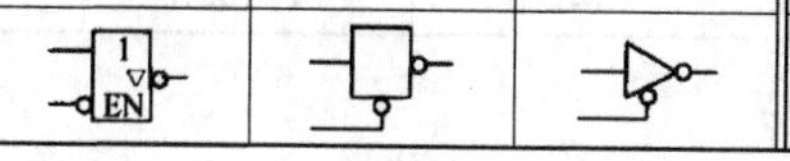

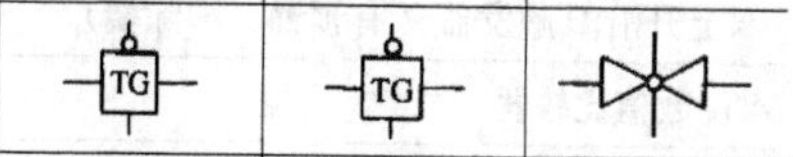

附录 B　74 系列 TTL 国内外型号对照表

名　称	国产型号	参考型号	国外型号	插座引脚数
四 2 输入与非门	CT74L S00	T4000	74L S00	14
四 2 输入或非门	CT74L S02	T4002	74L S02	14
六反相器	CT74L S04	T4004	74L S04	14
四 2 输入与门	CT74L S08	T4008	74L S08	14
四 2 输入与门（O、C）	CT74L S09	T4009	74L S09	14
双 4 输入与非门	CT74L S20	T4020	74L S20	14

（续）

名　称	国产型号	参考型号	国外型号	插座引脚数
双 4 输入与门	CT74L S21	T4021	74L S21	14
双 4 输入或门	CT74L S32	T4032	74L S32	14
BCD 码-十进制译码器	CT74L S42	T4042	74L S42	16
BCD-七段译码/驱动器 （有上拉电阻）	CT74L S48	T4048 T1048	74L S48	16
BCD-长段译码器/驱动器（O，C）	CT74L S49	T4049	74L S49	14
双上升沿 D 触发器（有预置、清除端）	CT74H74	T4074	74L S74	14
4 位数值比较器	CT74LS85	T4085	74L S85	14
四 2 输入异或门	CT74L S86	T4086	74L S86	14
双下降沿 JK 触发器 （有预置、公共清除、公共时钟端）	CT74L S114	T4114	74L S114	14
3-8 译码器	CT74L S138	T4138	74L S138	14
双 2-4 译码器	CT74L S139	T4139 T334	74L S139	16
双 4 选 1 数据选择器（有选通输入端）	CT74L S153	T4153	74L S153	16
4 位二进制同步计数器（异步清除）	CT74L S161	T4161	74L S161	16
4 上升沿 D 触发器（有公共清除端）	CT74L S175	T4175	74L S175	16
十进制同步加/减计数器	CT74L S190	T4190	74L S190	16
4 位二进制同步加/减计数器	CT74L S191	T4191	74L S191	16
4 位双向移位寄存器（并行存取）	CT74L S194	T4194	74L S194	16
双单稳态触发器（有施密特触发器）	CT74L S221	T4221	74L S221	14
4 线－七段译码器/驱动器 （BCD 输入，O、C，15V）	CT74L S247	T4247	74L S247	14
4 线－七段译码器/驱动器 （BCD 输入，有上拉电阻）	CT74L S248	T4248	74L S248	16
二-五-十进制计数器	CT74L S290	T4290	74L S290	14

附录 C　常用 CMOS（CC4000 系列）数字集成电路国内外型号对照表

名　称	国　产		国外型号
	型　号	参考型号	
四 2 输入或非门	CC401	5G803 C3009 C039 C069	CD4001 HEF4001 SCL4001 HCF4001 TC4001 M74C02
超前进位 4 位全加器	CC4008	CH4008 5G843 C632 C662 C692	CD4008 HEF4008 MC14008 TP4008 HCF4008
四 2 输入与非门	CC4011	C066 C036 C006 CH4011	CD4011 HEF4011 SCL4011 HCF4011 TC4011 MC14011 TP4011 MM74C00

（续）

名　称	国产		国外型号
	型　号	参考型号	
双 D 触发器	CC4013	C013 C043 C073 5G822	CD4013 HEF4013 TP4013 HCF4013 TC4013 SCL4013 MC14013 MM74C7
双 4 位移位寄存器（串入、并出）	CC4015	CH4015 5G861 C423 C453 C393	CD4015 HEF4015 SCL4015 TP4015 TC4015 MC14015
二－十进制计数器/译码器	CC4017	CC4017 5G858 C187 C217 C157	CD4017 TP4017 SCL4017 TC4017
双 JK 触发器	CC4027	CH4027 5G824 C044 C074 C014	CD4027 HEF4027 SCL4027 HCF4027 TC4027 MC14027 TP4027 MM74C76
BCD 十进制译码器	CC4028	CH4028 5G833 C331 C361 C301	CD4028 HEF4028 MM74C42 TC4028 SCL4028 MC14028
BCD 七段译码器/LCD 驱动器	CC4055	C276 C306 CH4217 5G831	CD4055 TC4055
双 4 输入或门磁性	CC4072	C002 C032 C062 5G831	CD4072 HEF4072 TP4072 HCF4072 TC4072 MC14072
双 4 输入与门	CC4082	CH4082 5G809 C031 C061 C001	CD4082 HEF4082 TP4082 HCF4082 TC4082 MC14082
可预置数二－十进制同步可逆计数器	CC4510	C158 C188 C218 CH4510	CD4510 HEF4510 SCL4510 HCF4510 TC4510 MC14510
4－16 译码器	CC4514	C270 C300 C330 CH4514	CD4514 HEF4514 SCL4514 HCF4514 TC4514 MC14514
双单稳态触发器	CC14528	CH4528	MC14528
双 4 位通道数据选择器	CC14529	CH4529	MC14529
单定时器	CC7555	CH7555 5G7555	ICL7555
六施密特触发器	CC40106	CG40106 CM40106	CD40106 MC14584
十进制计数/锁存/译码/LED 驱动器	CC40110	C193 CH267 5G8659	CD40110
BCD 加法计数器	CC40162	C180 5G852	CD40162 TC40162 MC14162
可预置数 4 位二进制计数器	CC40193	C184 5G854	CD40193

附录 D　常用运算放大器国内外型号对照表

类　型	国产型号	国外型号	
		型　号	公　司
通用运算放大器	CF741	LM741	美 NSC
		MC1741	美 MOT
		μPC741	日 NEC
		μPC151	日 NEC
		SG741	意 SGS
		HA17741	日日立
		Am741	美 AMD
		AN1741	日松下
		CA741	美 RCA
		μA741	美 FC
	CF709	LM709	美 NSC
		MC1709	美 MOT
		μA709	美 FC
		CA709	美 RCA
	CF101 CF301	LM101	美 NSC
		LM301	美 NSC
		Am101	美 AND
		Am301	美 AND
		CA101	美 RCA
		CA301	美 RCA
		μA101	美 FC
		μA301	美 FC
	CF107 CF307	LM107	美 NSC
		LM307	美 MOT
		Am107	日日立
		Am307	美 AMD
		CA107	美 RCA
		CA307	美 RCA
	CF747	LM747	美 NSC
		LM747	美 MOT
		HA17747	日日立
		Am747	美 AMD
		CA747	美 RCA
	CF4741	CM4741	美 MOT
		PC4741	日 NEC
	CF714	μA714	美 FC
		OP－07	美 PM1
	CF3078	CA3078	美 RCA
通用运算放大器	CF108 CF308	LM108	美 NSC
		LM308	美 NSC
		Am108	美 AMD
		Am308	美 AMD
		μA108	美 FC
		μA308	美 FC
		CA108	美 RCA
		CA308	美 RCA
	CF1458	LM1458	美 NSC
		MC1458	美 MOT
		CA1458	美 RCA
		μPC1458	日 NEC
		LM1558	美 NSC
		MC1558	美 MOT
		CA1558	美 RCA
	CF158 CP358	LM158	美 NSC
		LM358	美 NSC
		CA158	美 RCA
		CA358	美 RCA
		μPC158	日日立
		μPC358	日日立
		LM2904	美 NSC
	CF124 CF324	LM124	美 NSC
		LM324	美 NSC
		CA124	美 RCA
		CA324	美 RCA
		LM2902	美 NSC
		μA124	美 FC
		μA324	美 FC
	CF714	Ma714	美 FC
		OP－07	美 PM1
高速运算放大器	CF715	μA715	美 FC
		Am715	美 AMD
		HA17715	日日立
	CF118 CF318	LM118	美 NSC
		LM318	美 NSC
		Am118	美 AMD
		Am318	美 AMD

参 考 文 献

[1] 王连英．基于 Multisim 10 的电子仿真实验与设计 [M]. 北京：北京邮电大学出版社，2009.

[2] 曾建唐，谢祖荣．电工电子基础实践教程 [M]. 北京：机械工业出版社，2002.

[3] 王廷才．电子技术 [M]. 北京：高等教育出版社，2006.

[4] 张秀娟，陈新华．EDA 设计与仿真实践 [M]. 北京：机械工业出版社，2002.

[5] 王兆奇．电工基础 [M]. 北京：机械工业出版社，2000.

[6] 沈任元．模拟电子技术基础 [M]. 北京：机械工业出版社，2000.

[7] 沈任元．数字电子技术基础 [M]. 北京：机械工业出版社，2000.

[8] 吴培明．电子技术虚拟实验 [M]. 北京：机械工业出版社，1999.

[9] 程勇．实例讲解 Multisim 10 电路仿真 [M]. 北京：人民邮电出版社，2010.

[10] 卢艳红．基于 Multisim 10 的电子电路设计、仿真与应用 [M]. 北京：人民邮电出版社，2009.

[11] 郭锁利，等．基于 Multisim 9 的电子系统设计、仿真与综合应用 [M]. 北京：人民邮电出版社，2008.

[12] 王廷才．电子技术实训 [M]. 北京：高等教育出版社，2003.

[13] 郑步生，吴渭．Multisim 2001 电路设计及仿真入门与应用 [M]. 北京：电子工业出版社，2002.

[14] 卓郑安．电路与电子实验教程及计算机仿真 [M]. 北京：机械工业出版社，2002.